高等学校电气与电子信息类规划教材

电路学习指导书

主编　肖海霞　李裕能　陈晓霞

图书在版编目(CIP)数据

电路学习指导书/肖海霞,李裕能,陈晓霞主编 .—武汉：武汉大学出版社,2021.7

高等学校电气与电子信息类规划教材

ISBN 978-7-307-22256-4

Ⅰ.电…　Ⅱ.①肖…　②李…　③陈…　Ⅲ.电路理论—高等学校—教学参考资料　Ⅳ.TM13

中国版本图书馆 CIP 数据核字(2021)第 072195 号

责任编辑:胡　艳　　责任校对:汪欣怡　　版式设计:马　佳

出版发行：**武汉大学出版社**　(430072　武昌　珞珈山)

(电子邮箱：cbs22@ whu.edu.cn　网址：www.wdp.whu.edu.cn)

印刷:武汉邮科印务有限公司

开本:787×1092　1/16　印张:21.25　字数:504 千字　插页:1

版次:2021 年 7 月第 1 版　2021 年 7 月第 1 次印刷

ISBN 978-7-307-22256-4　定价:50.00 元

前　　言

本书是《电路》(第二版，武汉大学出版社出版)的配套用书，旨在帮助学生更好地学习电路理论知识和分析方法。全书编写体例与《电路》(第二版)教材基本一致。每章均包括学习指导、主要内容、典型例题和习题精解四部分，提炼每章的学习要求、知识结构和重难点，总结课堂学习要点，并以典型例题抛砖引玉，在每章末均配有习题精解。

本书是编者多年来电路课程教学实践的总结，内容精炼，针对性强，有助于学生理解基本概念、基本原理、基本方法，能够开拓学生思路，提高解题技巧。本书适合所有学习电路课程的本、专科学生自学及复习时使用，也可以供报考电气工程、自动化、电子信息等专业硕士研究生的人员参考。

本书由武汉晴川学院肖海霞、武汉大学李裕能、武汉晴川学院陈晓霞担任主编。其中，前言、第1~14章主要内容、典型例题以及第1~8章习题精解由肖海霞编写；第1~14章学习指导由李裕能编写；第9~14章习题精解由陈晓霞编写。全书由武汉大学李裕能教授仔细审阅，并提出了许多宝贵修改建议；在编写过程中，武汉大学刘会金教授、夏长征教授等提出了许多有益的建议。谨在此一并表示衷心感谢。

由于水平有限，书中错漏难免，敬请使用本书的广大师生和读者指正！

编者

2021年5月

目　录

第1章　电路模型与电路定律

1.1 学习指导

一、学习要求

(1)了解电路模型的概念和电路的基本变量。

(2)理解电压、电流的参考方向和实际方向的关系，电压、电流的关联与非关联参考方向的概念。

(3)掌握功率的计算、功率的吸收与发出。

(4)掌握电阻、电感、电容、独立电源和受控源的定义及伏安关系。

(5)掌握基尔霍夫定律：KCL 和 KVL。

二、知识结构图

- 电路模型和电路定律
  - 电路和电路模型
  - 电流和电压的参考方向
  - 电功率和能量计算
  - 电路元件
    - 电阻元件
    - 电容元件
    - 电感元件
  - 电压源和电流源
    - 独立电源
    - 受控电源
  - 基尔霍夫定律
    - 电流定律
    - 电压定律

三、重点和难点

1. 电压和电流的参考方向

电压、电流是电路分析的基本物理量。在分析电路时，必须首先指定电流和电压的参考方向，才能进行分析和计算。因此，透彻地理解电流和电压的参考方向，是本章的重点之一。正确地认识电压、电流的参考方向并根据它们的参考方向正确地判断元件是吸收还是输出功率，是学习中的难点。

2. 电路元件的伏安特性

元件的伏安特性是元件自身的约束关系，是电路分析和计算的基本依据之一。因此，熟练地掌握和应用电阻元件、独立电源和受控电压的电流和电压关系也是本章重点。理解独立电源和受控源之间的联系和区别是其中的难点。

3. 基尔霍夫定律

基尔霍夫定律是集总参数电路的基本定律，主要反映电路的结构约束关系。它包含基尔霍夫电流定律(KCL)和基尔霍夫电压定律(KVL)。基尔霍夫定律只与元件的相互连接有关，而与元件的性质无关。无论元件线性与否、是否时变，这个定律都成立。基尔霍夫定律是分析一切集总参数电路的根本依据，许多重要的电路定理、一些常用的分析方法都是通过这两个定律归纳总结而来的。因此，基尔霍夫定律是本章的重点，也是集总参数电路分析的重点。熟练掌握和应用该定律分析和计算电路是本章的难点。

1.2　主要内容

一、电压和电流的参考方向

1. 电流的定义

(1)电流：电流是电荷随时间的变化率，单位为安培(A)。电流定义的数学表达式为

$$i(t)=\frac{\mathrm{d}q}{\mathrm{d}t} \tag{1-1}$$

式中，q 表示电荷；t 表示时间，单位为秒(s)。

(2)直流电流：如果电荷随时间的变化率是常数，称此电流为直流(Direct Current, DC)，则 $i(t)=I$，如图 1-1(a)所示，电池所提供的电流为直流。

(3)正弦交流：如果电荷随时间的变化率是以正弦规律变化的，称此电流为正弦交流(Alternating Current，AC)，简称为交流，如图 1-1(b)所示。

(4)如果电荷随时间的变化率是任意的，则可用对应的时间函数来表示这样的电流，即 $i(t)=f(t)$，如图 1-1(c)所示。

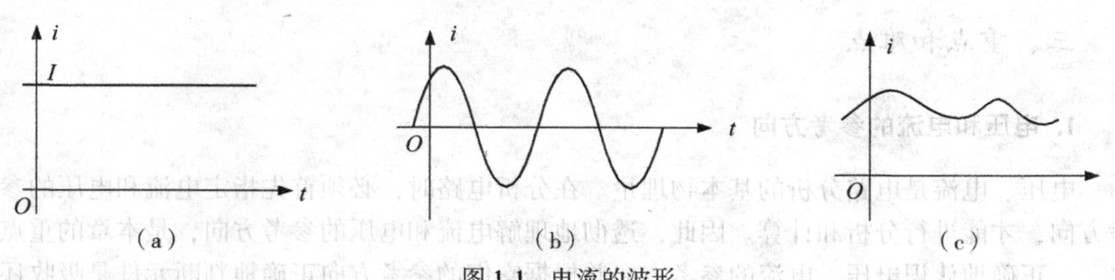

图 1-1　电流的波形

2. 电流的参考方向

(1)实际方向：电流就是电荷的流动，规定正电荷流动的方向为电流的实际方向。而实际上，电路中流动的是电子，因为带正电的原子核是不能移动的。但是，人们仍然沿用正电荷流动的方向为电流的方向。

(2)参考方向：为了便于分析，通常假设出电流的方向，将这个假设的方向称为电流的参考方向。

(3)电流值：实际方向与参考方向相同，电流值为正值；实际方向与参考方向相反，电流值为负值。

图 1-2 所示长方框表示一个二端元件。假设流过这个元件电流的参考方向为 i(由 a 到 b)。如果计算得到 $i>0$，说明实际电流也是从 a 流到 b；如果计算得到 $i<0$，则说明实际电流从 b 流到 a(和假设相反)。

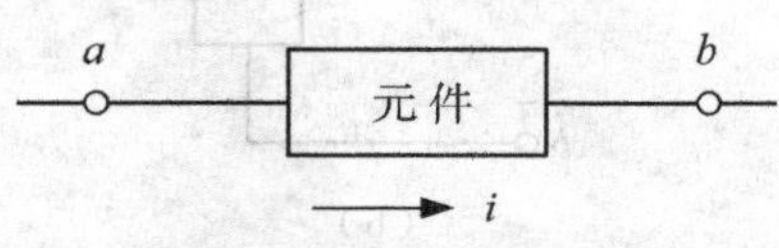

图 1-2　电流的参考方向

3. 电压的定义

1)电压

电压等于将单位正电荷由 a 点移到 b 点电场力所做的功，单位为伏特(V)。如图 1-3(a)所示。如果电场力是时间的函数，则电压也是时间的函数，其数学表达式为

$$u_{ab}(t)=\frac{\mathrm{d}w}{\mathrm{d}q} \tag{1-2}$$

式中，w 表示能量，单位为焦耳(J)；q 表示电荷，单位为库仑(C)。1 伏特(V)表示 1 牛顿(N)的力可以将 1 库仑的电荷移动 1 米(m)。

电压也称为电位差，如果 $u_{ab}(t)>0$，说明在 t 时刻 a 点的电位比 b 点的电位高；如果 $u_{ab}(t)<0$，说明 t 时刻 a 点的电位比 b 点的电位低；如果 $u_{ab}(t)=0$，则说明 t 时刻 a 点和 b 点的电位是相等的，即等电位。

2)直流电压及交流电压

如果电场力不随时间变化，则电场力所做的功也不随时间变化，此时的电压为常数，可表示为 $u_{ab}(t)=U$，该电压称为直流(DC)电压。若电压随时间按正弦规律变化，则称为交流(AC)电压。此外，电压也可以随时间任意变化。

4. 电压的参考方向

在分析电路前，首先假设出电路中两点间电压的正方向(从高电位指向低电位)，将这个假设的方向称为该电压的参考方向。如图 1-3(b)所示为电路中连接到 a、b 两点的一个二端元件，假设电压的参考方向为 u_{ab} (为简单起见，省去 t)。如果计算得到 $u_{ab}>0$，

说明在 t 时刻电压的参考方向和实际方向相同；如果计算得到 $u_{ab} < 0$，则说明 t 时刻电压的参考方向和实际方向相反。为简单起见，可以省去 u 的下标。电路中两点间的电压也可以用箭头来表示，如图 1-3(c)所示。

电流和电压是电路中两个最为基本的物理量或变量。电流和电压变量既可以表示能量，也可以表示信息。在通信等用于信息传输的系统中，主要考虑电流、电压所携带的信息。在信息传输的系统中，通常将电流、电压变量称为电流信号或电压信号。

分析电路前，必须选定电压和电流的参考方向。参考方向一旦选定，应在图中相应的位置标注，在计算过程中不得任意改变。

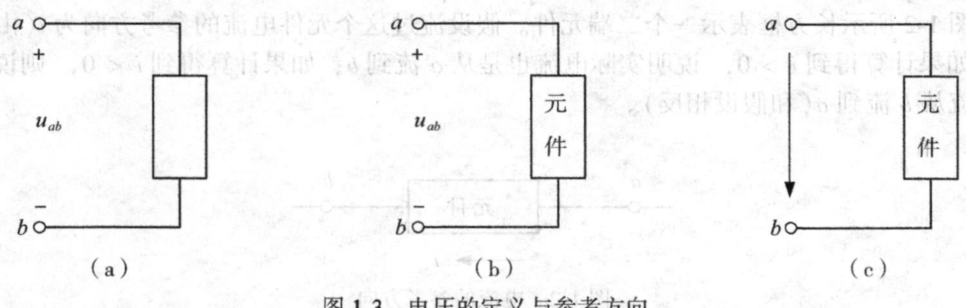

图 1-3　电压的定义与参考方向

5. 关联参考方向和非关联参考方向

(1)关联：如果给出电压的参考方向为 u_{ab}，即假设 a 点的电位比 b 点的电位高，正电荷从 a 流到 b；如果假设功率为正，则电流的参考方向必须由 a 到 b。对于这种电流、电压参考方向假设上的相互制约，称为关联参考方向。

(2)不关联：如果电流、电压的参考方向不满足上述制约关系，则称为不关联。

如图 1-4(a)(b)所示分别表明电路中的电流与电压的参考方向。

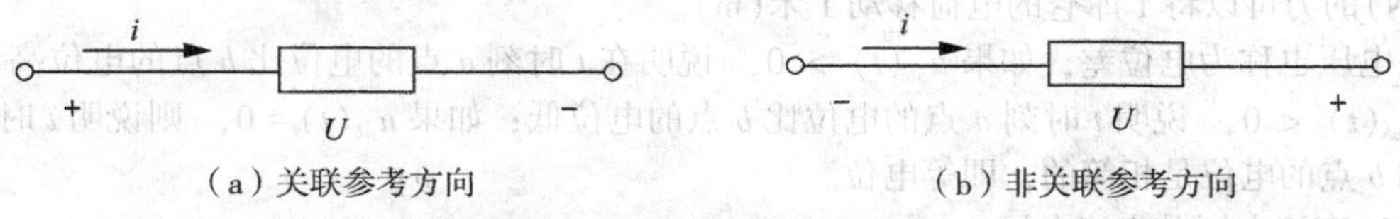

图 1-4　电压和电流的参考方向

二、功率的计算

1. 电功率的定义

功率：功率是能量随时间的变化率，即

$$p(t) = \frac{\mathrm{d}w}{\mathrm{d}t} \tag{1-3}$$

式中，$p(t)$表示功率，单位为瓦(W)；w表示能量，单位为焦耳(J)；t表示时间，单位为秒(s)。给式(1-3)的分子分母同乘 $\mathrm{d}q$，则

$$p(t)=\frac{\mathrm{d}w}{\mathrm{d}t}=\frac{\mathrm{d}w}{\mathrm{d}q}\cdot\frac{\mathrm{d}q}{\mathrm{d}t}=u(t)\ i(t) \tag{1-4}$$

可见，功率是电压和电流的乘积，当电压、电流是时间的函数时，功率也是时间的函数，即功率$p(t)$是随时间变化的，该功率称为瞬时功率；当电压、电流不随时间变化(DC)时，功率也不随时间变化，则$p(t)=P=UI$为定值。

由电压的定义知，u_{ab}表示电场力将正电荷从a点移到b点，电场力做正功。由电流的定义知，电流i的方向也是正电荷流动的方向。所以，功率的表达式(1-4)的功率为正功率，即吸收的功率。u、i取关联参考方向且$P>0$时，表示吸收功率；取非关联参考方向时，表示输出功率。

2. 功率守恒与电能的计算

根据能量守恒定律，在一个完整的电路中，任一瞬时所有元件吸收功率的代数和等于零，即

$$\sum p(t)=0 \tag{1-5}$$

由此可见，一个电路中吸收功率之和等于释放功率之和。

根据式(1-4)，一个元件从t_0时刻到t时刻吸收或释放的电能为

$$w(t)=\int_{t_0}^{t}p(\xi)\mathrm{d}\xi=\int_{t_0}^{t}u(\xi)i(\xi)\mathrm{d}\xi \tag{1-6}$$

在实际中，电能的度量单位为度，即

$$1\text{ 度}=1\text{ 千瓦}\cdot\text{时}=1\mathrm{kW}\cdot\mathrm{h}=3.6\times10^{6}\mathrm{J}$$

三、电路元件的特性

1. 电阻元件

1)电阻元件与欧姆定律

理想电阻：理想电阻是一个二端元件，记为R。当电流流过材料时，材料中消耗电能的现象可以用理想电阻R来表示，它是从实际元件中抽象出的集总参数的电路元件模型。

欧姆定律：欧姆定律(Ohm's Law)表明电阻两端的电压和流过它的电流成正比，比例系数就是电阻的电阻值。

当电压、电流为关联参考方向时，在任一瞬时电阻两端电压和流过其电流之间的关系为

$$u(t)=R\ i(t) \tag{1-7}$$

或

$$R=\frac{u(t)}{i(t)} \tag{1-8}$$

式(1-8)表明，在任一时刻，电阻两端电压和电流的比值为电阻值。当电压的单位为

伏(V)，电流的单位为安(A)，则电阻的单位为欧姆(Ω)。

2)线性电阻的伏安特性、开路与短路的概念

线性电阻：在任何时刻，如果式(1-8)的比值为常数，称该电阻为线性电阻，如图1-5所示。

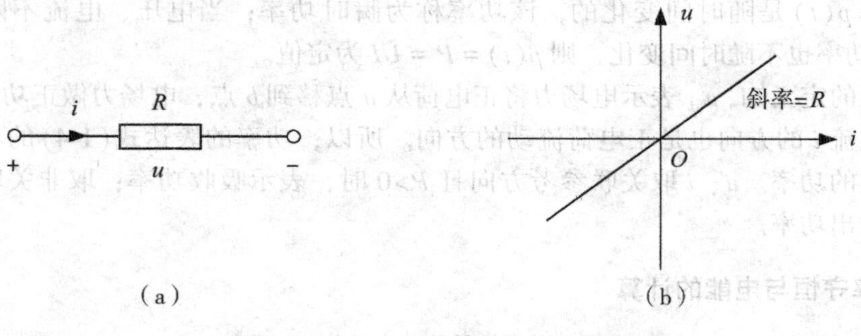

图 1-5　线性电阻的符号和伏安特性

如果电阻上电压、电流的参考方向是非关联的，则欧姆定律表达式为

$$u(t)=-Ri(t)$$

式中，负号说明假设与实际相反。在分析电路时，这点要特别引起注意。

电阻也可以用另一个参数表示，即

$$G=\frac{1}{R} \tag{1-9}$$

式中，G 称为电导(参数)，单位为西门子(S)，此时欧姆定律变为

$$i(t)=Gu(t) \tag{1-10}$$

非线性电阻：在任一瞬时，如果式(1-8)的比值不是常数，则称电阻为非线性电阻，如图 1-6 所示。例如，半导体二极管的伏安特性是非线性的。

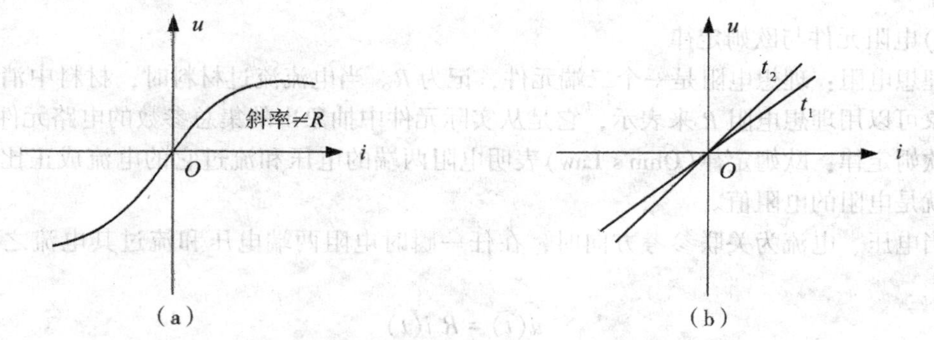

图 1-6　非线性电阻和线性时变电阻的伏安特性

开路：线性电阻有两种极端情况。一种是当 $R=\infty\ (G=0)$ 时，无论电阻两端的电压多大，流过电阻的电流恒为零，该情况称为开路，其伏安特性如图 1-7(a)所示。

短路：当 $R=0(G=\infty)$ 时，无论流过电阻的电流多大，它两端的电压恒为零，此时称为短路，其伏安特性如图 1-7(b)所示。

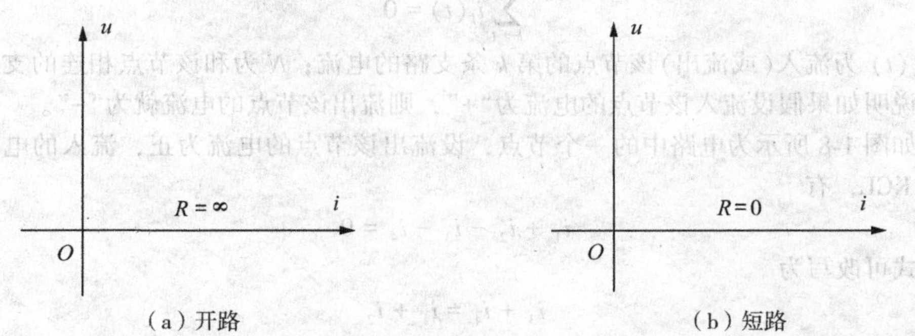

(a) 开路　　(b) 短路

图 1-7　开路和短路的伏安特性

3) 电阻元件上的功率与能量

当电阻上电压和电流取为关联参考方向时，有

$$p(t)=u(t)\,i(t)=Ri^2(t)=\frac{u^2(t)}{R}=Gu(t)=\frac{i^2(t)}{G} \tag{1-11}$$

若电阻 R(或电导 G)是正实数，即 $R>0$(正电阻)，则 $p(t)>0$，说明电阻是一个耗能元件，也是一种无源元件；如果电阻 $R<0$(负电阻)，则 $p(t)<0$，电阻耗的功率为负值，说明这种电阻向外界输出功率，可见，负电阻是一种有源元件。用电子电路可以实现负电阻。除非特别声明，今后提到的电阻均为正电阻。

从 t_0 到 t 电阻元件所消耗的电能为

$$w(t)=\int_{t_0}^{t}Ri^2(\xi)\,\mathrm{d}\xi\geqslant 0 \tag{1-12}$$

由此可见，在任何时间段电阻从不向外界提供能量，进一步说明电阻是一种无源元件。

2. 电感(取 u、i 关联参考方向)

$$u=L\frac{\mathrm{d}i}{\mathrm{d}t},\qquad i=\frac{1}{L}\int_{-\infty}^{t}u\mathrm{d}t=i(0)+\frac{1}{L}\int_{0}^{t}u\mathrm{d}t,\qquad p=ui \tag{1-13}$$

3. 电容(取 u、i 关联参考方向)

$$i=C\frac{\mathrm{d}u}{\mathrm{d}t},\qquad u=\frac{1}{C}\int_{-\infty}^{t}i\mathrm{d}t=u(0)+\frac{1}{C}\int_{0}^{t}i\mathrm{d}t,\qquad p=ui \tag{1-14}$$

四、基尔霍夫定律

1. 基尔霍夫电流定律(KCL)

1) 基本 KCL

对于集总参数电路中的任一节点，在任一瞬时，流入(或流出)该节点所有支路电流的代数和为零，即

$$\sum_{k=1}^{N} i_k(t) = 0 \tag{1-15}$$

式中，$i_k(t)$ 为流入(或流出)该节点的第 k 条支路的电流；N 为和该节点相连的支路总数。代数和说明如果假设流入该节点的电流为“+”，则流出该节点的电流就为“-”。

例如图 1-8 所示为电路中的一个节点，设流出该节点的电流为正，流入的电流为负，则根据 KCL，有

$$i_1 + i_2 - i_3 - i_4 = 0 \tag{1-16}$$

上式可改写为

$$i_3 + i_4 = i_1 + i_2 \tag{1-17}$$

可见，流入一个节点电流等于流出该节点的电流。所以，KCL 也可以叙述为：在任一瞬时，流出一个节点的所有电流之和等于流入该节点的所有电流之和。

2)KCL 推广

在一个电路中，KCL 不仅适用于一个节点，同时也适用于一个闭合面，即在任一瞬时，流入(或流出)一个闭合面电流的代数和为零；或者说，流出一个闭合面的电流等于流入该闭合面的电流之和。这是 KCL 的推广。

例如图 1-9 所示的电路虚线所示为一个闭合面，在该闭合面上根据 KCL，设流入该节点的电流为正，则有

$$i_1 + i_2 + i_3 = 0$$

同样，根据电荷守恒定律，可以解释 KCL 适合于闭合面。因为在任一瞬时，闭合面中的每一元件上流出的电荷等于流入的电荷，每一元件存储的净电荷为零，所以整个闭合面内部存储的净电荷为零。

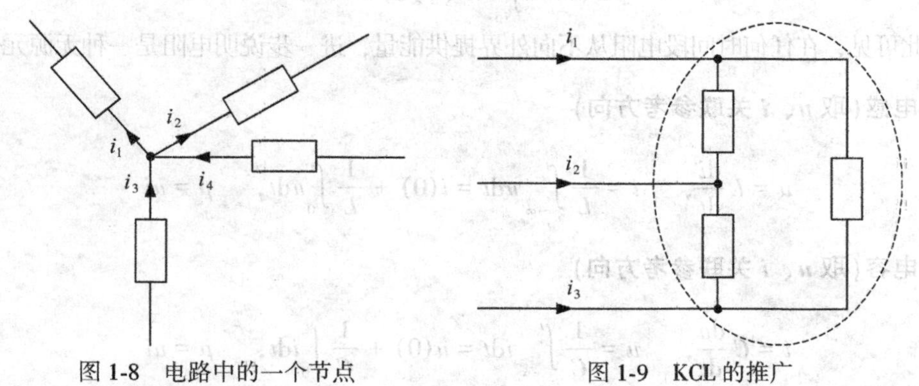

图 1-8　电路中的一个节点　　　　图 1-9　KCL 的推广

2. 基尔霍夫电压定律(KVL)

(1)KVL：在集总参数电路中，任一瞬时，任一回路中所有支路电压的代数和为零，即

$$\sum_{k=1}^{N} u_k(t) = 0 \tag{1-18}$$

式中，$u_k(t)$ 为回路中的第 k 条支路的支路电压；N 为回路中的支路数。当沿回路所经过支路电压的参考方向和绕行方向相同时，该电压前取"+"号，和绕行方向相反时取"-"号。

图 1-10 所示为某电路中的一个回路，设从 a 点出发以顺时针方向(箭头所示)沿该回路绕行一圈，因为 u_2 和 u_3 的参考方向和绕行方向相同取"+"号，u_1 和 u_4 的参考方向和绕行方向相反取"-"号，则根据 KVL，有

$$-u_1 + u_2 + u_3 - u_4 = 0$$

KVL 可以解释为：任一时刻，对于电路中的任一回路而言，从该回路中的任一点出发，当绕行一圈回到出发点时，该点处的电压降为零。KVL 实质上是依据能量守恒定律的。

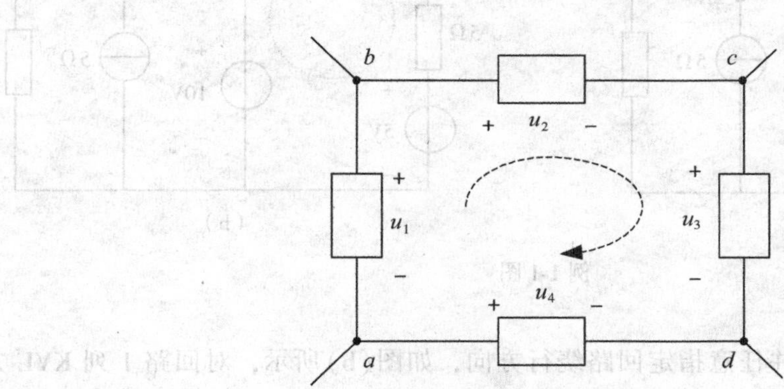

图 1-10　电路中的一个回路

2) KVL 推广

KVL 还可应用于部分回路或开口回路中。如求图 1-10 中 u_{ac}，就可以在部分回路 $abca$ 中求得。

在一个电路中，KCL 是支路电流之间的线性约束关系，KVL 是支路电压之间的线性约束关系。这两个定律仅与电路中元件的连接关系有关，而与元件的性质无关。也就是说，如果两个电路的元件数、元件编号以及对应的连接关系相同，则两个电路对应的 KCL 和 KVL 方程是相同的。或者说，只要两个电路的拓扑相同，KCL 和 KVL 方程是相同的，所以说，基尔霍夫定律是电路网络的拓扑约束。无论元件是线性的或非线性的，是时变的或时不变的，KCL 和 KVL 总是成立的。

注意：KVL、KCL 只与电路的拓扑结构有关，与元件特性无关。

列方程是按电压电流按参考方向列写，代入实际值时应注意实际方向与参考方向的关系。

小结：本章讨论了电路中的基本物理量，其中电压和电流是电路中最为重要的物理量(变量)。电压、电流反映出电路(模型)元件上以及电路中各处的行为(响应)，同时它们

描述了电路中能量和或者信息的变化规律。电路是由元件连接而成的，组成电路的基本元件分为无源元件(电阻)和有源元件(独立电源和非独立电源)，它们是组成电路最基本的元件。电路中的电压、电流遵循一定的规律，电阻元件遵循欧姆定律，电路中节点(或闭合面)上的电流遵循 KCL，回路中的电压遵循 KVL，它们是电路中的基本定律。

1.3 典型例题

例 1-1　电路如图所示。(1)求电流 I_1、I_2、I_3；(2)求各个独立电源输出的功率；(3)判断电路是否满足功率守恒。

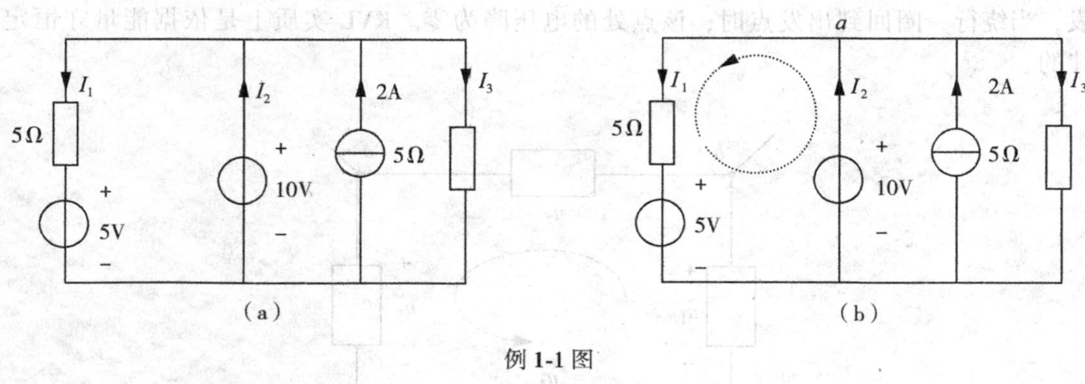

例 1-1 图

解　(1)先选回路，并任意指定回路绕行方向，如图(b)所示，对回路 1 列 KVL 方程，有

$$-10+5I_1+5=0$$

求解得　$I_1=1\text{A}$

根据欧姆定律，得　$I_3=\dfrac{10}{5}=2(\text{A})$

对节点 a 列 KCL 方程，有　$I_1-I_2+I_3-2=0$

求解得　$I_2=1\text{A}$

(2)5V 电压源所输出的功率为　$P_1=-5\times1=-5(\text{W})$

10V 电压源所输出的功率为　$P_2=10\times1=10(\text{W})$

(3)两个 5Ω 的电阻吸收功率为　$P_3=I_1^2\times5+I_3^2\times5=25\text{W}$

吸收功率　$P=P_3-P_1=25-(-5)=30(\text{W})$

输出功率　$P=P_2+2\times10=10+20=30(\text{W})$

电路满足功率守恒，即输出的功率等于吸收的功率。

例 1-2　电路如图(a)所示，试求各支路电流。

解　设受控源所在支路电流为 I_3，如图(b)所示。电路中受控源为电流控制电压源。选回路并设定其绕行方向。对所选回路列 KVL 方程

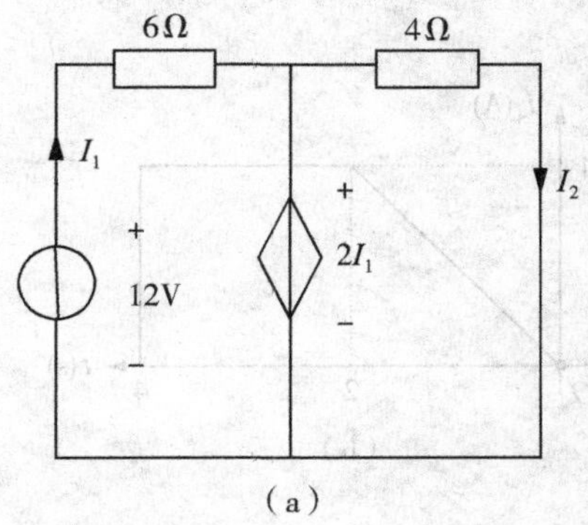

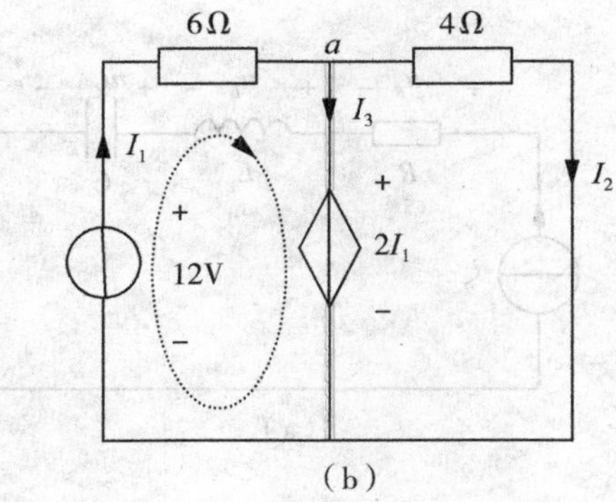

例 1-2 图

$$6I_1 + 2I_1 = 12$$

求解得 $I_1 = 1.5\text{A},\quad I_2 = \dfrac{2I_1}{4} = 0.75\text{A}$

对节点 a 列 KCL 方程，有 $-I_1 + I_2 + I_3 = 0$

求解得 $I_3 = 0.75\text{A}$。

例 1-3 电路如图所示，求电流 I 和电压 U。

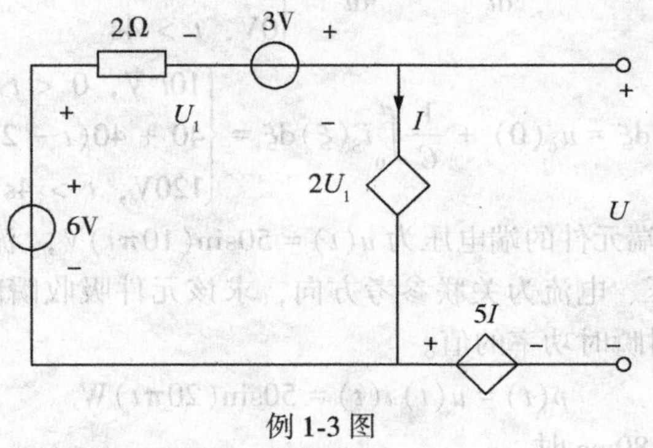

例 1-3 图

解 $U_1 = 2 \times 2U_1 - 3$

解得 $U_1 = 1\text{V}$。

所以 $I = 2U_1 = 2\text{A}$

$$U = -U_1 + 6 + 5I = 15\text{V}$$

本题中含电压控制的受控电流源。分析时，可先把受控源当独立源处理，此时，受控电流源电流即为电流 I，而受控电压源提供 $5I$ 的电压。

例 1-4 电路如图(a)所示，其中 $R=2\Omega$，$L=1\text{H}$，$C=0.1\text{F}$，$u_c(0)=0$。若电路的输入电流波形如图(b)所示，试求出 $t>0$ 以后 u_R、u_L、u_C 的数值。

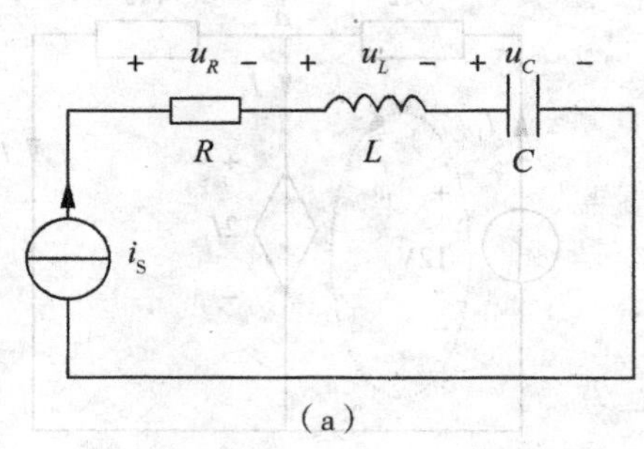

（a）

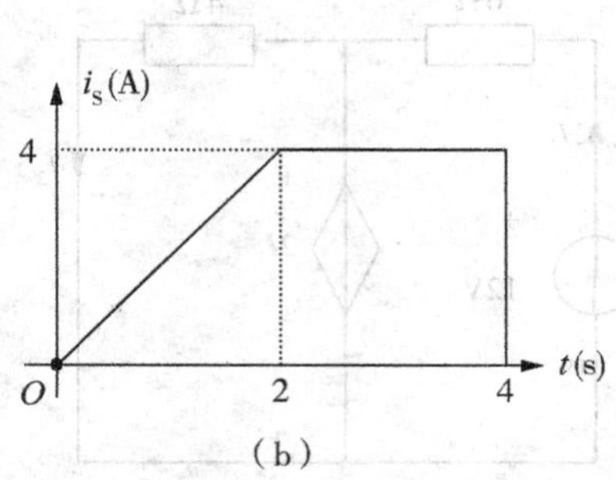

（b）

例 1-4 图

解

$$i_S=2t\quad(0<t<2s)$$
$$i_S=4\quad(2s<t<4s)$$
$$i_S=0\quad(t>4s)$$

$$u_R=Ri_S=2\times i_S=\begin{cases}4t\text{V},\ 0<t<2\text{s}\\8\text{V},\ 2\text{s}<t<4\text{s}\\0,\ t>4\text{s}\end{cases}$$

$$u_L=L\frac{\mathrm{d}i_S}{\mathrm{d}t}=1\times\frac{\mathrm{d}i_S}{\mathrm{d}t}=\begin{cases}2\text{V},\ 0<t<2\text{s}\\0\text{V},\ 2\text{s}<t<4\text{s}\\0\text{V},\ t>4\text{s}\end{cases}$$

$$u_C=\frac{1}{C}\int_{-\infty}^{t}i_S(\xi)\mathrm{d}\xi=u_C(0)+\frac{1}{C}\int_{0}^{t}i_S(\xi)\mathrm{d}\xi=\begin{cases}10t^2\text{V},\ 0<t<2\text{s}\\40+40(t-2)\text{V},\ 2\text{s}<t<4\text{s}\\120\text{V},\ t>4\text{s}\end{cases}$$

例 1-5　已知某二端元件的端电压为 $u(t)=50\sin(10\pi t)$ V，流入元件的电流为 $i(t)=2\cos(10\pi t)$ A，设电压、电流为关联参考方向，求该元件吸收瞬时功率的表达式，并求 $t=10$ms 和 $t=80$ms 时瞬时功率的值。

解

$$p(t)=u(t)i(t)=50\sin(20\pi t)\text{ W}$$

当 $t=10$ms 和 $t=80$ms 时，

$$p(10\times10^{-3})=50\sin(20\pi\times10\times10^{-3})=29.39\text{W}$$
$$p(80\times10^{-3})=50\sin(20\pi\times80\times10^{-3})=-47.55\text{W}$$

计算结果说明，在 $t=10$ms 时该元件从外界吸收功率，在 $t=80$ms 时该元件向外界释放功率。

例 1-6　已知一个阻值为 51Ω 的碳膜电阻接入电源电压为 12V 的直流电源上，求流过该电阻的电流和所消耗的功率。

解　由欧姆定律知，电流为

$$i=\frac{u}{R}=\frac{12}{51}=0.24(\text{A})$$

所消耗的功率为

$$p=\frac{u^2}{R}=\frac{12^2}{51}=2.82(\mathrm{W})$$

例 1-7 电路如图所示，求电路中的 u 和 i，并验证功率守恒。

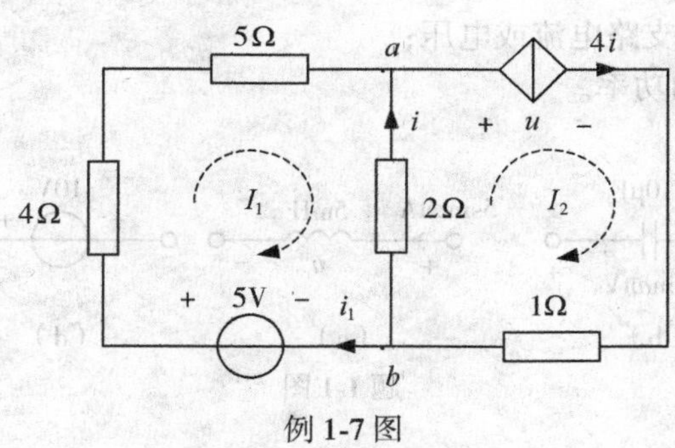

例 1-7 图

解 图中有一个 CCCS，注意电流源两端的电压是由外电路决定的。设电流 i_1(如图)，对节点 a 或 b 应用 KCL，有

$$i_1+i-4i=0$$

解得 $i_1=3i$； 在回路 1 中应用 KVL，有

$$-5+4i_1+5i_1-2i=0$$

将 $i_1=3i$ 代入，解得 $i=0.2\mathrm{A}$； 在回路 2 中用 KVL，有

$$u+1\times 4i+2i=0$$

代入数据，解得 $u=-1.2\mathrm{V}$。

验证该电路的功率守恒：根据功率的定义，有

$$p_{1\Omega}=(4i)^2\times 1=0.64\mathrm{W},\quad p_{2\Omega}=i^2\times 2=0.08\mathrm{W}$$

$$p_{4\Omega}=(3i)^2\times 4=1.44\mathrm{W},\quad p_{5\Omega}=(3i)^2\times 5=1.8\mathrm{W}$$

$$p_{5\mathrm{V}}=-5i_1=-3.0\mathrm{W},\quad p_{4i}=u\times 4i=-0.96\mathrm{W}$$

$$\sum p=p_{1\Omega}+p_{2\Omega}+p_{4\Omega}+p_{5\Omega}+p_{5\mathrm{V}}+p_{4i}$$

$$=0.64+0.08+1.44+1.8-3.0-0.96=0\mathrm{W}$$

可见，在该电路中功率是守恒的。

例 1-8 已知流入电路中某点的总电荷为 $q(t)=[2t\sin(10t)]\mathrm{mC}$， 求流过该点的电流，并计算 $t=0.5\mathrm{s}$ 时的电流值。

解 由电流度量定义知

$$i(t)=\frac{\mathrm{d}q}{\mathrm{d}t}=\frac{\mathrm{d}}{\mathrm{d}t}[2t\sin(10t)]=[2\sin(10t)+20t\cos(10t)]\mathrm{mA}$$

当 $t=0.5\mathrm{s}$ 时，

$$i(0.5)=2\sin5+10\cos5=0.92\mathrm{mA}$$

1.4 习题精解

1-1 图中各元件的电流及电压的参考方向已经给定，试计算：

(1)3 个无源元件的支路电流或电压；

(2)各元件所吸收的功率。

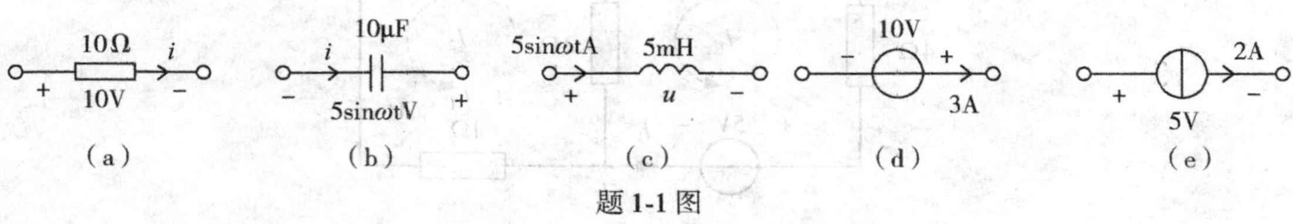

题 1-1 图

解　(1)图(a)：对于电阻 R，由欧姆定律可得：$i_R = \dfrac{u}{R} = 1\text{A}$。

图(b)：对于电容 C，由于其电压与电流参考方向是非关联的，所以

$$i_C = -C\frac{\mathrm{d}u}{\mathrm{d}t} = -10 \times 10^{-6} \times \frac{\mathrm{d}(5\sin\omega t)}{\mathrm{d}t} = -5 \times 10^{-5}\omega\cos\omega t(\text{A})$$

图(c)：对于电感 L，由于其电压与电流参考方向是关联的，所以

$$u_L = L\frac{\mathrm{d}i}{\mathrm{d}t} = 5 \times 10^{3} \times \frac{\mathrm{d}(5\sin\omega t)}{\mathrm{d}t} = 0.025\omega\cos\omega t(\text{V})$$

(2)计算二端元件的功率，当 u 与 i 为关联参考方向时，$P=ui$；当 u 与 i 为非关联参考方向时，$P=-ui$。如图(a)~(e)所示，故有

$$P_R = ui = 10 \times 1 = 10(\text{W})$$

$$P_C = -ui = -5\sin\omega t \times (-5 \times 10^{-5}\omega\cos\omega t) = 1.25 \times 10^{-4}\omega\sin2\omega t(\text{W})$$

$$P_L = ui = 5\sin\omega t \times 0.025\omega\cos\omega t = 0.0625\omega\sin2\omega t(\text{W})$$

$$P_u = -10 \times 3 = -30(\text{W})$$

$$P_i = 5 \times 2 = 10(\text{W})$$

1-2 试计算图示各电路中的元件端电压 u 与支路电流 i，以及电路中两理想电源输出的功率，并说明哪些电源实际上是输出功率，哪些电源实际上是吸收功率。

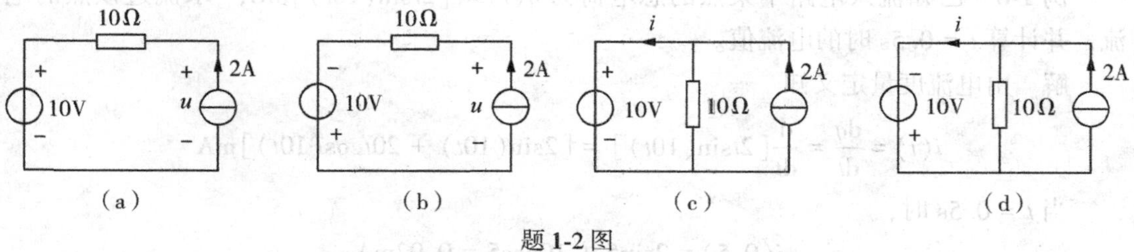

题 1-2 图

解　图(a)：对单回路列 KVL 方程得：$10-u+10\times2=0$，$u=30\text{V}$。

$$P_u = -10 \times 2 = -20(\text{W})，吸收$$

$$P_i = 30 \times 2 = 60(\text{W})，发出$$

图(b)对单回路列 KVL 方程得：$-10-u+10\times2=0$，$u=10\text{V}$。

$$P_u = 10 \times 2 = 20(\text{W})，发出$$

$$P_i = 10 \times 2 = 20(\text{W})，发出$$

图(c)对电路中任意一个节点列 KCL 方程得：$i-2+10/10=0$，故 $i=1\text{A}$。

$$P_u = 10 \times (-1) = -10(\text{W})，吸收$$

$$P_i = 10 \times 2 = 20(\text{W})，发出$$

图(d)对电路中任意一个节点列 KCL 方程得：$i-2-10/10=0$，故 $i=3\text{A}$。

$$P_u = 10 \times 3 = 30(\text{W})，发出$$

$$P_i = 10 \times (-2) = -20(\text{W})，吸收$$

1-3 一个额定功率为 0.25W、电阻值为 10kΩ 的电阻，问：使用时所能允许施加的最大端电压和所能通过的最大电流分别是多少？

解 对于电阻元件而言，$P = I^2R = \dfrac{U^2}{R}$，而且其实际工作功率不能大于额定功率。

$$I_{\max} = \sqrt{\frac{P}{R}} = \sqrt{\frac{0.25}{10 \times 10^3}} = 5(\text{mA})$$

$$U_{\max} = \sqrt{P \times R} = \sqrt{0.25 \times 10 \times 10^3} = 50(\text{V})$$

1-4 一个手电筒用干电池，不接负载灯泡时用内电阻可近似看作无穷大的精密电压表测得其端电压为 3V，接通 10Ω 灯泡电阻后测得其端电压为 2.8V。试求：

(1)干电池的内电阻；

(2)干电池内部消耗的功率和实际输出的功率。

解 设接通灯泡电阻后，流经灯泡电流为 I，干电池的内电阻 R，则

$$(10 + R) \times I = 3，10I = 2.8$$

故 $R = 0.714\Omega$，$I = 0.28\text{A}$。

干电池内部消耗的功率为

$$P = I^2R = 0.056\text{W}$$

实际输出的功率为

$$P = 3 \times 0.28 - 0.056 = 0.784(\text{W})$$

1-5 如图所示分别为含受控电压源和受控电流源的电路，问：此两个受控源能用什么二端元件来等效代替，其参数是多少？

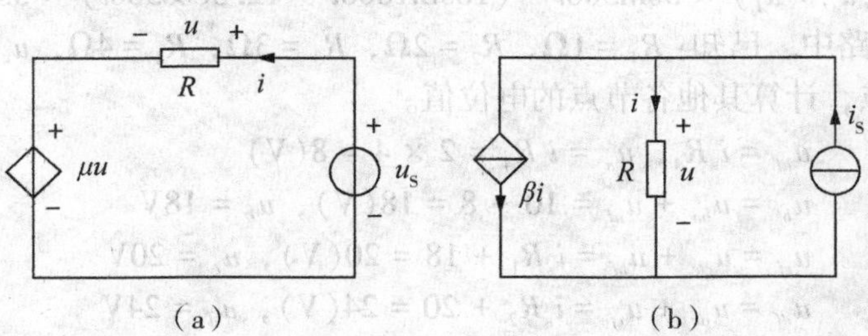

题 1-5 图

解　等效替代的原则是受控源两端电压和电流关系保持不变。

图(a) $u=Ri$，设受控源电压 u_1，等效电阻为 R_1，则 $u_1=\mu u=\mu Ri=R_1 i$，所以 $R_1=\mu R$，受控源可以用此等效电阻来替代。

图(b) $u=Ri$，设受控源 i_1，等效电阻为 R_1，$i_1=\beta i=\beta u/R=G_1 u$，所以 $R_1=R/\beta$，受控源可以用此等效电阻来替代。

1-6　已知图示电路中，理想电压源电压为 $u_s=10\sin1000t\text{V}$，理想电流源电流为 $i_s=5\sin500t\text{A}$。试求：

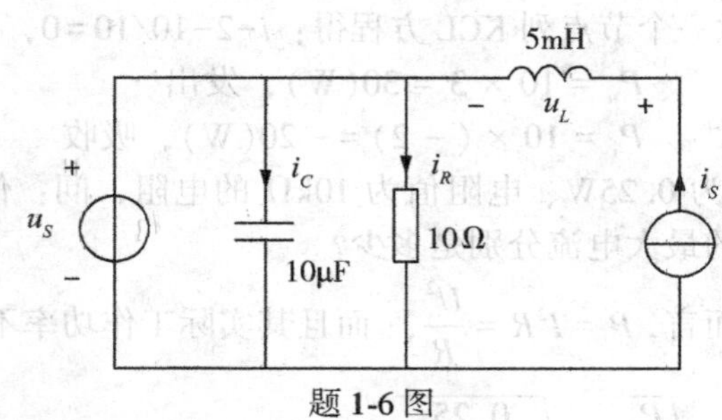

题 1-6 图

(1)流过电容和电阻的电流及作用在电感上的端电压；

(2)各无源元件吸收的功率和两理想电压源输出的功率。

解　(1)流过电容的电流：$i_C=C\dfrac{\mathrm{d}u}{\mathrm{d}t}=10\times10^6\times\dfrac{\mathrm{d}(10\sin1000t)}{\mathrm{d}t}=0.1\cos1000t(\text{A})$

流过电阻的电流：$i_R=\dfrac{u_s}{R}=\dfrac{10\sin1000t}{10}=\sin1000t(\text{A})$

作用在电感上的端电压：$u_L=L\dfrac{\mathrm{d}i}{\mathrm{d}t}=5\times10^3\times\dfrac{\mathrm{d}(5\sin500t)}{\mathrm{d}t}=12.5\cos500t(\text{V})$

(2)电阻元件吸收的功率：$P_R=u_s i_R=10\sin1000t\times\sin1000t=5(1-\cos2000t)(\text{W})$

电容元件吸收的功率：$P_C=u_C i_C=0.1\cos1000t\times10\sin1000t=0.5\sin2000t(\text{W})$

电感元件吸收的功率：$P_L=u_L i_L=12.5\cos500t\times5\sin500t=31.25\sin1000t(\text{W})$

电压源输出的功率：

$$P_u=u_u i_u=10\sin1000t\times(i_c+i_R-i_s)=10\sin1000t(0.1\cos1000t+\sin1000t-5\sin500t)(\text{W})$$

电流源输出的功率：

$$P_i=u_i i_i=(u_s+u_L)\times5\sin500t=(10\sin1000t+12.5\cos500t)\times5\sin500t(\text{W})$$

1-7　图示电路中，已知：$R_1=1\Omega$，$R_2=2\Omega$，$R_3=3\Omega$，$R_4=4\Omega$，$u_s=10\text{V}$，$i_s=2\text{A}$，选 f 点为参考节点，计算其他各节点的电位值。

解　$u_{af}=i_s R_4$，$u_a=i_s R_4=2\times4=8(\text{V})$

$u_{bf}=u_{ba}+u_{af}=10+8=18(\text{V})$，$u_b=18\text{V}$

$u_{cf}=u_{cb}+u_{bf}=i_s R_1+18=20(\text{V})$，$u_c=20\text{V}$

$u_{df}=u_{dc}+u_{cf}=i_s R_2+20=24(\text{V})$，$u_d=24\text{V}$

$u_{ef}=u_{ed}+u_{df}=i_s R_3+24=30(\text{V})$，$u_f=30\text{V}$

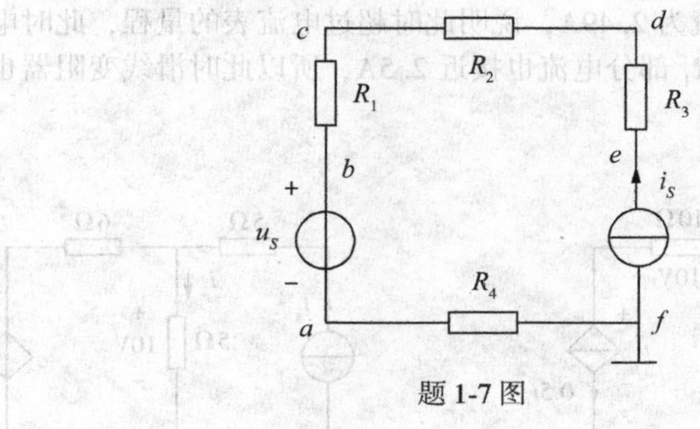

题 1-7 图

1-8 图(a)所示为一滑线变阻器，其电阻 $R=1\mathrm{k}\Omega$，额定电流为 1A。若已知外加电压 $u=100\mathrm{V}$，电阻 $R_1=200\Omega$。

(1)求图(a)中的输出电压 u_1。

(2)若如图(b)所示，用内阻分别为 $2\mathrm{k}\Omega$ 和 $2\mathrm{M}\Omega$ 的电压表去测量输出电压，问：电压表的读数分别为多少?

(3)若如图(c)所示，误将内阻为 1Ω，量程为 1A 的电流表当作电压表接入，将会发生什么后果?

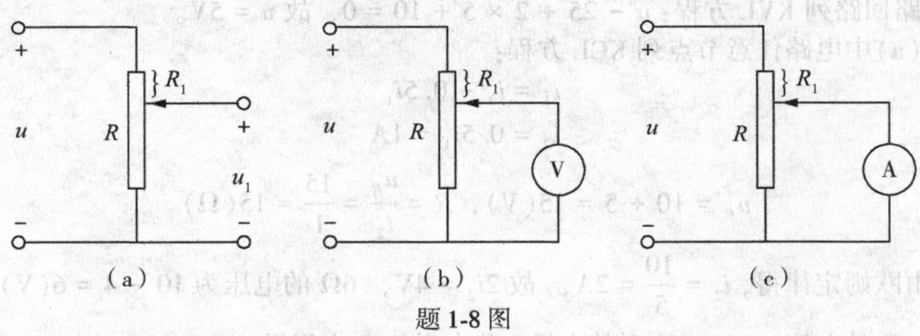

题 1-8 图

解 (1)图(a)中的输出电压：$u_1=\dfrac{R-R_1}{R}u=\dfrac{1000-200}{1000}\times 500=400(\mathrm{V})$

(2)图(b)中的输出电压：$u_1=\dfrac{(R-R_1)//R_v}{(R-R_1)//R_v+R_1}u$

当 $R_v=2\mathrm{k}\Omega$ 时，代入上式，得：$u_1=\dfrac{(1000-200)//2000}{(1000-200)//2000+200}\times 500=370.4(\mathrm{V})$

当 $R_v=2\mathrm{M}\Omega$ 时，代入上式，得：$u_1=\dfrac{(1000-200)//2000000}{(1000-200)//2000000+200}\times 500=399.97(\mathrm{V})$

所以上述两种情况下，电压表的读数分别为 370.4V，399.97V。

(3)图(c)中的输出电压：

$$u_1=\frac{(R-R_1)//R_A}{(R-R_1)//R_A+R_1}u=\frac{(1000-200)//1}{(1000-200)//1+200}\times 500=2.49(\mathrm{V})$$

所以，流经电流表的电流为 2.49A，说明此时超过电流表的量程，此时电流表损坏。同时，经过滑线变阻器 R_1 部分电流也接近 2.5A，所以此时滑线变阻器也将损坏。

1-9　图示电路中，试求：

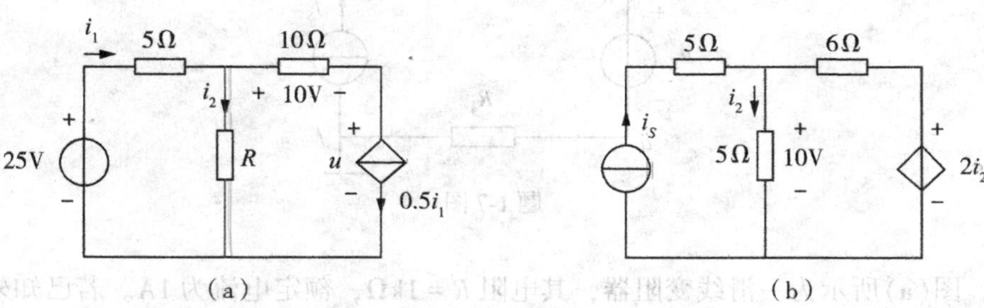

题 1-9 图

(1)图(a)电路中电流源的端电压 u 和电阻 R 的值。

(2)图(b)电路中电流源的电流值。

解　(1)如图(a)电路中 10Ω 电阻与受控电流源串联，则流经两元件电流相等，即：$0.5i_1 = \frac{10}{10} = 1(\mathrm{A})$，故 $i_1 = 2\mathrm{A}$。

对电路回路列 KVL 方程：$u - 25 + 2 \times 5 + 10 = 0$，故 $u = 5\mathrm{V}$。

对图(a)中电路任意节点列 KCL 方程：

$$i_1 = i_2 + 0.5i_1$$

$$i_2 = 0.5i_1 = 1\mathrm{A}$$

$$u_R = 10 + 5 = 15(\mathrm{V}),\ R = \frac{u_R}{i_2} = \frac{15}{1} = 15(\Omega)$$

(2)由欧姆定律得，$i_2 = \frac{10}{5} = 2\mathrm{A}$，故 $2i_2 = 4\mathrm{V}$，6Ω 的电压为 $10 - 4 = 6(\mathrm{V})$。

流经 6Ω 的电流 $i_1 = 1\mathrm{A}$，则对其中任一节点列 KCL 方程得：$i_S = i_1 + i_2 = 2 + 1 = 3(\mathrm{A})$。

1-10　如图所示电路，试利用基尔霍夫定律计算：

(1)图(a)电路中受控电流源的端电压。

(2)图(b)电路中的各支路电流。

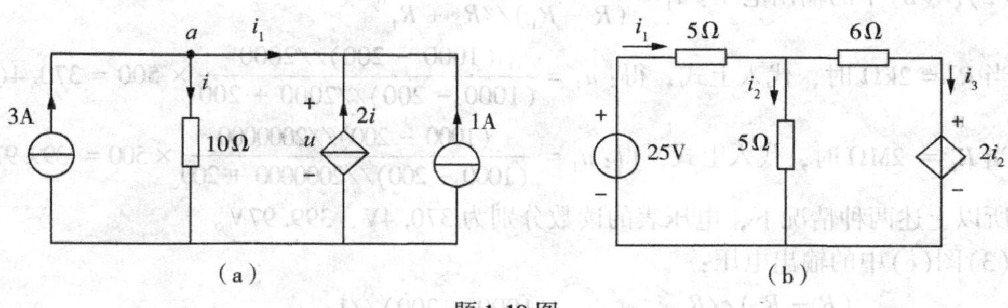

题 1-10 图

解 (1)图(a)中，对节点 a，列 KCL 方程，得：$-3+i-2i-1=0$，$i=-4\text{A}$。

电流源的电压和 10Ω 电压相等，即 $u = 10i = -40\text{V}$。

(2)对图(b)电路中任意节点列 KCL 方程，得：$i_2 + i_3 - i_1 = 0$

电路左侧回路列 KVL 方程，得：$-25 + 5i_1 + 5i_2 = 0$

电路右侧回路列 KVL 方程，得：$-5i_2 + 6i_3 + 2i_2 = 0$

由以上方程可求得：$i_1 = 3\text{A}$，$i_2 = 2\text{A}$，$i_3 = 1\text{A}$

1-11 试确定图示电路独立的 KCL、KVL 方程的个数，并选定独立节点和独立回路列写 KCL、KVL 方程。

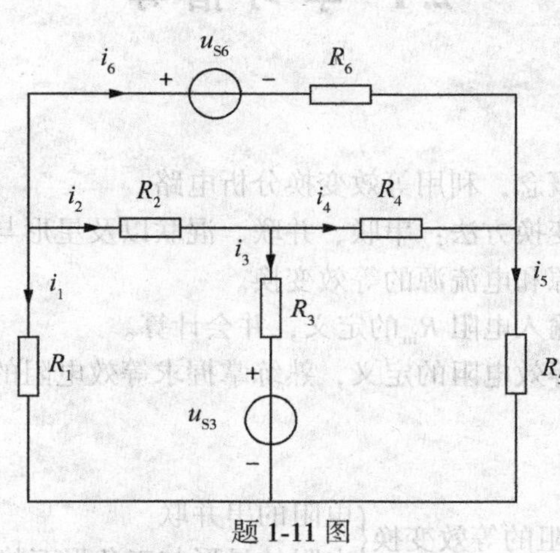

题 1-11 图

解 由于电路中节点个数为 4 个，所以电路中独立的 KCL 方程个数为 3 个；由于电路中网孔个数为 3 个，故电路中独立的 KVL 方程个数为 3 个。

独立 KCL 方程：

对 a 节点 $\quad i_1 + i_2 + i_6 = 0$

对 b 节点 $\quad i_5 - i_4 - i_6 = 0$

对 c 节点 $\quad -i_1 - i_3 - i_5 = 0$

独立 KVL 方程：$\quad u_{S6} + R_6 i_6 - R_2 i_2 = 0$

即 $\quad R_2 i_2 + R_3 i_3 + u_{S3} + R_1 i_1 = 0$

第 2 章　电阻电路的等效变换

2.1　学 习 指 导

一、学习要求

(1)理解等效变换的概念，利用等效变换分析电路。
(2)掌握电阻的等效变换方法：串联、并联、混联以及星形与三角形的等效变换。
(3)理解和掌握电压源和电流源的等效变换。
(4)理解一端口电路输入电阻 R_{in} 的定义，并会计算。
(5)理解一端口网络等效电阻的定义，熟练掌握求等效电阻的方法。

二、知识结构图

- 电阻电路的等效变换
  - 电阻的等效变换
    - 电阻的串并联
    - 电阻的星形与三角形互换
  - 理想电源的串联、并联等效变换
    - n 个电压源串联
    - n 个电流源并联
    - n 个电压源并联(要求电压相同)
    - n 个电流源串联(要求电压相同)
  - 实际电源的等效变换
    - 实际电压源⟶实际电流源
    - 实际电流源⟶实际电压源
    - 等效原则：端口电压电流关系不变
  - 输入电阻
    - 输入电阻的定义
    - 输入电阻的求法
      - 电阻变换法
      - 外加电源法

三、重点和难点

1. 电路等效变换的概念

电路等效变换的概念在电路理论中非常重要，在电路分析中也经常使用。运用等效变换可以将复杂的电路化简为单回路或双节点电路，从而简化电路。因此，深刻理解等效变换的概念和熟练地运用等效变换的方法简化电路，是本章的重点。其中，如何正确认识等效变换的条件和等效变换的目的是本章的难点。

2. 电阻的串联、并联和串并联

电阻的串联、并联和混联是电阻之间主要的连接方式，一个由纯电阻组成的无源一端口网络总是可以用一个等效电阻来等效替换，以达到简化电路的分析和计算。因此，熟练判断电阻之间的连接关系，应用电阻网络等效变换的方法化简电路，是本章重点。其中，如何判别电路中电阻的串并联关系，是电阻网络等效变换的难点。

3. 实际电源的两种模型及其等效变换

实际电压源的模型是理想电压源与电阻的串联组合，实际电流源的模型是理想电流源和电阻(电导)的并联组合。实际电源的两种模型是可以等效变换的，应用实际电源两种模型的等效变换方法来化简电路，是本章的重点。受控电压源、电阻的串联组合和受控电流源、电阻的并联组合也可以采用实际电源的两种模型的等效变换进行变换，在变换过程中，将受控源当作独立源处理，但要注意在变换过程中控制量必须保持完整而不被改变。在此，受控电压源、电阻的串联和受控电流源、电阻的并联组合之间的等效变换是电源等效变换中的难点。

4. 无源一端口网络的输入电阻

无源一端口网络的输入电阻定义为此一端口的端电压与端电流之间的比值。理解输入电阻和等效电阻的关系，熟练地掌握求解输入电阻的方法，是本章的重点。含有受控源的一端口网络的输入电阻的求解是难点。

2.2 主要内容

一、二端网络与无源二端网络

设电路中的某个部分可以用两端电路来表示，如图 2-1(a)所示。图中 a、b 分别为两个端子，N(Network)表示网络。如果流出端口一端的电流 i_b 等于另一端流入的电流 i_a，则称该二端电路为一端口电路或网络，简称为一端口。图 2-1(a)的一端口可以分为两种情况：如果内部含有独立源，称为含源一端口，用图 2-1(b)的形式表示；如果内部不含独立源，则称为无源一端口，用图 2-1(c)的形式表示。无源一端口内部只是不含独立源，但可能含有受控源。今后称图 2-1(a)(b)(c)分别为一端口 N、N_S 和 N_0。

设一个复杂电路可以表示成如图 2-2 所示的形式。由图可见，左边为含源一端口，右边为不含独立源的一端口。设两个一端口的连接处(端口)的电压和电流分别为 u 和 i。

1. 二端网络等效的定义

两个结构不同的二端网络，它们的端口分别外接任何相同的负载或电路时，两端口的伏安关系相等。在 u，i 平面上，等效的两个二端网络端口的电压电流关系特性曲线相同。

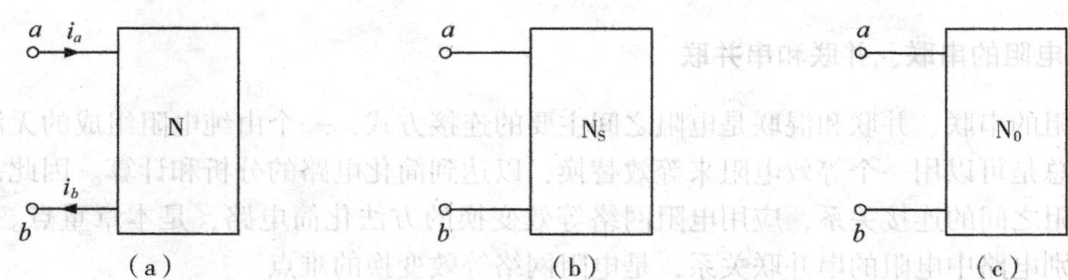

图 2-1　一端口网络及其表示

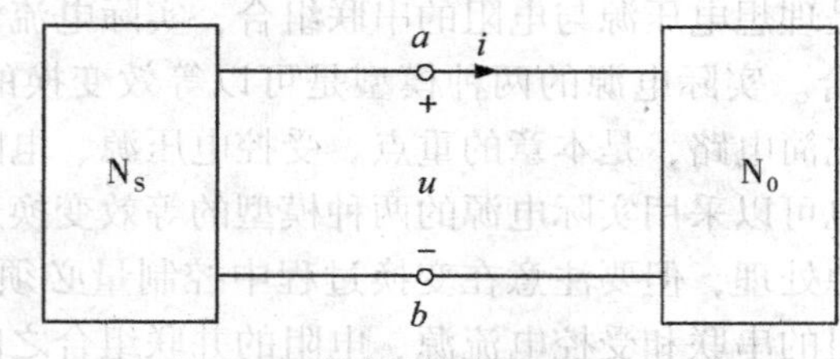

图 2-2　复杂电路的一端口表示

一个无源一端口 N_0 包括两种情况：一是内部仅含电阻的一端口；二是内部除了含有电阻外，还含有受控源。对于这样的一端口，可以用一个电阻等效替代。设无源一端口的电压 u 和电流 i 如图 2-3(a)所示，其中 u、i 是关联参考方向，则该无源一端口等效电阻的 R_{eq}定义为

$$R_{eq} = \frac{u}{i} \tag{2-1}$$

当无源一端口作为电路的输入端口(有时也称为驱动点)时，等效电阻称为输入电阻 R_{in}。注意，含有受控源一端口的等效电阻有时可能为负值。

求取一端口的等效电阻一般有两种方法：电压法或电流法。

电压法：电压法是在端口加一个电压源 u_S，设 $u = u_S$，然后求出在该电压源作用下的电流 i，如图 2-3(b)所示。

电流法：电流法是在端口加一个电流源 i_S，设 $i = i_S$，求出在该电流源作用下的电压 u，如图 2-3(c)所示；最后根据式(2-1)可以求出一端口的等效电阻或输入电阻。

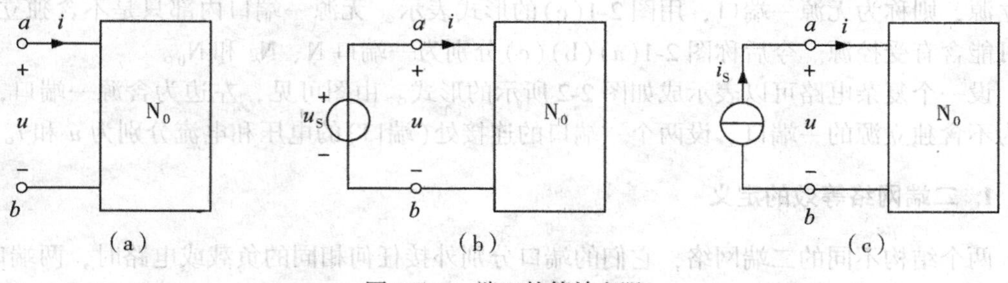

图 2-3　一端口的等效电阻

一端口电路等效的概念也可以推广到多端电路的等效。对于一个多端电路，可以用另外一个端点个数相同的多端电路替代。替代的原则是：替代前后两个多端电路对应端子间的电压和对应端子上的电流保持不变。这就是多端电路的等效。换句话说，多端电路的等效就是只要保持多端电路对应端子间的电压和对应端子上的电流不变，一个多端电路就可以由另一个多端电路等效替代。

2. 等效的范围与作用

等效是指二端网络的端口及端口外部电路而言，对网络端口内部不等效。等效电路只能用来计算端口及端口外部电路的电流和电压。一个电路对于不同的端口和不同的部分，有不同的等效电路。

二、电阻等效变换和化简的基本规律和公式

1. 电阻串、并联的等效电阻

本章利用等效电阻的定义以及 KVL 和 KCL 求取电阻串、并联电路的等效电阻。

1)串联

如图 2-4(a)所示电路为 n 个电阻 R_1，R_2，…，R_k，…，R_n 串联连接，由于电阻串联时，每个电阻中流过同一个电流，所以用电流法可以求得等效电阻。

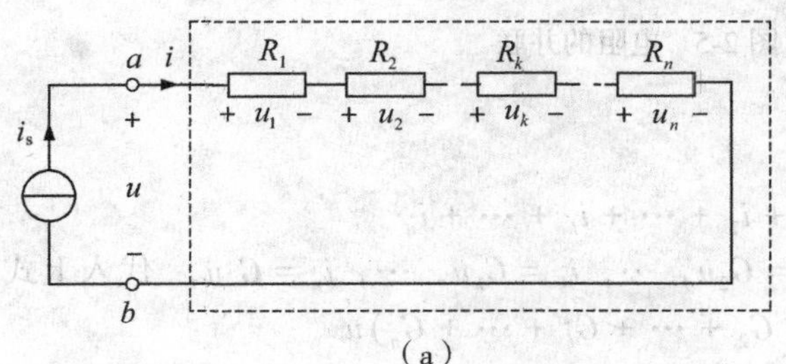

(a)

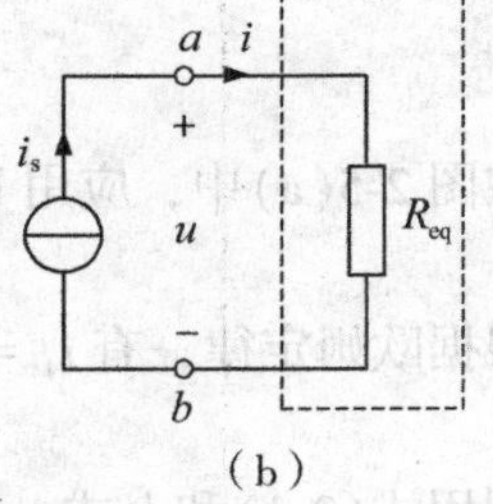

(b)

图 2-4 电阻的串联

在图 2-4(a)中，应用 KVL，即

$$u = u_1 + u_2 + \cdots + u_k + \cdots + u_n$$

因为每个电阻中的电流均为 i，根据欧姆定律，有 $u_1 = R_1 i$，$u_2 = R_2 i$，…，$u_k = R_k i$，…，$u_n = R_n i$，代入上式，得

$$u = (R_1 + R_2 + \cdots + R_k + \cdots + R_n)i$$

再利用式(2-1)和上式，得

$$R_{eq} = \frac{u}{i_S} = \frac{u}{i} = R_1 + R_2 + \cdots + R_k + \cdots + R_n = \sum_{k=1}^{n} R_k \tag{2-2}$$

电阻 R_{eq} 是 n 个电阻串联的等效电阻，即等效电阻等于所有串联电阻之和。等效后的电路如图 2-4(b)所示。显然，等效电阻大于任一个串联的电阻。

如果已知端口电压 u，可以求得每个电阻上的电压，即

$$u_k = R_k i = \frac{R_k}{R_{eq}} u, \quad k = 1, 2, \cdots, n \tag{2-3}$$

该式就是电阻串联时的分压公式。可见，当端电压确定以后，每个电阻上的电压和电阻值成正比。如果 $n = 2$，即两个电阻串联，分压公式为

$$u_1 = \frac{R_1}{R_1 + R_2} u, \quad u_2 = \frac{R_2}{R_1 + R_2} u \tag{2-4}$$

2）并联

n 个电阻并联连接的电路如图 2-5(a)所示，图中 G_1，G_2，…，G_k，…，G_n 分别是 n 个并联电阻所对应的电导。电导并联时，所有电导两端的电压相同，用上述的电压法可以求得等效电导。

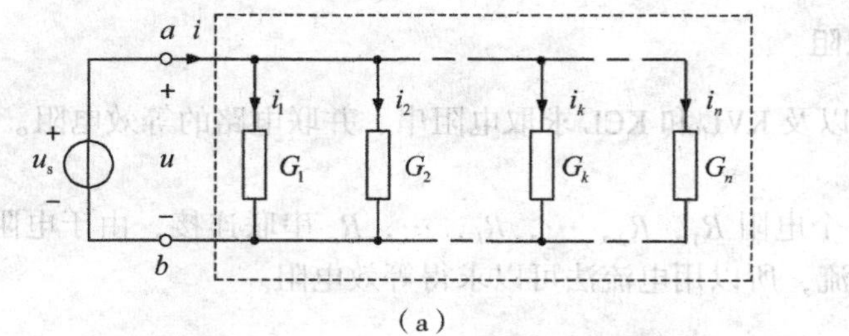

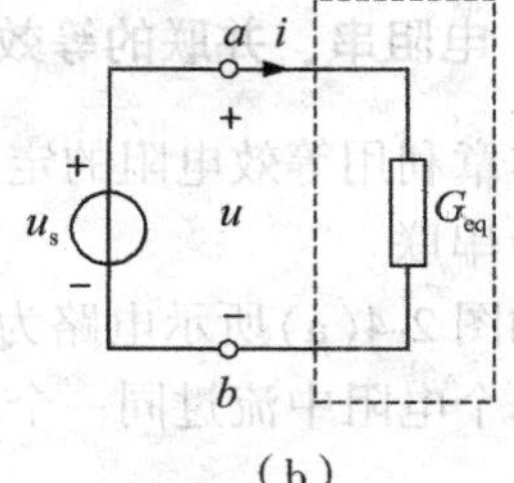

图 2-5　电阻的并联

在图 2-5(a)中，应用 KCL，有

$$i = i_1 + i_2 + \cdots + i_k + \cdots + i_n$$

根据欧姆定律，有 $i_1 = G_1 u$，$i_2 = G_2 u$，…，$i_k = G_k u$，…，$i_n = G_n u$，代入上式，得

$$i = (G_1 + G_2 + \cdots + G_k + \cdots + G_n) u$$

利用式(2-1)和上式，得

$$G_{eq} = \frac{i}{u_S} = \frac{i}{u} = G_1 + G_2 + \cdots + G_k + \cdots + G_n = \sum_{k=1}^{n} G_k \tag{2-5}$$

电阻 G_{eq} 是 n 个电导并联的等效电导，即等效电导等于所有并联电导之和。等效后的电路如图 2-5(b)所示。可见，等效电导大于任何一个并联电导。

根据式(2-2)和式(2-5)，有

$$\frac{1}{R_{eq}} = G_{eq} = \sum_{k=1}^{n} \frac{1}{R_k} \tag{2-6}$$

可以看出，等效电阻小于任何一个并联电阻。

如果已知端口电流 i，可以求得每个电导上的电流，即

$$i_k = G_k u = \frac{G_k}{G_{eq}} i, \quad k = 1, 2, \cdots, n \tag{2-7}$$

该式是电阻并联时的分流公式。可见，当端口电流确定以后，流过每个电导(阻)的

电流和电导值成正比。如果 $n=2$，即两个电阻并联，分流公式为

$$i_1=\frac{G_1}{G_1+G_2}i=\frac{R_2}{R_1+R_2}i,\quad i_2=\frac{G_2}{G_1+G_2}i=\frac{R_1}{R_1+R_2}i \tag{2-8}$$

总结：n 个电阻元件串联，电路的等效电阻 R_{eq} 是这 n 个电阻之和，即

$$R_{eq}=R_1+R_2+\cdots+R_n=\sum_{k=1}^{n}R_k \tag{2-9}$$

n 个电阻元件并联，电路的等效电阻 R_{eq} 的倒数是这 n 个电阻各自倒数之和，即

$$\frac{1}{R_{eq}}=\frac{1}{R_1}+\frac{1}{R_2}+\cdots+\frac{1}{R_n}=\sum_{k=1}^{n}\frac{1}{R_k} \tag{2-10}$$

或等效电导 G_{eq} 等于这 n 个电导之和，即：

$$G_{eq}=G_1+G_2+\cdots+G_n=\sum_{k=1}^{n}G_k \tag{2-11}$$

其中：
$$G_{eq}=\frac{1}{R_{eq}},\ G_1=\frac{1}{R_1},\ G_2=\frac{1}{R_2},\ G_n=\frac{1}{R_n}$$

2. 电阻的串并联

电阻电路中既存在电阻串联又存在电阻并联现象，关键是弄清楚串并联的概念。

3. Y-△变换

实际中有一种如图 2-6 所示的惠斯通电桥电路，它称为桥式电路。其中，R_1、R_2、R_3 和 R_4 所在的支路称为桥臂，R_5 支路称为桥支路。这种电路常被用于测量和控制电路中。若 R_5 支路中的电流为零（R_5 两端等电位），此时称为电桥平衡，平衡条件为 $R_1R_3=R_2R_4$。如果电桥平衡，可以将 R_5 支路断开或短接，然后用串并联进行求解。若电桥不平衡，就不可能用串并联的方法求解。由图 2-6 中可以看出，电阻 R_1、R_4、R_5 和 R_2、R_3、R_5 为 Y 连接(或星形连接)，R_1、R_2、R_5 和 R_3、R_4、R_5 为△连接(或三角形连接)。如果将 Y 连接等效变换成△连接或反之，就可以用串并联的方法求解桥式电路。电阻为 Y 连接和△连接电路之间的等效变换变换可简称为 Y-△变换。

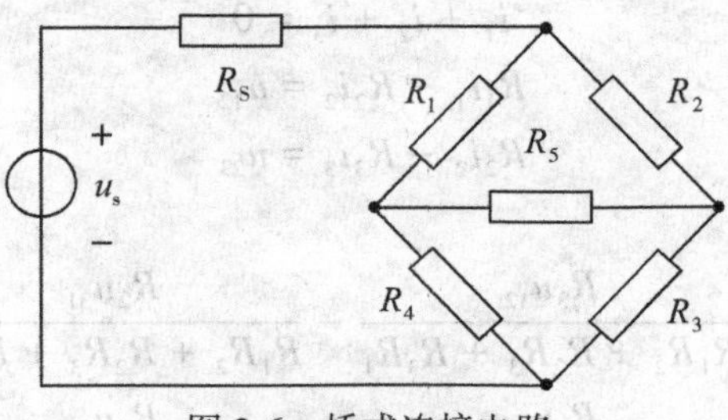

图 2-6　桥式连接电路

图 2-7 所示是 Y 连接和△连接电路，其中图 2-7(a)(b)分别为 Y 连接和△连接电路。

为了求取 Y-△的等效变换关系，根据多端电路等效的概念，即只要保持两个多端电

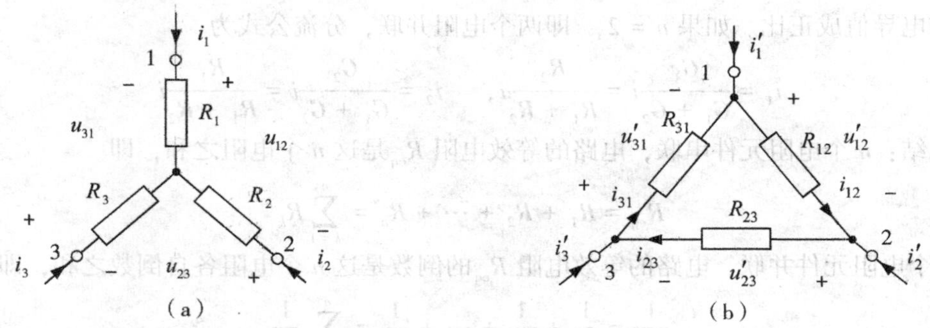

图 2-7　Y 和△连接电路

路对应端子间的电压和对应端子上的电流不变，则一个电路就可以由另一个电路等效替换。为此，设图 2-7(a)中 3 个端子间的电压分别为 u_{12}、u_{23} 和 u_{31}，流入 3 个端子的电流分别为 i_1、i_2 和 i_3；设图 2-7(b)中 3 个端子间的电压分别为 u'_{12}、u'_{23} 和 u'_{31}，流入 3 个端子的电流分别为 i'_1、i'_2 和 i'_3。首先令对应端子间的电压相等，即 $u'_{12}=u_{12}$、$u'_{23}=u_{23}$ 和 $u'_{31}=u_{31}$，然后求出各端子上的电流并令它们分别对应相等，即 $i'_1=i_1$、$i'_2=i_2$ 和 $i'_3=i_3$，这样就可以得到等效变换关系。

对于△连接电路，根据欧姆定律，有

$$i_{12}=\frac{u_{12}}{R_{12}},\ i_{23}=\frac{u_{23}}{R_{23}},\ i_{31}=\frac{u_{31}}{R_{31}}$$

再根据 KCL，有

$$i'_1=i_{12}-i_{31}=\frac{u_{12}}{R_{12}}-\frac{u_{31}}{R_{31}} \tag{2-12a}$$

$$i'_2=i_{23}-i_{12}=\frac{u_{23}}{R_{23}}-\frac{u_{12}}{R_{12}} \tag{2-12b}$$

$$i'_3=i_{31}-i_{23}=\frac{u_{31}}{R_{31}}-\frac{u_{23}}{R_{23}} \tag{2-12c}$$

对于 Y 连接电路，根据 KCL、KVL 和欧姆定律，有

$$\begin{gathered}i_1+i_2+i_3=0\\ R_1i_1-R_2i_2=u_{12}\\ R_2i_2-R_3i_3=u_{23}\end{gathered}$$

由此解出电流

$$i_1=\frac{R_3u_{12}}{R_1R_2+R_2R_3+R_3R_1}-\frac{R_2u_{31}}{R_1R_2+R_2R_3+R_3R_1} \tag{2-13a}$$

$$i_2=\frac{R_1u_{23}}{R_1R_2+R_2R_3+R_3R_1}-\frac{R_3u_{12}}{R_1R_2+R_2R_3+R_3R_1} \tag{2-13b}$$

$$i_3=\frac{R_2u_{31}}{R_1R_2+R_2R_3+R_3R_1}-\frac{R_1u_{23}}{R_1R_2+R_2R_3+R_3R_1} \tag{2-13c}$$

根据等效的概念，令 $i'_1 = i_1$、$i'_2 = i_2$ 和 $i'_3 = i_3$，故由式(2−12)和式(2−13)可以得到

$$R_{12} = \frac{R_1R_2 + R_2R_3 + R_3R_1}{R_3} \tag{2-14a}$$

$$R_{23} = \frac{R_1R_2 + R_2R_3 + R_3R_1}{R_1} \tag{2-14b}$$

$$R_{31} = \frac{R_1R_2 + R_2R_3 + R_3R_1}{R_2} \tag{2-14c}$$

式(2-14)就是由 Y 连接到△连接的变换公式。为了帮助记忆，该式可归纳为

$$\triangle\text{电阻} = \frac{\text{Y 形电阻两两乘积之和}}{\text{Y 形不相邻的电阻}}$$

下面求由△连接到 Y 连接的变换公式。将式(2-14)中三式相加，并在右边通分，得

$$R_{12} + R_{23} + R_{31} = \frac{(R_1R_2 + R_2R_3 + R_3R_1)^2}{R_1R_2R_3}$$

然后由式(2-14)得 $R_1R_2 + R_2R_3 + R_3R_1 = R_{12}R_3 = R_{31}R_2$，并分别代入上式，得

$$R_1 = \frac{R_{12}R_{31}}{R_{12} + R_{23} + R_{31}} \tag{2-15a}$$

$$R_2 = \frac{R_{23}R_{12}}{R_{12} + R_{23} + R_{31}} \tag{2-15b}$$

$$R_3 = \frac{R_{31}R_{23}}{R_{12} + R_{23} + R_{31}} \tag{2-15c}$$

该式就是△连接到 Y 连接的变换公式，可以归纳为

$$\text{Y 连接电阻} = \frac{\triangle\text{连接相邻电阻乘积}}{\triangle\text{连接电阻之和}}$$

当 $R_1 = R_2 = R_3 = R_Y$，$R_{12} = R_{23} = R_{31} = R_\triangle$，称 Y 连接和△连接电路是对称的，根据式(2-14)，有

$$R_\triangle = 3R_Y, \quad R_Y = \frac{R_\triangle}{3} \tag{2-16}$$

总结：要求熟记以下公式：

Y→△：　$R_{12} = R_1 + R_2 + \dfrac{R_1R_2}{R_3}$，$R_{23} = R_2 + R_3 + \dfrac{R_2R_3}{R_1}$，$R_{31} = R_1 + R_3 + \dfrac{R_1R_3}{R_2}$

△→Y：　$R_1 = \dfrac{R_{12}R_{31}}{R_{12} + R_{23} + R_{31}}$，$R_2 = \dfrac{R_{12}R_{23}}{R_{12} + R_{23} + R_{31}}$，$R_3 = \dfrac{R_{23}R_{31}}{R_{12} + R_{23} + R_{31}}$

注意：等效是对外(端钮以外)有效，对内不成立，等效电路与外电路无关，当 Y 形三个电阻相等时，转换为△时，存在 $R_\triangle = 3R_Y$。

三、电压源和电流源的等效变换

1. 电压源串联和电流源并联的等效电源

(1)电压源的串联与并联。图 2-8(a)为 n 个电压源的串联，根据 KVL，有

$$u = u_S = u_{S1} + u_{S2} + \cdots + u_{Sn} = \sum_{k=1}^{n} u_{Sk}$$

可见，当 n 个电压源串联时，可以用一个电压为 u_S 的电压源等效替代，等效电源如图 2-8(b) 所示。注意，等效电源 u_S 是 n 个电压源电压的代数和，即如果 $u_k(k = 1, 2, \cdots, n)$ 与 u_S 的参考方向一致，取"+"号，否则取"-"号。

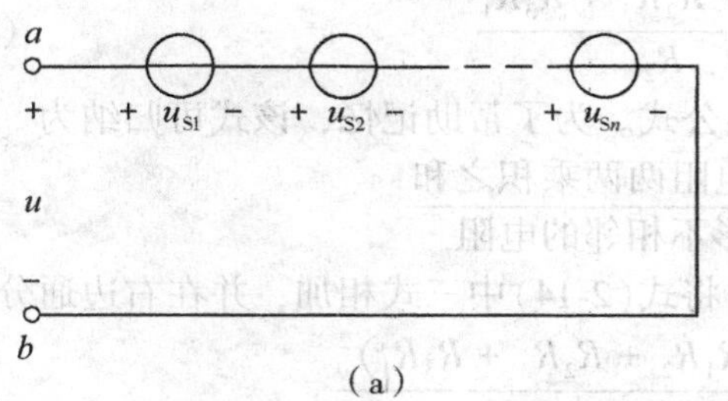

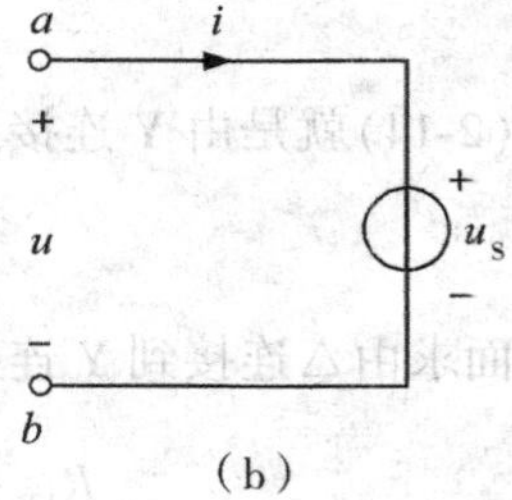

图 2-8　电压源的串联

两个不相等的电压源是不允许并联的，如图 2-9 所示。

图 2-9　电压源的并联

(2) 电流源的串联与并联。首先研究电流源的并联。图 2-10(a) 所示为 n 个电流源的并联，根据 KCL，有

$$i = i_S = i_{S1} + i_{S2} + \cdots + i_{Sn} = \sum_{k=1}^{n} i_{Sk}$$

可见，当 n 个电流源的并联时，可以用一个电流源 i_S 等效替代，等效电源如图 2-10(b) 所示。如果 $i_k(k = 1, 2, \cdots, n)$ 与 i_S 的参考方向一致，取"+"号，否则取"-"号。

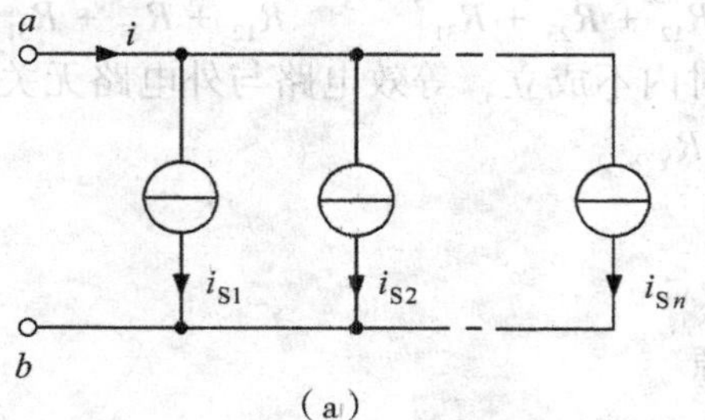

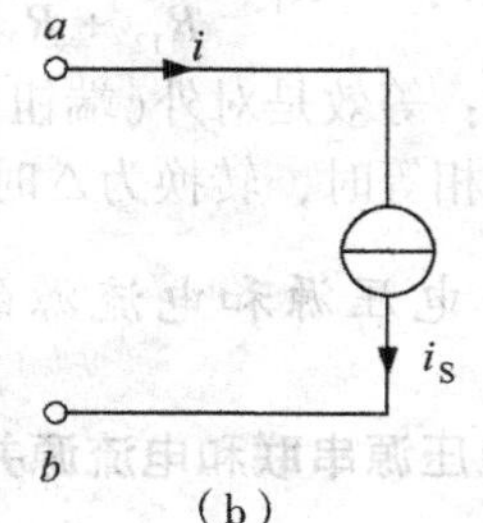

图 2-10　电流源的并联

两个不相等的电流源是不允许串联的如图 2-11 所示。

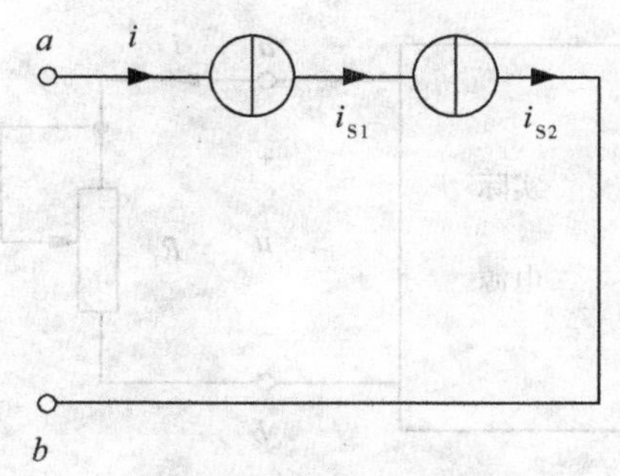

图 2-11　电流源的串联

(3)电压源和电流源的串联与并联。当一个电压源和一个电流源串联时，电压源的电流就等于电流源的电流，如图 2-12(a)所示。当一个电流源和一个电压源并联时，电流源的电压就等于电压源的电压，如图 2-12(b)所示。所以，电流源可以和电压源并联。

以上结论可以推广到受控源。

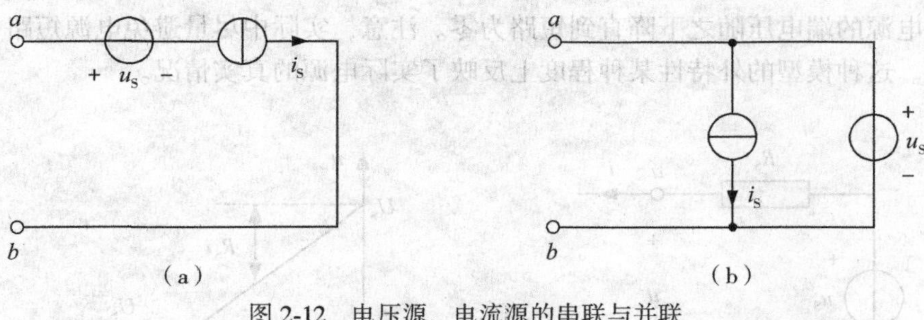

图 2-12　电压源、电流源的串联与并联

总结：

(1) n 个电压源串联时，等效电压源 u_{seq} 是这 n 个电压源电压的代数和。即：

$$u_{seq} = u_{s1} + u_{s2} + \cdots + u_{sn} = \sum_{k=1}^{n} u_{sk}$$

(2) n 个电流源并联时，等效电压源 i_{seq} 是这 n 个电压源电压的代数和。即：

$$i_{seq} = i_{s1} + i_{s2} + \cdots + i_{sn} = \sum_{k=1}^{n} i_{sk}$$

2. 实际电压源和实际电流源之间的相互等效变换

实际电源也存在着两种模型，下面就介绍这两种模型以及它们之间的等效变换。

1)实际电源的两种模型

电压源：如果将实际电源中产生能量的部分用电压源描述，则实际电源可以用一个电压源和一个电阻的串联来表示，称为等效模型Ⅰ，如图 2-13(a)所示。图中 $u_S = u_{oc}$ 为开路电压，$R = R_S$ 为电源的内阻。

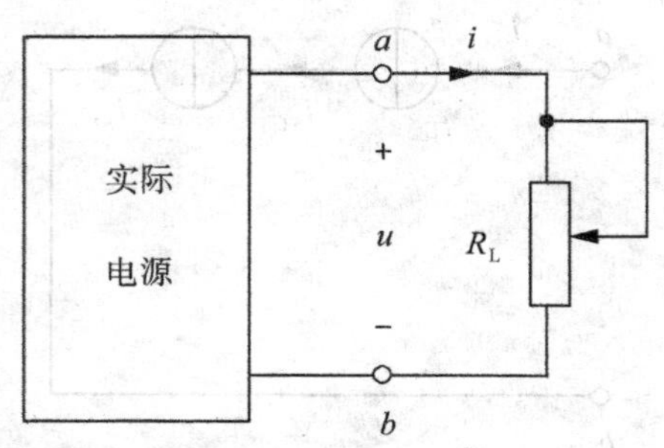

图 2-13　外接负载的实际电源

对于图 2-14(a)应用 KVL，有

$$u = u_S - R_S i \tag{2-17}$$

若电源为直流电源，则 $u_S = U_S$，此时 $u = U_S - R_S i$，由此得出模型Ⅰ的伏安特性(外特性)如图 2-14(b)所示。可见，伏安特性为一条直线，直线斜率为$-R_S$，直线和纵轴的交点为 U_S（开路电压），和横轴的交点为 $i_{sc} = U_S/R_S$（短路电流）。另外，随着电源输出电流的增加，电源的端电压随之下降直到短路为零。注意，实际中尽量避免电源短路，否则将造成损坏。这种模型的外特性某种程度上反映了实际电源的真实情况。

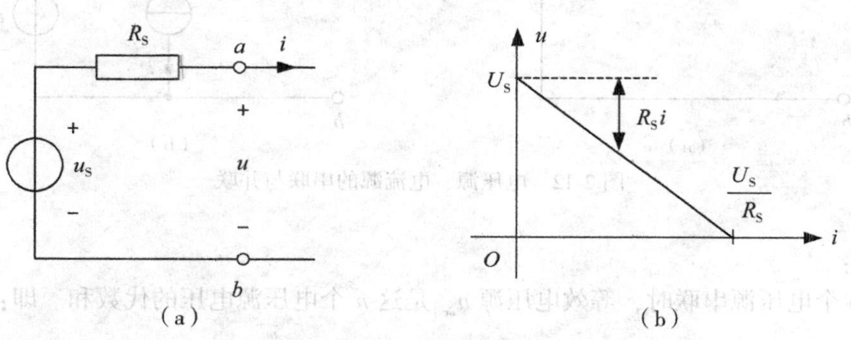

图 2-14　实际电源的模型Ⅰ和伏安特性

电流源：如果将实际电源中产生能量的部分用电流源描述，则实际电源可以用一个电流源和一个电阻的并联来表示，称为等效模型Ⅱ。

$$i = \frac{u_S}{R_S} - \frac{u}{R_S} = i_{sc} - G_S u = i_S - G_S u \tag{2-18}$$

由该式可以得出实际电源的模型Ⅱ，如图 2-15(a)所示。可见，一个实际电源可以用一个电流源和一个电阻(电导 G_S)的并联来表示。对于直流电源，则 $i_S = i_{sc} = I_{sc}$，$i = I_S - G_S u$，模型Ⅱ的伏安特性和模型Ⅰ相同，如图 2-15(b)所示。

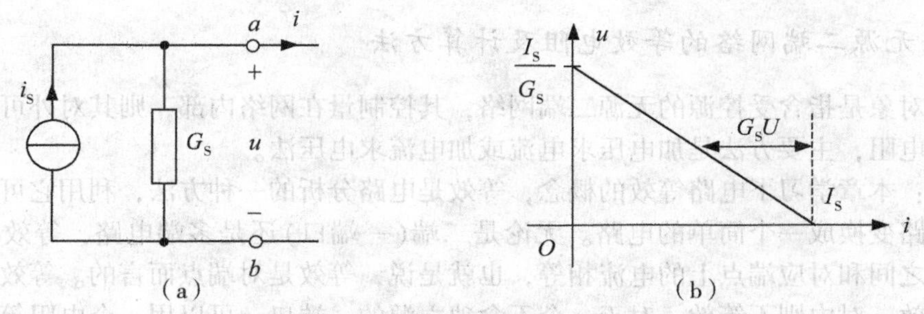

图 2-15 实际电源的模型Ⅱ和伏安特性

2）两种电源模型的等效变换

因为实际电源两种模型的伏安特性完全相同，所以模型Ⅰ和模型Ⅱ在 a、b 两端是等效的，这样两个模型之间可以进行等效变换。由以上分析可知等效变换的关系为

$$i_S = G_S u_S, \qquad G_S = \frac{1}{R_S} \tag{2-19}$$

在进行电源模型变换时，要注意电压源和电流源的参考方向，即电流源 i_S 的参考方向是由电压源 u_S 的负极指向正极。

由于模型Ⅰ和模型Ⅱ只是在端点 a、b 处等效，所以它们之间的等效变换是对端点而言的。换句话说，电源两种模型的等效是对外的，对内则无等效可言。例如，当 a、b 端点开路时，两电源对外均不输出功率，而此时电压源 u_S 输出的功率为零，电流源 i_S 输出的功率为 I_S^2/G_S（直流情况下）；反之，短路时，电压源 u_S 输出的功率为 U_S^2/R_S（直流情况），电流源 i_S 输出的功率为零。可见，两种模型对内不等效。

电源两种模型等效变换的结论可以进行推广，这样可以给分析电路带来方便。

推广一：如果一个电压源 u_S 和一个任意电阻 R 串联，可以将其等效为一个电流源 i_S 和电阻 R 并联；反之亦然。等效变换关系为 $i_S = Gu_S$，$G = 1/R$。

电源等效变换的方法也可以推广到含受控源的电路。

推广二：如果一个受控的电压源 u 和一个任意电阻 R 串联，可以将其等效为一个受控的电流源 i 和电阻 R 并联；反之亦然。等效变换关系为 $i = Gu$，$G = 1/R$。

今后，将一个电压源和一个电阻的串联电路称为有伴的电压源，一个电流源和一个电阻的并联电路称为有伴的电流源，所以，等效变换就可以称为有伴电源之间的变换，简称为电源变换。注意，无伴电压源和电流源之间不存在变换关系。

实际电压源和实际电流源之间可以进行等效变换，其原则是端口的电压、电流在转换过程中保持不变。满足以下关系式：

$$i_S = \frac{u_S}{R_i}, \qquad G_i = \frac{1}{R_i}$$

注意：（1）对外等效，对内不等效；

（2）理想电压源与理想电流源之间不能等效；

（3）独立源换成受控源是，等效变换类似，但是在变换过程中控制量不能消掉。

四、无源二端网络的等效电阻及计算方法

主要对象是指含受控源的无源二端网络，其控制量在网络内部，则其对外可以等效为一个等效电阻，主要方法是加电压求电流或加电流求电压法。

小结：本章学习了电路等效的概念，等效是电路分析的一种方法，利用它可以将一个复杂的电路变换成一个简单的电路。无论是二端(一端口)还是多端电路，等效的原则是对应端点之间和对应端点上的电流相等，也就是说，等效是对端点而言的。等效是对端点的外部等效，对内则不等效。对于一个不含独立源的一端口，可以用一个电阻等效；一个实际的电源可以用两种模型进行等效，即电压源和电阻的串联或电流源和电阻(电导)的并联；Y 连接和△连接的电阻之间可以进行等效变换。

2.3　典型例题

例 2-1　试求图示电路中电流 I。

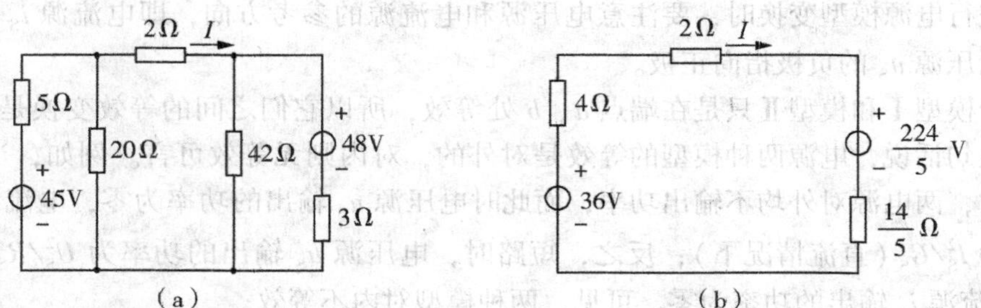

例 2-1 图

解　对图(a)进行多次电源等效变换后，可得

对图(b)单回路列 KVL 方程

$$-36+\left(4+2+\frac{14}{5}\right)I+\frac{224}{5}=0$$

解方程可得：$I=-1\text{A}$。

例 2-2　如图所示电路，已知 $U_S=10\text{V}$，$R_1=1\Omega$，$R_2=2\Omega$，$R_3=3\Omega$，$R_4=6\Omega$，求电压 u_1、u_3，电流 i_1、i_3 和 i_4。

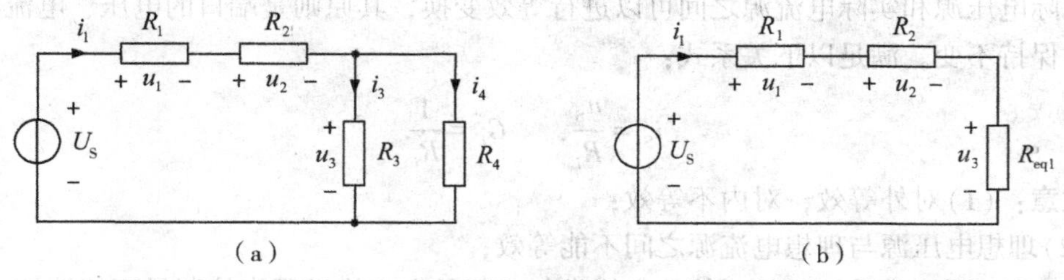

例 2-2 图

解 该电路既有串联又有并联，称为混联电路。设 R_3、R_4 并联的等效电阻为 R_{eq1}，则

$$\frac{1}{R_{eq1}}=\frac{1}{R_3}+\frac{1}{R_4}=\frac{1}{3}+\frac{1}{6}=\frac{1}{2}(\mathrm{S})$$

所以 $R_{eq1}=2\Omega$，等效电路如图(b)所示。由分压公式，有

$$u_1=\frac{R_1}{R_1+R_2+R_{eq1}}U_S=\frac{1}{1+2+2}\times10=2(\mathrm{V})$$

$$u_3=\frac{R_{eq1}}{R_1+R_2+R_{eq1}}U_S=\frac{2}{1+2+2}\times10=4(\mathrm{V})$$

在图(b)中，根据 KVL，有 $U_S=u_1+u_2+u_3=(R_1+R_2+R_{eq1})i_1$，则

$$i_1=\frac{U_S}{R_1+R_2+R_{eq1}}=\frac{10}{1+2+2}=2(\mathrm{A})$$

然后在图(a)中，根据分流公式，有

$$i_3=\frac{R_4}{R_3+R_4}i_1=\frac{6}{3+6}\times2=1\frac{1}{3}(\mathrm{A})$$

$$i_4=\frac{R_3}{R_3+R_4}i_1=\frac{3}{3+6}\times2=\frac{2}{3}(\mathrm{A})$$

例 2-3 如图所示电路，求一端口的等效电阻。

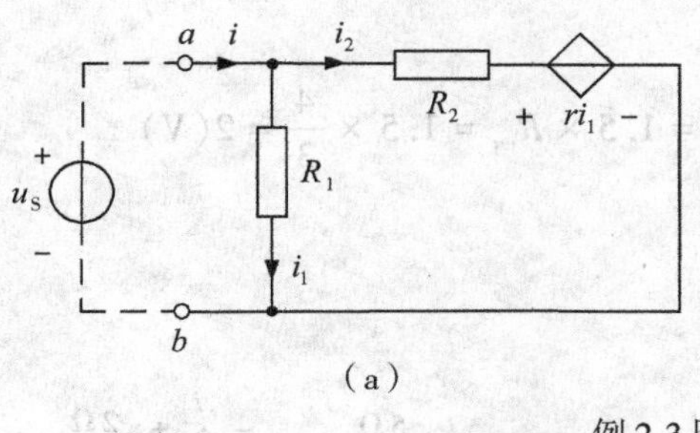

(a)

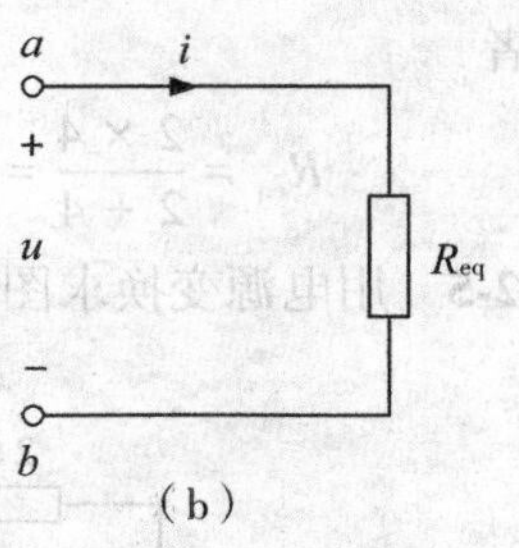

(b)

例 2-3 图

解 用电压法。在一端口 a、b 处外加一个电压源 u_S，求出在该电压源激励下的电流 i，求出等效电阻。根据 KCL、KVL 和欧姆定律，有

$$i=i_1+i_2$$

$$u_S=R_2i_2+ri_1$$

$$i_1=\frac{u_S}{R_1}$$

解之得

$$R_{eq}=\frac{u_S}{i}=\frac{R_1R_2}{R_1+R_2-r}$$

由上式可以看出，如果 $R_1+R_2<r$，等效电阻为负电阻，此时该一端口将向外输出功率。图(b)为等效电路。

例 2-4 用电源变换求图示电路中的电压 u。

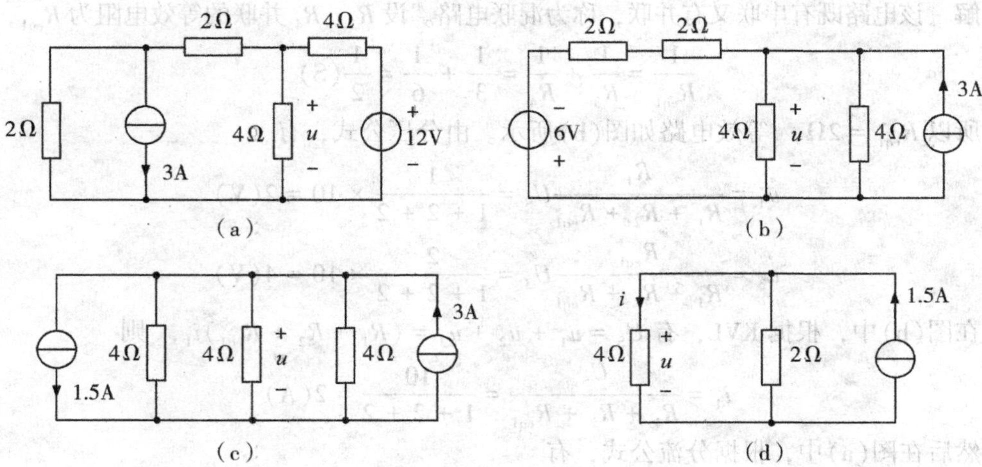

例 2-4 图

解　通过电源变换由图(a)依次可以得到图(b)(c)(d)，然后根据图(d)用分流公式，有

$$i=\frac{2}{2+4}\times 1.5=0.5(\text{A}),\qquad u=4i=4\times 0.5=2(\text{V})$$

或者

$$R_{\text{eq}}=\frac{2\times 4}{2+4}=\frac{4}{3}(\Omega),\qquad u=1.5\times R_{\text{eq}}=1.5\times\frac{4}{3}=2(\text{V})$$

例 2-5　用电源变换求图中的电流 i。

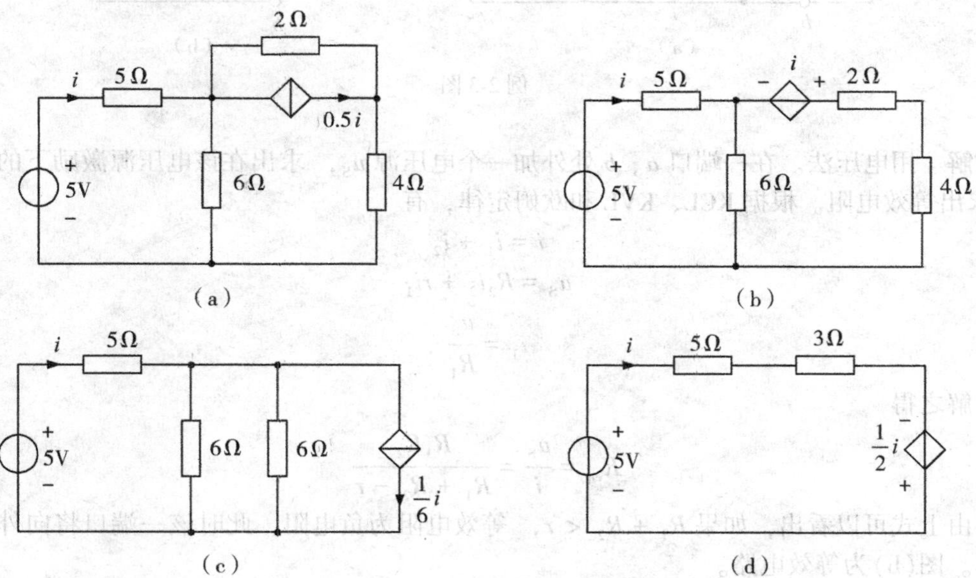

例 2-5 图

解 通过电源变换由图(a)依次得到图(b)(c)和(d)，然后根据图(d)和KVL，有

$$(5+3)i-\frac{1}{2}i=5$$

解得 $i=\dfrac{2}{3}\mathrm{A}$。

2.4 习 题 精 解

2-1 试采用串并联的方法计算图所示电路的各支路电流。

解 由电源端看进去的总电阻 $R=2+6//(4+8//8)=\dfrac{38}{7}(\Omega)$。

电路分析图如图(b)所示。

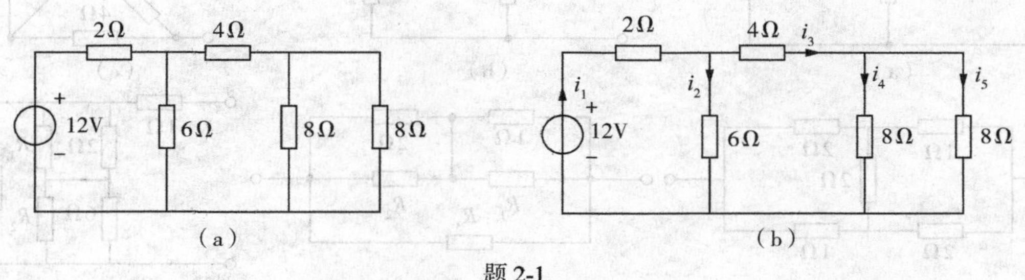

题 2-1

采用分流公式，可得：

$$i_1=\frac{12}{R}=2.211\mathrm{A}$$

$$i_2=\frac{(4+8//8)}{(4+8//8)+6}i_1=1.263\mathrm{A}$$

$$i_3=i_1-i_2=0.948\mathrm{A}$$

$$i_4=i_5=\frac{i_3}{2}=0.474\mathrm{A}$$

2-2 试计算图示电路的电流 I。

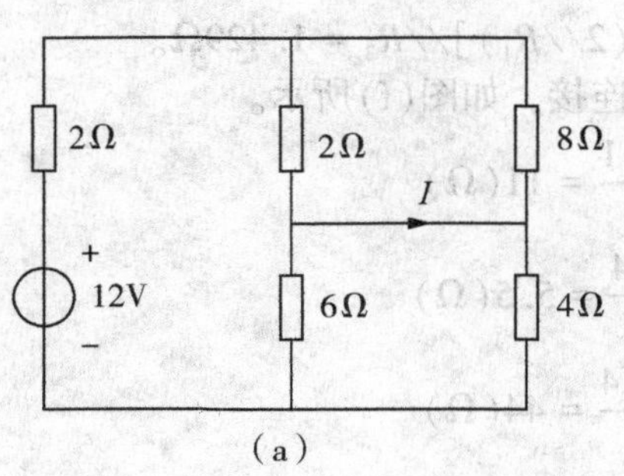

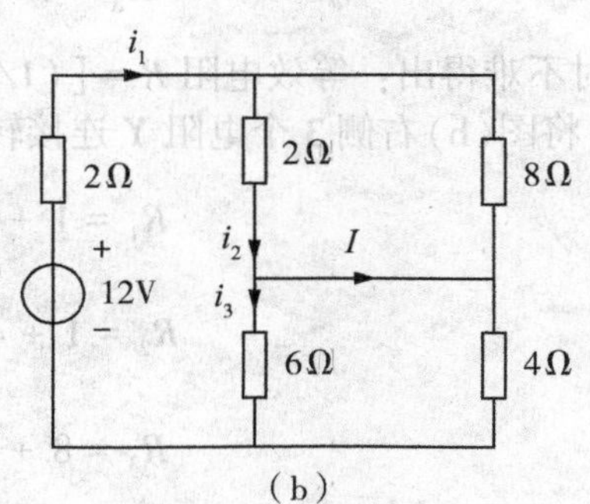

题 2-2

解　题 2-2 电路分析图如图(b)所示。

$$i_1 = \frac{12}{(2//8 + 6//4 + 2)} = 2(\text{A})$$

采用分流公式得：$i_2 = \frac{8}{2+8} i_1 = 1.6\text{A}$，$i_3 = \frac{4}{4+6} i_1 = 0.8\text{A}$。

由 KCL 得：$I = i_2 - i_3 = 0.8\text{A}$。

2-3　试计算图(a)(b)(c)所示各电路的等效电阻。

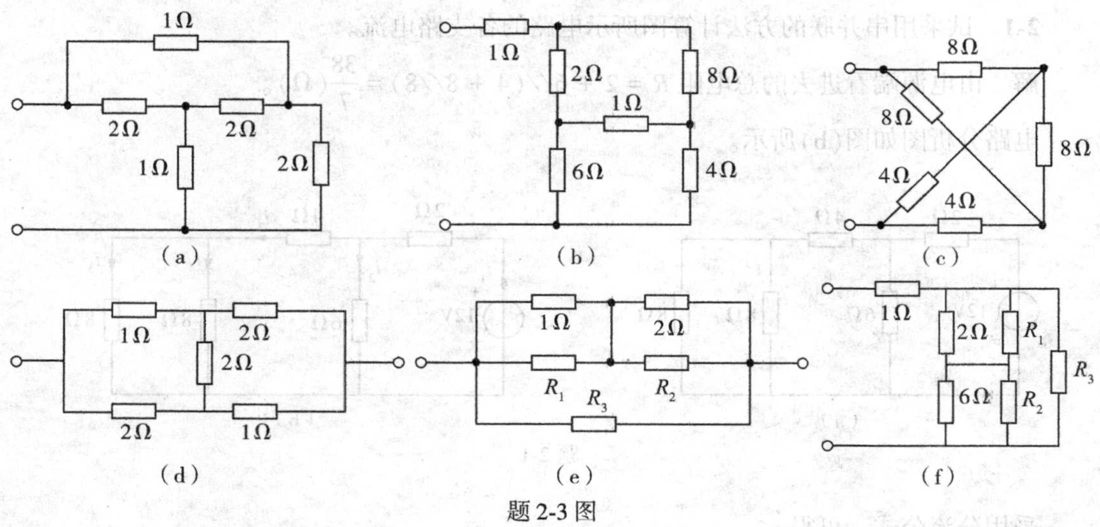

题 2-3 图

解　(1)图(a)电路图可以等效成图(d)。

将图(d)中下半部分 Y 连接的三个电阻变换成△连接，如图(e)所示。

采用 Y-△变换公式，得

$$R_1 = 1 + 2 + \frac{1 \times 2}{2} = 4(\Omega)$$

$$R_2 = 2 + 2 + \frac{2 \times 2}{1} = 8(\Omega)$$

$$R_3 = 1 + 2 + \frac{1 \times 2}{2} = 4(\Omega)$$

此时不难得出：等效电阻 $R = [(1//R_2) + (2//R_1)]//R_3 = 1.429\Omega$。

(2)将图(b)右侧 3 个电阻 Y 连接转换成△连接，如图(f)所示。

$$R_1 = 1 + 8 + \frac{8 \times 1}{4} = 11(\Omega)$$

$$R_2 = 1 + 4 + \frac{1 \times 4}{8} = 5.5(\Omega)$$

$$R_3 = 8 + 4 + \frac{8 \times 4}{1} = 44(\Omega)$$

故等效电阻 $R = 1 + R_3//(2//R_1) + 6//R_2 = 5.133\Omega$。

(3)由题2-3图(c)分析可知，除右边8Ω外的其他4个电阻构成一个电桥，而且电桥平衡。所以，将右边支路断开或者短接，若断开此支路，则等效电阻 $R=(8+4)//(8+4)=6\Omega$。

2-4 试用Y-△变换的方法计算图(a)所示电路的等效电阻。

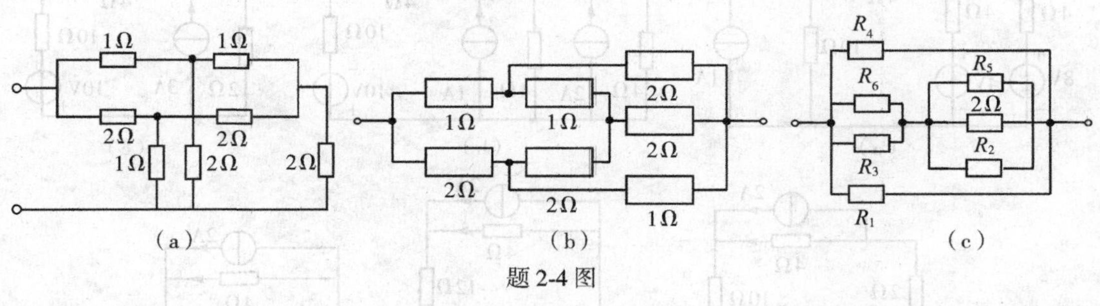

题2-4图

解 原电路图可以变换成图(b)(c)所示简化图。

将图(b)中两部分Y连接电阻分别变换成△连接方式，如图(c)所示。

$$R_1=2+1+\frac{2\times1}{2}=4(\Omega),\ R_4=1+2+\frac{1\times2}{1}=5(\Omega)$$

则

$$R_2=2+1+\frac{2\times1}{2}=4(\Omega),\ R_5=1+2+\frac{1\times2}{1}=5(\Omega)$$

$$R_3=2+2+\frac{2\times2}{1}=8(\Omega),\ R_6=1+1+\frac{1\times1}{2}=2.5(\Omega)$$

电阻 $R=R_1//R_4//(R_3//R_6+R_5//2//R_2)=1.2688\Omega$。

2-5 试计算图示电路的等效电阻。

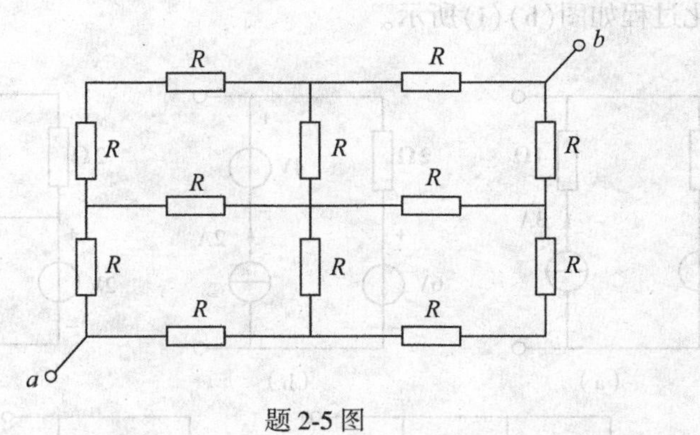

题2-5图

解 根据电路对称性，将其沿 ab 对角线对折后，易知：

$$R_{ab}=\frac{R+R+(2R//2R)}{2}=\frac{3}{2}R$$

2-6 试用电源等效变换的方法计算图(a)所示电路中与电流源并联的4Ω电阻的电流 i。

解　电源等效变换过程如图(b)~(f)所示。

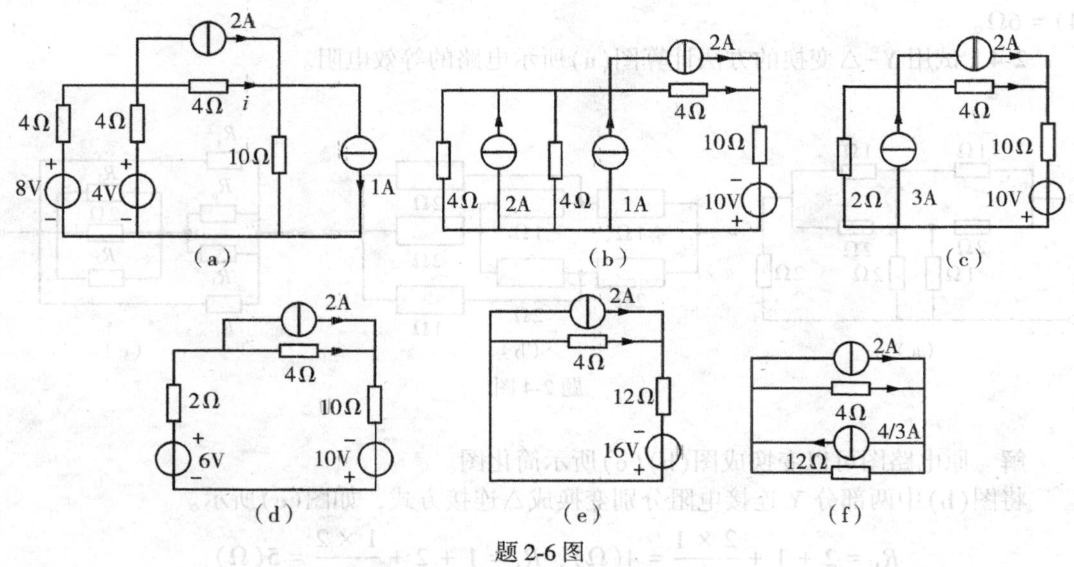

题 2-6 图

对图(f)，采用分流公式可得：$i=-\left(2-\dfrac{4}{3}\right)\times\dfrac{12}{12+4}=-0.5(\mathrm{A})$。

2-7　试求图示各电路的最简等效电路。

解　最简等效电路指电流源与电阻并联形式或者电压源与电阻串联形式。

图(a)的简化过程如图(d)(e)所示。

图(b)的简化过程如图(f)(g)所示。

图(c)的简化过程如图(h)(i)所示。

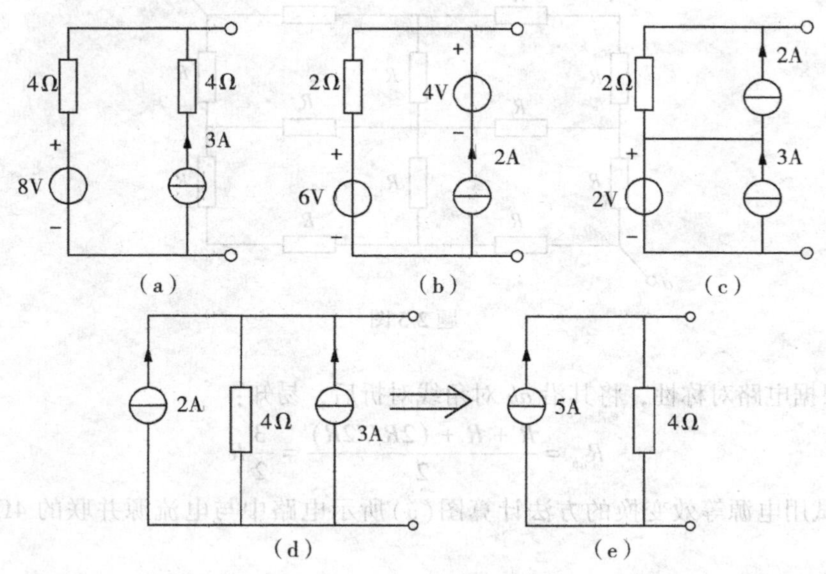

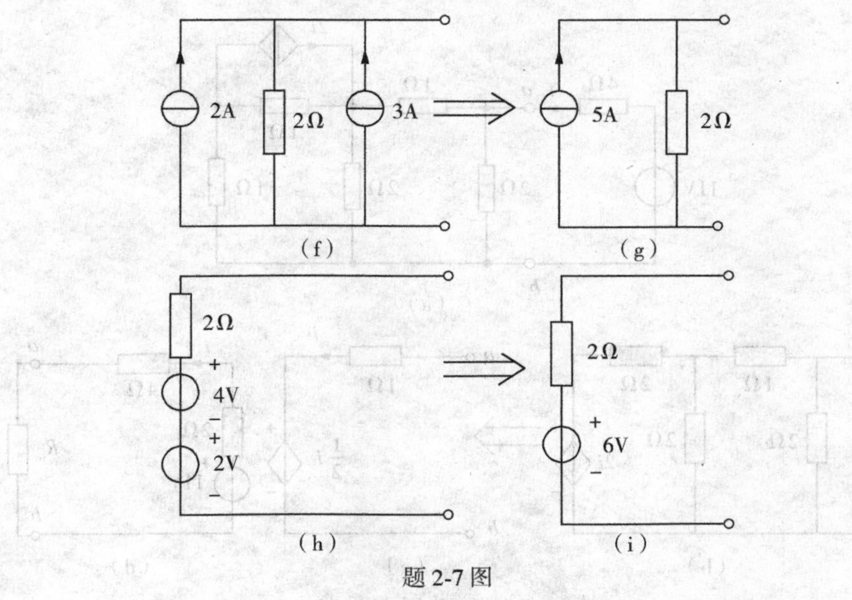

题 2-7 图

2-8 试计算图示含受控源电路的输入电阻。

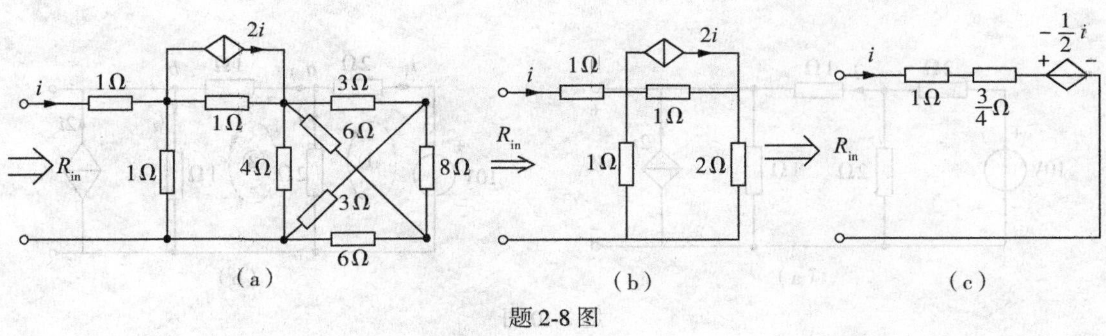

题 2-8 图

解 由于电路右半部分是个平衡电桥，可将 8Ω 支路短接或断开，若断开，此部分等效电阻为

$$R = [(3+3)//(6+6)]//4 = 2(\Omega)$$

对电路进行电源等效变换，图(a)的简化过程如图(b)～(c)所示。

$$R_{in} = 1 + \frac{3}{4} + \left(-\frac{1}{2}\right) = 1.25(\Omega)$$

2-9 试求图(a)所示电路 a、b 两端右侧部分的输入电阻 R_{in} 和支路电流 i。

解 ab 右端电路进行电源变换，如图(b)～(d)所示。故受控电压源可等效成一个电阻，其值为 $\dfrac{\frac{i}{2}}{i} = 0.5\Omega$，$R_{in} = 1 + 0.5 = 1.5\Omega$，则：$i = \dfrac{11}{4+1.5} = 2(\text{A})$。

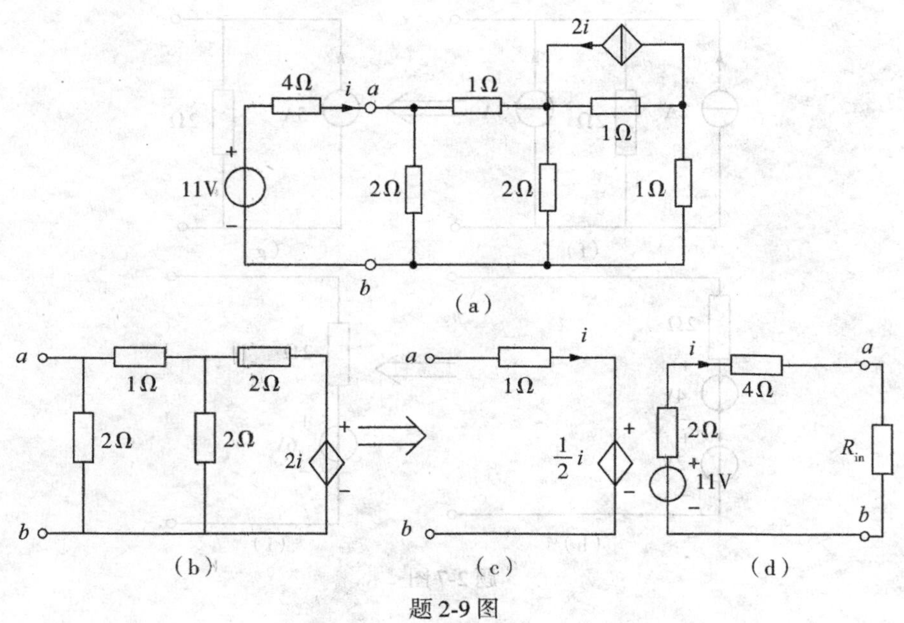

题2-9图

2-10　试求图(a)所示电路的输出电压u_o。

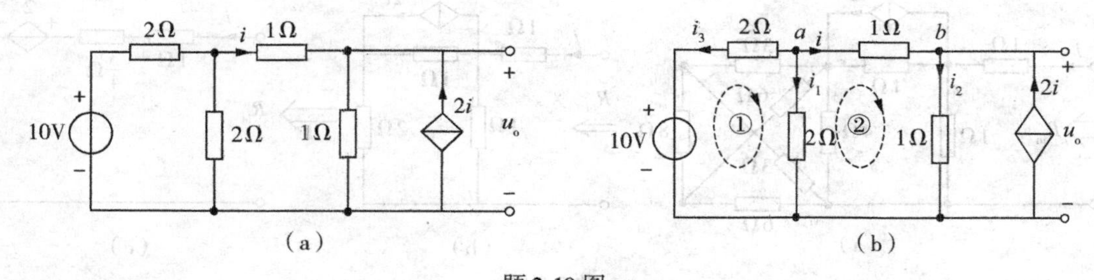

题2-10图

解　如图(b)所示，对b列KCL得　$i_2 = i + 2i = 3i$

对回路2中列KVL方程得　$-2i_1 + i + i_2 = 0$

对a列KCL方程得　$i_3 + i + i_1 = 0$

对于回路1列KVL方程得　$-10 - i_3 \times 2 + 2i_1 = 0$

联立以上方程求得：$i = 1\text{A}$，$u_o = Ri_2 = 3\text{V}$。

2-11　试求图示电路a、b两端右侧含受控源部分的输入电阻R_{in}和支路电流i。

解　图中ab右边电路可经过电源等效变换成图(b)所示的虚线部分。

对图(b)列写KVL方程可得

$$-10 - 9i + 2u = 0$$

又图(a)中　$u = -8i$

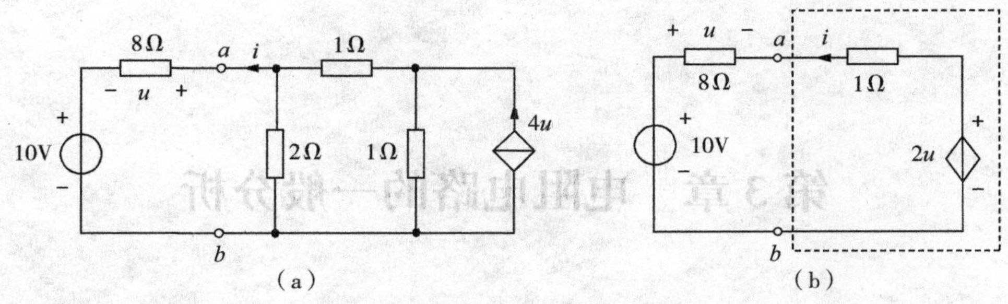

题 2-11 图

联立以上方程求解得　　　　$u=3.2\text{V},\ i=-0.4\text{A}$

$$R_{\text{in}}=-\frac{u_{ab}}{i}=\frac{10-3.2}{0.4}=17(\Omega)$$

第3章　电阻电路的一般分析

3.1　学习指导

一、学习要求

(1)要求会手写法列出电路方程。

(2)要求了解图、树、树枝、连枝、独立节点、独立回路等基本概念，掌握独立节点、独立回路的数目及选取，以及KCL和KVL的独立方程数。

(3)掌握支路电流法、回路电流法、节点电压法。

(4)重点掌握线性电阻电路方程的建立，以及支路电压、电流及功率等参数的求解。

二、知识结构图

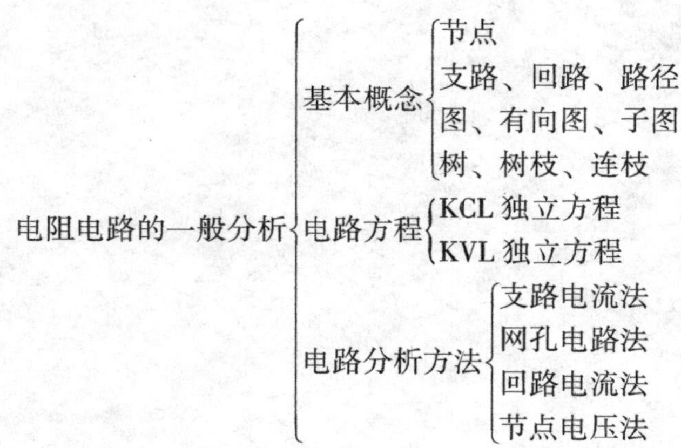

三、重点和难点

1. KCL和KVL独立方程数的概念

等效变换法是化简分析电路的有效方法，但是改变了原电路的结构，不便于系统分析。而一般分析法就是一种不要求改变电路结构的方法，首先，选择一组合适的电路变量(电流或电压)，根据KCL和KVL及元件的电压、电流关系(VCR)建立该组变量的独立方程组，即电路方程，然后，从方程组解出电路变量。采用一般分析分析法求解电路，必须确定一个具有 n 个节点和 b 条支路的电路的KCL和KVL独立方程的数目。

2. 回路电流法(网孔电流法)

回路电流法是选回路电流为电路变量列写电路方程求解电路的方法，它适合回路数较少的电路，适合平面和非平面电路。在平面电路中，以网孔电流为电路变量列写电路方程求解电路的方法，称为网孔电流法。根据电路电流法(网孔电流法)的步骤简便，正确地列写电路的回路电流(网孔电流)方程，是本章的重点内容之一，而独立回路的确定以及含无伴独立电流源和无伴受控电流源电路的回路电流的列写，则是学习中的难点。

3. 节点电压法

节点电压法是选节点电压为电路变量列写电路方程求解电路的方法，它适合节点数较少的电路。根据节点电压法的步骤简便、正确地列写电路的节点电压方程，是本章的一个重点，而含无伴电压源和无伴受控电压源电路的节点电压的列写，则是学习中的难点。

3.2 主 要 内 容

一、支路电流法

1. 电路的拓扑关系

1)基本概念

(1)图(graph)：节点和支路的集合。支路用线段表示，支路和支路的连接点称为节点。

注意：一是，图中允许独立的节点存在，即没有支路和该节点相连，独立节点也称为孤立节点；

二是，在图中，任何支路的两端必须落在节点上；如果移去一个节点，就必须把和该节点相连的所有支路均移去；移去一条支路则不影响和它相连的节点(若将和某一节点相连的所有支路均移去，则该节点就变成孤立节点)；

三是，若一条支路和某节点相连，则称为该支路和该节点关联，和一个节点所连的所有支路称为这些支路和该节点关联。

例如，在图 3-1 中，图 G_1 有 4 个节点、6 条支路；图 G_2 有 5 个节点、5 条支路，节点⑤是孤立节点。如果在 G_1 中移去节点④，则和它关联的支路(3，5，6)均要移去，则 G_1 就变成 G_3；如果在 G_1 中分别移去支路 2、3、6(和它们关联的节点不能移去)，则 G_1 就变成 G_4。

(2)连通图：图 G 中任意两个节点之间至少存在一条路径，则称该图为连通图。

例如，图 3-1 中的图 G_1、G_3 和 G_4 是连通图，而图 G_2 不是连通图(因为没有一条路径可以到达节点⑤)。

(3)回路：如果一条路径的起点和终点重合，且经过的其他节点都相异，则这条闭合路径就构成图 G 的一个回路。

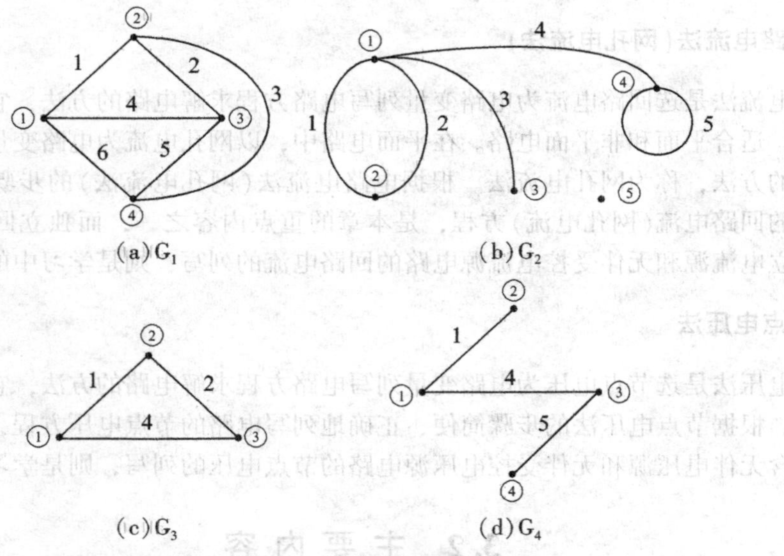

图 3-1　图的概念说明图

例如，图 3-1 中，图 G_2 中的支路 5 不是回路，图 G_3 就是一个回路，图 G_4 中没有回路，图 G_1 中支路(1，2，4)、(4，5，6)、(2，3，5)、(1，2，5，6)和(1，3，6)分别构成回路。

(4)树(tree)：包含所有节点且不存在回路的连通图。

特点：连通的，包含全部节点，不包含回路。

例如，图 3-1 中的图 G_2 中不可能得到一棵树，因为它是不连通的；图 3-1 中图 G_4 是图 G_1 的一棵树，因为它包括了图 G_1 的所有节点并且是连通的，如果移去树中的任一条支路，树的图就被分成两个部分。例如移去支路 1、4、5 的任何一个，图 G_4 就被分成两个部分。

(5)树枝：构成树的各个支路。

连枝：除去树枝外的支路。

例如，图 3-1 中，图 G_4 是图 G_1 的一棵树 T，树支为 1、4、5 支路，连枝为 2、3、6 支路，树枝数和连枝数均为 3。在图 G_1 中，可以找到其他不同的树，如树(由支路 1、4、6 构成)和树(由支路 2、4、5 构成)等。

结论：具有 n 个节点的连通图，它的任何一个树的树枝数为 $n-1$。那么，对于具有 n 个节点、b 条支路的连通图来说，连枝数为 $b-(n-1)$。

(6)基本回路(单连枝回路)：回路中由唯一的连枝和若干树枝构成，这样的回路称为基本回路(单连枝回路)。

例如，图 3-1 中，选图 G_4 作为图 G_1 的一棵树 T，如在 G_4 中分别补入连枝 2、3 和 6，就得到 3 个不同的回路，即回路(2，1，4)、(3，5，4，1)和(6，4，5)，它们都是单连枝回路，所以它们是图 G_1 的基本回路(3 个)。

基本回路组：连通图 G 的所有基本回路称为基本回路组，基本回路组是独立回路组。

结论：一个具有 n 个节点、b 条支路的连通图，基本回路或独立回路的个数为 $b-(n-1)$。

(7)有向图：图中每条支路上都标有一个方向，则称图 G 为有向图。

2)电路模型与图的关系

将电路中的支路用图中的支路表示，电路中的节点保持不变，这样一个电路模型就可以转换成对应的图。

例如，将图 3-2(a)所示的电路可以转换成图(b)所示的图 G。转换后的图 G 有 4 个节点、6 条支路。可见，由一个完整的电路所转换成的图 G 均是连通的。

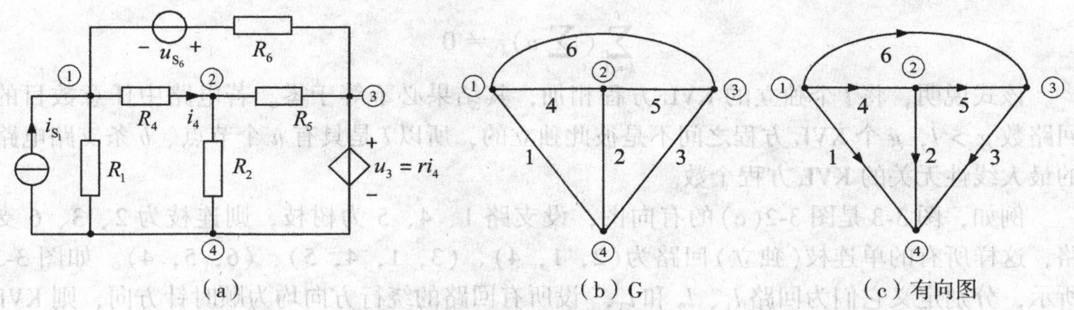

图 3-2　电路模型到图的例子

给图中的各支路赋予参考方向，就形成了有向图。有了电路的有向图以后，就可以列出图中所有节点上的 KCL 方程和所有回路的 KVL 方程。

2. 电路的 KCL、KVL 方程的独立性

1)KCL 方程的独立性

有向图 3-2(c)，对节点①、②、③、④分别列出 KCL 方程为

$$i_1 + i_4 + i_6 = 0$$
$$i_2 - i_4 + i_5 = 0$$
$$i_3 - i_5 - i_6 = 0$$
$$-i_1 - i_2 - i_3 = 0$$

将这 4 个方程相加，其结果为 $0=0$，说明上述 4 个 KCL 方程是非独立的(线性相关的)，即任何一个方程可以由其他 3 个方程线性表示。如果在以上 4 个方程中任意去掉一个方程，例如去掉第 4 个方程，剩余 3 个方程相加的结果为 $i_1 + i_2 + i_3 \neq 0$。可见，剩余的 3 个方程彼此就是独立的。

推广，n 个节点的所有 KCL 方程之和为

$$\sum_{k=1}^{n} \left(\sum i\right)_k = \sum_{j=1}^{b} \left[(+i_j) + (-i_j)\right] \equiv 0$$

是非独立的(线性相关)，如果在 n 个 KCL 方程中任意去掉1 个，则剩余的 $n-1$ 个方程之和不等于零，即剩余的 $n-1$ 个方程是相互独立的。这 $n-1$ 个方程也是 n 个 KCL 方程中

最大的线性无关方程的个数。

总结：对于有 n 个节点、b 条支路的有向图而言，KCL 方程的独立个数为 $n-1$ 个。

2) KVL 方程的独立性

一个有 n 个节点、b 条支路的连通图 G，其中的基本回路或独立回路的个数为 $b-(n-1)$。对于有 n 个节点、b 条支路的有向图或电路，任何树的树枝数是 $n-1$，连枝数是 $b-(n-1)$。如果所有回路均是单连枝回路，并且和所有连枝一一对应，则这些回路就是基本回路，基本回路是彼此独立的，则基本回路对应的 KVL 方程相互之间是独立的。

设独立方程数的个数为 l，它等于连枝数的个数，即 $l=b-(n-1)$。

对于有 n 个节点、b 条支路的电路，设独立回路数为 $l=b-(n-1)$，则

$$\sum_{k=1}^{l}\left(\sum u\right)_k \neq 0$$

该式说明，将 l 个独立的 KVL 方程相加，其结果必不等于零。若电路中任意数目的回路数 $g>l$，g 个 KVL 方程之间不是彼此独立的，所以 l 是具有 n 个节点、b 条支路电路的最大线性无关的 KVL 方程个数。

例如，图 3-3 是图 3-2(c) 的有向图，设支路 1、4、5 为树枝，则连枝为 2、3、6 支路，这样所有的单连枝(独立)回路为(2，1，4)、(3，1，4，5)、(6，5，4)。如图 3-3 所示，分别定义它们为回路 l_1、l_2 和 l_3，设所有回路的绕行方向均为顺时针方向，则 KVL 方程依次为

$$u_2-u_1+u_4=0 \tag{3-1a}$$

$$u_3-u_1+u_4+u_5=0 \tag{3-1b}$$

$$u_6-u_4-u_5=0 \tag{3-1c}$$

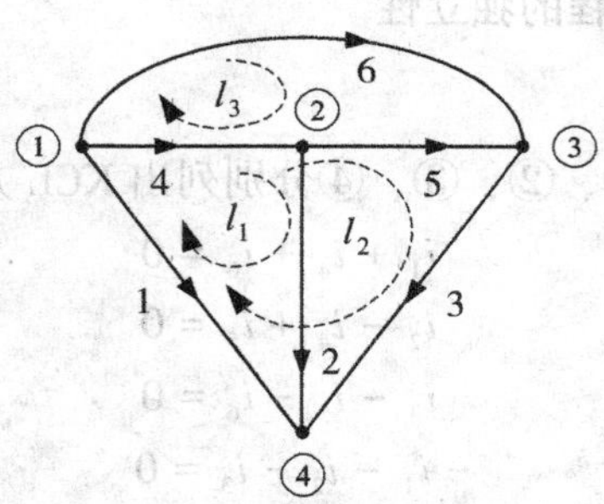

图 3-3　基本回路的 KVL 方程

如果再列出回路(2，3，5)的 KVL 方程

$$u_2-u_3-u_5=0 \tag{3-1d}$$

则上述 4 个方程是非独立的，因为从式(3-1a)和式(3-1b)可得式(3-1d)。

3. 支路电流法

思路：为了减少方程数，先以 b 条支路电流为未知变量，列出 $n-1$ 个 KCL 方程，再用支路电流表示 $b-(n-1)$ 个 KVL 方程，这样就得到 b 个关于支路电流的方程，然后利

用支路上的 VCR 求出 b 条支路上的电压，所以该方法称为支路电流法，简称支路法。

具体步骤如下：

步骤 1：设变量，即设支路电流 i_1，i_2，…，i_b；

步骤 2：列 $n-1$ 个 KCL 方程；

步骤 3：列 $b-(n-1)$ 个 KVL 方程，用支路电流表示支路电压；

步骤 4：求解 b 个方程，得出支路电流 i_1，i_2，…，i_b；

步骤 5：利用支路上的 VCR 求出 b 条支路的电压。

例如，图 3-4(a)所示电路，该电路所对应的有向图如图(b)所示，图中节点数 $n=4$，支路数 $b=6$。

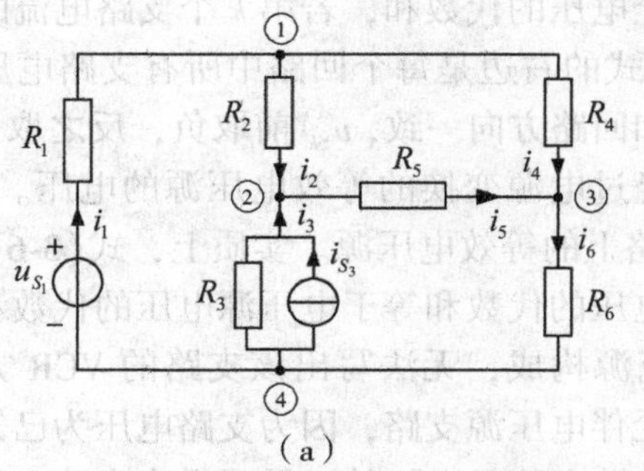

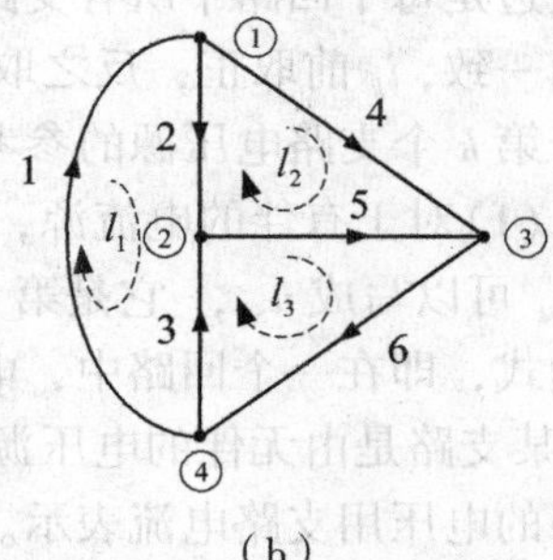

图 3-4 支路电流法

设支路电流 i_1、i_2、i_3、i_4、i_5 和 i_6，列出节点①、②和③的 KCL 方程(去掉节点④)，即

$$\begin{cases}-i_1+i_2+i_4=0\\ -i_2-i_3+i_5=0\\ -i_4-i_5+i_6=0\end{cases}\tag{3-2}$$

由图知各支路的电压分别为 u_1、u_2、u_3、u_4、u_5 和 u_6。在图 3-4(b)中选树(支路 2、3、5)，连支为 1、4、6，则单连支回路分别为回路 l_1、l_2 和 l_3(绕行方向为顺时针)，则 3 个独立回路方程分别为

$$\begin{cases}u_1+u_2-u_3=0\\ u_4-u_5-u_2=0\\ u_6+u_3+u_5=0\end{cases}\tag{3-3}$$

根据图 3-4(a)，写出各支路的 VCR 方程，即

$$\begin{cases}u_1=-u_{S1}+R_1i_1\\ u_2=R_2i_2\\ u_3=R_3i_3-R_3i_{S3}\\ u_4=R_4i_4\\ u_5=R_5i_5\\ u_6=R_6i_6\end{cases}\tag{3-4}$$

将式(3-4)代入式(3-3)，并整理得

$$\begin{cases} R_1 i_1 + R_2 i_2 - R_3 i_3 = u_{S1} - R_3 i_{S3} \\ -R_2 i_2 + R_4 i_4 - R_5 i_5 = 0 \\ R_3 i_3 + R_5 i_5 + R_6 i_6 = R_3 i_{S3} \end{cases} \tag{3-5}$$

式(3-2)和式(3-5)就是图 3-4(a)所示电路的支路电流方程，用克莱姆法则(或矩阵方法)求解这个 6 维方程，就可以得到支路电流 i_1、i_2、i_3、i_4、i_5 和 i_6。再利用式(3-4)可求出支路的电压 u_1、u_2、u_3、u_4、u_5 和 u_6。

可以将式(3-5)归纳成如下形式：

$$\sum R_k i_k = \sum u_{Sk} \tag{3-6}$$

该式左边是每个回路中所有支路电阻上电压的代数和，若第 k 个支路电流的参考方向和回路方向一致，i_k 前取正，反之取负；该式的右边是每个回路中所有支路电压源电压的代数和，若第 k 个支路电压源的参考方向和回路方向一致，u_{Sk} 前取负，反之取正。

注意：(1)对于有伴的电流源，u_{Sk} 是经过电源变换的等效电压源的电压。例如式(3-5)中的 $R_3 i_{Sk}$ 可以写成 u_{S3}，它是第 3 条支路上的等效电压源。实质上，式(3-6)是 KVL 的另一种表达式，即在一个回路中，电阻上电压的代数和等于电压源电压的代数和。

(2)若某支路是由无伴的电压源或电流源构成，无法写出该支路的 VCR 方程，则无法将该支路的电压用支路电流表示。对于无伴电压源支路，因为支路电压为已知，所以使问题简单了；对于无伴电流源支路，因为支路电流是已知的，需要设出支路电压然后再列方程。

支路电流法特点：直观，直接求支路电流，但是有 b 个方程，变量多，解方程麻烦，适合支路较少的电路的分析和计算。

二、回路电流法(网孔电流法)

1. 基本概念

对电路所对应的图 G 而言，如果图 G 中支路和支路之间(进行变换后)除了节点以外没有交叉点，则这样的图称为平面图，所对应的电路称为平面电路，否则称为非平面图或非平面电路。例如图 3-5(a)是一个平面图，图(b)是一个非平面图。

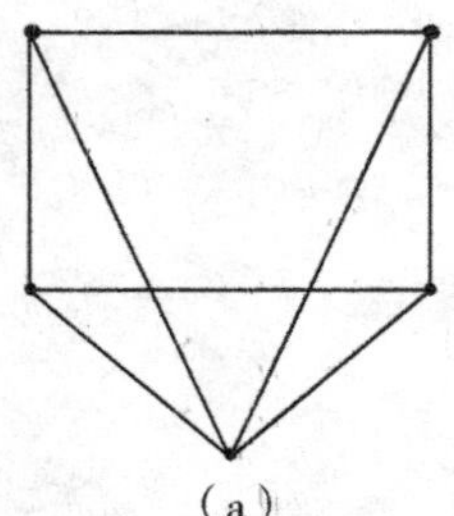
(a)

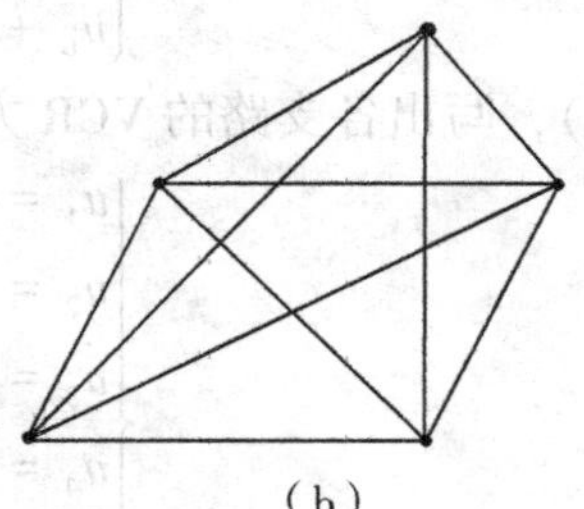
(b)

图 3-5　平面图和非平面图

2. 网孔电流法

对于平面电路而言，网孔的个数等于基本回路的个数，因此，网孔上的 KVL 方程是相互独立的。

(1)网孔电流：假想的沿网孔边界流动的电流。

设平面电路有 m 个网孔，网孔电流的个数就等于独立回路的个数 $m=b-(n-1)$，电路中所有支路电流可以用它们来表示，即网孔电流是一组独立的完备的电流变量。

(2)网孔电流方程。如图 3-6(a)所示的电路，将支路 3 经电源变换后如图 3-6(a)所示，图中 $u_{S3}=R_3 i_{S3}$，图(b)是它的有向图。

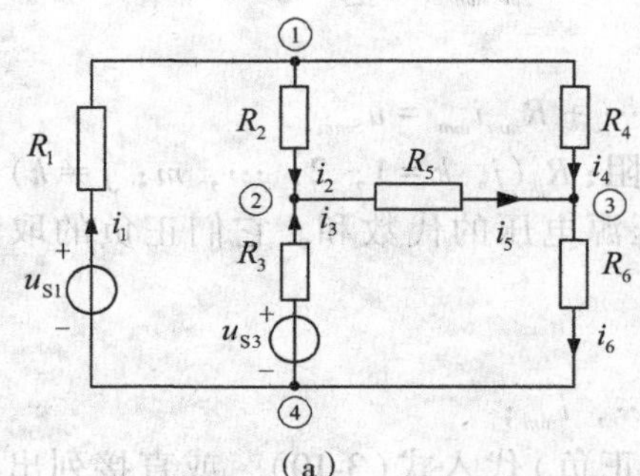

(a)

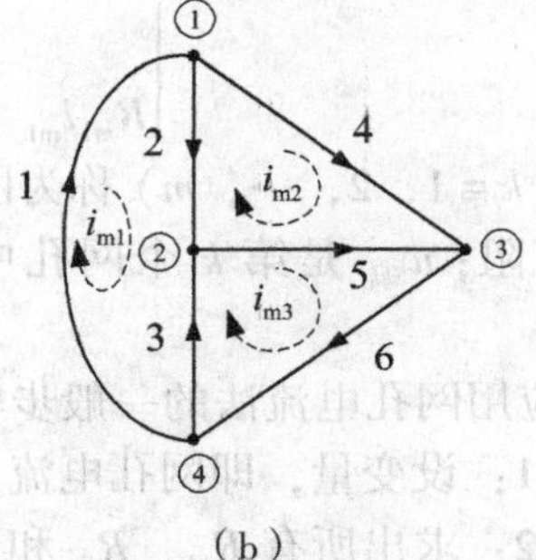

(b)

图 3-6　网孔电流法

该电路有 3 个网孔，设网孔电流分别为 i_{m1}、i_{m2}、i_{m3}，如图 3-6(b)所示。根据 KCL，每个支路的电流可以用网孔电流表示，即

$$\begin{cases} i_1 = i_{m1} \\ i_2 = i_{m1} - i_{m2} \\ i_3 = i_{m3} - i_{m1} \\ i_4 = i_{m2} \\ i_5 = i_{m3} - i_{m2} \\ i_6 = i_{m3} \end{cases} \tag{3-7}$$

将式(3-7)代入式(3-5)(注意 $u_{S3}=R_3 i_{S3}$)并整理得

$$\begin{cases} (R_1+R_2+R_3)i_{m1} - R_2 i_{m2} - R_3 i_{m3} = u_{S1} - u_{S3} \\ -R_2 i_{m1} + (R_2+R_4+R_5)i_{m2} - R_5 i_{m3} = 0 \\ -R_3 i_{m1} - R_5 i_{m2} + (R_3+R_5+R_6)i_{m3} = u_{S3} \end{cases} \tag{3-8}$$

在式(3-8)中，令 $R_{11}=R_1+R_2+R_3$，$R_{12}=-R_2$，$R_{13}=-R_3$，…，则得到网孔电流的一般方程为

$$\begin{cases} R_{11}i_{m1} + R_{12}i_{m2} + R_{13}i_{m3} = u_{S11} \\ R_{21}i_{m1} + R_{22}i_{m2} + R_{23}i_{m3} = u_{S22} \\ R_{31}i_{m1} + R_{32}i_{m2} + R_{33}i_{m3} = u_{S33} \end{cases} \tag{3-9}$$

式中，$R_{kk}(k=1, 2, 3)$ 称为自阻，它是第 k 个网孔中所有电阻之和，如果网孔的绕行方向和网孔电流方向一致，则自阻总为正；

$R_{jk}(j, k=1, 2, 3; j \neq k)$ 称为互阻，它是 j、k 两个网孔中共有的电阻，如果所有网孔电流的绕行方向一致(顺时针或逆时针)的情况下，互阻总为负；在无受控源的电路中有 $R_{jk}=R_{kj}$；

u_{Skk} 是第 k 个网孔中所有电压源电压的代数和。

推广：对于有 m 个网孔的平面电路，设网孔电流为 i_{m1}，i_{m2}，…，i_{mm}，则网孔电流方程的一般形式为

$$\begin{cases} R_{11}i_{m1} + R_{12}i_{m2} + \cdots + R_{1m}i_{mm} = u_{S11} \\ R_{21}i_{m1} + R_{22}i_{m2} + \cdots + R_{2m}i_{mm} = u_{S22} \\ \cdots\cdots \\ R_{m1}i_{m1} + R_{m2}i_{m2} + \cdots + R_{mm}i_{mm} = u_{Smm} \end{cases} \tag{3-10}$$

式中，$R_{kk}(k=1, 2, \cdots, m)$ 称为网孔 k 的自阻；$R_{jk}(j, k=1, 2, \cdots, m; j \neq k)$ 称为网孔 k 和 j 的互阻；u_{Skk} 是第 k 个网孔中所有电压源电压的代数和。它们正负的取法和上述相同。

(3)应用网孔电流法的一般步骤如下：

步骤 1：设变量，即网孔电流 i_{m1}，i_{m2}，…，i_{mm}；

步骤 2：求出所有 R_{kk}、R_{jk} 和 u_{Skk}（注意正负）代入式(3-10)，或直接列出网孔电流方程；

步骤 3：求解得出网孔电流；

步骤 4：用网孔电流求得个支路电流或电压。

(4)网孔电流法的特殊情况处理。

①含无伴电流源电路的网孔电流法。如果电路中含有无伴的电流源支路，由于电流源的端电压为未知量，处理方法是设它的端电压为 u，这样就多出一个电压变量，由于无伴电流源的电流为已知，可以增加一个电流方程(或电流约束)。

②含受控源电路的网孔电流法。如果电路中含有受控源支路，可先将受控源当作独立源，然后再补充受控量方程，使方程总数增加。

3. 回路电流法

网孔法只适用于平面电路，而回路法既适用于平面电路，也适用于非平面电路。

(1)基本回路。对于任意电路所对应的图而言，当选定树以后，由单连枝确定的回路是基本回路，根据基本回路所列的 KVL 方程是相互独立的。

(2)回路电流。回路法是以回路电流 i_l 为未知变量，变量的个数等于基本回路的个数 $l=b-(n-1)$，即回路电流分别为 i_{l1}，i_{l2}，…，i_{ll}。和网孔电流相同，回路电流也是一种假想电流，而每个支路上的电流同样可以用这些假想的电流表示。

例如，在图 3-7 所示的有向图中，选树为支路 4，2，3，则连枝为支路 1、5、6，对应的基本回路如图 3-7 所示。

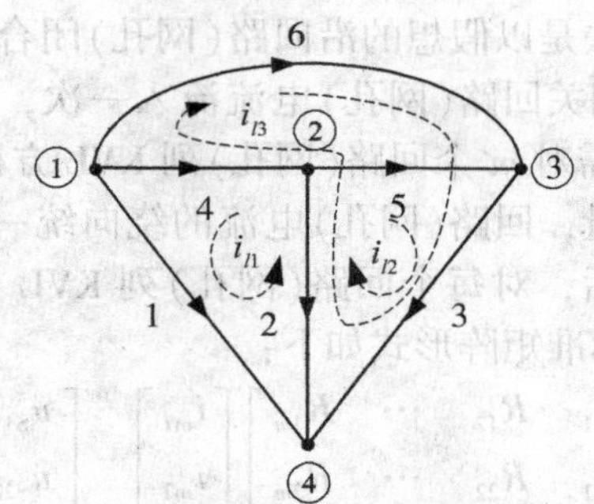

图 3-7 回路电流和支路电流的关系

设回路电流分别为 i_{l1}、i_{l2} 和 i_{l3}，由图知回路电流等于对应的连枝电流，即 $i_1=i_{l1}$，$i_5=i_{l2}$，$i_6=i_{l3}$，根据 KCL，即

$$i_3=i_5+i_6=i_{l2}+i_{l3}$$
$$i_2=-i_4-i_5=-i_{l1}-i_{l2}-i_{l3}$$
$$i_4=-i_1-i_6=-i_{l1}-i_{l3}$$

可见，所有支路电流均可以用假设的回路电流表示。

(3)回路电流的一般方程。回路电流和网孔电流不同的是网孔电流是平面电路网孔中的假想电流，而回路电流是回路中的假想电流。可以想象两者方程的结构是相同的。对于有 n 个节点、b 条支路的电路，设回路电流 i_{l1}，i_{l2}，…，i_{ll}，$l=b-(n-1)$，将式(3-10)中的下标改成 l，即得回路电路电流方程的一般形式为

$$\begin{cases}R_{11}i_{l1}+R_{12}i_{l2}+\cdots+R_{1l}i_{ll}=u_{S11}\\R_{21}i_{l1}+R_{22}i_{l2}+\cdots+R_{2l}i_{ll}=u_{S22}\\\cdots\cdots\\R_{l1}i_{l1}+R_{l2}i_{l2}+\cdots+R_{ll}i_{ll}=u_{Sll}\end{cases}\tag{3-11}$$

式中，$R_{kk}(k=1,2,\cdots,l)$ 称为回路 k 的自阻，自阻 R_{kk} 总为正；

$R_{jk}(j,k=1,2,\cdots,l;j\neq k)$ 称为回路 k 和 j 的互阻，互阻 R_{jk} 可正可负(当 j、k 回路的电流 i_j 和 i_k 在互阻 R_{jk} 上的方向相同时，互阻取正，反之取负)，在无受控源的电路中有 $R_{jk}=R_{kj}$；

u_{Skk} 是第 k 个回路中所有电压源电压的代数和如果回路绕行方向和所经过支路电压源电压方向相反，该电压源取正，反之取负。

(4)回路电流法步骤如下：

步骤 1：在电路(或对应的图)中选树，确定连枝，并设回路电流 i_{l1}，i_{l2}，…，i_{ll}，回路电流和连枝电流一一对应；

步骤 2：求出所有 R_{kk}、R_{jk} 和 u_{Skk}（注意正负），代入式(3-11)，或直接列出回路电流方程；

步骤 3：求解得出回路电流；

步骤 4：用回路电流求得个支路电流或电压。

(5)特殊情况处理。对于含有无伴电流源和受控源的情况，处理方法和网孔电流法相同。

小结：回路(网孔)电流法是以假想的沿回路(网孔)闭合连续流动的回路(网孔)电流为变量，对每个节点而言，相关回路(网孔)电流流入一次，必然流出一次，回路(网孔)电流自动满足 KCL 方程，只需对 m 个回路(网孔)列 KVL 方程求解电路的分析方法。

以回路(网孔)电流为变量，回路(网孔)电流的绕向统一取顺时针方向，用相关回路(网孔)电流去表示支路电压后，对每个回路(网孔)列 KVL 方程，然后将相同变量合并，常数放另一边。得到方程的标准矩阵形式如下：

$$\begin{bmatrix} R_{11} & R_{12} & \cdots & R_{1m} \\ R_{21} & R_{22} & \cdots & R_{2m} \\ \vdots & \vdots & & \vdots \\ R_{m1} & R_{m2} & \cdots & R_{mm} \end{bmatrix} \begin{bmatrix} i_{m1} \\ i_{m2} \\ \vdots \\ i_{mm} \end{bmatrix} = \begin{bmatrix} u_{S11} \\ u_{S22} \\ \vdots \\ u_{Smm} \end{bmatrix}$$

式中，R_{ij}为 i 回路(网孔)和 j 回路(网孔)之间的互阻(流经某支路上电流方向相同时为负号)；

R_{ii}为 i 回路(网孔)的自阻(正号)；

u_{Sii}为 i 回路(网孔)所有等效电压源的代数和。

四、节点电压法

思路：对于有 n 个节点的电路，去掉任意一个节点，对剩余的 $n-1$ 个节点所列的 KCL 方程是彼此独立的。节点法则是以去掉的那个节点为参考点(零电位点)，设剩余 $n-1$ 个节点到参考点的电压为变量，这些变量称为节点电压。显然，变量的个数为 $n-1$，即 u_{n1}，u_{n2}，…，$u_{n(n-1)}$。用节点电压可以表示支路电压，进而可以表示支路电流。

1. 节点电压方程

如图 3-8(a)所示电路，图(b)是其对应的有向图。

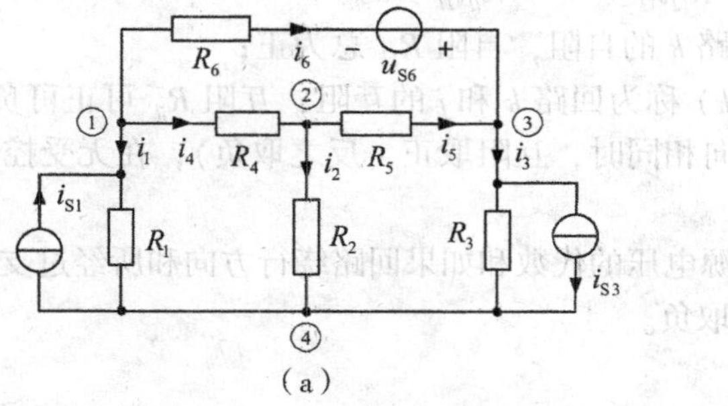

图 3-8 节点电压法

选节点④为参考点，设节点①、②、③到参考点的电压，即节点电压分别为 u_{n1}、u_{n2}、u_{n3}，如图(b)所示。由图(b)知 $u_1=u_{n1}$、$u_2=u_{n2}$、$u_3=u_{n3}$，再由 KVL 得出

$$u_4=u_1-u_2=u_{n1}-u_{n2}$$
$$u_5=u_2-u_3=u_{n2}-u_{n3}$$
$$u_6=u_1-u_3=u_{n1}-u_{n3}$$

可见，节点电压可以表示每条支路上的电压。根据支路的 VCR 和以上诸式，可以用节点电压表示图(a)中每条支路上的电流，即

$$\begin{cases} i_1 = \dfrac{u_1}{R_1} - i_{S1} = \dfrac{u_{n1}}{R_1} - i_{S1} \\ i_2 = \dfrac{u_2}{R_2} = \dfrac{u_{n2}}{R_2} \\ i_3 = \dfrac{u_3}{R_3} + i_{S3} = \dfrac{u_{n3}}{R_3} + i_{S3} \\ i_4 = \dfrac{u_4}{R_4} = \dfrac{u_{n1} - u_{n2}}{R_4} \\ i_5 = \dfrac{u_5}{R_5} = \dfrac{u_{n2} - u_{n3}}{R_5} \\ i_6 = \dfrac{u_6 + u_{S6}}{R_6} = \dfrac{u_{n1} - u_{n3} + u_{S6}}{R_6} \end{cases} \tag{3-12}$$

对节点①、②、③列出 KCL 方程，即

$$\begin{cases} i_1 + i_4 + i_6 = 0 \\ i_2 - i_4 + i_5 = 0 \\ i_3 - i_5 - i_6 = 0 \end{cases} \tag{3-13}$$

将式(3-12)代入式(3-13)，整理得

$$\begin{cases} \left(\dfrac{1}{R_1} + \dfrac{1}{R_4} + \dfrac{1}{R_6}\right) u_{n1} - \dfrac{1}{R_4} u_{n2} - \dfrac{1}{R_6} u_{n3} = i_{S1} - \dfrac{u_{S6}}{R_6} \\ -\dfrac{1}{R_4} u_{n1} + \left(\dfrac{1}{R_2} + \dfrac{1}{R_4} + \dfrac{1}{R_5}\right) u_{n2} - \dfrac{1}{R_5} u_{n3} = 0 \\ -\dfrac{1}{R_6} u_{n1} - \dfrac{1}{R_5} u_{n2} + \left(\dfrac{1}{R_3} + \dfrac{1}{R_5} + \dfrac{1}{R_6}\right) u_{n3} = -i_{S3} + \dfrac{u_{S6}}{R_6} \end{cases} \tag{3-14}$$

上式就是图 3-11(a)所示电路的节点电压方程。将式(3-14)中的 1/R 写成电导的形式，则有

$$\begin{cases} (G_1 + G_4 + G_6) u_{n1} - G_4 u_{n2} - G_6 u_{n3} = i_{S1} - G_6 u_{S6} \\ -G_4 u_{n1} + (G_2 + G_4 + G_5) u_{n2} - G_5 u_{n3} = 0 \\ -G_6 u_{n1} - G_5 u_{n2} + (G_3 + G_5 + G_6) u_{n3} = -i_{S3} + G_6 u_{S6} \end{cases} \tag{3-15}$$

式中，G_1，G_2，…，G_6 分别是各支路的电导。在式(3-15)中分别令 $G_{11} = G_1 + G_4 + G_6$，$G_{12} = -G_4$，$G_{13} = -G_6$，…，则式(3-15)变为

$$\begin{cases} G_{11} u_{n1} + G_{12} u_{n2} + G_{13} u_{n3} = i_{S11} \\ G_{21} u_{n1} + G_{22} u_{n2} + G_{23} u_{n3} = i_{S22} \\ G_{31} u_{n1} + G_{32} u_{n2} + G_{33} u_{n3} = i_{S33} \end{cases} \tag{3-16}$$

其中，$G_{kk}(k=1, 2, 3)$ 称为自导，它是第 k 个节点所连的所有电导之和，总为正；$G_{jk}(j, k=1, 2, 3; j \neq k)$ 称为互导，它是 j、k 两个节点之间的电导，总为负；i_{Skk} 是流入第 k 个

节点所有电流源电流的代数和，流入电流取正，反之取负。注意：G_6u_{S6} 是有伴电压源支路 6 等效为有伴电流源的电流。在无受控源的电路中，有 $G_{jk}=G_{kj}$，如式(3-16)中 $G_{12}=G_{21}=-G_4$，$G_{23}=G_{32}=-G_5$ 等。如果电路中有受控源，则有些互导是不相等的。

推广：对于有 n 个节点的电路，设节点电压为 u_{n1}，u_{n2}，…，$u_{n(n-1)}$，则节点电压方程的一般形式为

$$\begin{cases}G_{11}u_{n1}+G_{12}u_{n2}+\cdots+G_{1(n-1)}u_{n(n-1)}=i_{S11}\\G_{21}u_{n1}+G_{22}u_{n2}+\cdots+G_{2(n-1)}u_{n(n-1)}=i_{S11}\\\cdots\cdots\\G_{(n-1)1}u_{n1}+G_{(n-1)2}u_{n2}+\cdots+G_{(n-1)(n-1)}u_{n(n-1)}=i_{S(n-1)(n-1)}\end{cases}\tag{3-17}$$

式中，$G_{kk}(k=1, 2, \cdots, n-1)$ 称为节点 k 的自导，总为正；$G_{jk}(j, k=1, 2, \cdots, n-1; j\neq k)$，称为节点 k 和 j 的互导，总为负；i_{Skk} 是流入第 k 个节点所有电流源电流的代数和，流入取正，反之取负。

2. 节点电压法的步骤

步骤 1：选参考点，设节点电压变量，即 u_{n1}，u_{n2}，…，$u_{n(n-1)}$；

步骤 2：求出所有 G_{kk}、G_{jk} 和 i_{Skk}，代入式(3-17)，或直接列出节点电压方程；

步骤 3：求解得出节点电压；

步骤 4：用节点电压求解支路电流或电压。

小结：节点电压法以 $n-1$ 个独立节点对参考节点的电压为变量，节点电压自动满足 KVL，只需要对 $n-1$ 个独立节点列写 KCL 方程求解电路的分析方法。

以节点电压为变量，用节点电压表示支路电流，对独立节点列 KCL 方程，将相同变量合并，常数放另一边，得到方程的标准矩阵形式如下：

$$\begin{bmatrix}G_{11} & G_{12} & \cdots & G_{1\,n-1}\\G_{21} & G_{22} & \cdots & G_{2\,n-1}\\\vdots & \vdots & & \vdots\\G_{m1} & G_{m2} & \cdots & G_{n-1\,n-1}\end{bmatrix}\begin{bmatrix}u_{n1}\\u_{n2}\\\vdots\\u_{n-1\,n-1}\end{bmatrix}=\begin{bmatrix}i_{S11}\\i_{S22}\\\vdots\\i_{Sn-1\,n-1}\end{bmatrix}$$

3.3　典 型 例 题

例 3-1　试求图(a)所示电路中电压 U。

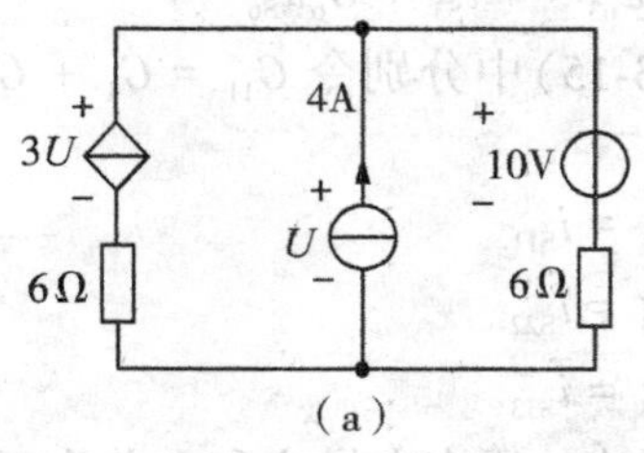

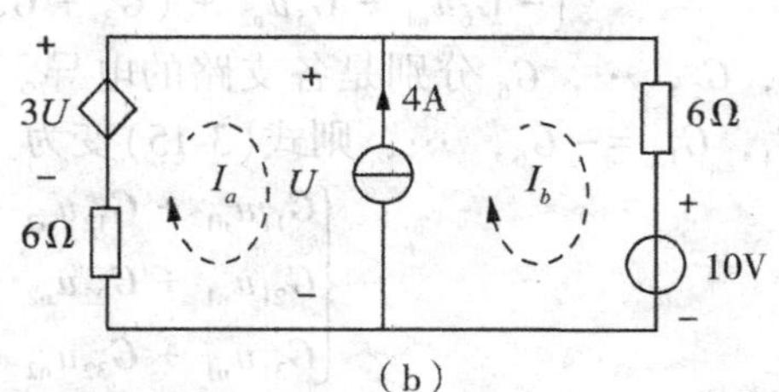

例 3-1 图

解 按照图(b)选择的回路绕行方向列电路的回路电压方程如下：

$$6I_a+U=3U$$

$$-U+6I_b=-10$$

对图(b)中任意节点，增补节点电流方程：$I_b-I_a=4$

求解上述方程得：$U=-34\text{V}$

例 3-2 用节点电压法求图示电路中的节点电压 u_1、u_2 及两个独立电源输出的功率。

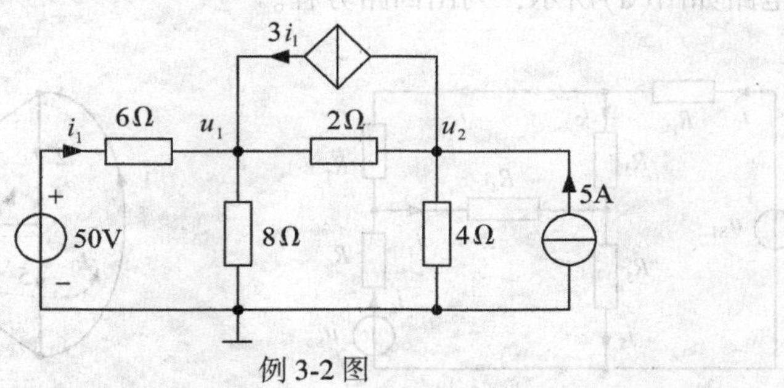

例 3-2 图

解 分别对节点 1、节点 2 的节点电压为待求量列方程，得

$$\begin{cases}\left(\frac{1}{6}+\frac{1}{8}+\frac{1}{2}\right)u_1-\frac{1}{2}u_2=3i_1+\frac{50}{6}\\ \left(\frac{1}{4}+\frac{1}{2}\right)u_2-\frac{1}{2}u_1=-3i_1+5\end{cases}$$

增补方程：$u_1=50-6i_1$

解得：$u_1=32\text{V}$，$u_2=16\text{V}$，$i_1=3\text{A}$，$P_u=150\text{W}$，$P_i=80\text{W}$。

例 3-3 电路如图所示，根据网孔法求电路中的 i_2、i_3。

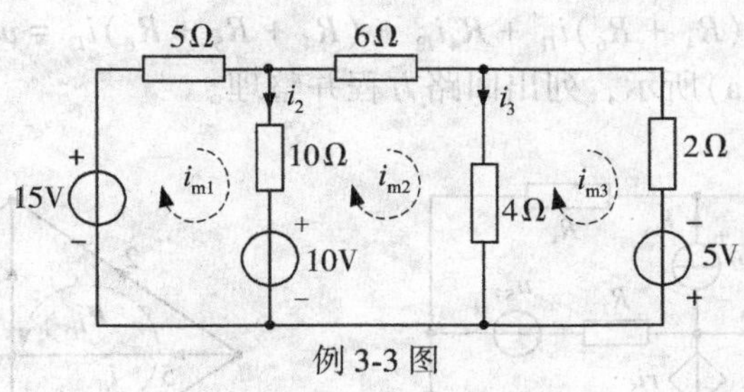

例 3-3 图

解 设网孔电流 i_{m1}、i_{m2}、i_{m3} 如图所示。自阻 $R_{11}=15\Omega$，$R_{22}=20\Omega$，$R_{33}=6\Omega$，互阻 $R_{12}=R_{21}=-10\Omega$，$R_{13}=R_{31}=0\Omega$，$R_{23}=R_{32}=-4\Omega$；$u_{S11}=15-10=5\text{V}$，$u_{S22}=10\text{V}$，$u_{S33}=5\text{V}$。代入式(3-10)，即

$$15i_{m1}-10i_{m2}=5$$

$$-10i_{m1}+20i_{m2}-4i_{m3}=10$$

$$-4i_{m2}+6i_{m3}=5$$

解得 $i_{m1}=1.375\text{A}$，$i_{m2}=1.5625\text{A}$，$i_{m3}=1.875\text{A}$。根据 KCL，有

$$i_2=i_{m1}-i_{m2}=-0.1875\text{A}$$
$$i_3=i_{m2}-i_{m3}=-0.3125\text{A}$$

用所计算的结果可以进行检验。例如，在第 2 个网孔中根据 KVL，有

$$-10-10\times(-0.1875)+6\times1.5625+4\times(-0.3125)=0\text{V}$$

可见答案是正确的。

例 3-4　电路如图(a)所示，列出回路方程。

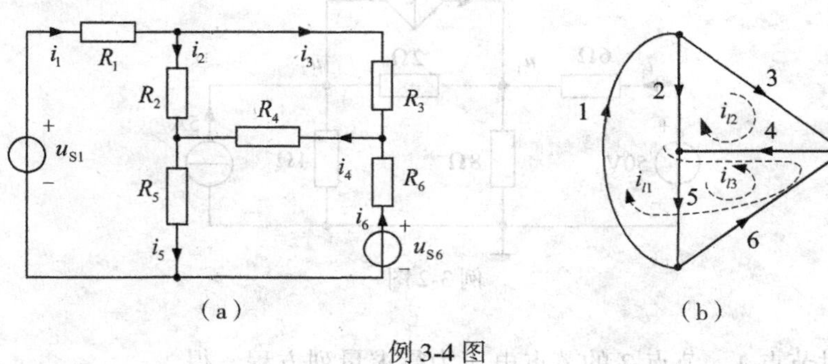

例 3-4 图

解　画出电路所对应的有向图如图(b)所示。设树为支路 2、4、6，连枝为支路 1、3、5，连枝对应的回路如图(b)所示，并设回路电流变量分别为 i_{l1}、i_{l2} 和 i_{l3}；自阻 $R_{11}=R_1+R_2+R_4+R_6$，$R_{22}=R_2+R_3+R_4$，$R_{33}=R_4+R_5+R_6$；互阻 $R_{12}=R_{21}=-(R_2+R_4)$，$R_{13}=R_{31}=-(R_4+R_6)$，$R_{23}=R_{32}=R_4$；$u_{S11}=u_{S1}-u_{S6}$，$u_{S22}=0$、$u_{S33}=u_{S6}$。将它们代入式(3-11)，得

$$(R_1+R_2+R_4+R_6)i_{l1}-(R_2+R_4)i_{l2}-(R_4+R_6)i_{l3}=u_{S1}-u_{S6}$$
$$-(R_2+R_4)i_{l1}+(R_2+R_3+R_4)i_{l2}+R_4i_{l3}=0$$
$$-(R_4+R_6)i_{l1}+R_4i_{l2}+(R_4+R_5+R_6)i_{l3}=u_{S6}$$

例 3-5　电路如图(a)所示，列出回路方程并整理。

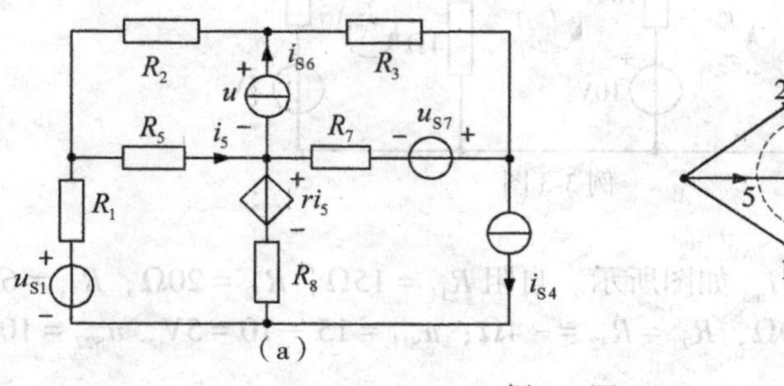

例 3-5 图

解　画出电路所对应的有向图如图(b)所示。设树为支路 2、6、7 和 8，连枝为支路 1、5、3、4，回路如图(b)所示，设回路电流分别为 i_{l1}、i_{l2}、i_{l3} 和 i_{l4}。在图(a)中，支路

4 和 6 是无伴的电流源，由于 $i_{l4}=i_{S4}$，所以设出 i_{S6} 两端的电压为 u，然后才可列回路方程；支路 8 中有一个 CCVS，先将其按独立源对待。不用先求出自阻、互阻和 u_{Skk}，可以直接列写方程，有

回路 1：$(R_1+R_2+R_8)i_{l1}-R_2i_{l2}+u-R_8i_{l4}=u_{S1}-ri_5$

回路 2：$-R_2i_{l1}+(R_2+R_5)i_{l2}-u=0$

回路 3：$-u+(R_3+R_7)i_{l3}-R_7i_{l4}=-u_{S7}$

回路 4：$i_{l4}=i_{S4}$

因为有无伴电流源 i_{S6}，新增一个变量 u，所以增加的附加约束为

$$-i_{l1}+i_{l2}+i_{l3}=i_{S6}$$

将支路 8 的控制量 i_5 用回路电流表示，即 $i_5=i_{l2}$，代入回路 1 方程，整理得

$$(R_1+R_2+R_8)i_{l1}+(r-R_2)i_{l2}+u-R_8i_{l4}=u_{S1}$$

由该式和回路 2 式可以看出 $R_{l2}\neq R_{21}$，所以在有受控源的电路中，部分互阻将不相等。可以进一步整理以上式子，即消去新增变量 u，得

$$(R_1+R_8)i_{l1}+(r+R_5)i_{l2}-R_8i_{l4}=u_{S1}$$
$$R_2i_{l1}-(R_2+R_5)i_{l2}+(R_3+R_7)i_{l3}-R_7i_{l4}=-u_{S7}$$
$$i_{l4}=i_{S4}$$
$$-i_{l1}+i_{l2}+i_{l3}=i_{S6}$$

消去新增变量 u 的过程是避开无伴电流源的过程，也可以通过电路图直接得到。

例 3-6 电路如图所示，列出电路的节点电压方程。

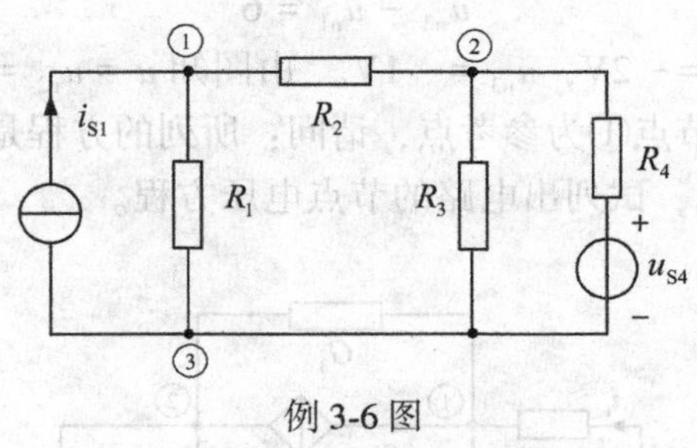

例 3-6 图

解 选节点③为参考点，设节点①、②的节点电压分别为 u_{n1}、u_{n2}，将电阻写成电导的形式，直接列出节点电压方程，即

$$(G_1+G_2)u_{n1}-G_2u_{n2}=i_{S1}$$
$$-G_2u_{n1}+(G_2+G_3+G_4)u_{n2}=G_4u_{S4}$$

如果电路中含有无伴电压源支路，因为电压源的电流为未知量，处理方法是设出它的电流 i，这样就多出一个电流变量，由于已知无伴电压源的电压，可以增加一个电压方程(或电压约束)。另外，对于电路中的受控源，将其先按独立源对待列方程，然后将控制量用节点电压变量表示，整理方程即可。下面通过例子对这两类情况加以说明。

例 3-7 电路如图所示，试用节点法求图中的电压 u。

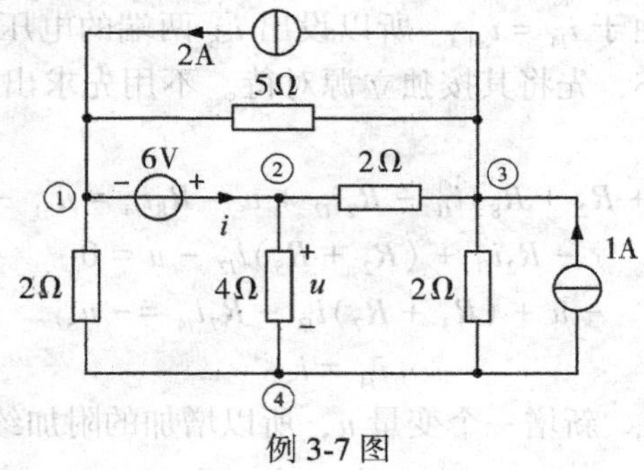

例 3-7 图

解 选节点④为参考点，设节点①、②、③的节点电压分别为 u_{n1}、u_{n2} 和 u_{n3}，设无伴电压源支路的电流为 i，则节点电压方程分别为

$$(0.5+0.2)u_{n1}-0.2u_{n3}=2-i$$
$$(0.25+0.5)u_{n2}-0.5u_{n3}=i$$
$$-0.2u_{n1}-0.5u_{n2}+(0.2+0.5+0.5)u_{n3}=1-2$$

新增电压约束方程为

$$u_{n2}-u_{n1}=6$$

整理并消去电流 i 得

$$14u_{n1}+15u_{n2}-14u_{n3}=40$$
$$2u_{n1}+5u_{n2}-12u_{n3}=10$$
$$u_{n2}-u_{n1}=6$$

解之得 $u_{n1}=4\text{V}$，$u_{n2}=-2\text{V}$，$u_{n3}=-1\text{V}$。由图知 $u=u_{n2}=-2\text{V}$。

如果在该例中如果选节点①为参考点，请问：所列的方程是否能简单一些？

例 3-8 电路如图所示，试列出电路的节点电压方程。

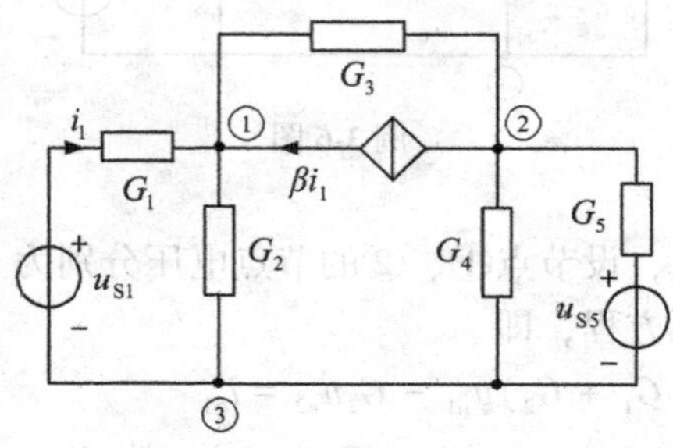

例 3-8 图

解 选节点③为参考点，设节点①、②的节点电压分别为 u_{n1}、u_{n2}，先将受控的电流源按独立源对待，则节点电压方程为

$$(G_1+G_2+G_3)u_{n1}-G_3u_{n2}=G_1u_{S1}+\beta i_1$$
$$-G_3u_{n1}+(G_3+G_4+G_5)u_{n2}=G_5u_{S5}-\beta i_1$$

将受控源的控制量用节点电压表示，即

$$i_1 = G_1 u_{S1} - G_1 u_{n1}$$

代入节点电压方程并整理得

$$(G_1 + \beta G_1 + G_2 + G_3)u_{n1} - G_3 u_{n2} = (1+\beta)G_1 u_{S1}$$
$$-(\beta G_1 + G_3)u_{n1} + (G_3 + G_4 + G_5)u_{n2} = G_5 u_{S5} - \beta G_1 u_{S1}$$

可见，由于受控源的影响，互导 $G_{12} \neq G_{21}$。

3.4 习题精解

3-1 画出图(a)(b)电路有向图，说明它们的节点数和支路数分别是多少，分别在它们的图中选一棵树。

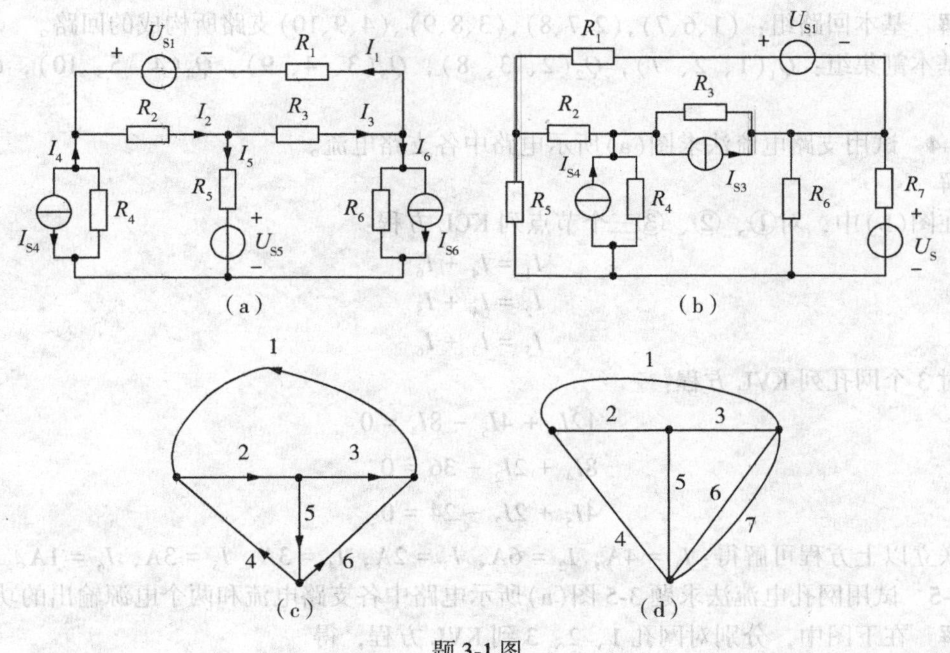

题 3-1 图

解 图(c)的节点数是 4 个，支路数是 6 个，而且支路 2、3、5 可以构成一棵树；图(d)的节点数是 4 个，支路数是 7 个。而且支路 2、3、5 可以构成一棵树。

3-2 在题 3-1 图(a)中，分别选基本回路和基本割集。

解 基本回路：支路(1、2、3)构成的回路；支路(2、4、5)构成的回路；支路(3、5、6)构成的回路。基本割集：支路(1、2、4)构成的割集；支路(4、5、6)构成的割集；支路(1、3、6)构成的割集。

3-3 对图示有向图，选支路(6、7、8、9、10)为树枝，试写出基本回路组和基本割集组。

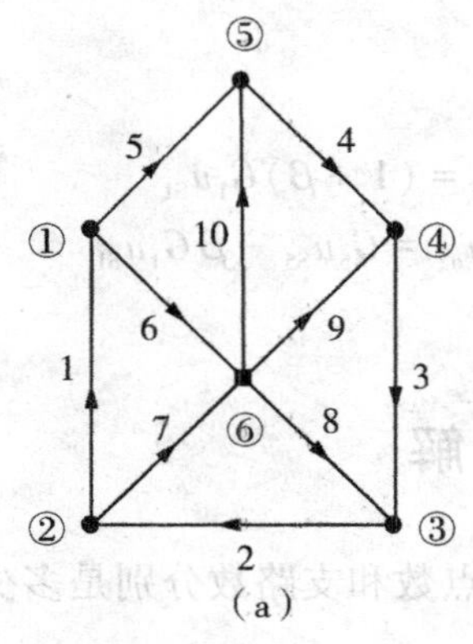

（a）

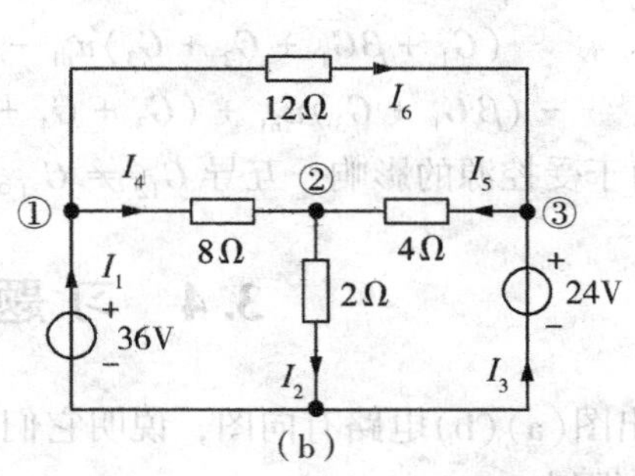

（b）

题 3-3 图

解　基本回路组：（1、6、7），（2、7、8），（3、8、9）、（4、9、10）支路所构成的回路。

基本割集组：Q_1（1、2、7），Q_2（2、3、8），Q_3（3、4、9），Q_4（4、5、10），Q_5（4、5、6）

3-4　试用支路电流法求图（a）所示电路中各支路电流。

解

在图（b）中，对①、②、③三个节点列 KCL 方程：

$$I_1 = I_4 + I_6$$

$$I_2 = I_4 + I_5$$

$$I_5 = I_3 + I_6$$

对 3 个网孔列 KVL 方程：

$$12I_6 + 4I_5 - 8I_4 = 0$$

$$8I_4 + 2I_2 - 36 = 0$$

$$4I_5 + 2I_2 - 24 = 0$$

联立以上方程可解得：$I_1 = 4\text{A}$，$I_2 = 6\text{A}$，$I_3 = 2\text{A}$，$I_4 = 3\text{A}$，$I_5 = 3\text{A}$，$I_6 = 1\text{A}$。

3-5　试用网孔电流法求题 3-5 图（a）所示电路中各支路电流和两个电源输出的功率。

解　在下图中，分别对网孔 1、2、3 到 KVL 方程，得

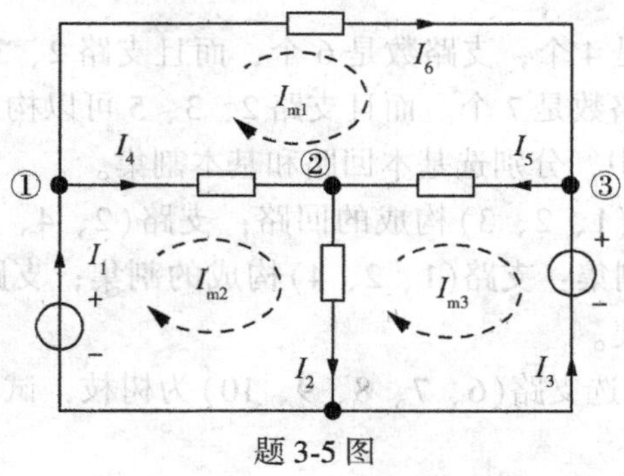

题 3-5 图

$$(12+8+4)I_{m1}-8I_{m2}-4I_{m3}=0$$
$$(8+2)I_{m2}-8I_{m1}-2I_{m3}=36$$
$$-4I_{m1}-2I_{m2}+6I_{m3}=-24$$

解得：$I_{m1}=1A$，$I_{m2}=4A$，$I_{m3}=-2A$。

由电路中支路电流与网孔电流之间关系，可得

$$I_1=I_{2m}=4A,\ I_2=I_{2m}-I_{3m}=6A,\ I_3=2A,\ I_4=I_{2m}-I_{1m}=3A$$
$$I_5=I_{1m}-I_{3m}=3A,\ I_6=I_{1m}=1A,\ P_{36V}=36\times4=144W,\ P_{24V}=24\times2=48W$$

3-6 下图(a)所示电路是一个直流供电电路，已知电源电压 $U_{S1}=U_{S2}=115V$，输电线电阻 $R_1=0.02\Omega$，负载电阻 $R_2=50\Omega$，求电路中全部负载吸收的功率。

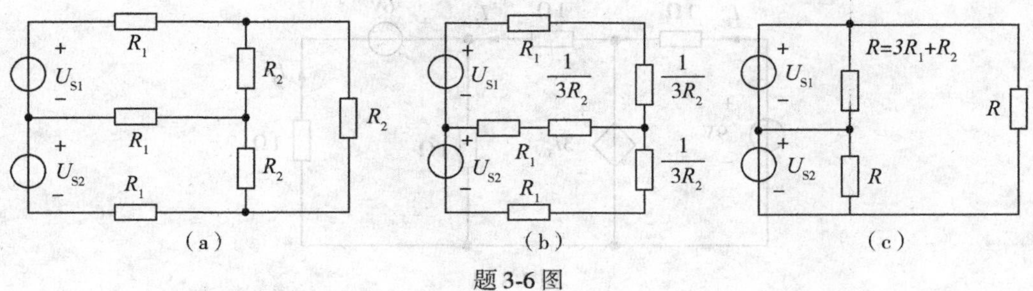

题 3-6 图

解 先将原电路图进行简化即首先进行△-Y 变换，再进行 Y-△。简化过程如图(b)(c)所示，电路中全部负载吸收的功率为

$$P=\frac{U_{S1}^2}{R}+\frac{U_{S2}^2}{R}+\frac{(2U_{S1})^2}{R}=\frac{6U_{S1}^2}{R}=\frac{6\times115\times115}{50+0.02\times3}=1585(W)$$

3-7 试用回路电流法求图示电路中各支路电流。

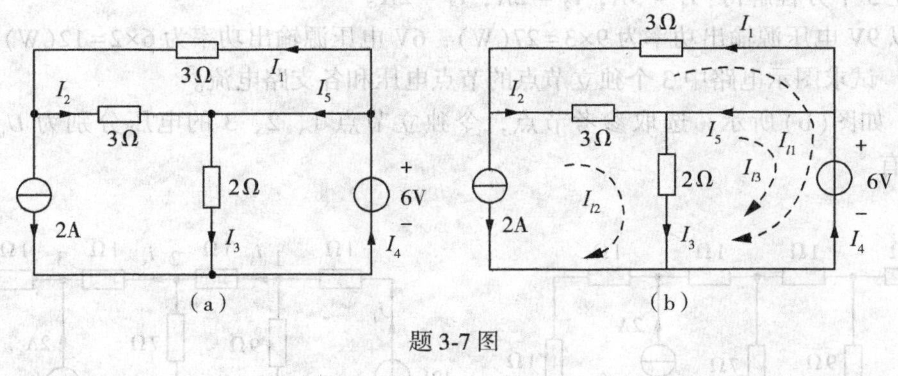

题 3-7 图

解 如电路分析图(b)所示，$I_{l1}=-I_1$，$I_{l2}=-2A$，$I_{l3}=-I_5$

故可对 3 个回路列 KVL 方程组：

$$8I_{l1} - 5I_{l2} + 2I_{l3} = -6$$
$$2I_{l1} - 2I_{l2} + 2I_{l3} = -6$$
$$I_{l3} = -2$$

解此方程组得：　　$2I_{l1} = -1\text{A}$，$2I_{l2} = -2\text{A}$，$2I_{l3} = 4\text{A}$

$$I_1 = -I_{l1} = 1\text{A},\ I_2 = I_1 - 2 = -1\text{A}$$
$$I_5 = -I_{l3} = 4\text{A},\ I_3 = I_2 + I_5 = 3\text{A}$$
$$I_4 = I_1 + I_5 = 5\text{A}$$

3-8　试用回路电流法求图示电路中支路电流 I_1、I_2、I_3 和两个电源输出的功率。

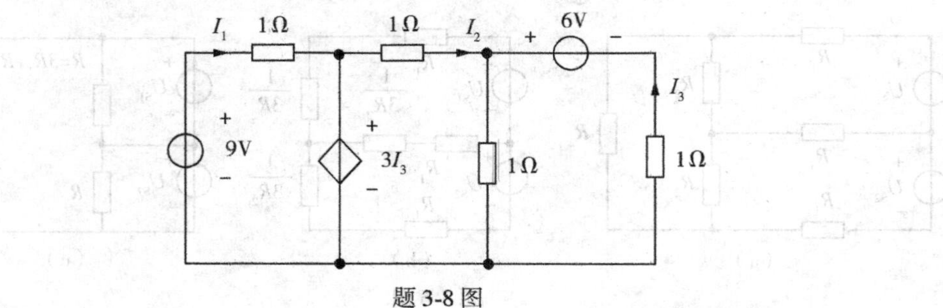

题 3-8 图

解　选取图中 3 个网孔作为 3 个独立回路 1、2、3，并设回路电流方程均取顺时针绕向，易知 3 个回路的电流均可用 I_1，I_2，$-I_3$ 来表示，对这 3 个回路列 KVL 方程，可得

回路 1：　　$-9 + I_1 - 3I_3 = 0$

回路 2：　　$-3 \times I_3 + I_2 + I_2 - I_3 = 0$

回路 3：　　$6 - I_3 - I_3 - I_2 = 0$

联立 3 个方程解得：$I_1 = 3\text{A}$，$I_2 = 2\text{A}$，$I_3 = 2\text{A}$。

所以 9V 电压源输出功率为 9×3＝27(W)，6V 电压源输出功率为 6×2＝12(W)。

3-9　试求图示电路中 3 个独立节点的节点电压和各支路电流。

解　如图(b)所示，选取参考节点，令独立节点 1、2、3 的电压分别为 U_{n1}，U_{n2}，U_{n3}，则有

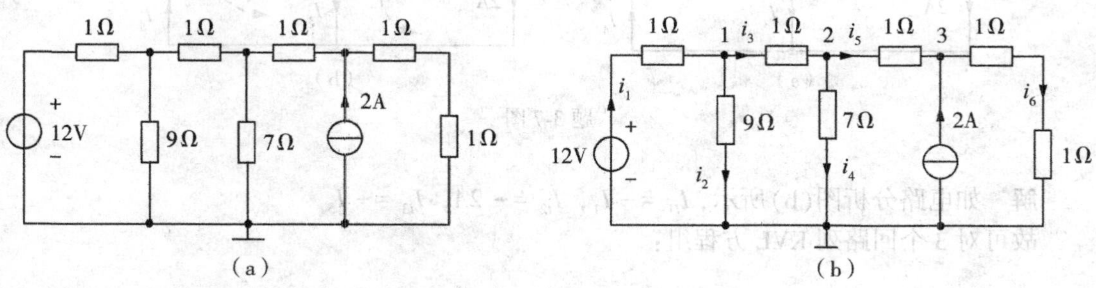

题 3-9 图

$$\left(1+1+\frac{1}{9}\right)U_{n1}-U_{n2}=12$$

$$-U_{n1}+\left(1+1+\frac{1}{7}\right)-U_{n3}=0$$

$$-U_{n2}+\left(1+\frac{1}{2}\right)U_{n3}=2$$

得 $U_{n1}=9V$，$U_{n2}=7V$，$U_{n3}=6V$。
从而得出

$$i_1=\frac{12-U_{n1}}{1}=3A,\quad i_2=\frac{U_{n1}}{9}=1A,\quad i_3=\frac{U_{n1}-U_{n2}}{1}=2A$$

$$i_4=\frac{U_{n2}}{7}=1A,\quad i_5=\frac{U_{n2}-U_{n3}}{1}=1A,\quad i_6=\frac{U_{n3}}{2}=3A$$

3-10 试用节点电压法求图示电路中各支路电流。

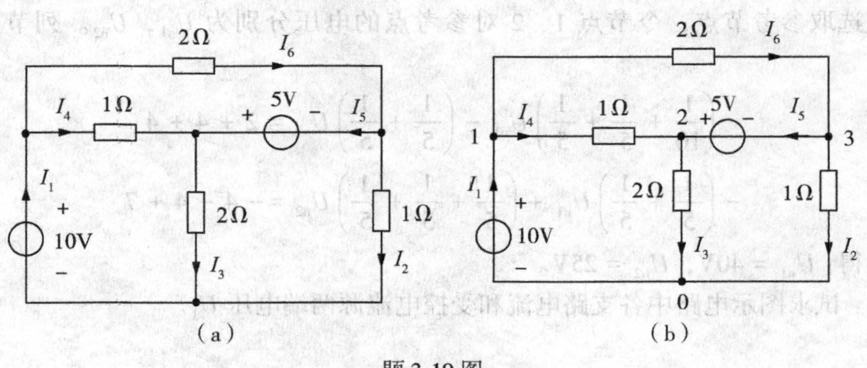

题 3-10 图

解 如图(b)所示，设节点 0 为参考节点，独立节点 1、2、3 的电压分别为 U_{n1}，U_{n2}，U_{n3}，采用节点电压法列方程可得

$$U_{n1}=10V$$

$$U_{n2}-U_{n3}=5V$$

$$\left(1+\frac{1}{2}\right)U_{n2}-U_{n1}=I_5$$

$$\left(1+\frac{1}{2}\right)U_{n3}-\frac{1}{2}U_{n1}=-I_5$$

解得 $U_{n1}=10V$，$U_{n2}=7.5V$，$U_{n3}=2.5V$

$$I_2=\frac{U_{n3}}{1}=2.5A,\quad I_3=\frac{U_{n2}}{1}=\frac{7.5}{2}=3.75A,\quad I_4=\frac{U_{n1}-U_{n2}}{1}=\frac{10-7.5}{1}=2.5A$$

$$I_4=\frac{U_{n1}-U_{n3}}{2}=\frac{10-2.5}{1}=3.75A,\quad I_1=I_4+I_6=2.5+3.75=6.25A$$

$$I_5=I_6-I_2=3.75-2.5=1.25A$$

3-11　试求图示电路中的节点电压。

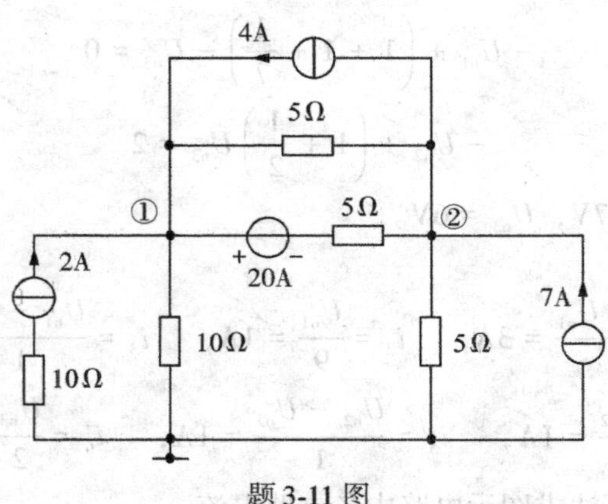

题 3-11 图

解　选取参考节点，令节点 1、2 对参考点的电压分别为 U_{n1}，U_{n2}。列节点电压方程组：

$$\left(\frac{1}{10}+\frac{1}{5}+\frac{1}{5}\right)U_{n1}-\left(\frac{1}{5}+\frac{1}{5}\right)U_{n2}=2+4+4$$

$$-\left(\frac{1}{5}+\frac{1}{5}\right)U_{n1}+\left(\frac{1}{5}+\frac{1}{5}+\frac{1}{5}\right)U_{n2}=-4-4+7$$

整理得：$U_{n1}=40\text{V}$，$U_{n2}=25\text{V}$。

3-12　试求图示电路中各支路电流和受控电流源两端电压 U_1。

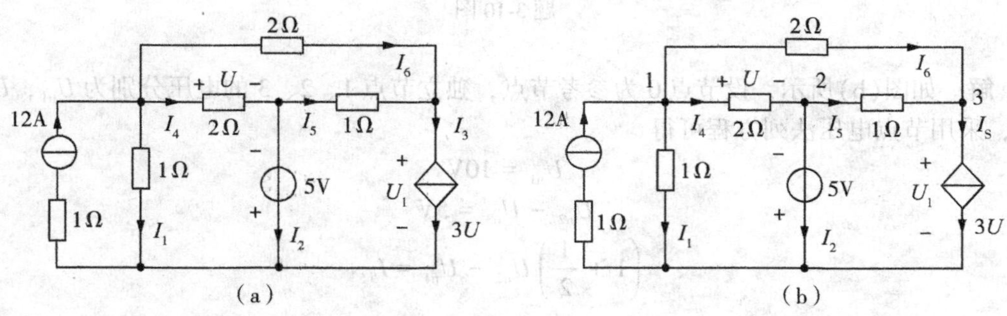

题 3-12 图

解　如图(b)所示，独立节点 1、2、3 的节点电压分别为 U_{n1}，U_{n2}，U_{n3}，列节点电压方程得

$$\left(\frac{1}{2}+1+\frac{1}{2}\right)U_{n1}-\frac{1}{2}U_{n2}-\frac{1}{2}U_{n3}=12$$

$$\left(\frac{1}{2}+1\right)U_{n3}-\frac{1}{2}U_{n1}-U_{n2}=-3U$$

$$U_{n1} - U_{n2} = U$$
$$U_{n2} = -5$$

整理得　　$U_{n1} = 1V,\ U_{n2} = -5V,\ U_{n3} = -15V,\ U = 6V$

解得 $I_1 = 1A$，　$I_5 = \dfrac{U_{n2} - U_{n3}}{1} = -5 + 15 = 10(A)$，　$I_3 = 3 \times 6 = 18(A)$

$$I_4 = \frac{6}{2} = 3(A),\quad I_2 = I_4 - I_5 = -7A,\quad I_6 = \frac{U_{n1} - U_{n3}}{2} = 8A$$

3-13　图示电路中，已知：$G_1=1S$，$G_2=2S$，$G_3=3S$，$U_S=4V$，$I_S=5A$，$r=0.5$。求各支路电流。

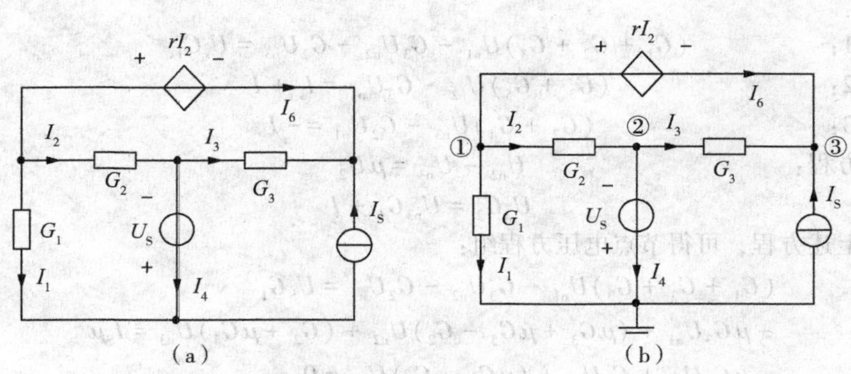

题 3-13 图

解　本题采用节点电压法，如图(b)所示。对节点①、②、③列节点电压方程：

节点 1：　$(G_1 + G_2)U_{n1} - G_2U_{n2} = -I_6$

节点 2：　$U_{n2} = -4V$

节点 3：　$G_3U_{n3} - G_3U_{n2} = I_6 + I_S$

补充方程：　$U_{n1} - U_{n3} = rI_2$，$U_{n1} - U_{n2} = \dfrac{I_2}{G_2}$

将已知数据代入上式，整理可得：

$$(1+2)U_{n1} - 2U_{n2} = -I_6$$
$$U_{n2} = -4$$
$$3U_{n3} - 3U_{n2} = I_6 + 5$$
$$U_{n1} - U_{n3} = 0.5I_2$$
$$U_{n1} - U_{n2} = \frac{I_2}{2}$$

解得　　$U_{n1} = -1V,\quad U_{n3} = -4V,\quad I_2 = 6A$

$I_1 = U_{n1} \times G_1 = -1 \times 1 = -1(A)$，　$I_2 = G_3 \times (U_{n2} - U_{n3}) = 0$，　$I_4 = I_2 - I_3 = 6A$

3-14　试列出图示电路的节点电压方程。

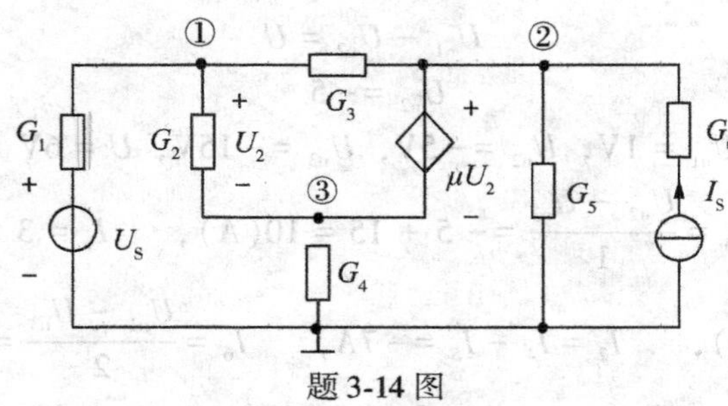

题 3-14 图

解　设流经受控电压源的电流为 I，且参考方向自下而上，对 3 个独立节点列节点电压方程得：

节点 1：$$(G_1+G_2+G_3)U_{n1}-G_3U_{n2}-G_2U_{n3}=U_sG_1$$

节点 2：$$(G_3+G_5)U_{n2}-G_3U_{n1}=I_s+I$$

节点 3：$$(G_2+G_4)U_{n3}-G_2U_{n1}=-I$$

补充方程：$$U_{n2}-U_{n3}=\mu U_2$$

$$U_2G_2=U_{n3}G_4+I$$

整理上述方程，可得节点电压方程组：

$$(G_1+G_2+G_3)U_{n1}-G_3U_{n2}-G_2U_{n3}=U_SG_1$$

$$-\mu G_3U_{n1}+(\mu G_3+\mu G_5-G_2)U_{n2}+(G_2+\mu G_4)U_{n3}=I_S\mu$$

$$-\mu G_2U_{n1}+G_2U_{n2}+(\mu G_2-G_2)U_{n3}=0$$

第4章 电路定理

4.1 学习指导

一、学习要求

(1)掌握叠加定理、替代定理的基本内容、适用范围及条件，熟练地应用这些定理分析电路。

(2)熟练掌握叠加定理、戴维南定理、诺顿定理，熟练使用定理并用之求解电路问题。

(3)了解特勒根定理、互易定理的基本内容适用范围及条件，会使用之求解某一类型的电路问题。

(4)掌握多个定理、多种解法相结合来求解电路问题。

二、知识结构图

电路定理
- 叠加定理
- 替代定理
- 戴维南定理
- 诺顿定理
- 特勒根定理
- 互易定理
- 对偶原理
- 最大传输功率定理

三、重点和难点

(1)本章的重点是叠加定理、戴维南定理、诺顿定理，如何应用这些定理解决实际的电路问题是难点。

(2)本章的难点是特勒根定理、互易定理等的理解和应用，如何解决需要多个定理相结合的电路问题是难点。

4.2 主 要 内 容

一、叠加定理

1. 线性电路

1)线性电路的概念

(1)线性元件：元件的集总参数值不随和它有关的物理量变化。

例如，线性电阻的阻值不随流过它的电流以及两端的电压变化，线性受控源的系数也不随控制量和被控量变化，线性电容和线性电感的值不随和其有关的物理量变化。

(2)线性电路：由线性元件和独立电源组成的电路。

2)线性电路的性质

线性电路用线性函数描述，在数学中，如果一个函数(方程)既满足齐次性又满足可加性，则称该函数是线性函数，齐次性和可加性也是线性函数的两个性质。

(1)齐次性。设任意函数

$$y=f(x) \tag{4-1}$$

若 α 为任意实数，如 $y=f(\alpha x)=\alpha f(x)=\alpha y$，则称 $y=f(x)$ 满足齐次性。

线性电阻 R 上的 VCR 为 $u=Ri$，若设 $u_1=Ri_1$ 和 $i=ki_1$，则 $u=Rki_1=ku_1$(k 为实常数)，即线性电阻的欧姆定律满足齐次性。

(2)可加性。设 $y_1=f(x_1)$ 和 $y_2=f(x_2)$，若 $y=f(x_1+x_2)=f(x_1)+f(x_2)=y_1+y_2$，则称 $y=f(x)$ 满足可加性。

例如，若 $u_1=Ri_1$ 和 $u_2=Ri_2$，则有 $u=R(i_1+i_2)=Ri_1+Ri_2=u_1+u_2$，即欧姆定律满足可加性。

又例如，对于 KCL 方程

$$\sum_{k=1}^{N} i_k = 0$$

有 $\sum_{k=1}^{N}\alpha i_k=\alpha\sum_{k=1}^{N}i_k=0$ 和 $\sum_{k=1}^{N}(i_{k1}+i_{k2})=\sum_{k=1}^{N}i_{k1}+\sum_{k=1}^{N}i_{k2}=0$，则 KCL 分别满足齐次性和可加性；又因为 $\sum_{k=1}^{N}(\alpha_1 i_{k1}+\alpha_2 i_{k2})=\alpha_1\sum_{k=1}^{N}i_{k1}+\alpha_2\sum_{k=1}^{N}i_{k2}=0$，可见，KCL 方程既满足齐次性，又满足可加性，所以 KCL 方程是线性方程。同理，KVL 方程也是线性方程。

对于线性电路而言，依据 KCL 和 KVL 所列的电路方程是线性方程，因此这些方程均满足齐次性和可加性。

2. 叠加定理和齐性定理

1)叠加定理

图 4-1 所示电路有两个独立源共同激励，设 3 个响应分别为 i_1、i_2 和 u_1 并求解。

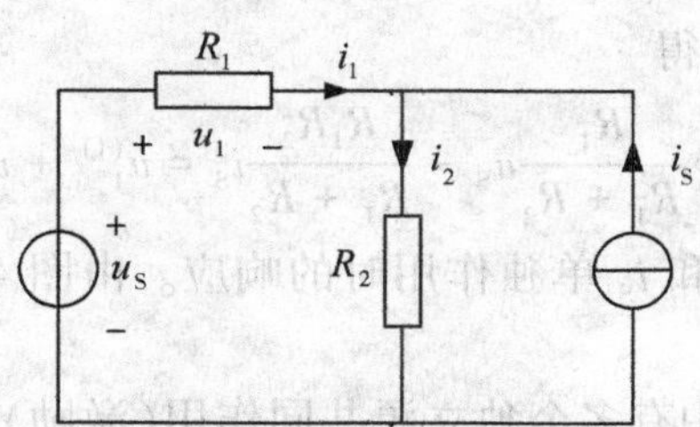

图 4-1 两个独立源激励的电路

以 i_1、i_2 为变量列出电路的支路电流方程为

$$\begin{cases} i_1 - i_2 + i_S = 0 \\ R_1 i_1 + R_2 i_2 = u_S \end{cases} \tag{4-2}$$

由式(4-2)解得

$$\begin{aligned} i_1 &= \frac{u_S}{R_1 + R_2} - \frac{R_2 i_S}{R_1 + R_2} = i_1^{(1)} + i_1^{(2)} \\ i_2 &= \frac{u_S}{R_1 + R_2} + \frac{R_1 i_S}{R_1 + R_2} = i_2^{(1)} + i_2^{(2)} \end{aligned} \tag{4-3}$$

式中，

$$i_1^{(1)} = i_1 \big|_{i_S = 0} = \frac{u_S}{R_1 + R_2},\ i_2^{(1)} = i_2 \big|_{i_S = 0} = \frac{u_S}{R_1 + R_2} \tag{4-4a}$$

$$i_1^{(2)} = i_1 \big|_{u_S = 0} = -\frac{R_2 i_S}{R_1 + R_2},\ i_2^{(2)} = i_2 \big|_{u_S = 0} = \frac{R_1 i_S}{R_1 + R_2} \tag{4-4b}$$

可见，i_1 和 i_2 分别是 u_S 和 i_S 的线性组合。由式(4-3)和式(4-4)可以看出，$i_1^{(1)}$ 和 $i_2^{(1)}$ 是在图 4-1 中将电流源 i_S 置零(不起作用)时的响应，也是电压源 u_S 单独作用时的响应；$i_1^{(2)}$ 和 $i_2^{(2)}$ 是在图 4-1 中将电压源 u_S 置零(不起作用)时的响应，也是电流源 i_S 单独作用时的响应。由电压源和电流源的定义知，电流源不作用(置零)，必须将其开路；电压源不作用(置零)，必须将其短路。所以，如果让一个独立源单独作用，就是将其他所有的独立源全部置零。对于图 4-1，分别让独立源 u_S 和 i_S 单独作用的电路如图 4-2(a)(b)所示。

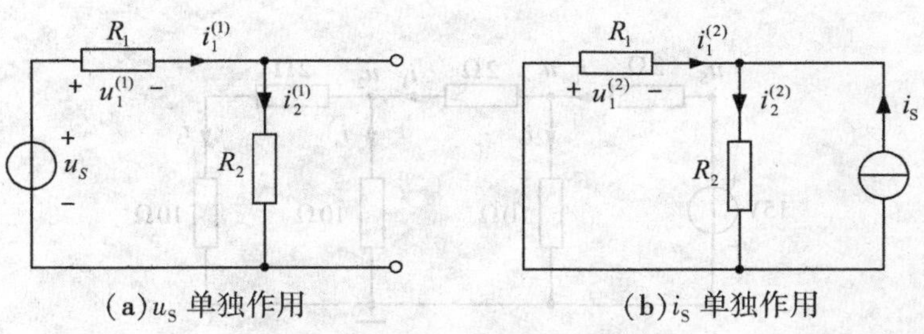

图 4-2 两个独立源分别作用的电路

由图4-2(a)所求电流与式(4-4a)是一致的，由图4-2(b)所求电流与式(4-4b)是一致的。由欧姆定律和式(4-3)可得

$$u_1 = \frac{R_1}{R_1 + R_2}u_S - \frac{R_1 R_2}{R_1 + R_2}i_S = u_1^{(1)} + u_1^{(2)} \tag{4-5}$$

式中，$u_1^{(1)}$ 和 $u_2^{(1)}$ 分别是 u_S 和 i_S 单独作用时的响应。由图4-2所得结果与式(4-5)是一致的。

叠加定理：当线性电路中有多个独立源共同作用(激励)时，其响应等于电路中每个电源独立作用时响应的代数和(线性组合)；当一个电源单独作用时，其他所有的独立源置零(即电压源短路，电流源开路)。

叠加定理实际上是通过许多简化的电路间接求解复杂电路响应的过程。

注意：(1)叠加定理仅适用于线性电路；

(2)叠加时，只将考虑独立电源分别考虑，电路其他部分参数和结构都不变；电压源不作用相当于将其短路，电流源不作用相当于将其开路；

(3)只能用于计算电压、电流，而不能用于计算功率。

例如，对图4-1所示电路，有

$$P_2 = i_2^2 R_2 = (i_2^{(1)} + i_2^{(2)})^2 R_2 = [(i_2^{(1)})^2 + 2i_2^{(1)} i_2^{(2)} + (i_2^{(2)})^2]R_2$$
$$\neq (i_2^{(1)})^2 R_2 + (i_2^{(2)})^2 R_2$$

这是因为功率的表达式是非线性方程。

(4)在进行叠加时，注意各分量的参考方向与共同作用时的参考方向是否一致。

(5)含受控源的电路也可用叠加定理，受控源应始终保留。

2)齐性定理

齐性定理：如电路中只有一个独立源激励，若激励增大或减小 k 倍(k 为实常数)，则响应也同样增大或减小 k 倍，即响应和激励成正比。

对于线性电路中有多个独立源激励时，当所有激励同时增大或缩小 k 倍时，则响应增大或减小 k 倍。这里要注意的是，激励必须“同时”增大或减小 k 倍，响应才增大或减小 k 倍。例如，如图4-3所示梯形电路中的电流 i_5。传统的方法是通过串、并联求出电流 i_1，然后通过逐步分流最后求出 i_5。如果利用齐性定理，首先设 $i'_5 = 1A$，然后逐步求出产生该电流所需要的电源电压，进而可以求出电源的变化倍数，最后求出实际的电流 i_5。由图知

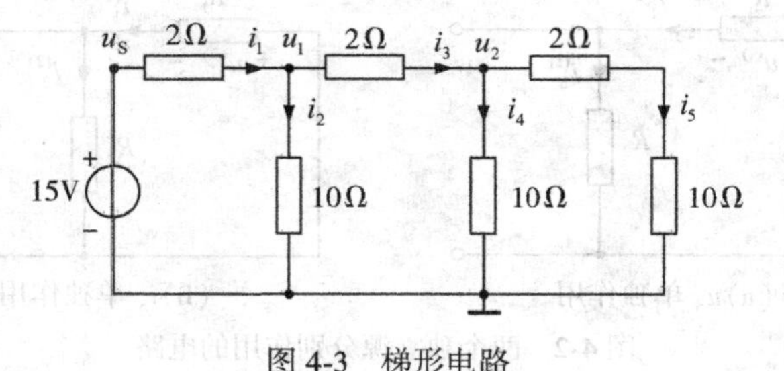

图4-3 梯形电路

$$u'_2 = (2+10)i'_5 = 12\text{V}, \qquad i'_4 = u'_2/10 = 1.2\text{A}$$
$$i'_3 = i'_4 + i'_5 = 2.2\text{A}, \qquad u'_1 = 2i'_3 + u'_2 = 16.4\text{V}$$
$$i'_2 = u'_1/10 = 1.64\text{A}, \qquad i'_1 = i'_2 + i'_3 = 3.84\text{A}$$
$$u'_S = 2i'_1 + u'_1 = 24.08\text{V}$$

因为 $u_S = 15\text{V}$，则电源的变化倍数为 $k = 15/24.08 = 0.623$。由齐性定理知，电路中的所有响应同时变化 k 倍，即 $i_5 = ki'_5 = 0.623\text{A}$。

二、替代定理

替代定理：在任意网络(线性或非线性)中，若某一支路的电压为 u，电流为 i，可以用电压为 u 的电压源，或电流为 i 的电流源替代，而不影响网络的其他电压和电流。

设图 4-4(a)是一个分解成两个 N_1 和 N_2(均为一端口电路)的复杂电路，令连接端口处的电压为 u_k 和流过端口的电流为 i_k。如果 u_k 和 i_k 为已知，则对于 N_1 而言，可以用一个电压等于 u_k 的电压源 u_S，或者用一个电流等于 i_k 的电流源 i_S 替代 N_2，替代后 N_1 中的电压和电流均保持不变，替代后的电路如图 4-4(b)(c)所示。同样，对于 N_2 而言，可以用 $u_S = u_k$ 的电压源或 $i_S = i_k$ 的电流源替代 N_1，替代后 N_2 中的电压和电流均保持不变。

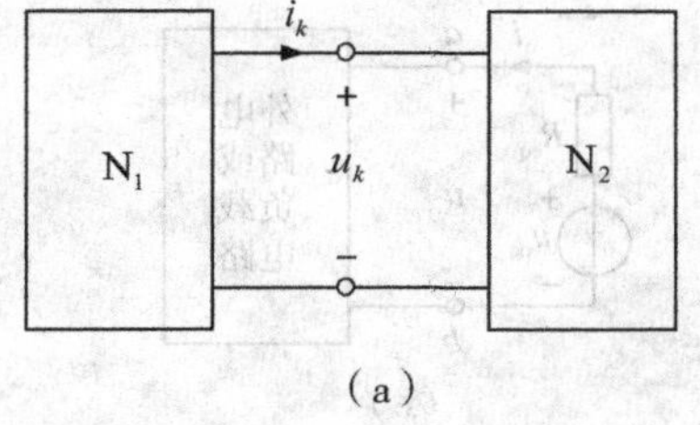

(a)

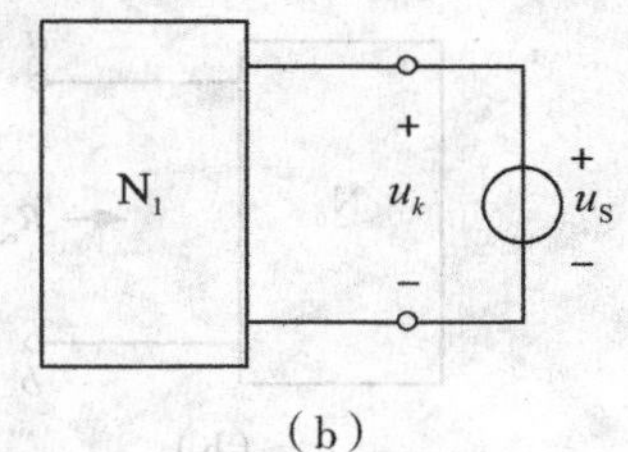

(b)

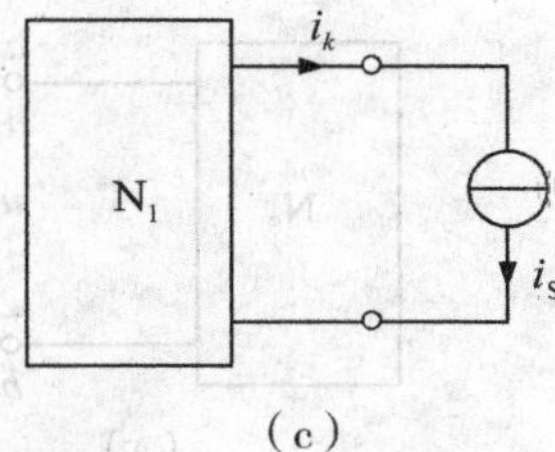

(c)

图 4-4　替代定理

证明：在两个一端口的端子 a、c 之间反方向串联两个电压源 u_S，如图 4-5 所示。如果令 $u_S = u_k$，由 KVL 有 $u_{bd} = 0$，说明 b、d 之间等电位，即可以将 b、d 两点短接，结果就得到图 4-4(b)。如果在两个一端口之间反方向并联两个电流源，并令 $i_S = i_k$，再根据 KCL，就可以证明图 4-4(c)。

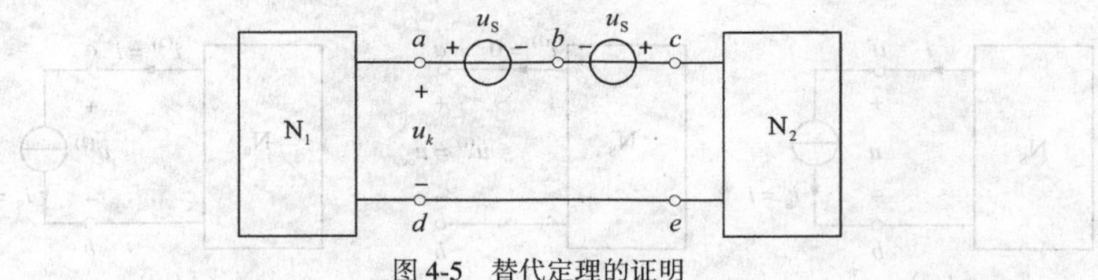

图 4-5　替代定理的证明

注意：如果 N_1 和 N_2 中有受控源，且控制量和被控量分别处在 N_1 和 N_2 之中，当替代以后控制量将丢失，则不能用替代定理。

替代定理适用于线性、非线性、定常和时变电路；替代定理必须满足原电路和替代后的电路必须有唯一解，而且被替代的支路与电路的其他部分无耦合关系。

三、戴维南定理和诺顿定理

戴维南定理：一个含独立电源、线性电阻和受控源的一端口(含源一端口 N_S)，对外电路或端口而言可以用一个电压源和一个电阻的串联等效，该电压源的电压等于含源一端口 N_S 的开路电压，电阻等于将含源一端口内部所有独立源置零后一端口的输入电阻。

如图 4-6(a)所示，图中 u_{oc} 为它的开路电压，图(b)是将图(a)内部所有独立源置零后的无源一端口 N_0 及等效电阻 R_{eq}。根据戴维南定理，对于端口 a-b 而言，图 4-5 中的 N_S 可以等效成图 4-6(c)的形式，即 N_S 等效成电压源 u_{oc} 和电阻 R_{eq} 的串联。

电压源 u_{oc} 和电阻 R_{eq} 的串联电路称为 N_S 的戴维南等效电路，其中 R_{eq} 也称为戴维南等效电阻。根据等效的概念，等效前后一端口 a、b 之间的电压 u 和流过端点 a、b 上的电流 i 不变，即对外电路或负载电路来说等效前后的电压、电流保持不变。可见，这种等效称为对外等效。

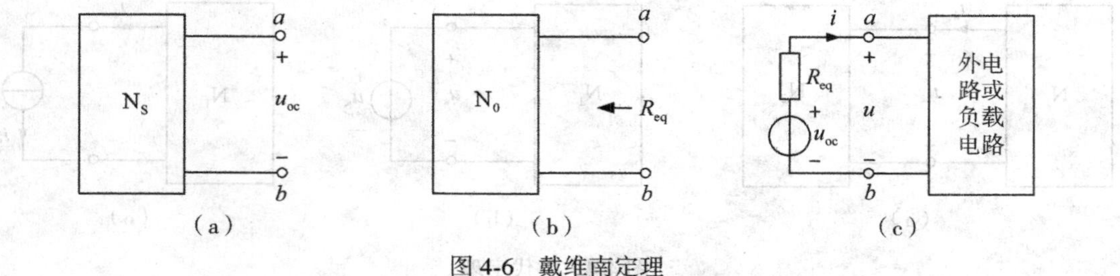

图 4-6　戴维南定理

证明：可用替代定理和叠加定理证明。在图 4-6 的电路中，设电流 i 已知，根据替代定理，用 $i_S = i$ 的电流源替代图中的外电路或负载电路，替代后的电路如图 4-7(a)所示，然后对图(a)应用叠加定理。设 i_S 不作用(断开)，只有 N_S 中全部的独立源作用，所得电路如图(b)所示；设 N_S 中全部的独立源不作用，只有 i_S 单独作用，所得电路如图(c)所示。根据叠加定理，图 4-6 中的 i 和 u 分别为

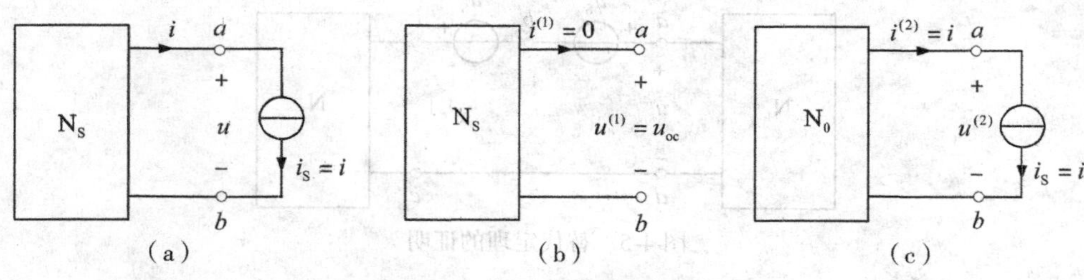

图 4-7　戴维南定理的证明

$$i = i^{(1)} + i^{(2)} = 0 + i_S = i_S \tag{4-6}$$

$$u = u^{(1)} + u^{(2)} = u_{oc} - R_{eq} i \tag{4-7}$$

式(4-7)中的 u_{oc} 为 N_S 的开路电压，R_{eq} 为 N_S 的无源端口等效电阻。同理，由图 4-7(c)也可以得出式(4-7)，故戴维南定理得证。

诺顿定理：一个含独立电源、线性电阻和受控源的一端口 N_S，对外电路或端口而言可以用一个电流源和一个电导(或电阻)的并联等效，该电流源的电流等于 N_S 的端口短路电流，电导(或电阻)等于含源一端口内部所有独立源置零后的端口输入电导(或电阻)。

解释：图 4-8(a)含源的一端口 N_S 的戴维南等效电路如图(b)所示，再根据电源模型的等效变换知，图(b)可以等效变换成图(c)的形式。图(c)电路称为 N_S 的诺顿等效电路，其中，i_{sc} 是 N_S 的端口短路电流，G_{eq} 是 N_S 的无源等效电导。诺顿等效电路和戴维南等效电路的关系为

$$G_{eq} = \frac{1}{R_{eq}},\ i_{sc} = \frac{u_{oc}}{R_{eq}} \tag{4-8}$$

可见，在诺顿和戴维南等效电路中，只有 u_{oc}、i_{sc} 和 R_{eq}（或 G_{eq}）3 个参数是独立的。由式(4-8)可得出

$$R_{eq} = \frac{u_{oc}}{i_{sc}} \tag{4-9}$$

因此，只要分别求出 N_S 的 u_{oc} 和 i_{sc}，就可以利用该式求出 N_S 的无源等效电阻。

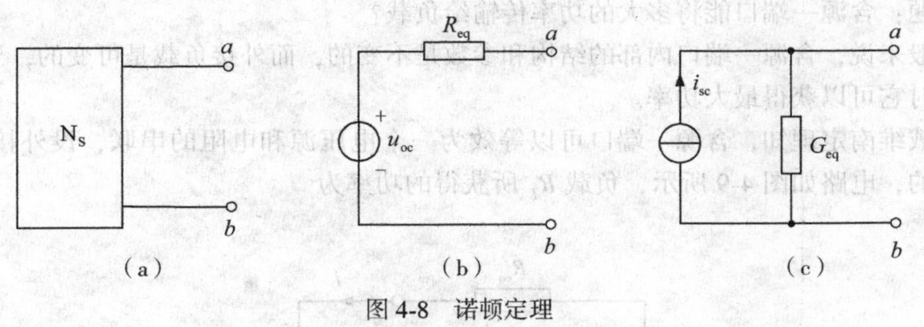

图 4-8　诺顿定理

注意：(1)以上两个定理适用于线性网络，但是对外电路没有限制，可用于对非线性电路的分析。

(2)等效是对外电路而言，对内不成立。

(3)被等效的部分含有受控源时，其控制支路也必须包含在内部。

四、特勒根功率定理

特勒根功率定理：任何时刻，对于一个具有 n 个节点和 b 条支路的集总电路，在支路电流和电压取关联参考方向下，满足：$\sum_{k=1}^{b} u_k i_k = 0$，表明任何一个电路的全部支路吸收的功率之和恒等于零。

任何时刻，对于两个具有 n 个节点和 b 条支路的集总电路，当它们具有相同的图，但由内容不同的支路构成，在支路电流和电压取关联参考方向下，满足：$\sum_{k=1}^{b} u_k \hat{i}_k = 0 \sum_{k=1}^{b} \hat{u}_k i_k = 0$。

应用特勒根功率定理时需注意：

(1)电路中的支路电压必须满足 KVL；

(2)电路中的支路电流必须满足 KCL；

(3)电路中的支路电压和支路电流必须满足关联参考方向(否则公式中加负号)；

(4)定理的正确性与元件的特征全然无关。

五、互易定理

互易定理：对一个仅含电阻的二端口电路 NR，其中一个端口加激励源，一个端口作响应端口，在只有一个激励源的情况下，当激励与响应互换位置时，同一激励所产生的响应相同。

互易定理有以下三种形式：

(1)激励为电压源，响应为电流；

(2)激励为电流源，响应为电压；

(3)激励为电压源，响应为电压；激励为电流源，响应为电流。

六、最大传输功率定理

问题：含源一端口能将多大的功率传输给负载?

一般来说，含源一端口内部的结构和参数是不变的，而外接负载是可变的，当负载变到何值时它可以获得最大功率。

由戴维南定理知，含源一端口可以等效为一个电压源和电阻的串联，设外接负载 R_L 是可变的，电路如图 4-9 所示，负载 R_L 所获得的功率为

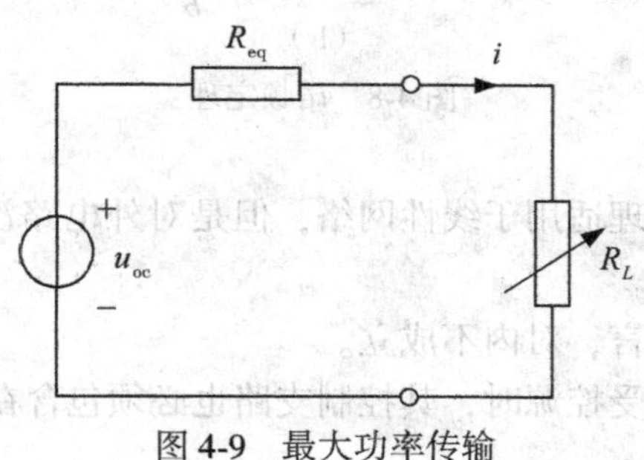

图 4-9　最大功率传输

$$p = i^2 R_L = \left(\frac{u_{oc}}{R_{eq} + R_L}\right)^2 R_L \tag{4-10}$$

对于一个给定的含源一端口电路，其戴维南等效参数 u_{oc} 和 R_{eq} 是不变的，由式(4-10)可见，当 R_L 变化时，一端口传输给负载的功率 p 将随之变化。令 $dp/dR_L = 0$，可

以得出最大功率传输的条件，即

$$\frac{\mathrm{d}p}{\mathrm{d}R_L}=u_{\mathrm{oc}}^2\left[\frac{(R_{\mathrm{eq}}+R_L)^2-2R_L(R_{\mathrm{eq}}+R_L)}{(R_{\mathrm{eq}}+R_L)^4}\right]=0$$

整理得

$$R_L=R_{\mathrm{eq}} \tag{4-11}$$

即，当 $R_L=R_{\mathrm{eq}}$ 时，负载上可以获得最大功率。将式(4-11)代入式(4-10)，得负载 R_L 所获的最大功率为

$$p_{\max}=\frac{u_{\mathrm{oc}}^2}{4R_{\mathrm{eq}}} \tag{4-12}$$

如果用诺顿定理等效含源一端口，用类似的方法可以得出，当负载电导 $G_L=G_{\mathrm{eq}}$ 时，负载上可以获得的最大功率为

$$p_{\max}=\frac{i_{\mathrm{sc}}^2}{4G_{\mathrm{eq}}} \tag{4-13}$$

注意：

(1)最大功率传输定理用于一端口电路给定，负载电阻可调的情况；

(2)一端口等效电阻消耗的功率一般并不等于端口内部消耗的功率，因此当负载获取最大功率时，电路的传输效率并不一定是50%；

(3)计算最大功率问题结合应用戴维南定理或诺顿定理最方便。

七、对偶原理

1. 对偶性或对偶原理

在电路分析中，电路元件、参数、变量、定律、定理和电路方程之间存在着一些类似的关系，将这种类似关系称为对偶性。

例如，电阻 R 的 VCR 为 $u=Ri$，若分别用电流 i 换电压 u，u 换 i，电导 G 换电阻 R，得出 $i=Gu$，这就是电导的 VCR。

若给定一个电路等式或方程式，经过替换后所得新的等式或方程式仍然成立，则称后者为前者的对偶式，将可以替换的元件(参数)、变量等称为对偶对。

如在上述替换中，$u=Ri$ 和 $i=Gu$ 是对偶式，而 u 和 i、R 和 G 分别为对偶对。

2. 常见对偶关系

对偶对和对偶性在电路中是普遍存在的。电路中常见的对偶关系有：

电阻——电导，电压源——电流源；

VCVS——CCCS，VCCS——CCVS；

开路——短路，网孔——节点；

串联——并联，Y 连接——△连接；

电流——电压，网孔电流——节点电压；

KCL——KVL，戴维南——诺顿定理。

电路之间也有对偶关系，如图 4-10(a)所示为 n 个电阻串联的电路，图(b)所示为 n 个电导并联的电路。由图(a)，得

$$R_{eq}=\sum_{k=1}^{n}R_k,\quad i=\frac{u}{R_{eq}},\quad u_S=\sum_{k=1}^{n}u_k,\quad u_k=\frac{R_k}{R_{eq}}u_S$$

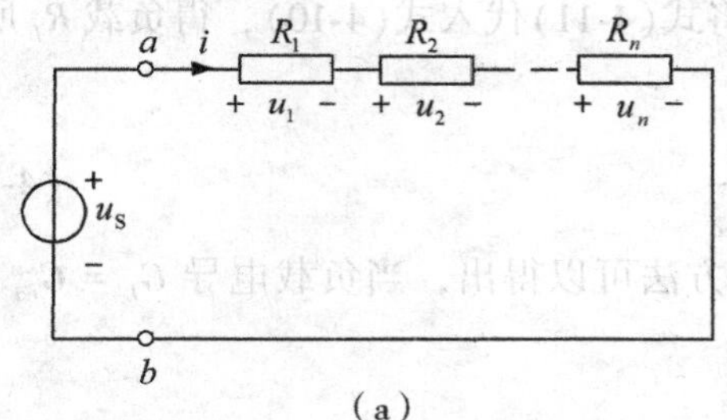

(a)

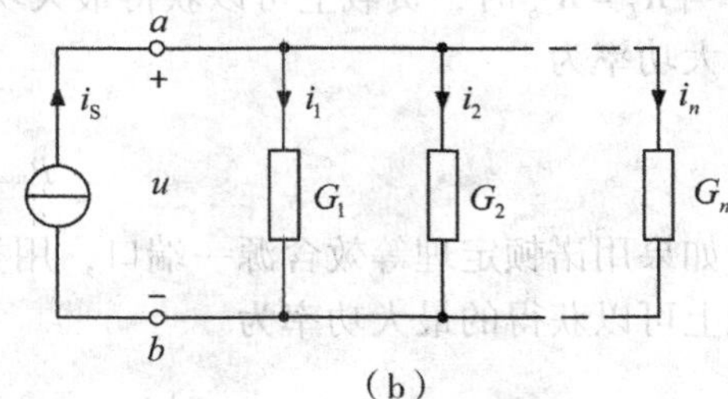

(b)

图 4-10 串联和并联电路的对偶

若用对偶对替换上面诸式中的各量，得

$$G_{eq}=\sum_{k=1}^{n}G_k,\quad u=\frac{i}{G_{eq}},\quad i_S=\sum_{k=1}^{n}i_k,\quad i_k=\frac{G_k}{G_{eq}}i_S$$

它们就是图 4-10(b)所示的关系式。可见，在串联和并联对偶概念下存在着一系列的对偶关系。另外，如图 4-11(a)所示电路，由网孔法得网孔电流方程为

$$(R_1+R_3)i_{m1}-R_3i_{m2}=u_{S1}$$
$$-R_3i_{m1}+(R_2+R_3)i_{m2}=-u_{S2}$$

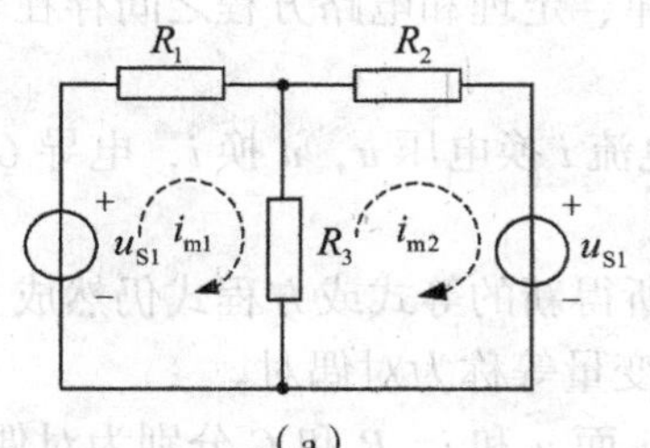

(a)

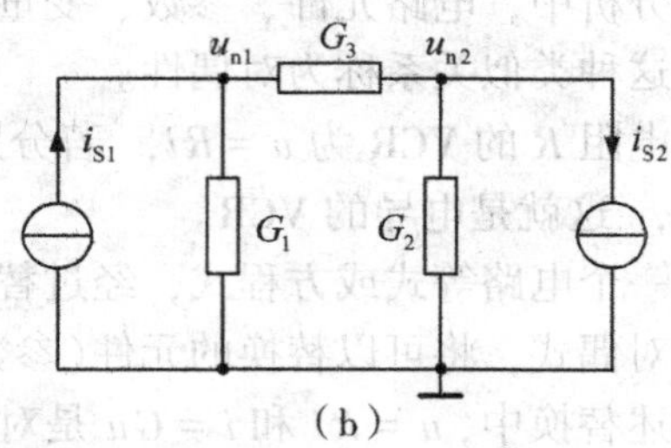

(b)

图 4-11 网孔法和节点法对偶的电路

若用对偶对替换上式中的各量，得

$$(G_1+G_3)u_{n1}-G_3u_{n2}=i_{S1}$$
$$-G_3u_{n1}+(G_2+G_3)u_{n2}=-i_{S2}$$

该式就是图 4-11(b)所示的节点电压方程。可见，在上面两组方程式中，自阻和自导、互阻和互导、网孔电流和节点电压以及 u_S 和 i_S 之间均存在着对偶关系。图 4-11(a)(b)称为对偶电路。

小结：应用电路定理可以使电路的分析简单化。

应用叠加定理可将多个独立源共同激励的电路简化成多个独立源单独激励的电路，从而使电路的分析简单化。

应用齐性定理可以用来求解只有激励变化，结构和参数均不变条件下的电路响应。

应用替代定理为复杂电路的简化提供了一条途径。

应用戴维南(诺顿定理)，可以将含源的一端口电路进行等效简化，从而使含源一端口外部电路的求解简化了。

应用对偶原理，有助于对电路关系和公式的记忆和理解。

4.3 典型例题

例 4-1 图(a)(b)分别为直流电阻电路 N_1、N_2，元件参数如图所示。

(1)试求出 N_1、N_2的最简单电路；

(2)若将 N_1、N_2连成图(c)所示的电路，问：R_L为何值时，消耗的功率最大，此时最大功率为何值?

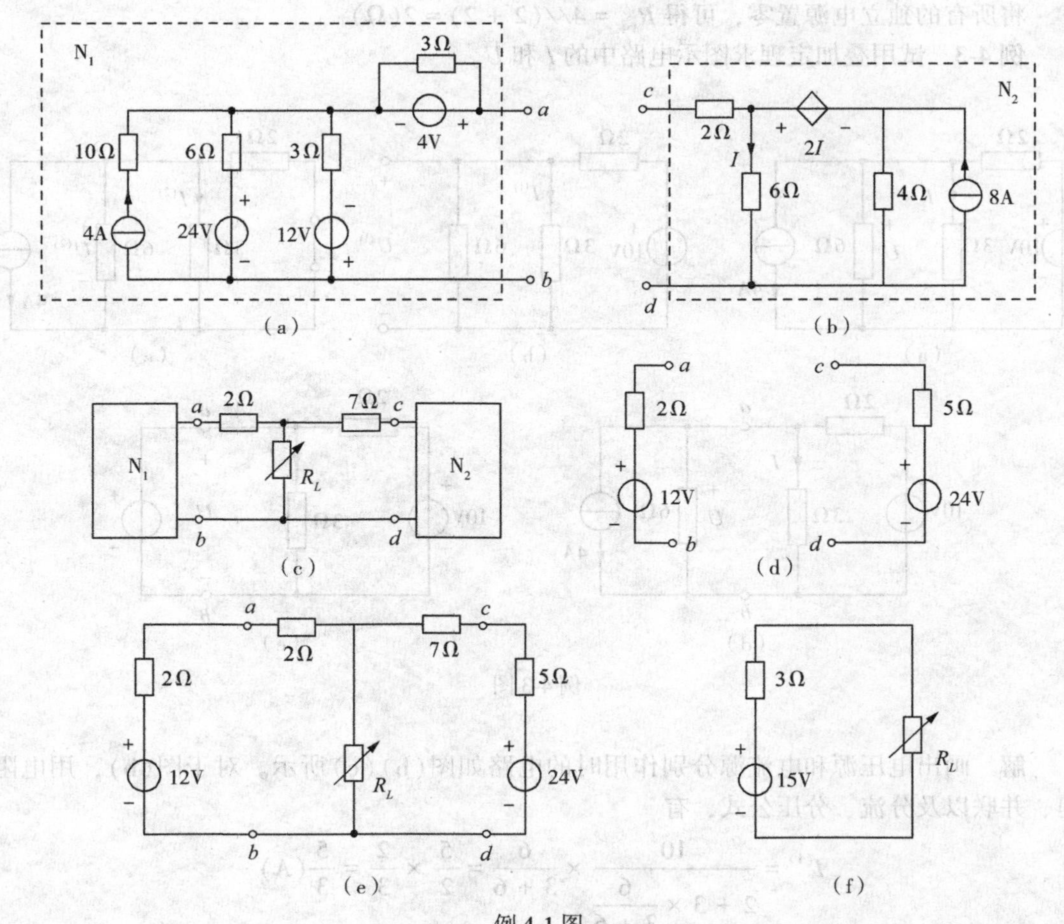

例 4-1 图

解 图(a)(b)的简化电路如图(d)所示。则图(c)的等效电路及简化图如图(e)(f)所示。

当 $R_L = 3\Omega$ 时，可获最大功率，$P_{L\max} = \dfrac{15^2}{4R_L} = 18.75\text{W}$

例 4-2 求图示电路的戴维南等效电路。

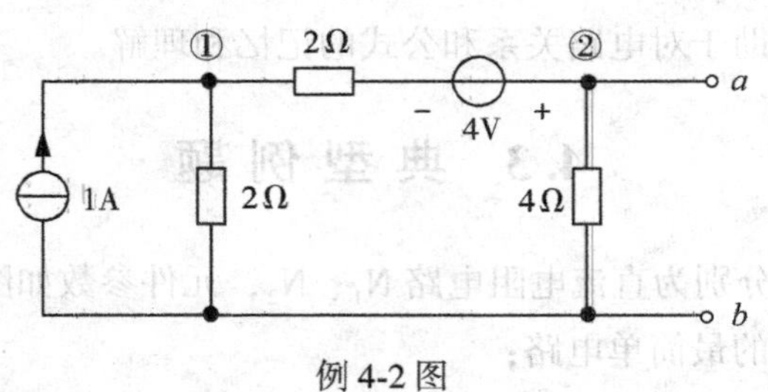

例 4-2 图

解 根据叠加定理可以得出：$u_{ab} = 1 \times (2//6) + 2 = 1.5 + 2 = 3.5(\text{V})$

将所有的独立电源置零，可得 $R_{eq} = 4//(2+2) = 2(\Omega)$

例 4-3 试用叠加定理求图示电路中的 I 和 U。

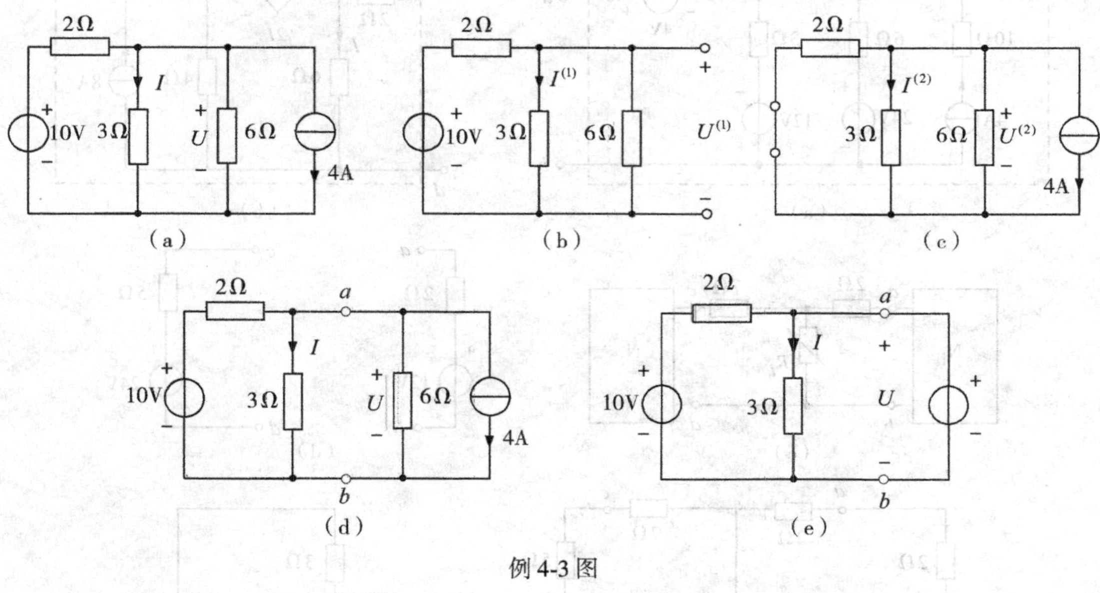

例 4-3 图

解 画出电压源和电流源分别作用时的电路如图(b)(c)所示。对于图(b)，用电阻串、并联以及分流、分压公式，有

$$I^{(1)} = \frac{10}{2 + 3 \times \dfrac{6}{3+6}} \times \frac{6}{3+6} = \frac{5}{2} \times \frac{2}{3} = \frac{5}{3}(\text{A})$$

$$U^{(1)}=\frac{3\times\frac{6}{3+6}}{2+3\times\frac{6}{3+6}}\times 10=\frac{2}{2+2}\times 10=5(\mathrm{V})$$

对于图(c)用分流公式、电阻并联以及欧姆定律，有

$$I^{(2)}=-\frac{\frac{1}{3}}{\frac{1}{2}+\frac{1}{3}+\frac{1}{6}}\times 4=-\frac{1}{3}\times 4=-\frac{4}{3}(\mathrm{A})$$

$$U^{(2)}=-\frac{4}{\frac{1}{2}+\frac{1}{3}+\frac{1}{6}}=-4(\mathrm{V})$$

由叠加定理有

$$I=I^{(1)}+I^{(2)}=\frac{5}{3}-\frac{4}{3}=\frac{1}{3}(\mathrm{A})$$

$$U=U^{(1)}+U^{(2)}=5-4=1(\mathrm{V})$$

如应用替代定理求解，则用一个 $u_S=U$ 的电压源替代 a-b 端口右边的电路，如(d)(e)所示。

已知 $u_{ab}=U=1\mathrm{V}$，则可求出 $I=\frac{1}{3}\mathrm{A}$。

例 4-4 试用叠加定理求图示电路中的电压 u。

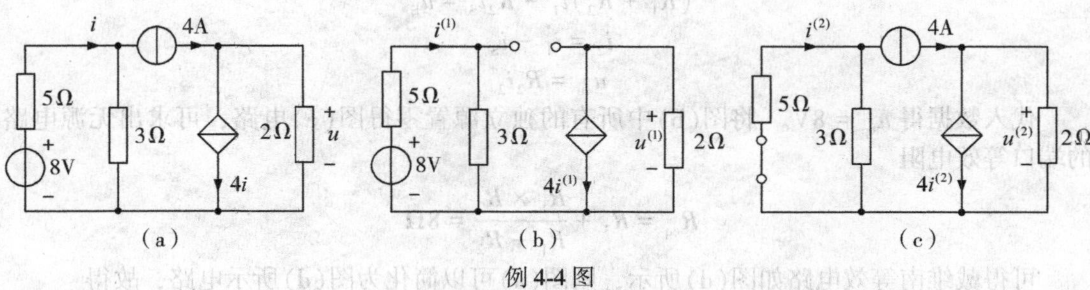

例 4-4 图

解 两个电源分别作用的电路如图(b)(c)所示。注意，受控源应保留在电路中，因为控制量改变了，所以受控源随之改变。对于图(b)，有

$$u^{(1)}=-2\times 4i^{(1)}=-2\times 4\times 8/(5+3)=-8(\mathrm{V})$$

对于图(c)，有

$$u^{(2)}=2\times(4-4i^{(2)})=8-8\times\frac{3}{5+3}\times 4=8-8\times\frac{3}{8}\times 4=-4(\mathrm{V})$$

所以 $$u=u^{(1)}+u^{(2)}=-8-4=-12(\mathrm{V})$$

例 4-5 电路如图所示，已知 $u_S=36\mathrm{V}$，$i_S=2\mathrm{A}$，$R_1=R_2=10\Omega$，$R_3=3\Omega$，$R_3=12\Omega$。

求电路中的电流 i_4。

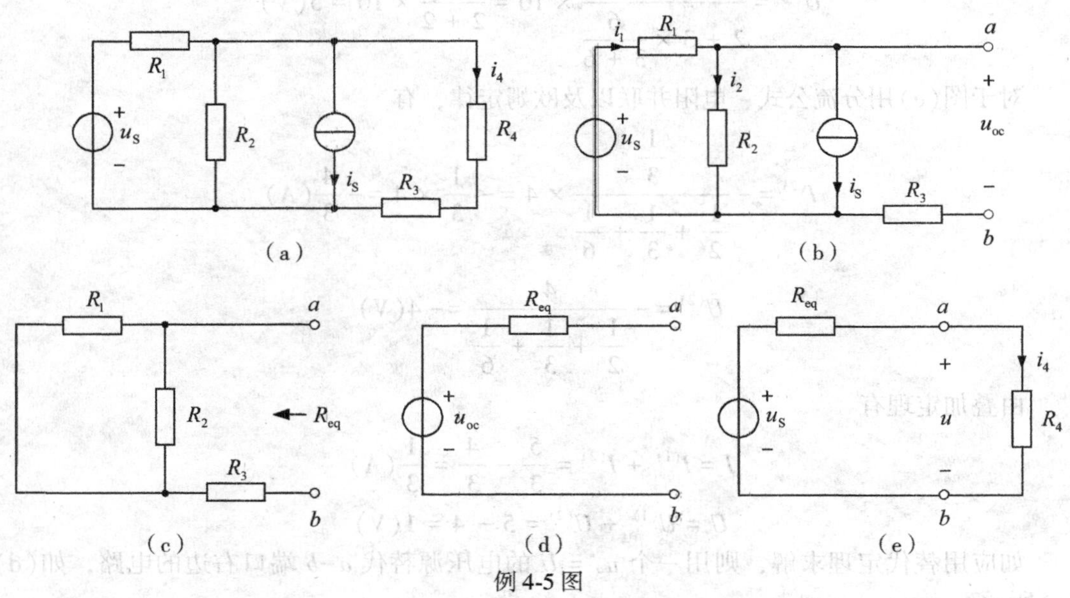

例 4-5 图

解　该例中，只求一条支路上的电流，则以 R_4 为外电路，用戴维南定理求解。在例 4-5 图中，将 R_4 支路断开，得例 4-5 求解图电路，可以求出开路电压 u_{oc}，即由图(a)应用支路电流法和欧姆定律，有

$$(R_1+R_2)i_1-R_2 i_S=u_S$$
$$i_2=i_1-i_S$$
$$u_{oc}=R_2 i_2$$

代入数据得 $u_{oc}=8\text{V}$。将图(b)中所有的独立源置零得图(c)电路，可求出无源电路的端口等效电阻

$$R_{eq}=R_3+\frac{R_1\times R_2}{R_1+R_2}=8\Omega$$

可得戴维南等效电路如图(d)所示，则图(a)可以简化为图(d)所示电路，故得

$$i_4=\frac{u_{oc}}{R_{eq}+R_4}=0.4\text{A}$$

例 4-6　求图示含源一端口的戴维宁等效电路。

解　首先利用节点电压法求 u_{oc}，由图(a)可得

$$\left(\frac{1}{30}+\frac{1}{10}+\frac{1}{15}\right)u_{n1}-\frac{1}{15}u_{n2}=\frac{50}{30}$$
$$-\frac{1}{15}u_{n1}+\left(\frac{1}{15}+\frac{1}{5}\right)u_{n2}=0.2u$$
$$u_{n1}=u$$
$$u_{oc}=u_{n2}$$

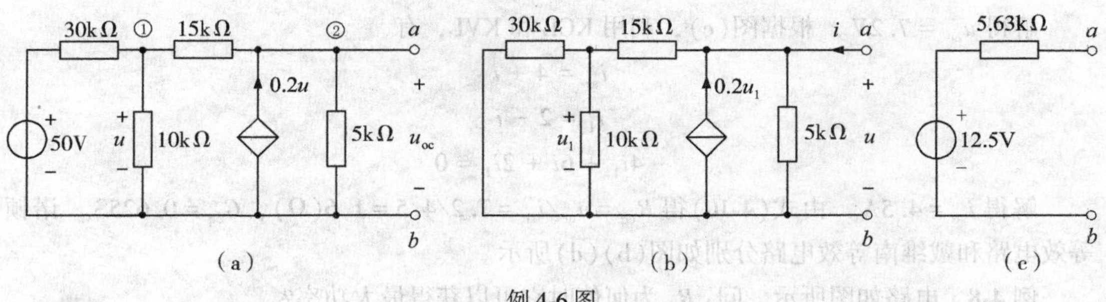

例 4-6 图

解得 $u_{oc}=12.5\text{V}$。

用外加电压法求图(a)电路的无源等效电阻，电路如图(b)，则

$$i=\left[\frac{1}{5}+\frac{1}{15+30\times10/(30+10)}-0.2\times\frac{30\times10/(30+10)}{15+30\times10/(30+10)}\right]u$$

得 $R_{eq}=u/i=5.63\text{k}\Omega$。戴维南等效电路如图(c)所示。

例 4-7 电路如图所示，求诺顿等效电路和戴维南等效电路。

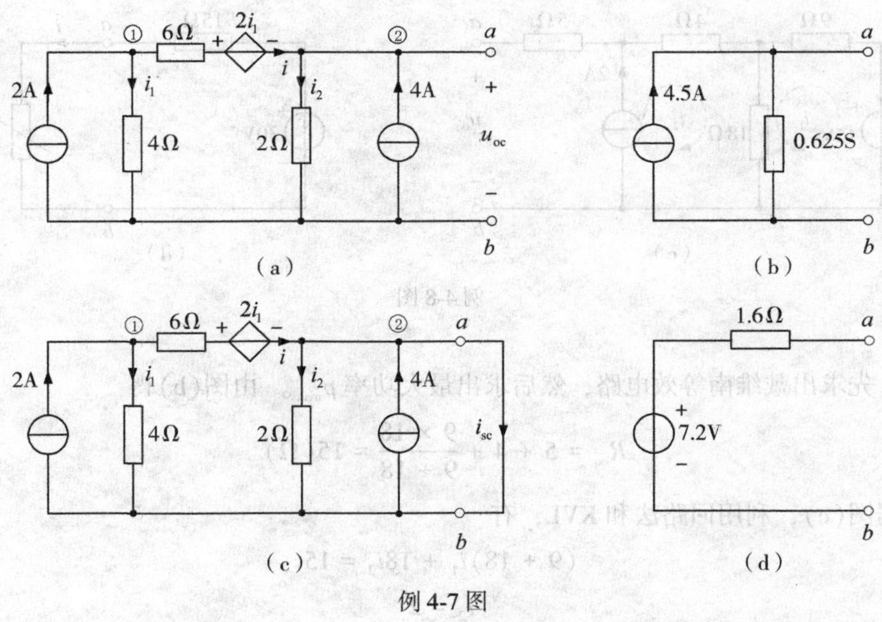

例 4-7 图

解 目的是求出诺顿和戴维南等效电路参数 u_{oc}、i_{sc} 和 R_{eq}。根据图(a)，利用 KCL、KVL 和欧姆定律，有

$$i_1=2-i$$

$$i_2=i+4$$

$$-4i_1+6i+2i_1+2i_2=0$$

$$u_{oc} = 2i_2$$

解得 $u_{oc} = 7.2\text{V}$。根据图(c)，利用 KCL 和 KVL，有

$$i_{sc} = 4 + i$$

$$i_1 = 2 - i$$

$$-4i_1 + 6i + 2i_1 = 0$$

解得 $i_{sc} = 4.5\text{A}$。由式(4-10)得 $R_{eq} = u_{oc}/i_{sc} = 7.2/4.5 = 1.6(\Omega)$，$G_{eq} = 0.625\text{S}$。诺顿等效电路和戴维南等效电路分别如图(b)(d)所示。

例 4-8　电路如图所示，问：R_L 为何值时它可以获得最大功率？

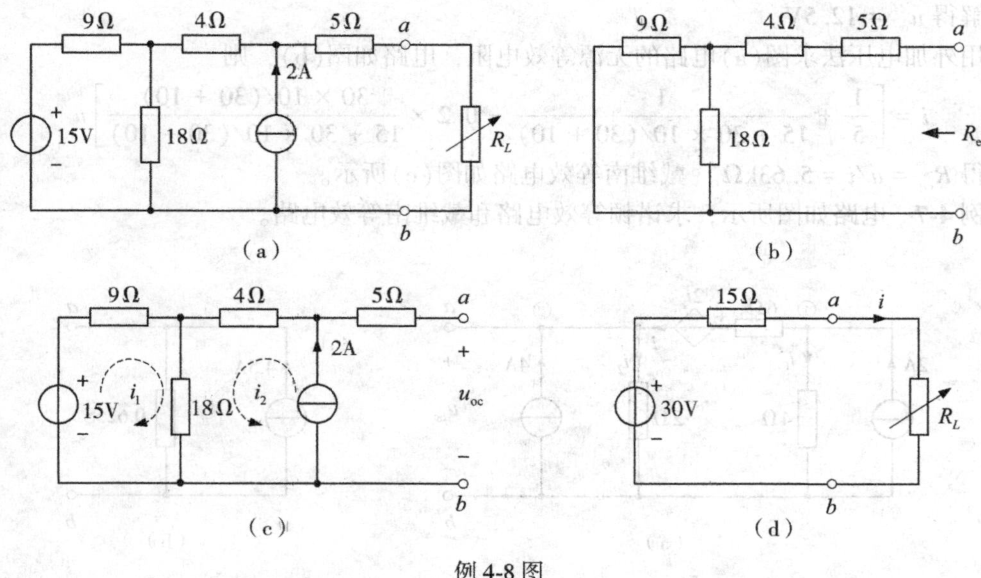

例 4-8 图

解　先求出戴维南等效电路，然后求出最大功率 p_{max}。由图(b)得

$$R_{eq} = 5 + 4 + \frac{9 \times 18}{9 + 18} = 15(\Omega)$$

根据图(c)，利用回路法和 KVL，有

$$(9 + 18)i_1 + 18i_2 = 15$$

$$i_2 = 2$$

$$u_{oc} = 4i_2 + 18(i_1 + i_2)$$

解得 $u_{oc} = 30\text{V}$，于是图(a)的戴维南等效电路如图(d)所示，当 $R_L = R_{eq} = 15\Omega$ 时负载可以获得最大功率，则

$$p_{max} = \frac{u_{oc}^2}{4R_{eq}} = \frac{30^2}{4 \times 15} = 15(\text{W})$$

4.4 习题精解

4-1 试用叠加定理求图(a)所示电路中各支路电流和两个电源输出的功率。

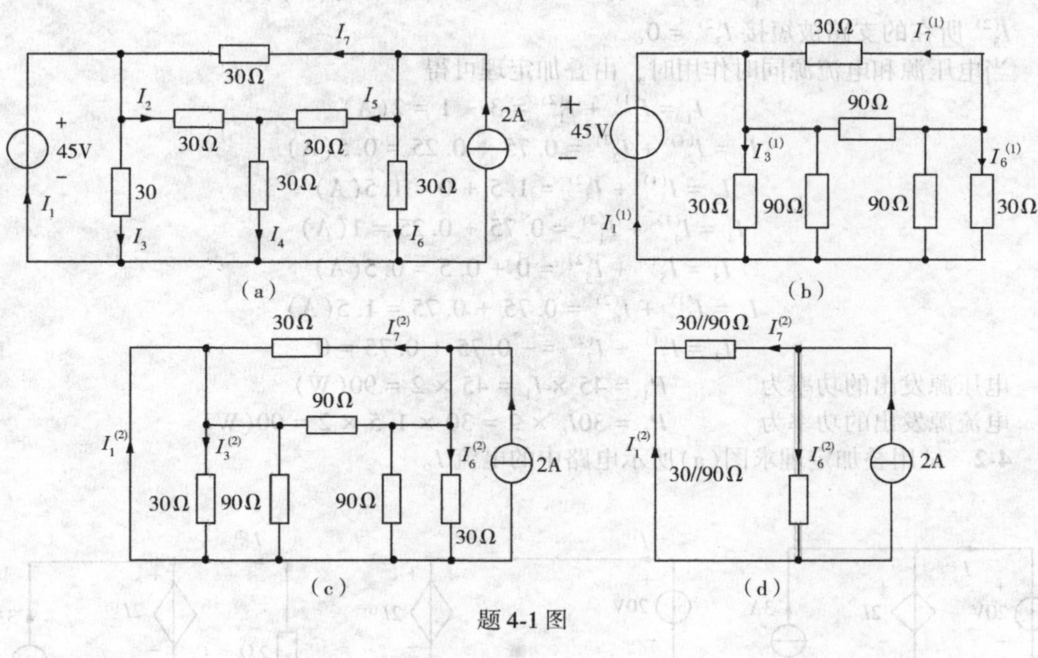

题 4-1 图

解 应用叠加定理进行分析。

(1)当电压源单独作用时，电流源置零，将原图变换为图(b)所示。

R 为从电压源向右看进去的输入电阻，则

$$R=(30//90)//[30//90+30//90]=15(\Omega)$$

所以
$$I_1^{(1)}=\frac{45}{R}=3(\mathrm{A})$$

由分流公式得
$$I_3^{(1)}=\frac{90}{90+30}\times\frac{(30//90)\times 2}{(30//90)\times 2+(30//90)}I_1^{(1)}=1.5\mathrm{A}$$

$$I_6^{(1)}=0.75\mathrm{A}$$

$$I_7^{(1)}=-I_6^{(1)}=-0.75\mathrm{A}$$

由 KCL 得
$$I_5^{(1)}=-I_6^{(1)}-I_7^{(1)}=0$$

$$I_4^{(1)}=I_1^{(1)}-I_3^{(1)}-I_6^{(1)}=3-1.5-0.75=0.75(\mathrm{A})$$

$$I_2^{(1)}=I_4^{(1)}-I_5^{(1)}=0.75(\mathrm{A})$$

(2)当电流源单独作用时，电压源置零，将原图中 Y 转换为△，如图(c)(d)所示。

$$I_1^{(2)}=-2\times\frac{1}{2}=-1(\mathrm{A})$$

$$I_6^{(2)}=\frac{90}{90+30}\times 1=0.75(\mathrm{A})$$

$$I_7^{(2)} = \frac{90}{90+30} \times 1 = 0.75(\text{A})$$

$$I_5^{(2)} = 2 - I_6^{(2)} - I_7^{(2)} = 2 - 0.75 - 0.75 = 0.5(\text{A})$$

$$I_2^{(2)} = I_1^{(2)} + I_7^{(2)} = -1 + 0.75 = -0.25(\text{A})$$

$$I_4^{(2)} = I_2^{(2)} + I_5^{(2)} = 0.5 - 0.25 = 0.25(\text{A})$$

$I_3^{(2)}$ 所在的支路被短接 $I_3^{(2)} = 0$。

当电压源和电流源同时作用时，由叠加定理可得

$$I_1 = I_1^{(1)} + I_1^{(2)} = 3 - 1 = 2(\text{A})$$

$$I_2 = I_2^{(1)} + I_2^{(2)} = 0.75 - 0.25 = 0.5(\text{A})$$

$$I_3 = I_3^{(1)} + I_3^{(2)} = 1.5 + 0 = 1.5(\text{A})$$

$$I_4 = I_4^{(1)} + I_4^{(2)} = 0.75 + 0.25 = 1(\text{A})$$

$$I_5 = I_5^{(1)} + I_5^{(2)} = 0 + 0.5 = 0.5(\text{A})$$

$$I_6 = I_6^{(1)} + I_6^{(2)} = 0.75 + 0.75 = 1.5(\text{A})$$

$$I_7 = I_7^{(1)} + I_7^{(2)} = -0.75 + 0.75 = 0$$

电压源发出的功率为 $P_1 = 45 \times I_1 = 45 \times 2 = 90(\text{W})$

电流源发出的功率为 $P_2 = 30I_6 \times 2 = 30 \times 1.5 \times 2 = 90(\text{W})$

4-2 试用叠加定理求图(a)所示电路中的电流 I。

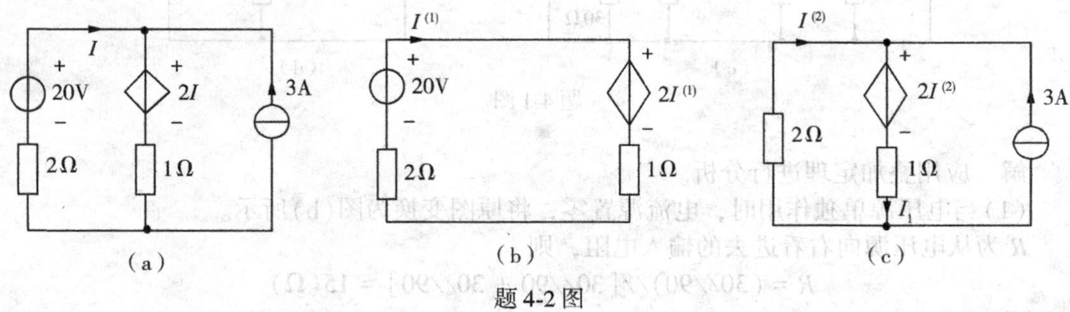

题4-2图

解 当电压源独立工作时，如图(b)所示，此时对回路列KVL方程，有

$$2I^{(1)} + I^{(1)} + 2I^{(1)} - 20 = 0$$

得 $I^{(1)} = 4\text{A}$。

当电流源独立工作时，如图(c)所示，此时对左侧网孔列KVL方程，且对独立节点列KCL方程，则有

$$2I^{(2)} + I_1 + 2I^{(2)} = 0$$

$$I_1 = I^{(2)} + 3$$

得 $I^{(2)} = -0.6\text{A}$，$I = I^{(1)} + I^{(2)} = 3.4\text{A}$。

4-3 试求图示电路中的电压 U。

解 设 $U = 5\text{V}$，则 $I_1 = 1\text{A}$，$I_2 = 3\text{A}$，$I_5 = 4\text{A}$，$I_3 = \frac{3}{5}\text{A}$，$I_5 = 2.4\text{A}$，$I_4 = 1.6\text{A}$，$I_6 = \frac{13.8}{6} = 2.3\text{A}$，$I_7 = I_5 + I_6 = 6.3\text{A}$。

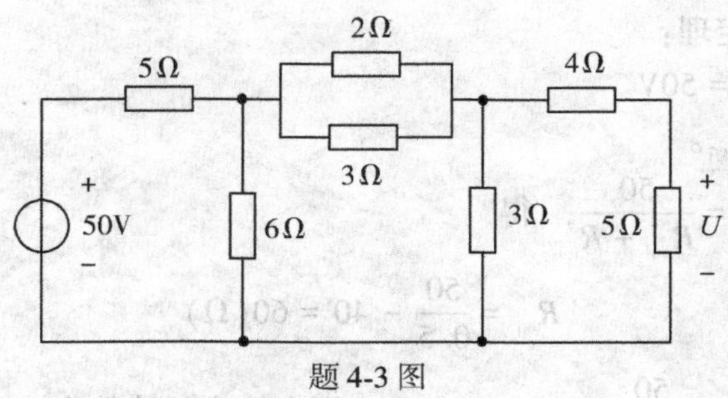

题 4-3 图

此时对应的电源电压为 $5I_7+6I_6=31.5+13.8=45.3(\text{V})$

根据齐性定理有 $\dfrac{45.3}{5}=\dfrac{50}{U}$，得 $U=5.52\text{V}$。

4-4 在图所示电路中，当 $U_S=10\text{V}$、$I_S=2\text{A}$ 时，$I=5\text{A}$；当 $U_S=0\text{V}$、$I_S=2\text{A}$ 时，$I=2\text{A}$。问：当 $U_S=20\text{V}$、$I_S=0\text{A}$ 时，电流 I 为多少？

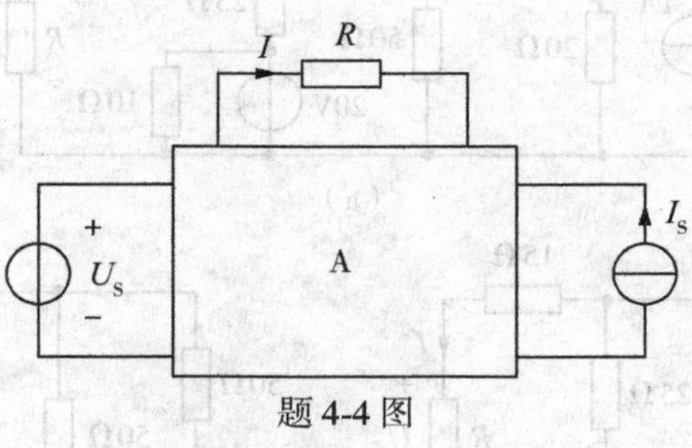

题 4-4 图

解 由叠加定理，可得：当 $I_S=0\text{A}$、$U_S=10\text{V}$ 时，$I=5-2=3(\text{A})$。

由齐性定理，可得：当 $I_S=0\text{A}$，$U_S=20\text{V}$ 时，$I=3\times20/10=6(\text{A})$。

4-5 在图(a)所示电路中，当有源一端口网络开路时，用高内阻电压表测得其开路电压为 50V，当接上一个 40Ω 的电阻 R，用电流表 A 测得的电流为 0.5A。若把 R 换成 20Ω，求这时电流表的读数。

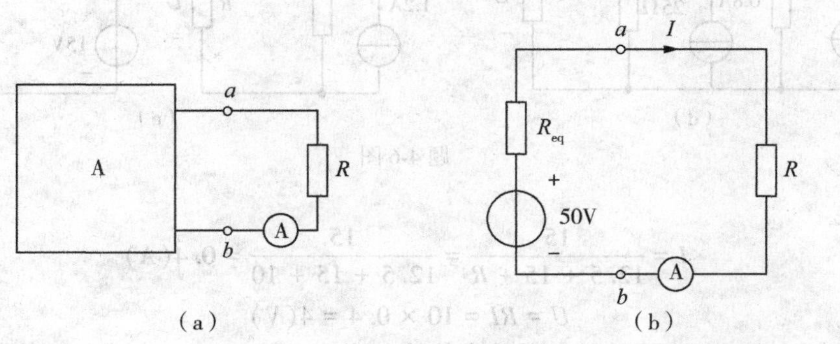

题 4-5 图

解　利用戴维南定理：

(1)开路电压 $U_{oc}=50\text{V}$。

(2)求等效电阻 R_{eq}。

在图(b)中，有 $I=\dfrac{50}{R_{eq}+R}$，得

$$R_{eq}=\frac{50}{0.5}-40=60(\Omega)$$

当 $R=20\Omega$ 时，$I=\dfrac{50}{60+20}=0.625(\text{A})$，即电流表的读数为0.625A。

4-6　求图(a)所示电路中电阻 R 的端电压 U 和流过的电流 I。已知 $R=10\Omega$。

解　采用支路等效以及电源等效变换，如图(b)~(e)所示。

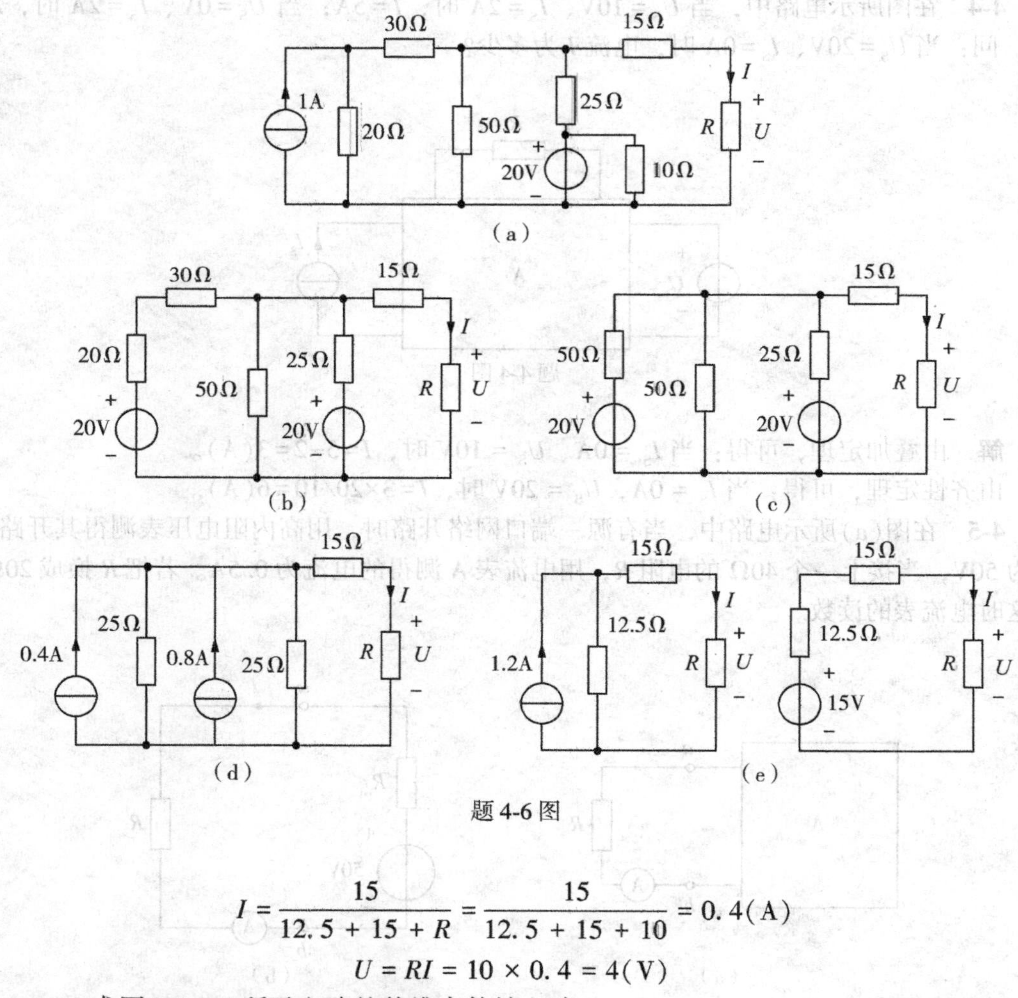

题4-6图

$$I=\frac{15}{12.5+15+R}=\frac{15}{12.5+15+10}=0.4(\text{A})$$

$$U=RI=10\times0.4=4(\text{V})$$

4-7　求图(a)(b)所示电路的戴维南等效电路。

解　令图(a)中所有独立电源置零，则

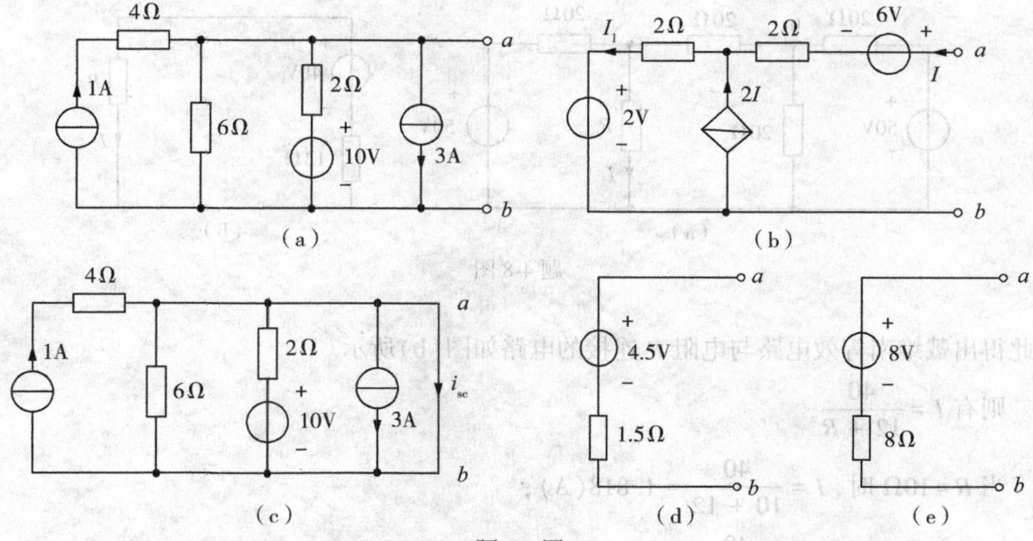

题4-7图

$$R_{eq}=\frac{1}{\frac{1}{6}+\frac{1}{2}}=1.5(\Omega)$$

将图(a)中 a、b 两点短接，如图(c)所示，对 a 点列 KCL 方程，即

$$1+\frac{10}{2}-3-i_{sc}=0$$

故
$$i_{sc}=3\text{A}$$

所以
$$U_{ab}=R_{eq}\cdot i_{sc}=1.5\times 3=4.5(\text{V})$$

故图(a)电路的戴维南等效电路如图(d)所示。

将图(b)中所有独立电源置零，且在 ab 端外加电压源 U，对节点 a 列 KCL 方程，得：$I_1-I-2I=0$，$I_1=3I$。

对大回路列 KVL 方程，得：$2I+2I_1-U=0$，$\dfrac{U}{I}=8$。

a、b 开路，$I=0$，故受控电流源支路相当于开路，$U_{oc}=6+2=8(\text{V})$。

故图(b)电路的戴维南等效电路如图(e)所示。

4-8 求图(a)所示电路中电阻 R 的值分别为 10Ω、20Ω、40Ω 三种情况时流过电阻 R 的电流 I。

解 (1)求等效电阻。将电路中 50V 电压源用短路代替之，应用电阻串并联等效，求得等效电阻 $R_{eq}=[20//20+20]//20=12(\Omega)$。

(2)求开路电压 u_{oc}。采用短路电流法，将 R 所在支路短接，并设短路电流为 i_{sc}，则

$$i_{sc}=\frac{50}{20}+\frac{1}{2}\left(\frac{50}{20+20//20}\right)=\frac{10}{3}(\text{A})$$

$$u_{oc}=i_{sc}R_{eq}=\frac{10}{3}\times 12=40(\text{V})$$

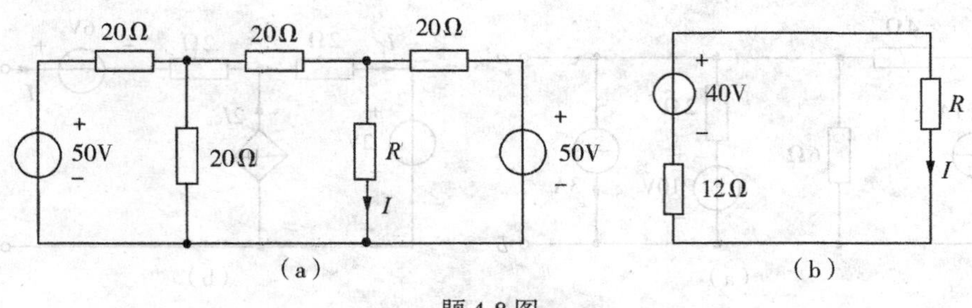

题 4-8 图

由此得出戴维南等效电路与电阻 R 连接的电路如图(b)所示。

则有 $I=\dfrac{40}{12+R}$,

当 $R=10\Omega$ 时, $I=\dfrac{40}{10+12}=1.818(\text{A})$;

当 $R=20\Omega$ 时, $I=\dfrac{40}{12+20}=1.25(\text{A})$;

当 $R=40\Omega$ 时, $I=\dfrac{40}{12+40}=0.769(\text{A})$。

4-9　图(a)所示电路中，试问：可调负载电阻 R_L 为何值时，它获得最大功率？求此功率。

解　采用戴维南定理求解。

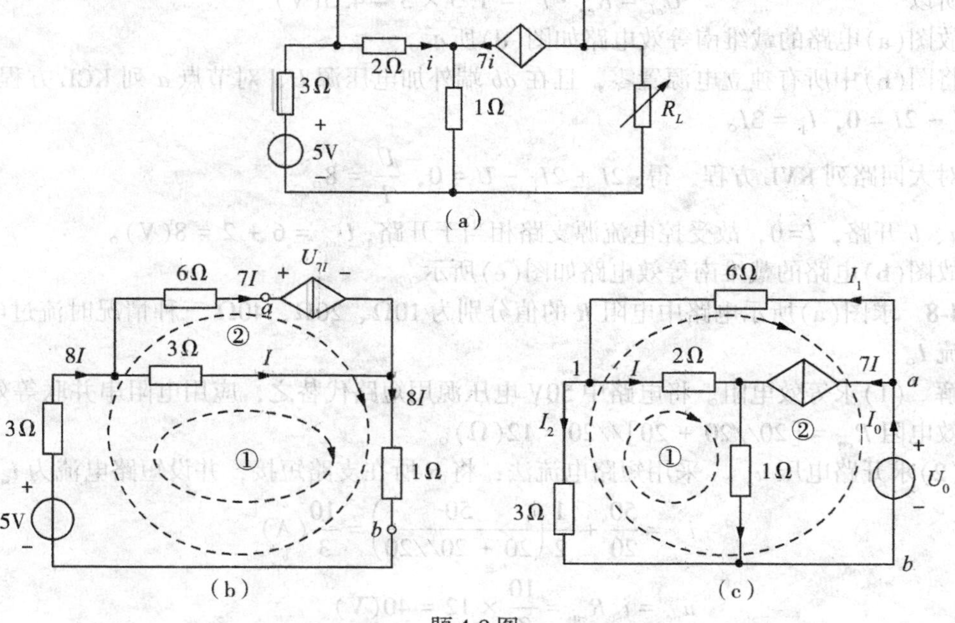

题 4-9 图

(1)求开路电压 U_{oc}。

如图(b)所示，对网孔①列 KVL 方程：

$$5+8I\times3+2I+8I\times1=0$$

解得：$I=\frac{5}{34}$A。

对网孔②列 KVL 方程：

$$6\times7I+U_{7I}-2I=0$$

解得：
$$U_{7I}=-40\times\frac{5}{34}=-\frac{100}{17}(\text{V})$$

$$U_{ab}=-U_{7I}+8I=-\frac{100}{17}+\frac{8\times5}{34}=-\frac{80}{17}(\text{V})$$

(2)求等效电阻 R_{eq}，采用外加电压源方法。在图(c)所示电路中，设电压源电压为 U_0，流经电压源的电流为 I_0，流经 3Ω 的电流为 I_2，流经 6Ω 的电流为 I_1。

对节点 a 列 KCL 方程：$I_0=7I+I_1$；

对节点 1 列 KCL 方程：$I_1=I+I_2$；

对回路①列 KVL 方程：$3I_2+2I+8I=0$；

对回路②列 KVL 方程：$-3I_2-6I_1+U_0=0$。

联立解得：$R_{eq}=\frac{U_0}{I_0}=\frac{36I}{\frac{34}{3}I}=\frac{54}{17}(\Omega)$。

当 $R_L=R_{eq}=\frac{54}{17}\Omega$ 时，它可获得最大功率，此功率为 $P_{max}=\frac{U_{oc}^2}{4R_L}=\frac{\frac{80}{17}\times\frac{80}{17}}{4\times\frac{54}{17}}=1.74(\text{W})$

4-10 如图(a)所示，试求流过 0.5Ω 电阻支路的电流 I。

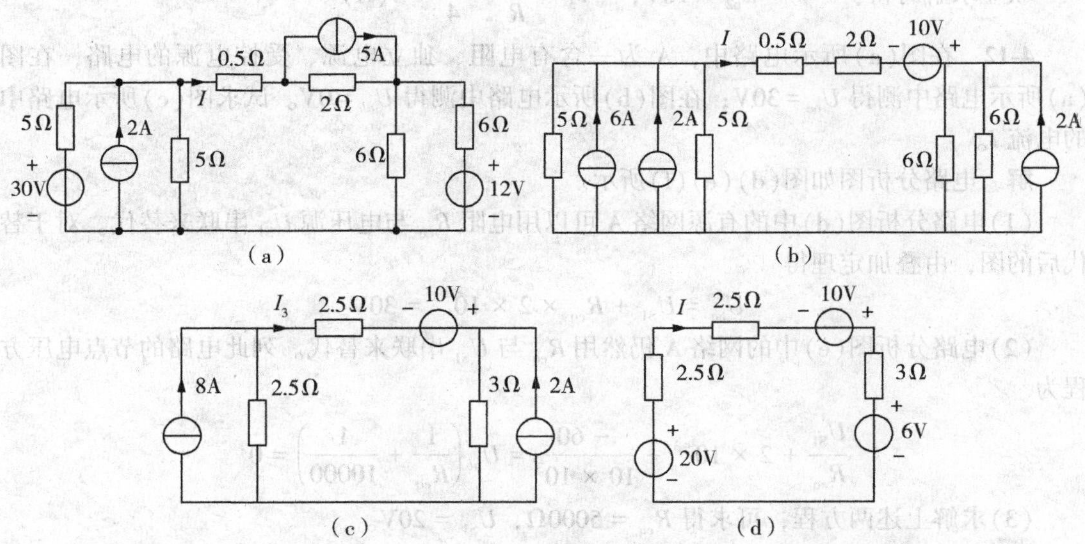

题 4-10 图

解　采用电源等效变换的方法，将原电路图(a)简化为图(b)(c)(d)所示电路，可得

$$I = \frac{20 + 10 - 6}{25 + 2.5 + 3} = 3(\text{A})$$

4-11　求图(a)所示电路中流过电阻 R 的电流 I_3。

解　(1)节点编号与所选定的参考节点如图(b)所示。

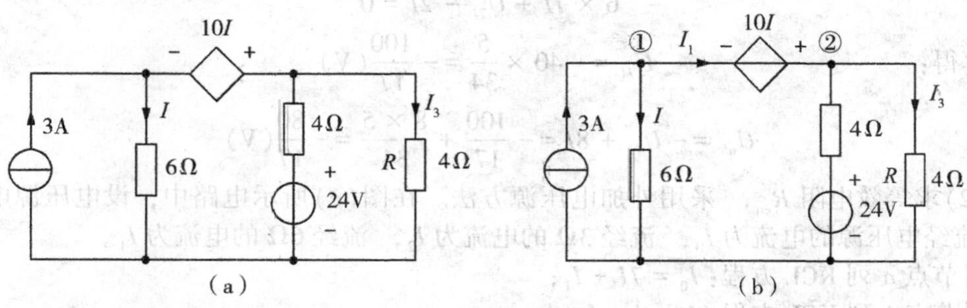

题4-11图

(2)对电路图中节点①、②列出节点电压方程：

节点1：
$$\frac{1}{6}u_{n1} = 3 - I_1$$

节点2：
$$\left(\frac{1}{4} + \frac{1}{4}\right)u_{n2} = I_1 + \frac{24}{4}$$

对于受控源的控制变量补充方程：　$3 = I + I_1$

对受控源电压，补充一个方程：　$U_{n1} - U_{n2} = -10I$

联立求解可得：　$u_{n2} = 16\text{V}$，　$I_3 = \dfrac{u_{n2}}{R} = \dfrac{16}{4} = 4(\text{A})$

4-12　在图(a)所示电路中，A为一含有电阻、独立电源、受控电源的电路，在图(a)所示电路中测得 $U_{oc} = 30\text{V}$；在图(b)所示电路中测得 $U_{ab} = 0\text{V}$。试求图(c)所示电路中的电流 I。

解　电路分析图如图(d)(e)(f)所示。

(1)电路分析图(d)中的有源网络A可以用电阻 R_{eq} 与电压源 U_{S1} 串联来替代。对于替代后的图，由叠加定理得

$$U_{oc} = U_{S1} + R_{eq} \times 2 \times 10^{-3} = 30\text{V}$$

(2)电路分析图(e)中的网络A仍然用 R_{eq} 与 U_{S1} 串联来替代。列此电路的节点电压方程为

$$\frac{U_{S1}}{R_{eq}} + 2 \times 10^{-3} + \frac{-60}{10 \times 10^3} = U_{ab}\left(\frac{1}{R_{eq}} + \frac{1}{10000}\right) = 0$$

(3)求解上述两方程，可求得 $R_{eq} = 5000\Omega$，$U_{S1} = 20\text{V}$。

(4)在图(f)电路中，网络A仍然用 R_{eq} 与 U_{S1} 串联来替代，即可求出

$$I = \frac{20}{15000 + 5000} = \frac{20}{20000} l(\text{mA})$$

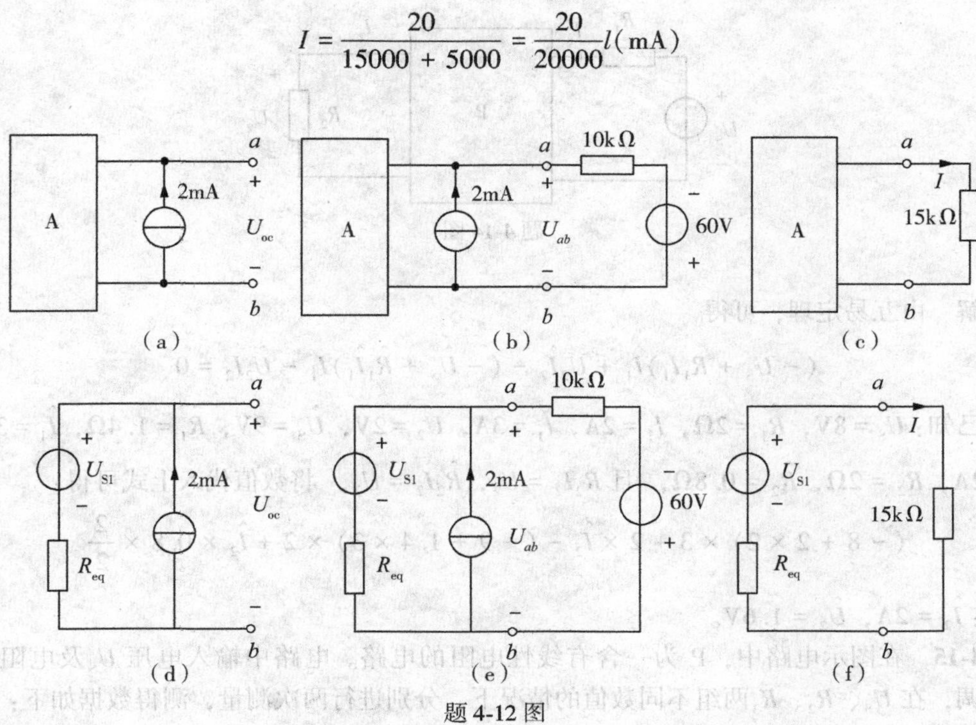

题 4-12 图

4-13 在图示电路中，P 为一含有线性电阻的电路，在图(a)电路中当 $U_S = -30\text{V}$ 时，测得短路电流 $I_2 = 2\text{A}$；如果在图(b)电路中加电压 $U_S = 150\text{V}$，试求电路中的电流 $\hat{I}_1$。

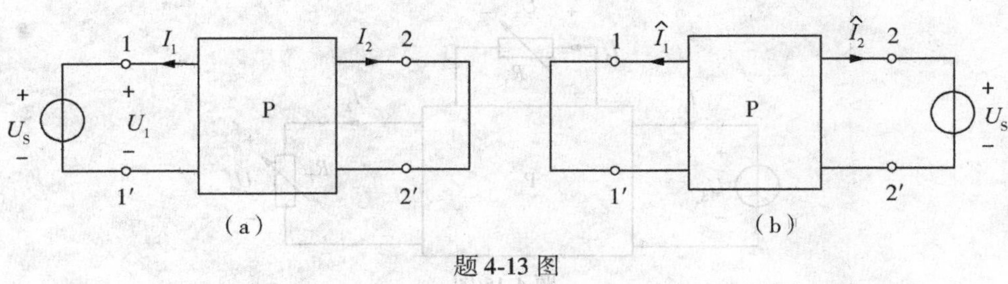

题 4-13 图

解 根据特勒根似功率定理，应有：

$$u_{S1} \times \hat{I}_1 + u_{S2} \times \hat{I}_2 = I_1 \times \hat{u}_{S1} + I_2 \times \hat{u}_{S2}$$

将 $u_{S1} = -30\text{V}$，$u_{S2} = 0\text{V}$，$I_2 = 2\text{A}$，$u_{S2} = 150\text{V}$ 代入上式，可求出 $\hat{I}_1 = -10\text{A}$。

4-14 在图示电路中，P 为一含有线性电阻的电路，在电路中对不同的输入电压 U_S 及不同的电阻 R_1、R_2 值进行了两次测量，得下列数据：$U_S = 8\text{V}$，$R_1 = R_2 = 2\Omega$，$I_1 = 2\text{A}$，$U_2 = 2\text{V}$；$\hat{U}_S = 9\text{V}$，$R_1 = 1.4\Omega$，$R_2 = 0.8\Omega$，$\hat{I}_1 = 3\text{A}$。求 $\hat{U}_2$、$\hat{I}_2$ 的值。

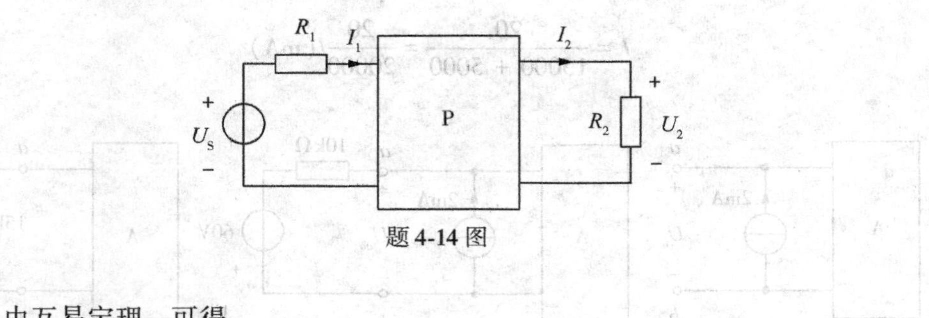

题 4-14 图

解　由互易定理，可得

$$(-U_S+R_1I_1)\hat{I}_1+U_2\hat{I}_2-(-\hat{U}_S+\hat{R}_1\hat{I}_1)I_1-\hat{U}_2I_2=0$$

已知：$U_S=8V$，$R_1=2\Omega$，$I_1=2A$，$\tilde{I}_1=3A$，$U_2=2V$，$\hat{U}_S=9V$，$\hat{R}_1=1.4\Omega$，$\hat{I}_1=3A$，$I_1=2A$，$R_2=2\Omega$，$\hat{R}_2=0.8\Omega$，且 $R_2I_2=U_2$，$\hat{R}_2\hat{I}_2=\hat{U}_2$，将数值代入上式可得：

$$(-8+2\times2)\times3+2\times\hat{I}_2-(-9+1.4\times3)\times2+\hat{I}_2\times0.8\times\frac{2}{2}$$

解得：$\hat{I}_2=2A$，$\hat{U}_2=1.6V$。

4-15　在图示电路中，P 为一含有线性电阻的电路。电路中输入电压 U_S 及电阻 R_2、R_3 可调，在 U_S、R_2、R_3 两组不同数值的情况下，分别进行两次测量，测得数据如下：

(1)当 $U_S=3V$，$R_2=20\Omega$，$R_3=5\Omega$ 时，$I_1=1.2A$，$U_2=2V$，$I_3=0.2A$；

(2)当 $U_S=5V$，$R_2=10\Omega$，$R_3=10\Omega$ 时，$I_1=2A$，$U_3=2V$。

求第二种情况下的电流 I_2。

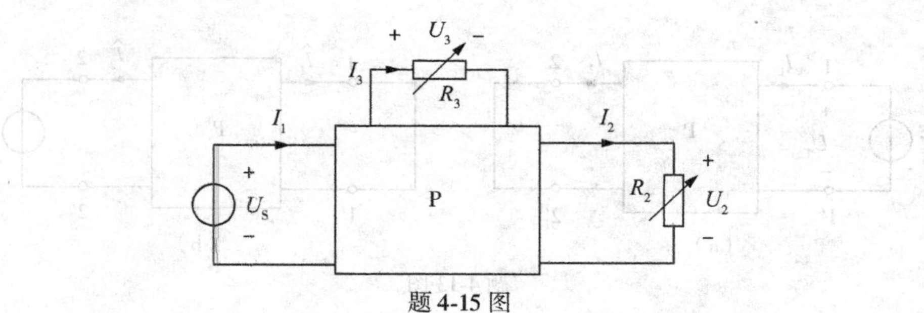

题 4-15 图

解　由特勒根功率定理得

$$-U_S\hat{I}_1+U_3\hat{I}_3+U_2\hat{I}_2+\sum_{k=4}^{b}U_k\hat{I}_k=0 \quad ①$$

$$-\hat{U}_SI_1+\hat{U}_3I_3+\hat{U}_2I_2+\sum_{k=4}^{b}\hat{U}_kI_k=0 \quad ②$$

因为网络 P 内无受控源，仅由线性电阻组成，故有 $U_k=I_kR_k$，$\hat{U}_k=\hat{I}_kR_k$

$$-U_S\hat{I}_1+U_3\hat{I}_3+U_2\hat{I}_2=-\hat{U}_SI_1+\hat{U}_3I_3+\hat{U}_2I_2 \quad ③$$

由题意得：
$$U_3 = R_3 I_3,\ \hat{U}_2 = \hat{R}_2 \hat{I}_2 \qquad ④$$

$$\hat{U}_3 = \hat{R}_3 \hat{I}_3,\ U_2 = R_2 I_2,\ \hat{I}_3 = \frac{\hat{U}_3}{\hat{R}_3},\ I_2 = \frac{U_2}{R_2} \qquad ⑤$$

将④、⑤代入③，得

$$U_S \hat{I}_1 + I_3 R_3 \times \frac{\hat{U}_3}{\hat{R}_3} + U_2 \hat{I}_2 = \hat{U}_S I_1 + \hat{U}_3 \times I_3 + \hat{R}_2 \hat{I}_2 \times \frac{U_2}{I_2} \qquad ⑥$$

将已知条件 $U_S = 3V$，$\hat{I}_1 = 2A$，$I_3 = 0.2A$，$R_3 = 5\Omega$，$\hat{U}_3 = 2V$，$\hat{R}_3 = 10\Omega$，$U_2 = 2V$，$\hat{U}_S = 5V$，$I_1 = 1.2A$，$\hat{R}_2 = 10\Omega$，$I_2 = 20A$ 代入⑥，得

$$3 \times 2 + 0.2 \times 5 \times \frac{2}{10} + 2\hat{I}_2 = -5 \times 1.2 + 2 \times 0.2 + 10 \times \hat{I}_2 \times \frac{2}{20}$$

解得：$\hat{I}_2 = 0.2A$。

第 5 章　正弦稳态电路和相量法

5.1　学 习 指 导

一、学习要求

(1)熟悉正弦量的三要素：振幅、角频率和初相位；理解和掌握正弦量的瞬时值、有效值和相位差等概念；熟悉正弦量的波形、相量和相量图。

(2)熟悉掌握基尔霍夫定律的相量形式以及电路元件的电压、电流关系。

(3)理解和掌握阻抗 Z 和导纳 Y 的定义及其物理意义，并能熟练地进行计算；能对阻抗 Z 与导纳 Y 之间进行等效变换，熟练求解一端口电路的输入阻抗 Z。

(4)要求能根据实际电路画出对应的相量图，并可参照相量图对电路进行定量或定性分析。

(5)要求熟练地应用相量法对正弦稳态电路进行分析计算，直流线性电阻电路的各种计算方法和电路定理都适用于正弦交流电路的稳态分析。

(6)理解正弦稳态电路中的各种功率的概念，包含瞬时功率、有功功率、无功功率、视在功率和复功率，要求能理解每种功率的物量意义。

(7)理解和掌握最大功率传输定理的内容和意义，并能计算和分析电路。

(8)了解电路谐振的定义、条件、特点固有谐振的频率以及发生谐振时电路的性质，并能应用于实际电路分析中。

二、知识结构图

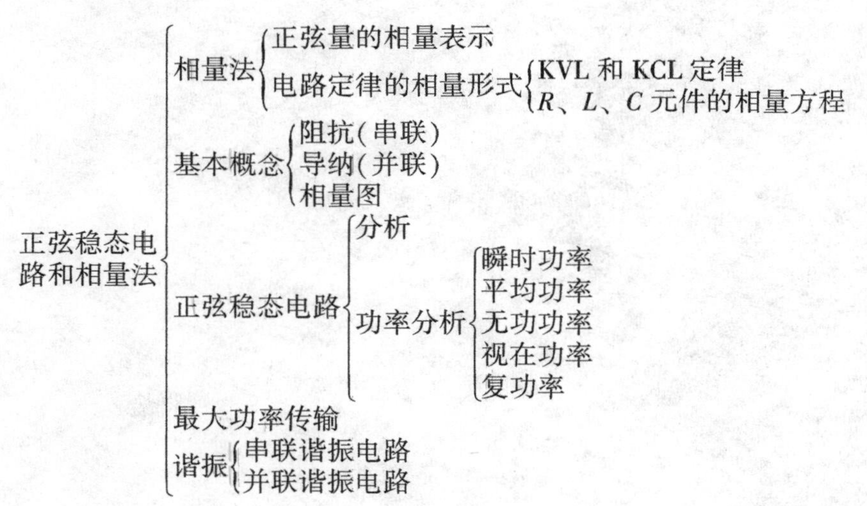

三、重点和难点

(1)正弦量的相量表示；

(2)正弦稳态电路的相量图、相量模型与分析；

(3)正弦稳态电路的功率分析；

(4)负载功率因素的概念理解和提高功率因素的现实意义。

5.2 主要内容

一、正弦交流电的基本概念

1. 正弦量的三要素

振幅、角频率和初相位是构成正弦量的三个主要因素，故称它们为正弦量的三要素。当这三个量都为已知量时，它相应的波形图就可以完全确定了。

2. 频率、周期、相位差

角频率 ω 与周期 T、频率 f 的关系为：

$$\omega = 2\pi f = \frac{2\pi}{T}$$

其中，T 的单位为秒(s)，f 的单位为1/秒(1/s)，称为赫兹(Hz)。我国和欧洲国家的工业用电的频率为50Hz，其周期为0.02s。两个同频率的正弦量的初相位之差称为它们之间的相位差，通常用 φ 表示。

3. 正弦电流、电压的有效值

所谓有效值，就是一个在效应上(如热效应)与周期量在一个周期内的平均效应相等的直流量。一般谈到正弦电压、电流的数值时，若无特殊声明，都是指有效值，如电气设备铭牌上的额定值。交流测量仪表上指示的电压、电流也都是有效值。但在某些情况下，必须使用最大值，例如在考虑各种设备和器件的绝缘水平——耐压值时，必须要用最大值来考虑。

二、正弦量的相量法

在工程中广泛采用相量法来分析正弦电流电路，不仅可以大大地简化直接用三角函数加减的繁琐运算，还可以将瞬时值的微分方程变为相量的代数方程，使电路方程的求解变得更容易。相量法是以复数运算为基础的。

1. 正弦量的相量表示法

根据欧拉公式，复指数函数

$$e^{j(\omega t+\varphi)}=\cos(\omega t+\varphi)+j\sin(\omega t+\varphi)$$

可见其虚部和实部都是正弦量，所以一个正弦量就可以表示成为与之对应的复指数函数的虚部。例如，一个正弦电流 $i(t)=\sqrt{2}I\sin(\omega t+\varphi)$ 就可以表示为

$$i(t)=\sqrt{2}I\sin(\omega t+\varphi)=\mathrm{Im}[\sqrt{2}Ie^{j(\omega t+\varphi)}]=\mathrm{Im}[\sqrt{2}Ie^{j\varphi}e^{j\omega t}] \tag{5-1}$$

式中，符号 Im 表示取虚部的意思。

观察式(5-1)可发现，该表达式中含有 $Ie^{j\varphi}$ 这一因子，而这一因子正是一个相量(复数)的极坐标的表达式，其中 I 为相量的模，φ 为相量的辐角。考虑到 I 和 φ 又分别是正弦量 $i(t)$ 的有效值和初相，所以定义：以正弦量的有效值为模，初相为辐角构成的复数就称为该正弦量的有效值相量。

在正弦电路中有电压 $u(t)$ 和电流 $i(t)$ 两类正弦量，与之对应的有效值相量分别用 $\dot{U}$ 和 $\dot{I}$ 表示。设某一正弦量 $u(t)=\sqrt{2}U\sin(\omega t+\varphi_u)$，则该正弦量的有效值相量为

$$\dot{U}=Ue^{j\varphi_u}=U\angle\varphi_u$$

此时该正弦电压亦可表示为

$$u(t)=\sqrt{2}U\sin(\omega t+\varphi_u)=\mathrm{Im}[\sqrt{2}Ue^{j\varphi_u}e^{j\omega t}]=\mathrm{Im}[\sqrt{2}\dot{U}e^{j\omega t}]$$

当然，也可以正弦量的幅值为模，初相为辐角构建出正弦量的幅值相量，即

$$\dot{U}_m=U_m\angle\varphi_u=\sqrt{2}U\angle\varphi_u=\sqrt{2}\dot{U}$$

但由于在计算正弦电路的功率时，常常用到的是电压和电流的有效值，所以使用有效值相量会更方便一些。今后若无特殊声明，所谈到的相量均是指有效值相量。

2. 正弦量的相量运算法

1)同频率正弦量的加减运算

设两个同频率的正弦量分别为 $i_1(t)=\sqrt{2}I_1\sin(\omega t+\varphi_1)$，$i_2(t)=\sqrt{2}I_2\sin(\omega t+\varphi_2)$。若 $i(t)=i_1(t)+i_2(t)$，现在讨论 $i(t)$、$i_1(t)$、$i_2(t)$ 的相量 $\dot{I}$、$\dot{I}_1$、$\dot{I}_2$ 之间有什么关系。

根据三角函数的化简公式可知，$i(t)$ 必为和 $i_1(t)$、$i_2(t)$ 同频率的正弦量，所以不妨设 $i(t)=\sqrt{2}I\sin(\omega t+\varphi)$。根据复指数函数和正弦量的关系，这三个正弦量可表示为

$$i(t)=\sqrt{2}I\sin(\omega t+\varphi)=\mathrm{Im}[\sqrt{2}\dot{I}e^{j\omega t}]$$

$$i_1(t)=\sqrt{2}I_1\sin(\omega t+\varphi_1)=\mathrm{Im}[\sqrt{2}\dot{I}_1e^{j\omega t}]$$

$$i_2(t)=\sqrt{2}I_2\sin(\omega t+\varphi_2)=\mathrm{Im}[\sqrt{2}\dot{I}_2e^{j\omega t}]$$

因为 $i(t)=i_1(t)+i_2(t)$，所以

$$\mathrm{Im}[\sqrt{2}\dot{I}e^{j\omega t}]=\mathrm{Im}[\sqrt{2}\dot{I}_1e^{j\omega t}]+\mathrm{Im}[\sqrt{2}\dot{I}_2e^{j\omega t}]$$

两边同时消去 $\sqrt{2}e^{j\omega t}$ 因子，并去掉虚部符号后可得

$$\dot{I} = \dot{I}_1 + \dot{I}_2 \tag{5-2}$$

可见，在已知 $i_1(t)$、$i_2(t)$ 的情况下，要求 $i(t)$ 可不必再使用三角函数的化简公式了，而是可以先根据式(5-2)用复数的加减运算先求出 $i(t)$ 的相量 $\dot{I}$，然后再根据正弦量和相量的关系写出 $i(t)$。

以上结论可推广到多个正弦量相加减的情况，即若 $i(t) = i_1(t) + i_2(t) + \cdots + i_n(t)$，则 $\dot{I} = \dot{I}_1 + \dot{I}_2 + \cdots + \dot{I}_n$。

2)正弦量的微分

已知 $i_1(t) = \sqrt{2}I_1\sin(\omega t + \varphi_1)$，若 $i_2(t) = \dfrac{\mathrm{d}}{\mathrm{d}t}i_1(t)$，现在讨论 $i_1(t)$、$i_2(t)$ 的相量 $\dot{I}_1$、$\dot{I}_2$ 之间的关系。

根据微分公式可知 $i_2(t)$ 是与 $i_1(t)$ 同频率的正弦量，不妨设 $i_2(t) = \sqrt{2}I_2\sin(\omega t + \varphi_2)$，根据复指数函数和正弦量的关系可知 $i_1(t) = \mathrm{Im}[\sqrt{2}\dot{I}_1\mathrm{e}^{j\omega t}]$，$i_2(t) = \mathrm{Im}[\sqrt{2}\dot{I}_2\mathrm{e}^{j\omega t}]$。因为 $i_2(t) = \dfrac{\mathrm{d}}{\mathrm{d}t}i_1(t)$，所以

$$\mathrm{Im}[\sqrt{2}\dot{I}_2\mathrm{e}^{j\omega t}] = \mathrm{Im}[\sqrt{2}\dot{I}_1\mathrm{e}^{j\omega t} \cdot j\omega]$$

两边同时消去 $\sqrt{2}\mathrm{e}^{j\omega t}$ 因子，并去掉虚部符号后可得

$$\dot{I}_2 = j\omega\dot{I}_1 \tag{5-3}$$

可见，在已知 $i_1(t)$ 的情况下，求 $i_2(t)$ 时可不必再使用微分公式求导了，而是可以直接根据式(5-3)先求出 $i_2(t)$ 的相量 $\dot{I}_2$，然后再写出 $i_2(t)$ 的表达式。

以上结论可推广到求高阶导数的情况，即若 $i_2(t) = \dfrac{\mathrm{d}^n}{\mathrm{d}t^n}i_1(t)$，则 $\dot{I}_2 = (j\omega)^n\dot{I}_1$

3)正弦量的积分

已知 $i_1(t) = \sqrt{2}I_1\sin(\omega t + \varphi_1)$，若 $i_2(t) = \int_0^t i_1(\xi)\mathrm{d}\xi$，现在讨论 $i_1(t)$、$i_2(t)$ 的相量 $\dot{I}_1$、$\dot{I}_2$ 之间的关系。

可以证明(证明从略)

$$\dot{I}_2 = \frac{1}{j\omega}\dot{I}_1$$

以上结论可推广到求多重积分的情况，即若 $i_2(t) = \underbrace{\int\cdots\int}_{n-1} i_1(\xi)\mathrm{d}\xi$（$n$ 重），则 $\dot{I}_2 = \left(\dfrac{1}{j\omega}\right)^n\dot{I}_1$。

以上分析说明，可用相量的代数运算来替代同频率的正弦量的加减、微积分运算。在

推导出了正弦量的相量运算法后，就可以将一个含待求正弦量的微分方程转换成一个含待求正弦量的相量的复代数方程，解这个复代数方程即可求出待求正弦量的相量，进而可写出待求正弦量的表达式。显然，解一个复代数方程要比解一个微分方程简单得多。

3. 用相量法求解微分方程

如图 5-1 所示电路，已知 $u_S(t)=\sqrt{2}U\sin(\omega t+\varphi_u)V$，求电路中的电流 $i(t)$（在正弦稳态电路中，若无特殊声明，$u(t)$、$i(t)$ 默认是指电压和电流的稳态值）。下面就来讨论一下如何利用相量法求解 $i(t)$。

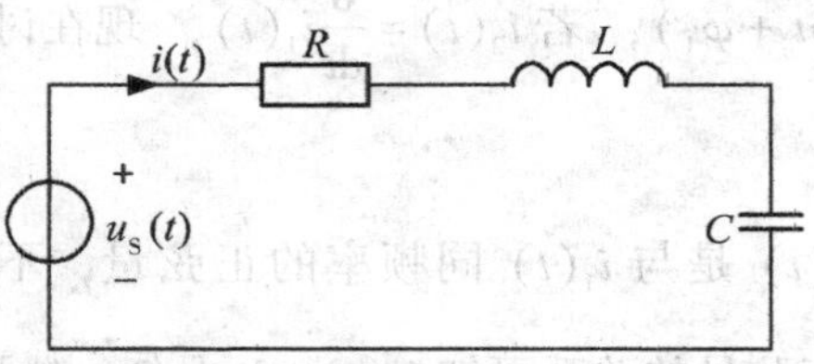

图 5-1　RLC 串联电路

依 KVL 可建立含待求量 $i(t)$ 的微分方程如下：

$$L\frac{\mathrm{d}i(t)}{\mathrm{d}t}+Ri(t)+\frac{1}{C}\int_{0+}^{t}i(t)\mathrm{d}t=u_S(t) \tag{5-4}$$

根据正弦量的相量运算法，可得

$$L\cdot j\omega\dot{I}+R\cdot\dot{I}+\frac{1}{C}\cdot\frac{1}{j\omega}\dot{I}=\dot{U}_S \tag{5-5}$$

解式(5-5)可得

$$\dot{I}=\frac{\dot{U}_S}{R+j\omega L+\dfrac{1}{j\omega C}}$$

在求得了 $\dot{I}$ 后，就可以写出 $i(t)$ 的表达式了。

以上就是用相量替代正弦量进行运算的方法。对于以上所述的求解过程可以概括如图 5-2 所示。

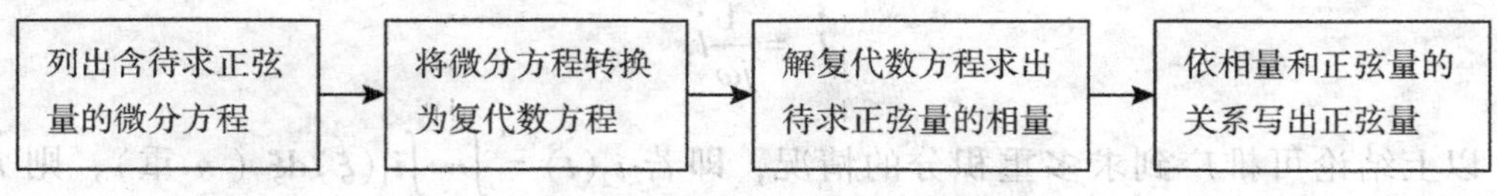

图 5-2　向量法求解微分方程的过程

可见，上述方法虽然步骤多了一些，但比起直接求解微分方程而言，计算上就简单多了，这正是引入相量这一概念的目的。但是上述过程是否就是分析正弦稳态电路的一般方法呢？并不是，上述过程还可进一步简化。

三、电阻、电感和电容元件上的正弦电流

1. 电阻上的正弦电流

在电阻元件上电压和电流的有效值依然满足欧姆定律，即 $U_R = RI_R$； 而电压与电流同相位。

2. 电感上的正弦电流

在电感元件上电压和电流之间的有效值关系为 $U_L = \omega LI_L$； 而电压与电流相位的相位关系是电流滞后电压 90°。

3. 电容上的正弦电流

在电容元件上电压和电流之间的有效值关系为：$I_C = \omega CU_C$； 而电压与电流相位的相位关系是电流超前电压 90°。

四、电路定律的相量形式

1. 基尔霍夫定律的相量形式

(1) KCL 的相量形式。对电路中的任一节点，有

$$i_1 + i_2 + \cdots + i_k = 0 \quad 或 \quad \sum i = 0$$

由于在正弦稳态电路中，所有的电压、电流都是同频率的正弦量，所以 KCL 的相量形式可表示为

$$\dot{I}_1 + \dot{I}_2 + \cdots + \dot{I}_k = 0 \quad 或 \quad \sum \dot{I} = 0$$

(2) KVL 的相量形式。对电路中的任一回路，有

$$u_1 + u_2 + \cdots u_k = 0 \quad 或 \quad \sum u = 0$$

由于在正弦稳态电路中，所有的电压、电流都是同频率的正弦量，所以 KVL 的相量形式可表示为

$$\dot{U}_1 + \dot{U}_2 + \cdots \dot{U}_k = 0 \quad 或 \quad \sum \dot{U} = 0$$

通过上述分析可以看出，电路定律的相量形式和其时域形式的表述是相同的。不过请注意，电流(电压)的有效值是不满足 KCL(KVL)的表达式的，即

$$I_1 + I_2 + \cdots + I_k \neq 0$$

$$U_1 + U_2 + \cdots + U_k \neq 0$$

2. 元件约束关系(VCR)的相量形式

(1) 电阻元件，如图 5-3 所示。

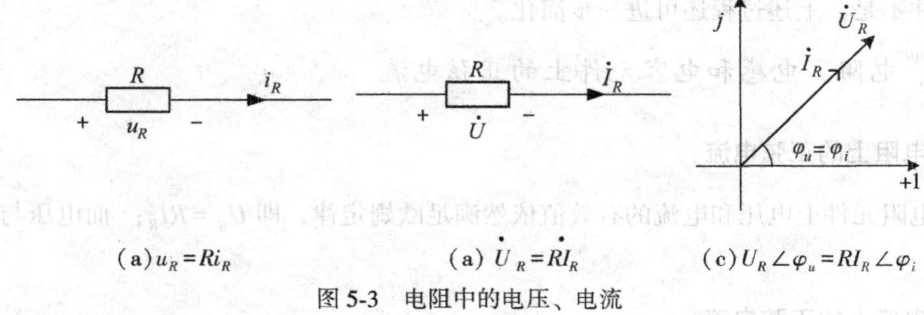

(a) $u_R=Ri_R$　(a) $\dot{U}_R=R\dot{I}_R$　(c) $U_R\angle\varphi_u=RI_R\angle\varphi_i$

图 5-3　电阻中的电压、电流

可见，$U_R = RI_R$，$\varphi_u = \varphi_i$，电阻元件上的电压和电流始终是同相的。

(2)电感元件，如图 5-4 所示。

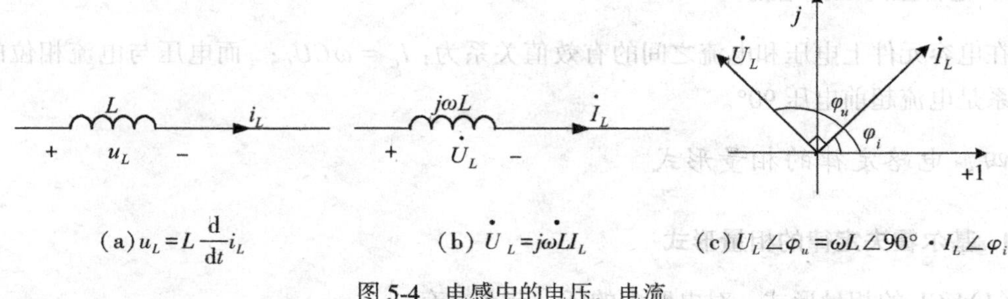

(a) $u_L=L\dfrac{\mathrm{d}}{\mathrm{d}t}i_L$　(b) $\dot{U}_L=j\omega L\dot{I}_L$　(c) $U_L\angle\varphi_u=\omega L\angle 90°\cdot I_L\angle\varphi_i$

图 5-4　电感中的电压、电流

可见，$U_L = \omega LI_L$，$\varphi_u = \varphi_i + 90°$，电感电压始终超前电感电流 90°。

(3)电容元件，如图 5-5 所示。

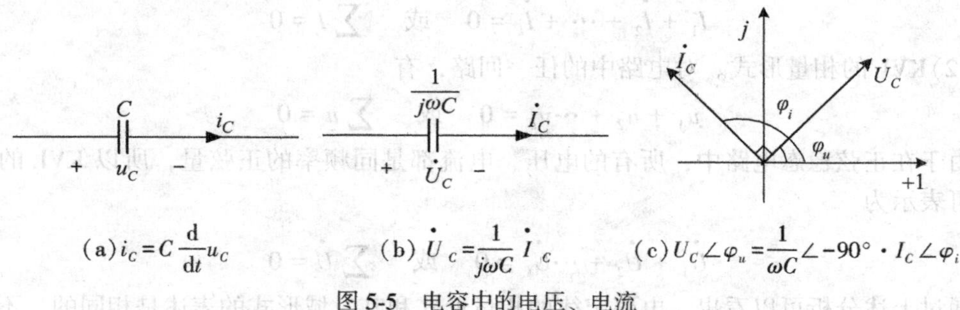

(a) $i_C=C\dfrac{\mathrm{d}}{\mathrm{d}t}u_C$　(b) $\dot{U}_C=\dfrac{1}{j\omega C}\dot{I}_C$　(c) $U_C\angle\varphi_u=\dfrac{1}{\omega C}\angle -90°\cdot I_C\angle\varphi_i$

图 5-5　电容中的电压、电流

可见，$U_C = \dfrac{1}{\omega C}I_C$，$\varphi_u = \varphi_i - 90°$，电容电压始终滞后电容电流 90°。

通过上述分析可以看出，电阻、电容、电感这三类元件的端电压相量和端电流相量都是成正比的。仿照电阻的定义，我们定义：各元件端电压相量和端电流相量的比值，称为该元件的阻抗，单位为欧姆(Ω)，用 Z 表示。根据该定义，R、L、C 元件的阻抗分别为

$$
\begin{cases}
Z_R = \dfrac{\dot{U}_R}{\dot{I}_R} = R \\
Z_L = \dfrac{\dot{U}_L}{\dot{I}_L} = j\omega L \\
Z_C = \dfrac{\dot{U}_C}{\dot{I}_C} = \dfrac{1}{j\omega C} = -j\dfrac{1}{\omega C}
\end{cases} \tag{5-6}
$$

有了“阻抗”这一概念后，R、L、C 元件的 VCR 可统一表示为

$$\dot{U} = Z\dot{I}$$

和电导的定义类似，阻抗的倒数称为元件的导纳，用 Y 表示，单位为西门子(S)，即

$$Y = \frac{1}{Z} = \frac{\dot{I}}{\dot{U}}$$

在后面的分析中，除了会用到元件上的电压相量和电流相量的关系外，还常常会用到元件上的电压和电流的有效值关系。对于电阻元件而言，由于 $R = \dfrac{U_R}{I_R}$，所以电阻元件上的电压和电流的有效值之比仍称为电阻。但对于动态元件，我们定义：动态元件端电压和端电流的比值称为该元件的电抗，用 X 表示，单位为欧姆（Ω）。根据该定义，L、C 元件的电抗为

$$
\begin{cases}
X_L = \dfrac{U_L}{I_L} = \omega L \\
X_C = \dfrac{U_C}{I_C} = \dfrac{1}{\omega C}
\end{cases} \tag{5-7}
$$

其中，X_L 称为感抗，X_C 称为容抗。电抗的倒数称为电纳，用 B 表示，单位为西门子(S)，即

$$B = \frac{1}{X} = \frac{I}{U}$$

阻抗和导纳的概念反映的是电压和电流相量之间的关系，而电抗和电纳的概念反应的是电压和电流有效值的关系，要注意区别。但这两类概念之间又是有联系的，不难看出

$$Z_L = jX_L$$

$$Z_C = -jX_C$$

在推导出基尔霍夫定律和元件约束关系（VCR）的相量形式后，再求解正弦稳态响应，就可以直接根据这两类约束关系写出含待求相量的复代数方程，而不必先列微分方程，再由微分方程得到复代数方程了。下面会举例说明。

由于在求解的过程中，方程中的变量不是正弦量，而是和正弦量对应的相量了，所以这种分析方法也称为正弦稳态电路的相量分析法，简称相量法。使用相量法分析正弦稳态电路的基本思想如图 5-6 所示。

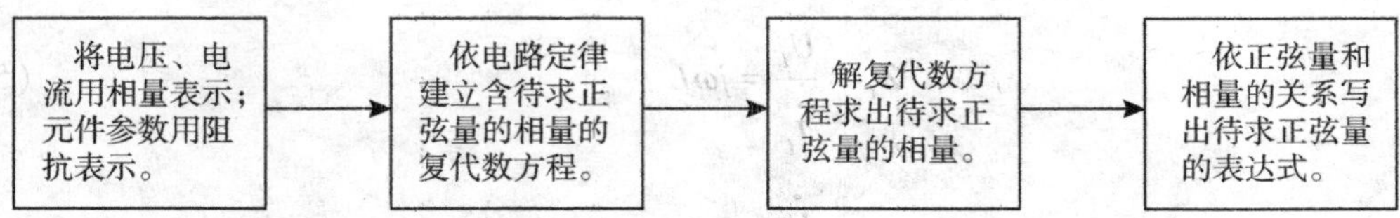

图 5-6　分析正弦稳态电路的基本思想

五、R、L、C 串联电路的复阻抗

在电阻、电感、电容的串联电路中，电路的复阻抗表示为

$$\begin{aligned} Z &= R + j\omega L + \frac{1}{j\omega C} = R + j\left(\omega L - \frac{1}{\omega C}\right) \\ &= R + j(X_L - X_C) = R + jX \\ &= z\angle\varphi_z = z\cos\varphi_z + jz\sin\varphi_z \end{aligned}$$

其中，z 是复阻抗的模，简称阻抗的模；φ 是复阻抗的辐角，亦称阻抗角，它是电压与电流的相位差，即 $\varphi_u - \varphi_i$。复阻抗 Z 的实部 $R = z\cos\varphi_z$ 为串联电路中的电阻，虚部 $X = z\sin\varphi_z$ 为串联电路的电抗。

六、R、L、C 并联电路的复导纳

在电阻、电感、电容构成的并联电路中，电路的复导纳表示为

$$\begin{aligned} Y &= \left[\frac{1}{R} + j\left(\omega C - \frac{1}{\omega L}\right)\right] \\ &= [G + j(B_C + B_L)] \\ &= [G + jB] \end{aligned}$$

$$Y = G + jB = y\angle\varphi_Y = y\cos\varphi_Y + jy\sin\varphi_Y$$

称为并联电路的复导纳。其中，y 是复导纳的模，简称为导纳模；φ_Y 是复导纳的辐角，亦称导纳角，它是电流与电压的相位差，即 $\varphi_i - \varphi_u$。复导纳 Y 的实部 $G = y\cos\varphi_Y$ 为并联电路的电导；虚部 $B = y\sin\varphi_Y$ 为并联电路的电纳。

七、复阻抗和复导纳的等效变换

对于一个无源一端口电阻网络，总可以通过电阻的串并联简化、△形—Y 形的等效变换或通过求输入电阻的方法将其化简为一个等效电阻。在正弦稳态电路中，对于一个无源一端口阻抗网络，当其中的 R、L、C 元件的参数用其阻抗 Z 表示后，同样可以进行上述的等效变换，将该阻抗网络化简为一个等效阻抗，等效变换的公式和方法和电阻电路中等效变换的公式和方法是一样的。等效阻抗的电路符号与电阻的符号相同。如图 5-7

所示。

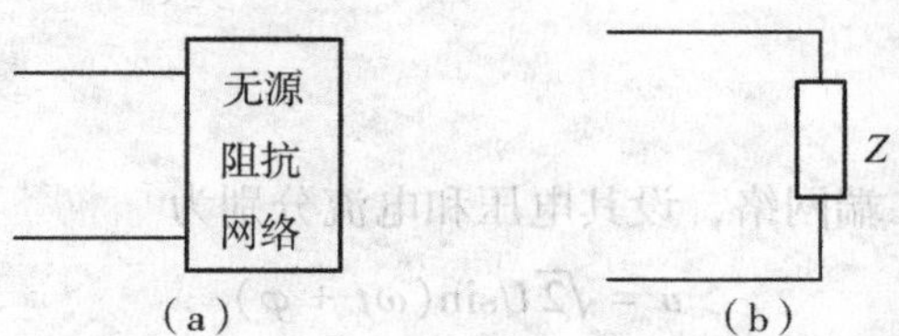

图 5-7 无源一端口的等效电路

一个一端口网络的等效阻抗总可以写成 $Z=R+jX$ 的形式，是一个复数，故 Z 也称为复阻抗。其中，R 是 Z 的实部，称为 Z 的电阻部分；X 是 Z 的虚部，称为 Z 的电抗部分。若 $X>0$，则 Z 称为感性阻抗；若 $X<0$，则 Z 称为容性阻抗。

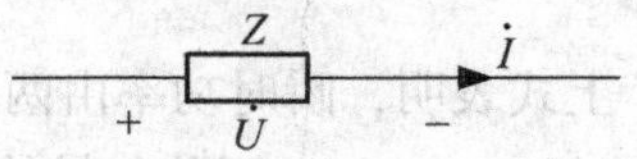

如图 5-8 所示，对于一个阻抗，根据 $\dot{U}=Z\dot{I}$ 可知

$$U\angle\varphi_u=|Z|\angle\varphi_Z\cdot I\angle\varphi_i$$

图 5-8 阻抗的电压、电流

式中，$|Z|$ 为阻抗的模，φ_Z 为阻抗的辐角。根据复数相等的条件，有

$$U=|Z|I=\sqrt{R^2+X^2}\,I \tag{5-8}$$

$$\varphi_u=\varphi_Z+\varphi_i=\arctan\frac{X}{R}+\varphi_i \tag{5-9}$$

式(5-8)反映的是阻抗上电压和电流的有效值关系，式(5-9)反映的是阻抗上电压和电流的相位关系。

由式(5-9)可知，$\varphi_u-\varphi_i=\varphi_Z=\arctan\dfrac{X}{R}$，即阻抗上电压超前于电流的相角就等于阻抗的辐角。当 $R\geqslant 0$ 时，若阻抗是感性的，则 $0<\arctan\dfrac{X}{R}<90°$，即感性阻抗上的电压超前于电流；若阻抗是容性的，则 $-90°<\arctan\dfrac{X}{R}<0$，即容性阻抗上的电压滞后于电流。

对于不含受控源的一端口无源阻抗网络，其等效阻抗 $Z=R+jX$ 的实部 $R\geqslant 0$，此时 $|\varphi_Z|\leqslant 90°$；若含受控源，则 R 可能为负值，$|\varphi_Z|$ 将大于 $90°$。在本书中，今后若无特殊说明，默认 $R\geqslant 0$。

对于 R、L、C 串联电路，其复阻抗 $Z=R+jX$，而对于 R、L、C 并联电路，其复导纳 $Y=G+jB$。任意一个无源二端网络，就对外等效而言，只要保持其端电压 $\dot{U}$ 和输入的电流 $\dot{I}$ 不变，则该无源网络既可以用电阻和电抗的串联电路来模拟；也可以用电导与电纳的并联电路来模拟。

八、正弦交流电路的功率

1. 瞬时功率

对于任意一个无源二端网络，设其电压和电流分别为

$$u=\sqrt{2}U\sin(\omega t+\varphi)$$

$$i=\sqrt{2}I\sin\omega t$$

设 $\varphi>0$，电压超前电流一个 φ 角。该网络的瞬时功率应是电压 u 与电流 i 的乘积，即

$$\begin{aligned}p=ui&=2UI\sin(\omega t+\varphi)\cdot\sin\omega t\\&=UI[\cos\varphi-\cos(2\omega t+\varphi)]\\&=UI\cos\varphi-UI\cos(2\omega t+\varphi)\end{aligned}$$

上式表明，瞬时功率由两个分量组成，一个是恒定分量 $UI\cos\varphi$，另一个是正弦分量 $UI\cos(2\omega t+\varphi)$，正弦分量的频率是电压或电流频率的 2 倍。

(1)电阻元件吸收的瞬时功率为

$$p_R=ui=i^2R=RI_m^2\sin^2(\omega t)=RI^2[1-\cos(2\omega t)]$$

可见，$p_R\geqslant 0$，说明电阻元件是一直在消耗功率的。p_R 在一个周期内的平均值为

$$P_R=\frac{1}{T}\int_0^T p_R\mathrm{d}t=RI^2$$

(2)电感元件吸收的瞬时功率为

$$p_L=ui=iL\frac{\mathrm{d}}{\mathrm{d}t}i=\omega LI_m^2\sin(\omega t)\cos(\omega t)=\omega LI^2\sin(2\omega t)$$

可见，p_L 是一个随时间 t 的推移正负交替变化的物理量。当 $p_L>0$ 时，说明电感在从外电路吸收能量；当 $p_L<0$ 时，说明电感将储存的能量返送回外电路。p_L 在一周期的平均值为

$$P_L=\frac{1}{T}\int_0^T p_L\mathrm{d}t=0$$

可见，电感元件是不消耗功率的，只储存功率的。

(3)电容元件吸收的瞬时功率为

$$p_C=ui=i\frac{1}{C}\int_0^T i\mathrm{d}t=-\frac{1}{\omega C}I_m^2\sin(\omega t)\cos(\omega t)=-\frac{1}{\omega C}I^2\sin(2\omega t)$$

可见，p_C 也是一个随时间 t 的推移正负交替变化的物理量。p_C 在一周期的平均值

$$P_C=\frac{1}{T}\int_0^T p_C\mathrm{d}t=0$$

可见，电容元件也是不消耗功率，只储存功率的。

通过上述分析可以看出，R、L、C 元件上的瞬时功率 p 都是随时间 t 变化的周期量，所以，使用瞬时功率的概念来讨论正弦稳态电路的功率就不是很方便。为此，需要定义一

些新的概念来反映正弦稳态电路消耗和储存的功率，这就是下面谈到的有功功率和无功功率的概念。

2. 平均功率

平均功率定义为

$$P = \frac{1}{T}\int_0^T p\mathrm{d}t = \frac{1}{T}\int_0^T [UI\cos\varphi - UI\cos(2\omega t + \varphi)]\mathrm{d}t = UI\cos\varphi$$

上式表明：平均功率就是瞬时功率中的恒定分量，其单位为瓦特(W)。平均功率不仅与电压、电流的有效值的乘积有关，而且还与电压、电流的相位差的余弦函数 $\cos\varphi$ 有关，$\cos\varphi$ 称为该二端网络的功率因数，而 φ 称为功率因数角。在电气工程中，平均功率也称为有功功率。由于有功功率 P 也是电阻的瞬时功率在一周期内的平均值，所以有功功率 P 反映的是电路实际消耗的功率。P 的单位为瓦特(W)，平时说某电器的功率是多少瓦，通常指的就是该电器的有功功率。

3. 无功功率

瞬时功率的表达式还可以改写为如下形式：

$$\begin{aligned} p &= UI\cos\varphi - UI\cos\varphi\cos2\omega t + UI\sin\varphi\sin2\omega t \\ &= UI\cos\varphi(1 - \cos2\omega t) + UI\sin\varphi\sin2\omega t \\ &= P(1 - \cos2\omega t) + Q\sin2\omega t \end{aligned}$$

式中，第一项为功率的脉动分量，其值总是大于或等于零，它的传输方向总是从电源到负载；第二项之值为正、负交替变化，表示在电源与负载间往返传递的功率分量，它的幅值为 $Q = UI\sin\varphi$。在工程上，为了描述电源与负载间的能量往返交换的情况，把 Q 定义为无功功率，即

$$Q = UI\sin\varphi$$

无功功率的单位是乏(Var)。无功功率可以是正的，也可以是负的。无功功率是电源与负载之间往返交换功率的最大值。

有功功率和无功功率的量纲是相同的，但是为了区别两种不同的功率，所以分别使用不同的单位。

4. 有功功率和无功功率对比

下面结合上述定义讨论一下单个元件上的有功功率和无功功率的特点，并进一步说明有功功率和无功功率的物理意义。

对于电阻元件，由于其 $\varphi_Z = 0$，所以

$$P_R = UI\cos\varphi_Z = UI = I^2R = U^2G,\ Q_R = UI\sin\varphi_Z = 0$$

由于无功功率 Q 反映的是电路储能能力的强弱，所以 $Q_R = 0$ 正是电阻不储存功率的体现。

对于电感元件，由于其 $\varphi_Z = 90°$，所以

$$P_L = UI\cos\varphi_Z = 0,\ Q_L = UI\sin\varphi_Z = UI = I^2\omega L = \frac{U^2}{\omega L} \tag{5-10}$$

式中，Q_L 称为感性无功功率。$P_L = 0$ 正是电感元件不消耗功率的体现。

对于电容元件，由于其 $\varphi_Z = -90°$，所以

$$P_C = UI\cos\varphi_Z = 0,\ Q_C = UI\sin\varphi_Z = -UI = -I^2\frac{1}{\omega C} = -U^2\omega C \tag{5-11}$$

式中，Q_C 称为容性无功功率。$P_C = 0$ 正是电容元件不消耗功率的体现。

比较式(5-10)和式(5-11)可看出，根据定义计算出的感性无功功率恒为正，容性无功功率恒为负。

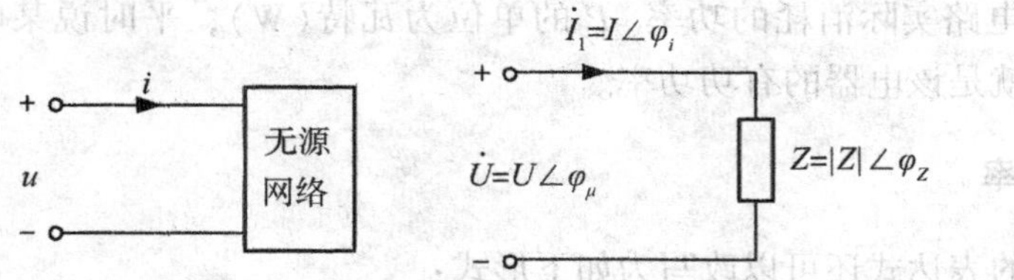

图 5-9　无源一端口的等效电路

对于无源一端口网络，如图 5-9 所示，设 $u=\sqrt{2}U\sin(\omega t+\varphi_u)$，$i=\sqrt{2}I\sin(\omega t+\varphi_i)$，根据等效变换的知识可知该网络一定可以等效变换为一个阻抗 Z，阻抗的辐角 φ_Z 应等于网络的端电压超前端电流的相角，即 $\varphi_Z=\varphi_u-\varphi_i$。所以，对于无源一端口网络，该网络吸收的有功功率和无功功率又可以定义为

$$\begin{aligned} P &= UI\cos\varphi \\ Q &= UI\sin\varphi \end{aligned} \tag{5-12}$$

式中，$\varphi=\varphi_u-\varphi_i$，为无源一端口网络的端电压超前端电流的相角。

5. 视在功率

电路输入端电压与电流有效值的乘积定义为正弦电流电路的视在功率，用字母 S 表示，即

$$S = UI$$

视在功率的单位是伏安(VA)。在电工技术中，视在功率这个概念有其实用意义，电机、变压器等电气设备的容量就是指的视在功率。

6. P、Q、S、λ 之间的关系

根据 P、Q、S、λ 定义，同一网络的 P、Q、S、λ 之间存在如下关系：

$$P = S\cos\varphi = Q\cot\varphi$$

$$Q = S\sin\varphi = P\tan\varphi$$

$$S = \sqrt{P^2 + Q^2}$$

$$\lambda = \cos\varphi = \frac{P}{\sqrt{P^2 + Q^2}} = \arctan\frac{Q}{P}$$

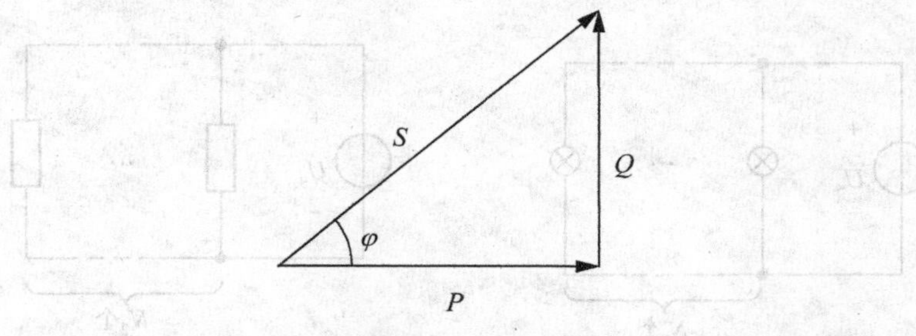

图 5-10 功率三角形

该关系可以用图 5-10 所示的功率三角形表示出来。在后面的功率计算中常常会用到上述关系式，故对于上述关系式应熟练掌握。

7. 复功率

可以用电压相量和电流相量来计算出要求的各种功率。将电压相量 $\dot{U} = U\angle\psi_u$ 乘以电流相量 $\dot{I} = I\angle\psi_i$ 的共轭复数 $\dot{I}^* = I\angle-\psi_i$，则有

$$\begin{aligned}\dot{U}\dot{I}^* &= U\angle\psi_u \times I\angle-\psi_i = UI\angle(\psi_u - \psi_i)\\ &= UI\angle\varphi = UI\cos\varphi + jUI\sin\varphi\\ &= P + jQ\end{aligned}$$

即
$$\widetilde{S} = \dot{U}\dot{I}^* = P + jQ$$

复功率的实部为有功功率 P，虚部为无功功率 Q，而它的模就是视在功率 S。

九、正弦交流电路的功率

1. 提高功率因数的意义

平时看到的电器的铭牌上往往只标有有功功率 P，即该电器是多少瓦(W)的，却没有看到电器上标有无功功率。究其原因，主要是由于用电的目的就是要将电能转换为用户需要的能量形式(热能、光能、机械能等)，即需要电器消耗电能，并不需要电器储存电能。但实际当中所使用的电器，如日光灯、洗衣机、空调等，多数是感性负载，这些负载在消耗电能的同时也在储存电能，即这些负载同时在从电源中吸收有功功率和无功功率，

但其吸收的无功功率又是用户不需要的。下面来分析一下负载吸收的无功功率对于整个电路的影响，从而了解提高功率因数的意义。

如图 5-11 所示，(a)(b)两图中电源能供给的最大视在功率均为 $S_{max}=1000\text{VA}$，现在两图中分别接入 $P=40\text{W}$ 的白炽灯和日光灯，其中白炽灯可以当成纯电阻性质的负载，而日光灯为感性负载，其功率因数为 $\lambda=0.5$。现在来分析一下两图中可以各接入相应的负载多少个。

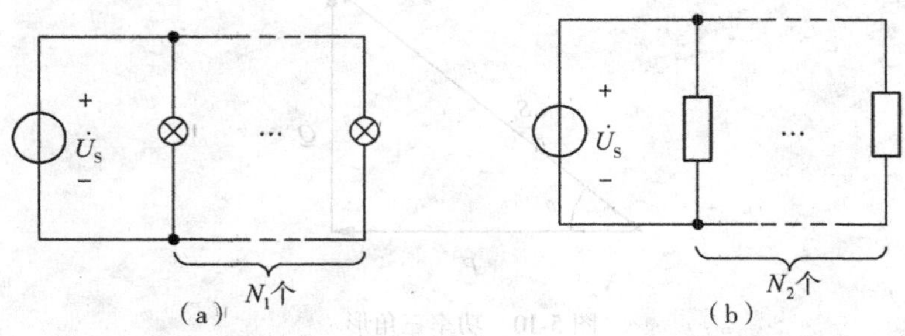

图 5-11　白炽灯和日光灯电路

设图 5-11(a)中可接入 N_1 个白炽灯。由于接入的负载都是纯电阻负载，所以整个负载端不吸收无功功率，即 $Q_1=0$。整个负载端吸收的视在功率

$$S_1=\sqrt{(N_1P)^2+Q_1^2}$$

因为 S_1 不得超过电源能提供的视在功率，故 $S_1\leqslant S_{max}$，即

$$\sqrt{(40N_1)^2+0^2}\leqslant 1000 \tag{5-13}$$

解得 $N_1\leqslant 25$，故图 5-11(a)中最多还可接入 25 个 40W 的白炽灯。

设图 5-11(b)中可接入 N_2 个日光灯。由于每个日光灯的功率因数 $\lambda=0.5$，所以每个日光灯吸收的感性无功功率为 $P\tan\varphi=P\tan(\arccos\lambda)=69.28\text{Var}$。整个负载端吸收的视在功率为

$$S_2=\sqrt{P_2^2+Q_2^2}=\sqrt{(40N_2)^2+(69.28N_2)^2}$$

由 $S_2\leqslant S_{max}$，可得

$$\sqrt{(40N_2)^2+(69.28N_2)^2}\leqslant 1000 \tag{5-14}$$

解出 $N_2\leqslant 12.5$，故图 5-11(b)中最多还可接入 12 个 40W 的日光灯。

可见，$N_2\leqslant N_1$。同为 40W 的照明器件，同样的电源，为什么图 5-11(b)中能接入的负载少一些呢？比较式(5-13)和式(5-14)很容易看出其原因，是因为式(5-14)中多了 $Q_2=69.28N_2$ 这一部分。

电源所能供给的最大视在功率 S_{max} 是一定的，根据

$$\sqrt{(P_{负载})^2+(Q_{负载})^2}\leqslant S_{max}$$

可见，在负载吸收的无功功率越大(即电源供给的无功功率越多)，电源能供给的有功功率就越少。从上面的分析中可以看出，无论是感性无功功率($Q>0$)还是容性无功功率

$(Q<0)$，对电路的影响都是不利的。所以，应设法在保证有功功率 P 不变的情况下，尽量减小电路中的无功功率的绝对值 $|Q|$。理想情况是 $Q=0$。

根据功率因数的定义

$$\lambda=\frac{P}{S}=\frac{P}{\sqrt{P^2+Q^2}}$$

可知，当 P 不变时，减少电路中 $|Q|$，λ 会增大。所以，提高电路的功率因数，实际上就是要减小电路中的 $|Q|$。理想情况是 $\lambda=1$。

2. 提高功率因数的方法

怎样才能保证在 P 不变的情况下减小电路中的 $|Q|$ 呢？这就要考虑到电感和电容元件各自的无功功率 Q 的特点了。因为感性无功功率恒为正，容性无功功率恒为负，所以可以通过在感性电路中并联电容或在容性电路中并联电感的方法来减小 $|Q|$。之所以采用并联的方式，是因为并联不会改变其他负载上的电压，从而保证其他负载的 P 不变。

在日常生活中，绝大多数的负载是感性的，所以整个电路对外也呈现出感性 $(Q>0)$，故需要通过并联电容的方式来减小 $|Q|$。电力变压器二次侧并联的电容及普通家庭中使用的节能器就是根据上述原理来减小电路中的无功功率的。

造成供电系统功率因数低的主要原因是系统中电感性负载偏多。提高功率因数的措施之一是在负载端并联电容器(称为静止补偿器)。从能量交换的角度分析，并联电容的容性无功功率补偿了负载电感中的感性无功功率，减小了电源对负载供给的无功功率，从而减少了负载与电源之间的功率交换，也就减小了输电线的电流，达到降低线损的目的。

十、串联谐振电路

1. 发生串联谐振的条件

在 R、L、C 串联电路中，在角频率为 ω 的正弦电源作用下，当端口电压 $\dot{U}$ 和电流 $\dot{I}$ 的相位差为零(即同相)时，称该电路发生了串联谐振。电路发生串联谐振的条件是：串联电路复阻抗的虚部为零，即

$$X=\omega L-\frac{1}{\omega C}=0 \quad 或 \quad \omega L=\frac{1}{\omega C}$$

2. 串联谐振的特点

(1)当外加激励电压有效值 U 与电阻 R 一定时，谐振时复阻抗的模 z 最小，电流 I 最大。

(2)发生串联谐振时，电阻电压等于电源电压；电感电压与电容电压之和为零，它们两端对外电路而言相当于短接。

(3)若将电容 C 两端的电压作为输出电压，则输出电压 U_C 大于输入电压 U 许多倍。这一现象在工程中是值得注意的。

(4)发生串联谐振时，从电感和电容总体来讲，任何时刻既不从外电路吸收能量，也不向外电路释放能量，这种现象在工程中称为电磁振荡，反映电磁振荡强弱程度的量是电感和电容总的储能。

十一、并联谐振电路

1. 发生并联谐振的条件

在 R、L、C 并联电路中，在角频率为 ω 的正弦电源作用下，当端口电压 $\dot{U}$ 和电流 $\dot{I}$ 的相位差为零(即同相)时，称该电路发生了并联谐振。电路发生并联谐振的条件是：并联电路复导纳的虚部为零，即

$$B=\left(\frac{1}{\omega L}-\omega C\right)=0 \quad 或 \quad \omega C=\frac{1}{\omega L}$$

2. 并联谐振的特点

(1)当外加激励电流有效值 I 与电导 G 一定时，谐振时复导纳的模 y 最小，电压 U 最大。

(2)发生并联谐振时，电阻电流等于电源电流；电感电流与电容电流之和为零，它们两端对外电路而言相当于开路。

(3)当发生并联谐振时，虽然电源电流全部流过电阻，但并不是说电感与电容支路都没有电流。而在一定条件下，这两条支路的电流会远远大于电源电流。这一现象在工程中也是值得注意的。

(4)发生并联谐振时，从电感和电容总体来讲，任何时刻既不从外电路吸收能量，也不向外电路释放能量，它们的能量传递与转换只在电感与电容之间进行。

十二、最大功率传输

正弦稳态电路中的最大功率，指的是最大有功功率。在通信和电子电路中，当不计较传输效率时，常常要研究负载获得最大功率的条件。如图 5-12(a)所示，N_S 为含源一端口网络，Z 为可调阻抗，最大功率传输问题要研究的是当 Z 取何值时，其上可获得最大的有功功率。

根据戴维南定理，N_S 可以等效变换为一个有伴电压源的模型，如图 5-12(b)所示。下面结合图 5-12(b)来分析这一最大功率传输问题。

设 $Z_{eq}=R_{eq}+jX_{eq}$，$Z=R+jX$，则负载吸收的有功功率为

$$P=I^2R=\frac{U_{oc}^2R}{(R+R_{eq})^2+(X+X_{eq})^2}$$

P 取最大值的条件是

$$X+X_{eq}=0$$

$$\frac{\mathrm{d}}{\mathrm{d}R}\left[\frac{U_{oc}^2R}{(R+R_{eq})^2}\right]=0$$

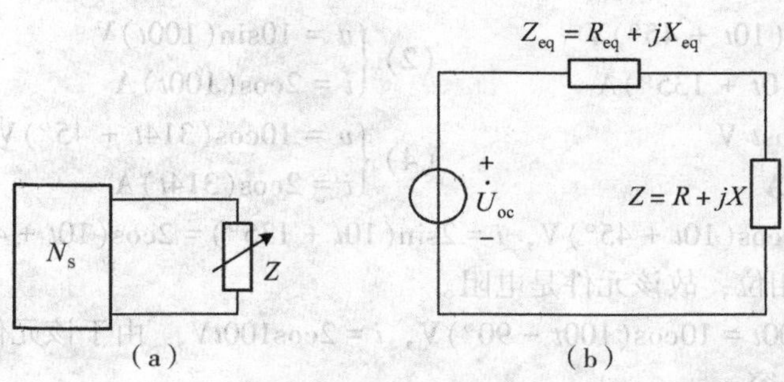

图 5-12 最大功率传输

解得

$$X=-X_{eq},\ R=R_{eq}$$

即有

$$Z=R_{eq}-X_{eq}=Z_{eq}^*$$

Z_{eq}^* 为 Z_{eq} 的共轭复数。此时负载上获得的最大功率为

$$P=\frac{U_{oc}^2}{4R_{eq}}$$

上述获得最大功率的条件称为最佳匹配或共轭匹配。

5.3 典型例题

例 5-1 若已知两个同频正弦电压的相量分别为 $\dot{U}_1=50\angle30°\text{V}$，$\dot{U}_2=-100\angle-150°\text{V}$，其频率 $f=100\text{Hz}$。(1)写出 u_1、u_2的时域形式；(2)求 u_1与 u_2的相位差。

解 (1) $u_1=50\sqrt{2}\cos(628t+30°)\text{V}$；$u_2=-100\sqrt{2}\cos(628t-150°)\text{V}$。

(2) $\varphi_1=30°-(-150°+180°)=0°$。

例 5-2 对 RL 串联电路做如下两次测量：(1)端口加 80V 直流电压($\omega=0$)时，输入电流为 3A；(2)端口加 $f=50\text{Hz}$ 的正弦电压 90V 时，输入电流为 1.8A。求 R 和 L 的值。

解 当端口加直流电压，电感的感抗为零，此时电路为一纯电阻电路，故有

$$R=U\div I=90\div3=30(\Omega)$$

当端口加正弦电压时，电路为电阻和电感的串联电路，此时有

$$I=\frac{U}{\sqrt{R^2+(\omega L)^2}}$$

即

$$1.8=\frac{90}{\sqrt{30^2+(314L)^2}}$$

解得 $L=127.4\text{mH}$。

例 5-3 某一元件的电压、电流(关联方向)分别为下述 4 种情况时，它可能是什么

元件？

(1) $\begin{cases} u = 10\cos(10t + 45°)\text{V} \\ i = 2\sin(10t + 135°)\text{A} \end{cases}$　(2) $\begin{cases} u = 10\sin(100t)\text{V} \\ i = 2\cos(100t)\text{A} \end{cases}$

(3) $\begin{cases} u = -10\cos t\ \text{V} \\ i = -\sin t\ \text{A} \end{cases}$　(4) $\begin{cases} u = 10\cos(314t + 45°)\text{V} \\ i = 2\cos(314t)\text{A} \end{cases}$

解　(1) $u = 10\cos(10t + 45°)\text{V}$，$i = 2\sin(10t + 135°) = 2\cos(10t + 45°)\text{V}$，由于该元件的电压与电流同相位，故该元件是电阻。

(2) $u = 10\sin 100t = 10\cos(100t - 90°)\text{V}$，$i = 2\cos 100t\text{V}$，由于该元件的电压滞后于电流 90°，该元件是电容。

(3) $u = -10\cos t = 10\cos(t + 180°)\text{V}$，$i = -\sin t = \cos(t + 90°)\text{A}$，由于该元件的电压超前于电流 90°，该元件是电感。

(4) $u = 10\cos(314t + 45°)\text{V}$，$i = 2\cos(314t)\text{A}$，该元件的电压超前于电流 45°，故该元件是电阻与电感的串联组合或并联组合元件。

例 5-4　电路由电压源 $u_S = 100\cos(10^3 t)\text{V}$ 及 R 和 $L = 0.025\text{H}$ 串联组成，电感端电压的有效值为 25V。求 R 值和电流的表达式。

解　电感的感抗为 $X_L = 10^3 \times 0.025 = 25(\Omega)$；电路中电流有效值为 $I = \dfrac{U_L}{X_L} = \dfrac{25}{25} = 1(\text{A})$。

电阻电压为　$$U_R = \sqrt{U^2 - U_L^2} = \sqrt{70.71^2 - 25^2} = 66.14(\text{V})$$

故　$$R = \frac{U_R}{I} = \frac{66.14}{1} = 66.14(\Omega)$$

$$\varphi = \arctan\frac{25}{66.14} = 20.7°,\ i = \sqrt{2}\cos(10^3 t - 20.70)\text{A}$$

例 5-5　已知图示电路中 $I_1 = I_2 = 10\text{A}$。求 $\dot{I}$ 和 $\dot{U}_S$。

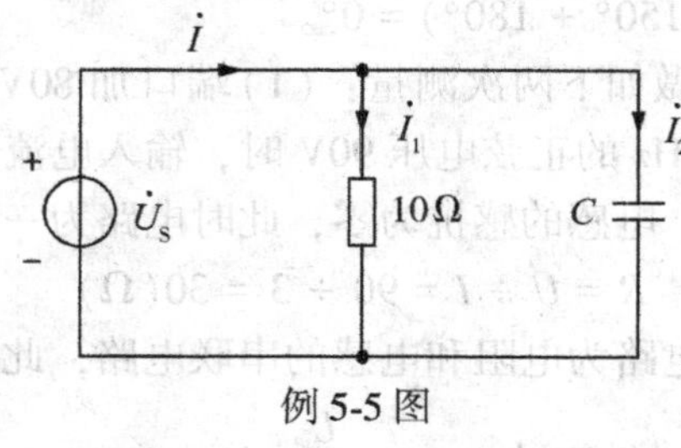

例 5-5 图

解　设 $\dot{I}_1 = I_1\angle 0° = 10\angle 0°\text{V}$，则 $\dot{U}_S = R\dot{I}_1 = 10 \times 10\angle 0° = 100\angle 0°\text{V}$，电容电流趋前电压 90°，故：$\dot{I}_2 = I_2\angle 90° = 10\angle 90°\text{A}$

$$\dot{I} = \dot{I}_1 + \dot{I}_2 = 10\angle 0° + 10\angle 90° = 14.14\angle 45°\text{A}$$

例 5-6 试求图示各电路的输入阻抗 Z 和导纳 Y。

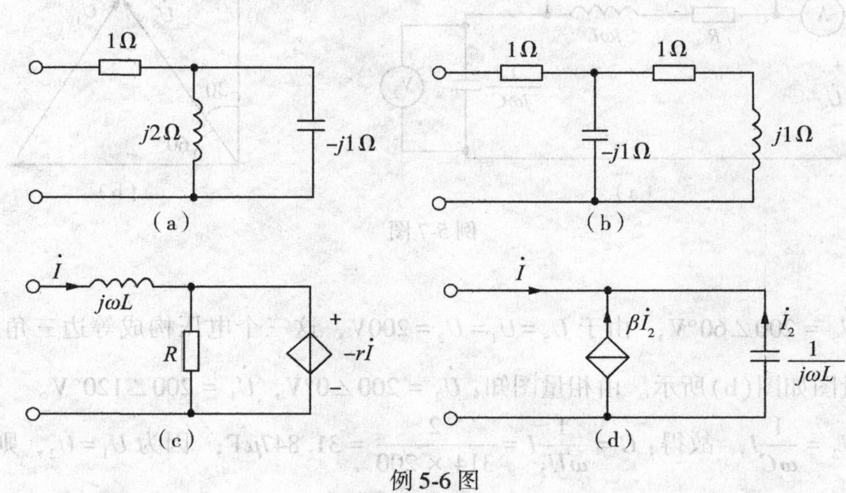

例 5-6 图

解 图(a)：

$$Z = 1 + \frac{j2 \times (-j1)}{j_2 - j1} = 1 + \frac{2}{j1} = 1 - j2 = 2.236\angle -63.43°(\Omega)$$

$$Y = \frac{1}{Z} = 0.447\angle 63.43°(\mathrm{S})$$

图(b)：

$$Z = 1 + \frac{-j1 \times (1 + j1)}{-j1 + 1 + j1} = 1 - j1 + 1 = 2 - j1 = 2.236\angle -26.57°\Omega$$

$$Y = \frac{1}{Z} = 0.447\angle 26.57°$$

图(c)：$\dot{U} = j\omega L\dot{I} - r\dot{I} = (j\omega L - r)\dot{I}$，$Z = \dfrac{\dot{U}}{\dot{I}} = j\omega L - r$，$Y = \dfrac{1}{Z} = \dfrac{1}{j\omega L - r}$

图(d)：$\dot{I} = -\beta\dot{I}_2 - \dot{I}_2 = (-\beta - 1)\dot{I}_2$，而 $\dot{I}_2 = \dfrac{-\dot{U}}{\dfrac{1}{j\omega C}} = -j\omega C\dot{U}$，故有

$$\dot{I} = (-\beta - 1)\cdot(-j\omega C\dot{U}) = (\beta + 1)\cdot j\omega C\dot{U}$$

例 5-7 如图所示电路已知 $u_S = 200\sqrt{2}\cos\left(314t + \dfrac{\pi}{3}\right)$ V，电流表 A 的读数为 2A，电压表 V_1、V_2 的读数为 200V。求参数 R、L、C 并作出该电路的相量图。(提示：可先作相量图辅助计算)

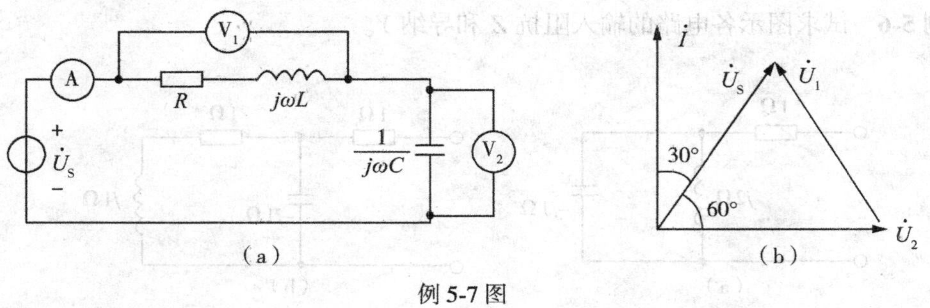

例 5-7 图

解　$\dot{U}_S = 200\angle 60°\text{V}$，由于 $U_S = U_1 = U_2 = 200\text{V}$，这三个电压构成等边三角形。画出电路的相量图如图(b)所示。由相量图知：$\dot{U}_2 = 200\angle 0°\text{V}$，$\dot{U}_1 = 200\angle 120°\text{V}$。

由于 $U_2 = \dfrac{1}{\omega C}I$，故得：$C = \dfrac{1}{\omega U_2}I = \dfrac{2}{314 \times 200} = 31.847\mu\text{F}$；因为 $U_1 = U_2$，则有

$$\sqrt{R^2 + (\omega L)^2} = \frac{1}{\omega C} \tag{1}$$

由相量图可知，$\dot{U}_1$ 超前电流 30°，故有

$$30° = \arctan\frac{\omega L}{R} \tag{2}$$

联立求解式(1)(2)可得

$$\begin{cases} R^2 + (\omega L)^2 = 100^2 \\ \dfrac{\omega L}{R} = 0.577 \end{cases}$$

解得 $R = 86.6\Omega$，$L = 0.159\text{H}$。

点评　在求解正弦交流电路时，当已知某些量的有效值、相位关系时，可以作出相量图来辅助计算，比直接列电路方程求解更简单。本章的部分习题都是这样处理的。

例 5-8　在图(a)所示电路中，已知 $U = 100\text{V}$，$R_2 = 6.5\Omega$，$R = 20\Omega$，当调节触点 C 使 $R_{ac} = 4\Omega$ 时，电压表的读数最小，其值为 30V。求阻抗 Z。

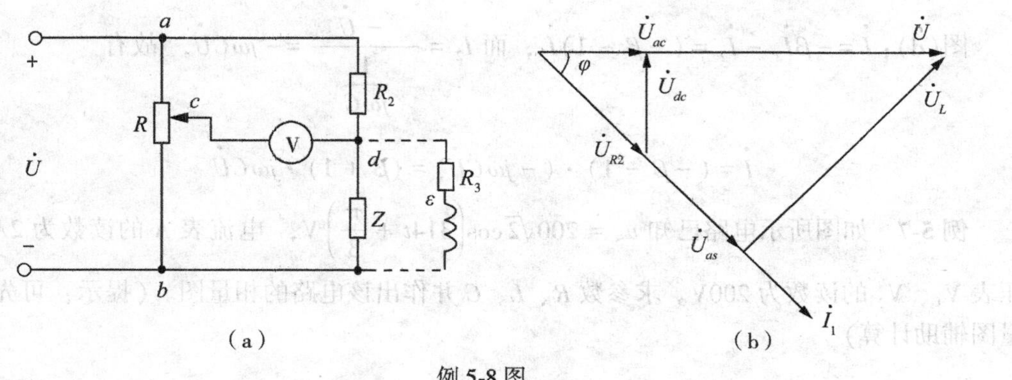

例 5-8 图

解 Z 有两种可能：感性或容性。假设为感性，画相量图，并由相量图(b)计算，有

$$U_{ac}=IR_{ac}=\frac{100}{20}\times 4=20(\mathrm{V}),\ U_{dc}=30\mathrm{V}$$

$$U_{R2}=\sqrt{20^2+30^2}=36.1(\mathrm{V}),\ \varphi=\arctan\frac{30}{20}=56.3°$$

$$I_1=\frac{U_{R2}}{R_2}=\frac{36.1}{6.5}=5.55(\mathrm{A})$$

$$U_L=U\sin\varphi=100\sin 56.3°=83.20\mathrm{V}$$

$$X_L=\frac{U_L}{I_1}=\frac{83.20}{5.55}=15(\Omega)$$

$$U_{ae}=U\cos\varphi=100\cos 56.3°=55.5\mathrm{V}$$

$$R_2+R_3=\frac{U_{ae}}{I_1}=\frac{55.5}{5.55}=10(\Omega)$$

$$R_3=10-R_2=10-6.5=3.5(\Omega)$$

故有：$Z=3.5+j15\Omega$，当 Z 为容性时，$Z=3.5-j15\Omega$。

5.4 习 题 精 解

5-1 将下列复数化为代数式：

(1) $0.8\angle 30°$； (2) $220e^{j120°}$； (3) $60\angle 115°$；

(4) $5\angle -160°$； (5) $0.48e^{-j150°}$； (6) $36\angle -280°$。

解 利用函数计算器的坐标变换功能，在计算器上按规定的方式输入复数的模和辐角，再按指定的键，即可得到复数的实部和虚部。不同型号的计算器按键方式不一样，最好要查它的说明书。

(1) $0.8\angle 30°=0.693+j0.4$； (2) $220e^{j120°}=-110+j190.5$；

(3) $60\angle 115°=-25.357+j54.378$； (4) $5\angle -160°=-4.7-j1.71$；

(5) $0.48e^{-j150°}=-0.416-j0.24$； (6) $36\angle -280°=6.25+j35.45$

5-2 将下列复数化为指数式或极坐标式：

(1) $3+j4$； (2) $0.6-j0.8$； (3) $-118+j90$；

(4) $-15-j10$； (5) $-80+j20$； (6) $6-j80$。

解 利用函数计算器的坐标变换功能，在计算器上按规定的方式输入复数的实部和虚部，再按指定的键，即可得到复数的模和辐角。不同型号的计算器按键方式不一样，最好要查它的说明书。

(1) $3+j4=5\angle 53.13°$； (2) $0.6-j0.8=1\angle -53.13°$；

(3) $-118+j90=148.4\angle 142.7°$； (4) $-15-j10=18.03\angle -146.3°$；

(5) $-80+j20=82.46\angle 165.96°$； (6) $6-j80=80.2\angle -85.7°$。

5-3 写出下列两组正弦量的相量，画出其相量图并求出每组电流与电压的相位差，说明超前(滞后)关系。

(1) $u = 220\sqrt{2}\sin(\omega t + 30°)V$, $i = 5\sqrt{2}\sin(\omega t - 45°)A$;

(2) $u = 80\sqrt{2}\sin(\omega t - 60°)V$, $i = 10\sqrt{2}\sin(\omega t + 90°)A$。

解　(1) $\dot{U} = \dfrac{220\sqrt{2}}{\sqrt{2}}\angle 30° = 220\angle 30°(A)$, $\dot{I} = \dfrac{5\sqrt{2}}{\sqrt{2}}\angle -45° = 5\angle 45°(A)$,

$\varphi = -45° - 30° = -75°$

即电流滞后电压 75°，相量图如图(a)所示。

(2) $\dot{U} = \dfrac{80\sqrt{2}}{\sqrt{2}}\angle -60° = 80\angle -60°A$, $\dot{I} = \dfrac{10\sqrt{2}}{\sqrt{2}}\angle 90° = 10\angle 90°A$,

$\varphi = 90° - (-60°) = 150°$

即电流超前电压 150 度，相量图如图(b)所示。

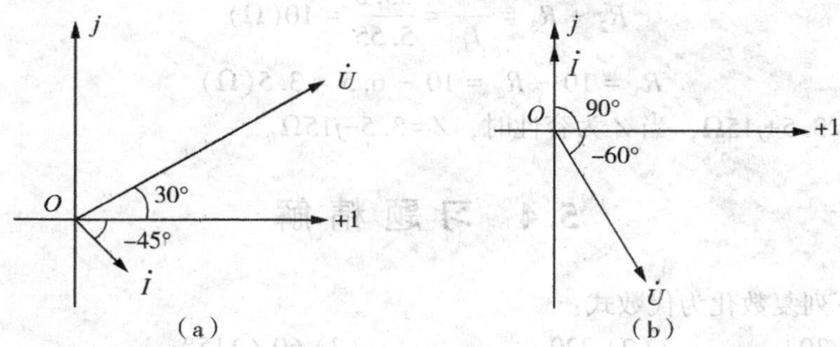

题 5-3　相量图

5-4　写出对应于下列各相量的正弦时间函数。

(1) $\dot{U}_1 = 30 + j40V$, $\dot{I}_1 = 60e^{-j45°}A$　(2) $\dot{U}_2 = -10 + j8V$, $\dot{I}_2 = 5\angle 40°A$

解　(1) $\dot{U}_1 = 30 + j40 = 50\angle 53.13°(V)$

$u_1(t) = 50\sqrt{2}\sin(\omega t + 53.13°)V$, $i_1(t) = 60\sqrt{2}\sin(\omega t - 45°)A$

(2) $\dot{U}_2 = -10 + j8 = 12.81\angle 141.34°(V)$

$u_2(t) = 12.81\sqrt{2}\sin(\omega t + 141.34°)V$, $i_2(t) = 5\sqrt{2}\sin(\omega t + 40°)A$

5-5　用相量法求下列两正弦电流的和与差。

(1) $i_1 = 15\sqrt{2}\sin(\omega t + 30°)A$; (2) $i_2 = 8\sqrt{2}\sin(\omega t - 55°)A$

解　$\dot{I}_1 = 15\angle 30°A$, $\dot{I}_2 = 8\angle -55°A$

$\dot{I}_1 + \dot{I}_2 = 15\angle 30° + 8\angle -55° = 12.99 + j7.5 + 4.59 - j6.55 = 7.61\angle -3.09°(A)$

同理，$\dot{I}_1 - \dot{I}_2 = 15\angle 30° - 8\angle -55° = 12.99 + j7.5 - (4.59 - j6.55) = 16.37\angle 59.13°(A)$。

则 $i_1 + i_2 = 17.61\sqrt{2}\sin(\omega t + 3.09°)A$, $i_1 - i_2 = 16.37\sqrt{2}\sin(\omega t + 59.13°)A$。

5-6 已知电感元件两端电压的初相位为 40°，$f=50\text{Hz}$，$t=0.5\text{s}$ 时的电压值为 232V，电流的有效值为 20A。试问：电感值为多少？

解 电感元件两端电压 $uL(t)$ 为正弦量，可设

$$u_L(t)=\sqrt{2}U\sin(\omega t+\varphi)=\sqrt{2}U\sin(2\pi ft+\varphi)=\sqrt{2}\sin(314t+40°)$$

当 $t=0.5\text{s}$ 时，$u=232\text{V}$。

$$i_L(t)=\frac{1}{L}\int u_L(t)\,\mathrm{d}t=\frac{\sqrt{2}U}{L}\int\sin(314t+40°)\,\mathrm{d}t=\frac{\sqrt{2}}{L}\left(-\frac{1}{314}\right)\cos(314t+40°)$$

$$\frac{U}{L}\times\left(-\frac{1}{314}\right)=20$$

$$L=\frac{-232}{314\times 20\times 20\times\sqrt{2}\sin 197°}=89.3(\text{mH})$$

5-7 一电容 $C=50\text{pF}$，通过该电容的电流 $i=20\sqrt{2}\sin(10^6t+30°)\text{mA}$，求电容两端的电压，写出其瞬时值表达式。

解 电流相量为 $\dot{I}=20\angle 30°\text{mA}$

电压相量为 $\dot{U}=\dfrac{1}{j\omega C}\dot{I}=\dfrac{1}{10^6\times 50\times 10^{-12}}\times 20\angle(30°-90°)=400\angle-60°\text{V}$

故电容两端的电压为 400V。

电压的瞬时值为 $u=400\sqrt{2}\sin(10^6t-60°)\text{V}$

5-8 有一个正弦电流，它的相量为 $\dot{I}=5+j6\text{A}$，且 $f=50\text{Hz}$，求它在 0.002s 时的瞬时值。

解 $f=50\text{Hz}$，$\omega=2\pi f$

$$\dot{I}=5+j6A=7.81\angle 50.19°\text{A},\quad i(t)=7.81\sqrt{2}\sin(2\pi\times 50t+50.19°)\text{A}$$

当 $t=0.002\text{s}$ 时，$i(t)=7.81\sqrt{2}\sin(0.2\pi+50.19°)=11(\text{A})$。

5-9 设某高压电容器接于频率 $f=50\text{Hz}$ 的电网上，电网电压（对地电压）为 5.77kV，初相位为 40°，电流为 200mA。试求电容 C 的值和电容承受的最大电压。

解 设电网电压有效值为 U，电流有效值为 I，初相位为 φ。

依题意得 $\quad U=5770\text{V},\quad \varphi=40°,\quad I=0.2\text{A}$

则电容电压：$u_C(t)=\sqrt{2}U\sin(314t+40°)=\sqrt{2}\times 5770\times\sin(314t+40°)\text{V}$

电容电流：$i_C(t)=C\dfrac{\mathrm{d}u_C(t)}{\mathrm{d}t}=C\times\sqrt{2}\times 5770\times\cos(314t+40°)\text{A}$

$$C\times 5770\times 314=0.2$$

得 $C=0.11\mu\text{F}$。

电容承受的最大电压：$U_{\max}=\sqrt{2}U=\sqrt{2}\times 5.77=8.16(\text{kV})$

5-10 设施加于电感元件的电压为 $u=311\sin(314t+30°)\text{V}$，$L=100\text{mH}$。求电流 $i(t)$ 和它的有效值 I。

解　电压相量为 $\dot{U}=\dfrac{311}{\sqrt{2}}\angle 30°\text{V}$

电流相量为 $\dot{I}=\dfrac{1}{j\omega L}\dot{U}=\dfrac{311}{\sqrt{2}\times 314\times 100\times 10^{-3}}\angle -60°=7\angle -60°\text{A}$

电流瞬时值为 $i=7\sqrt{2}\sin(314t-60°)\text{A}$，它的有效值为 7A。

5-11　在题 5-11 图(a)所示正弦交流电路中，已知电流表 A、A_1、A_3 的读数分别为 5A、4A、8A，求电流表 A_2 的读数。

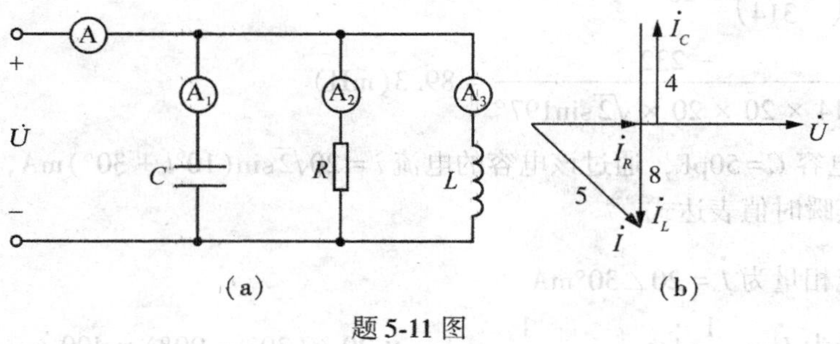

题 5-11 图

解　根据题意，选 $\dot{U}$ 为参考相量图(b)所示。由相量图中的电流三角形，可知

$$I_2=\sqrt{I^2-(I_3-I_1)^2}=\sqrt{5^2-(8-4)^2}=3(\text{A})$$

所以电流表 A2 的读数为 3A。

5-12　在题 5-12 图(a)所示正弦交流电路中，已知 $U_R=20\text{V}$，$U_L=15\text{V}$，$U_C=30\text{V}$。以 $\dot{I}$ 为参考相量画出相量图(包括 $\dot{U}_R$、$\dot{U}_L$、$\dot{U}_C$ 及 $\dot{U}$)；计算 U 的值。

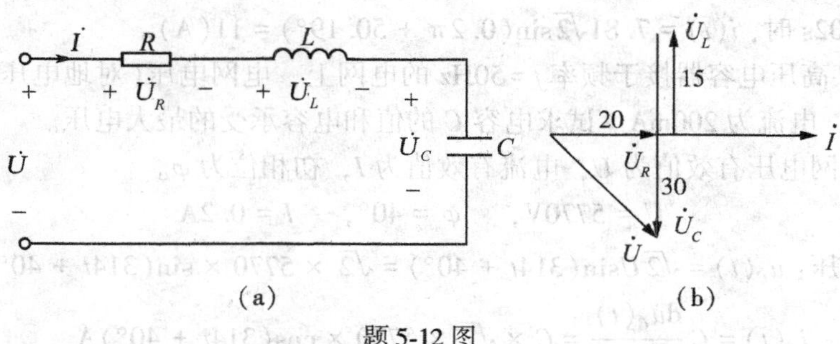

题 5-12 图

解　根据题意，选 $\dot{I}$ 为参考相量图(b)所示。由相量图中的电压三角形，可知

$$U=\sqrt{I_R^2-(I_C-I_L)^2}=\sqrt{20^2-(30-15)^2}=25(\text{V})$$

5-13　题 5-12 图(a)所示正弦交流电路，如果 $U_R=15\text{V}$，$U_L=80\text{V}$，$U_C=100\text{V}$，电流 $I=2\text{A}$，电源频率为 50Hz。求 R、L、C 的值。

解 依题意得：$I_R = I_L = I_C = I = 2\text{A}$

$$U_R = RI_R,\ R = \frac{U_R}{I_R} = \frac{15\text{V}}{2\text{A}} = 7.5\Omega$$

$$U_L = \omega L_{I_L},\ L = \frac{U_L}{\omega I_L} = \frac{U_L}{2\pi f_L} = \frac{80}{2 \times 3.14 \times 50 \times 2} = 0.127(\text{H})$$

$$I_C = \omega C U_L,\ C = \frac{I_C}{2\pi f U_L} = \frac{2}{2 \times 3.14 \times 50 \times 100} = 63.7(\mu\text{F})$$

5-14 有一个线圈，其电阻 $R=3\Omega$，电感 $L=10\text{mH}$，与一个电容 $C=2000\mu\text{F}$ 的电容器串联，所加电压 $u(t)=20\sqrt{2}\sin 314t\text{V}$。问：串联电路的复阻抗为多少？求串联电路电流的瞬时值。

解
$$Z = R + jX = R + j(X_L - X_C) = R + j\left(\omega L - \frac{1}{\omega C}\right)$$

$$= 3 + j\left(314 \times 10 \times 10^{-3} - \frac{1}{314 \times 2000 \times 10^{-6}}\right)$$

$$= 3 + j1.55\Omega$$

$$\dot{I} = \frac{\dot{U}}{Z} = \frac{20\angle 0°}{3 + j1.55} = \frac{20\angle 0°}{3.38\angle 27.32°} = 5.92\angle -27.32°(\text{A})$$

瞬时值为 $i(t) = 5.92\sqrt{2}\sin(314t - 27.32°)\text{A}$。

5-15 R、L、C 串联后接到正弦电压源，正弦电压源的电压相量 $\dot{U}_S = 50\angle 0°\text{V}$，其角频率 $\omega = 1000\text{rad/s}$。试求在下列几种情况下该串联电路的复阻抗 Z 和电流 $\dot{I}$ 以及 $\dot{U}_S$ 与 $\dot{I}$ 的相位差。

(1)$R=10\Omega$，$L=0.01\text{H}$，$C=5\times10^{-5}\text{F}$；(2)$R=10\Omega$，$L=0$，$C=5\times10^{-5}\text{F}$；

(3)$R=0$，$L=0.01\text{H}$，$C=5\times10^{-5}\text{F}$。

解 (1) $Z = R + j\left(\omega L - \dfrac{1}{\omega C}\right) = 10 + j\left(1000 \times 0.01 - \dfrac{1}{1000 \times 5 \times 10^{-5}}\right)$

$$= 14.14\angle -45°\Omega$$

$$\dot{I} = \frac{\dot{U}}{Z} = \frac{50\angle 0°}{14.14\angle -45°} = 3.54\angle 45°\text{A}，相位差\ \varphi = 0° - 45° = -45°$$

(2) $Z = R + j\left(\omega L - \dfrac{1}{\omega C}\right) = 10 + j\left(1000 \times 0 - \dfrac{1}{1000 \times 5 \times 10^{-5}}\right) = 22.36\angle -63.43°$

$$\dot{I} = \frac{\dot{U}}{Z} = \frac{50\angle 0°}{22.36\angle -63.43°} = 2.236\angle 63.43°，相位差\ \varphi = 0° - (-63.43°) = 63.43°$$

(3) $Z = R + j\left(\omega L - \dfrac{1}{\omega C}\right) = j\left(1000 \times 0.01 - \dfrac{1}{1000 \times 5 \times 10^{-5}}\right) = 10\angle -90°$

$$\dot{I} = \frac{\dot{U}}{Z} = \frac{50\angle 0°}{10\angle -90°} = 5\angle 90°\text{A}，相位差\ \varphi = 0° - 90° = -90°$$

5-16　R、L、C 并联后接到正弦电流源，正弦电流源的电流相量 $\dot{I}_S = 10\angle 0°\text{A}$，其角频率 $\omega = 1000\text{rad/s}$。试求在下列几种情况下该并联电路的复导纳 Y 和并联电路的电压 $\dot{U}$。

(1) $R=10\Omega$，$L=0.01\text{H}$，$C=5\times10^{-5}\text{F}$；(2) $R=10\Omega$，$L=0$，$C=10^{-4}\text{F}$；

(3) $R=10\Omega$，$L=0.01\text{H}$，$C=10^{-4}\text{F}$。

解　(1) $Y = \dfrac{1}{Z} = \dfrac{1}{R//j\omega L//\dfrac{1}{i\omega C}} = \dfrac{1}{R} + j\dfrac{\omega^2 RLC - R}{\omega RL}$

$$= \frac{1}{10} + j\frac{1000^2 \times 10 \times 0.01 \times 5 \times 10^{-5} - 10}{1000 \times 10 \times 0.01} = 0.1 - j0.05(S)$$

$$\dot{U} = \frac{\dot{I}_S}{Y} = \frac{10\angle 0°}{0.1 - j0.05} = \frac{10\angle 0°}{0.11\angle -26.57°} = 90.9\angle 26.57°(\text{V})$$

(2) $Y = \dfrac{1}{Z} = \dfrac{1}{R//\dfrac{1}{j\omega C}} = \dfrac{1}{R} + j\omega C = \dfrac{1}{10} + j \times 1000 \times 10^{-4} = 0.1 + j0.1(\text{S})$

$$\dot{U} = \frac{\dot{I}_S}{Y} = \frac{10\angle 0°}{0.1 + j0.1} = \frac{10\angle 0°}{0.1414\angle 45°} = 70.72\angle -45°(\text{V})$$

(3) $Y = \dfrac{1}{Z} = \dfrac{1}{R} + j\dfrac{\omega^2 RLC - R}{\omega RL} = \dfrac{1}{10} + j\dfrac{1000^2 \times 10 \times 0.01 \times 10^{-4} - 10}{1000 \times 10 \times 0.01} = 0.1(\text{S})$

$$\dot{U} = \frac{\dot{I}}{Y} = \frac{10\angle 0°}{0.1} = 100\angle 0°(\text{V})$$

5-17　复阻抗 $Z_1 = (1+j1)\Omega$ 与 $Z_2 = (3-j1)\Omega$ 并联后与 $Z_3 = (1-j0.5)\Omega$ 串联，求整个电路的复阻抗；若流过 Z_3 的电流 $\dot{I}_3 = 1\angle 30°\text{A}$，求流过 Z_1、Z_2 的电流 $\dot{I}_1$ 及 $\dot{I}_2$。

解　整个电路的复阻抗

$$Z = Z_3 + Z_1//Z_2 = Z_3 + \frac{Z_1 \times Z_2}{Z_1 + Z_2} = 1 - j0.5 + \frac{(1+j1)(3-j1)}{1+j1+3-j1} = 2(\Omega)$$

根据分流公式：

$$\dot{I}_1 = \frac{Z_2}{Z_1 + Z_2}\dot{I}_3 = \frac{3 - j1}{1 + j1 + 3 - j1} \times 1\angle 30° = \frac{3.16\angle -18.43°}{4} \times 1\angle 30°$$

$$= 0.79\angle 11.57°(\text{A})$$

$$\dot{I}_2 = \frac{Z_1}{Z_1 + Z_2}\dot{I}_3 = \frac{1 + j1}{1 + j1 + 3 - j1} \times 1\angle 30° = \frac{1.414\angle 45°}{4} \times 1\angle 30° = 0.354\angle 75°(\text{A})$$

5-18　在图示电路中，$\dot{U} = 220\angle 0°\text{V}$，试求在下列两种情况下电路的电流 $\dot{I}$、平均功率 P、无功功率 Q 及视在功率 S。

(1) $Z = 80+j60\Omega$；(2) $Z = 30-j40\Omega$。

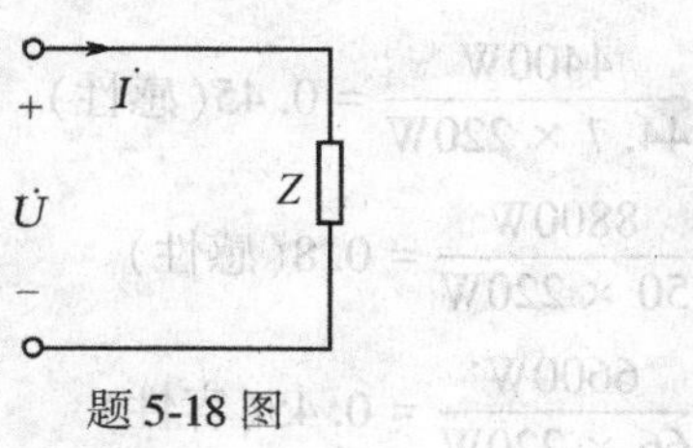

题 5-18 图

解 (1) $\dot{I}=\dfrac{\dot{U}}{Z}=\dfrac{220\angle 0^\circ}{80+j60}=\dfrac{220\angle 0^\circ}{100\angle 36.87^\circ}=2.2\angle -36.87^\circ(\text{A})$，$\varphi=\varphi_u-\varphi_i=36.87$

$P=UI\cos\varphi=220\times 2.2\times\cos 36.87^\circ=387.2(\text{W})$

$Q=UI\sin\varphi=220\times 2.2\times\sin 36.87^\circ=290.40(\text{Var})$

$S=UI=220\times 2.2=484(\text{VA})$

(2) $\dot{I}=\dfrac{\dot{U}}{Z}=\dfrac{220\angle 0^\circ}{30-j40}=\dfrac{220\angle 0^\circ}{50\angle -53.13^\circ}=4.4\angle 53.13^\circ(\text{A})$，$\varphi=\varphi_u-\varphi_i=-53.13^\circ$

$P=UI\cos\varphi=220\times 4.4\times\cos 53.13^\circ=580.80(\text{W})$

$Q=UI\sin\varphi=220\times 2.2\times\sin(-36.87^\circ)=-774.40(\text{Var})$

$S=UI=220\times 4.4=968(\text{VA})$

5-19 在图示网络中，已知 $\dot{U}=220\angle 0^\circ$，$R_1=100\Omega$，$R_2=50\Omega$，$X_L=200\Omega$，$X_C=400\Omega$，求该二端网络的功率因数、有功功率和无功功率。

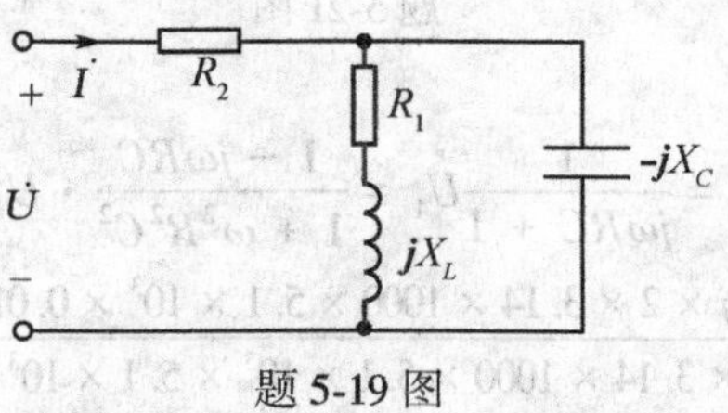

题 5-19 图

解 总阻抗

$$Z=R_2+\frac{-jX_c\times(R_1+jX_L)}{R_1+jX_L-jX_c}=50+\frac{-400j\times(100+j200)}{100+j200-400j}=441.02\angle 32.97^\circ(\Omega)$$

功率因数 $\cos\varphi=\cos 32.97^\circ=0.84$，$\dot{I}=\dfrac{\dot{U}}{Z}=\dfrac{220\angle 0^\circ}{441.02\angle 32.97^\circ}=0.50\angle -32.97^\circ$

$P=UI\cos\varphi=220\times 0.5\times 0.84=92.4(\text{W})$

$Q=UI\sin\varphi=220\times 0.5\times\sin 32.97^\circ=59.9(\text{Var})$

5-20 三个负载并联接至 220V 正弦交流电源，取用的功率和电流分别为 $P_1=4.4\text{kW}$，$I_1=44.7\text{A}$（感性）；P2 = 8.8kW，I2 = 50A（感性）；P3 = 6.6kW，I3 = 66A（容性）。求各负载的功率因数、电源供给的总电流 I 及整个电路的功率因数。

解　$\cos\varphi_1=\dfrac{P_1}{UI_1}=\dfrac{4400\text{W}}{44.7\times220\text{W}}=0.45$(感性)

$\cos\varphi_2=\dfrac{P_2}{UI_2}=\dfrac{8800\text{W}}{50\times220\text{W}}=0.8$(感性)

$\cos\varphi_3=\dfrac{P_3}{UI_3}=\dfrac{6600\text{W}}{66\times220\text{W}}=0.45$(容性)

$\dot{I}=44.7\angle63.26°+50\angle36.67°+66\angle-63.26°=20+j40+40+j30+30-j59$
$=90.67\angle6.97°(\text{A})$

$\varphi_1=\arccos0.45=63.26°$，$\varphi_2=\arccos0.8=36.87°$，$\varphi_3=\arccos0.45=-63.26°$

$I=90.67\text{A}$，$\cos\varphi=0.99$

5-21　图示是一个 RC 移相电路，以电容器端电压 $\dot{U}_2$ 作为输出电压时，它在相位上比输入电压 $\dot{U}_1$ 移动了一个相位角。已知 $C=0.01\mu\text{F}$，$R=5.1\text{k}\Omega$，$\dot{U}_1=10\angle0°\text{V}$，$f=1000\text{Hz}$。试求输出端开路电压 $\dot{U}_2$。

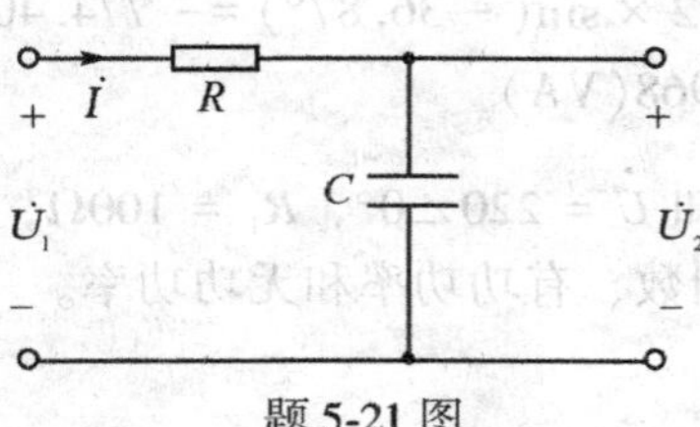

题 5-21 图

解　$\dot{U}_2=\dfrac{1/j\omega C}{R+1/j\omega C}\dot{U}_1=\dfrac{1}{j\omega RC+1}\dot{U}_1=\dfrac{1-j\omega RC}{1+\omega^2R^2C^2}\cdot U_1=\dfrac{1-j\times2\pi fRC}{1+(2\pi f)^2R^2C^2}\dot{U}_1$

$=\dfrac{1-j\times2\times3.14\times1000\times5.1\times10^3\times0.01\times10^{-6}}{1+2\times3.14\times1000\times2\times3.14\times1000\times5.1\times10^3\times5.1\times10^3\times0.01\times10^{-6}\times0.01\times10^{-6}}\dot{U}_1$

$=9.55\angle-17.74°$

5-22　一个 1.7kW 的异步电动机，用串联电抗器的方法来限制起动电流，如题 5-22 图所示。已知电源电压 $U=127\text{V}$，$f=50\text{Hz}$，要求起动电流限制为 16A，并知电动机起动时的电阻 $R_2=1.9\Omega$，电抗 $X_2=3.4\Omega$。问：起动电抗器的电抗 X_1 应是多大？其电感 L_1 是多少？

解　依题意得：$\dfrac{U}{I}=|Z|=\sqrt{R_2^2+(X_1+X_2)^2}$

即
$$\frac{127}{16}=\sqrt{1.9^2+(3.4+X_1)^2}$$

$$X_1=4.31\Omega$$

又　$X_1=\omega L_1=2\pi fL_1$，$L_1=\dfrac{X_1}{2\pi f}=\dfrac{4.31}{3\times3.14\times50}=13.73(\text{mH})$

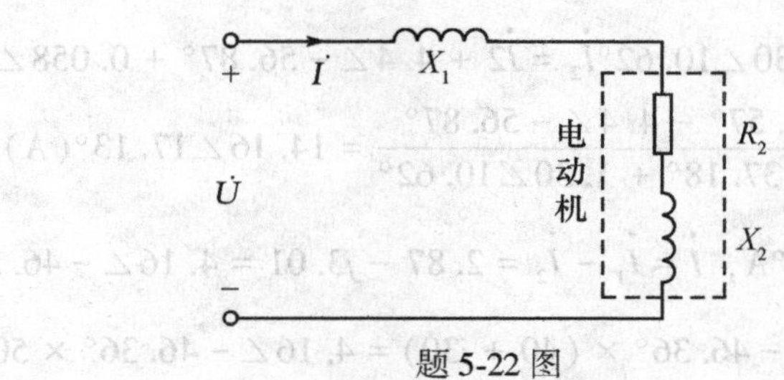

题 5-22 图

5-23 在图示正弦交流电路中，$\dot{U}_{S1}=220\angle 0°$，$\dot{U}_{S2}=220\angle -20°\text{V}$，$Z_1=1+j2\Omega$，$Z_2=0.8+j2.8\Omega$，$Z=40+j30\Omega$。试用支路电流法求各支路电流 $\dot{I}_1$、$\dot{I}_2$、$\dot{I}$ 及电压 $\dot{U}$。

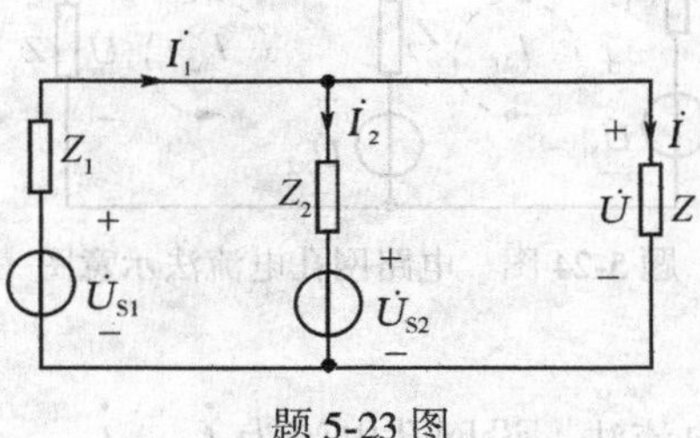

题 5-23 图

解 对独立节点列 KCL 方程：$\dot{I}_1=\dot{I}_2+\dot{I}$

对两个网孔列 KVL 方程：$-\dot{U}_{S1}+Z_1\dot{I}_1+Z_2\dot{I}_2+\dot{U}_{S2}=0$

$$-\dot{U}_{S2}-Z_2\dot{I}_2+Z\dot{I}=0$$

将已知数据代入上式，整理可得

$$\dot{I}_1=\dot{I}_2+\dot{I} \quad ①$$

$$-220\angle 0°+(1+j2)\dot{I}_1+(0.8+j2.8)\dot{I}_2+220\angle -20°=0 \quad ②$$

$$-220\angle -20°-(0.8+j2.8)\dot{I}_2+(40+j30)\dot{I}=0 \quad ③$$

由式②得

$$\dot{I}_1=\frac{220\angle 0°-220\angle -20°-(0.8+j2.8)\dot{I}_2}{1+j2}=34.11\angle 16.57°-1.30\angle 10.62\dot{I}_2 \quad ④$$

由式③得

$$\dot{I}=\frac{220\angle -20°+(0.8+j2.8)\dot{I}_2}{40+j30}=4.4\angle -56.87°+0.058\angle 37.18°\dot{I}_2 \quad ⑤$$

将式④、⑤代入式①得：

$$34.11\angle 16.57^\circ - 1.30\angle 10.62^\circ \dot{I}_2 = \dot{I}2 + 4.4\angle -56.87^\circ + 0.058\angle 37.18^\circ \dot{I}_2$$

解得 $\dot{I}_2 = \dfrac{34.11\angle 16.57^\circ - 4.4\angle -56.87^\circ}{1 + 0.058\angle 37.18^\circ + 1.30\angle 10.62^\circ} = 14.16\angle 17.13^\circ(\text{A})$

$$\dot{I} = 16.44\angle 4.05^\circ\text{A},\ \dot{I} = \dot{I}_1 - \dot{I}_2 = 2.87 - j3.01 = 4.16\angle -46.36^\circ(\text{A})$$

$$\dot{U} = \dot{I}Z = 4.16\angle -46.36^\circ \times (40 + j30) = 4.16\angle -46.36^\circ \times 50\angle 36.87^\circ$$
$$= 208\angle -9.49^\circ(\text{V})$$

5-24　试用网孔电流法求解题 5-23。

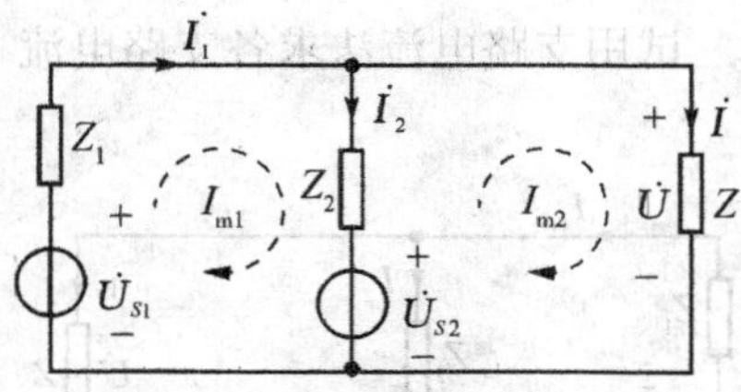

题 5-24 图　电路网孔电流法示意图

解　如图所示电路网孔电流法，设网孔电流为 $\dot{I}_{m1}$、$\dot{I}_{m2}$，则

$$(Z_1 + Z_2)\dot{I}_{m1} - Z_2\dot{I}_{m2} + \dot{U}_{S2} - \dot{U}_{S1} = 0$$

$$(Z_2 + Z)\dot{I}_{m2} - Z_2\dot{I}_{m1} - \dot{U}_{S2} = 0$$

联立上式求解，得

$$\dot{I}_{m1} = \frac{(\dot{U}_{S1} - \dot{U}_{S2}) \times Z + \dot{U}_{S1}Z_2}{Z_1Z + Z_1Z_2 + Z_2Z} = \frac{-1551.22 + j4021.06}{-76.588 + j249.98} = 16.48\angle 4.06^\circ(\text{A})$$

$$\dot{I}_{m2} = \frac{\dot{U}_{S1}Z_2 + U_{S2}Z_1}{Z_1Z_2 + ZZ_1 + ZZ_2}$$

$$= \frac{220\angle 0^\circ \times 2.9\angle 74.05^\circ + 220\angle -20^\circ \times 2.24\angle 63.43^\circ}{2.24\angle 63.43^\circ \times 2.9\angle 74.05^\circ + 50\angle 36.87^\circ \times 2.24\angle 63.43^\circ + 50\angle 36.87^\circ \times 2.9\angle 74.05^\circ}$$

$$= \frac{533.2 + j952.22}{-76.588 + j249.98} = 4.174\angle -46.28^\circ(\text{A})$$

$$\dot{I}_2 = \dot{I}_{m1} - \dot{I}_{m2} = 16.48\angle 4.06^\circ - 4.174\angle -46.28^\circ = 14.18\angle 17.1^\circ(\text{A})$$

$$\dot{I}_1 = \dot{I}_{m1} = 16.48\angle 4.06^\circ\text{A}$$

$$\dot{I} = \dot{I}_{m2} = 4.174\angle -46.28^\circ\text{A}$$

$$\dot{U} = \dot{I}Z = 4.18\angle -46.42^\circ \times 50\angle 36.87^\circ = 209\angle -9.55^\circ(\text{A})$$

5-25 试用节点电压法求解题5-23。

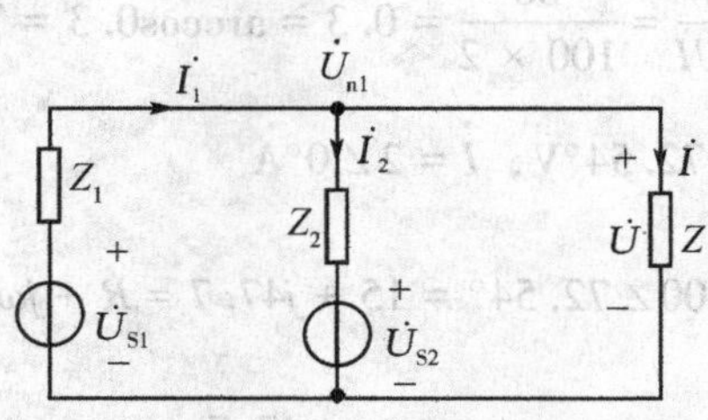

题5-25图 节点电压法分析电路图

解 如图所示，直接对独立节点1列节点电压方程：

$$\left(\frac{1}{Z_1}+\frac{1}{Z_2}+\frac{1}{Z}\right)\dot{U}_{n1}=\frac{\dot{U}_{S1}}{Z_1}+\frac{\dot{U}_{S2}}{Z_2}$$

即
$$\left(\frac{1}{1+j2}+\frac{1}{0.8+j2.8}+\frac{1}{40+j30}\right)\dot{U}_{n1}=\frac{220\angle 0°}{1+j2}+\frac{220\angle -20°}{0.8+j2.8}$$

将函数代数式化为极坐标形式，整理得

$$(0.31-j0.74)\dot{U}_{n1}=38.46-j163.24$$

即 $\dot{U}_{n1}=\dfrac{167\angle -76.74°}{0.8\angle -67.27°}=209.64\angle -9.47°(\text{V})$

$$\dot{I}=\frac{\dot{U}}{Z}=\frac{209.64\angle -9.47°}{40+j30}=4.19\angle -46.34°(\text{A})$$

$$\dot{I}=-\frac{\dot{U}_{n1}-\dot{U}_{S1}}{Z_1}=-\frac{209.64\angle -9.47°-220\angle 0°}{1+j2}=16.49\angle 5.6°(\text{A})$$

$$I_2=\frac{\dot{U}_{n1}-U_{S2}}{Z_2}=\frac{209.64\angle -9.47°-220\angle -20°}{0.8+j2.8}=13.99\angle 15.88°(\text{A})$$

5-26 为了测量某线圈的电阻 R 和电感 L，可以用图示电路来进行。如果外加电源的频率为50Hz，电压表的读数为100V，电流表的读数为2A，功率表的读数为60W。各电表的内阻对测量的影响均忽略不计，求 R 及 L。

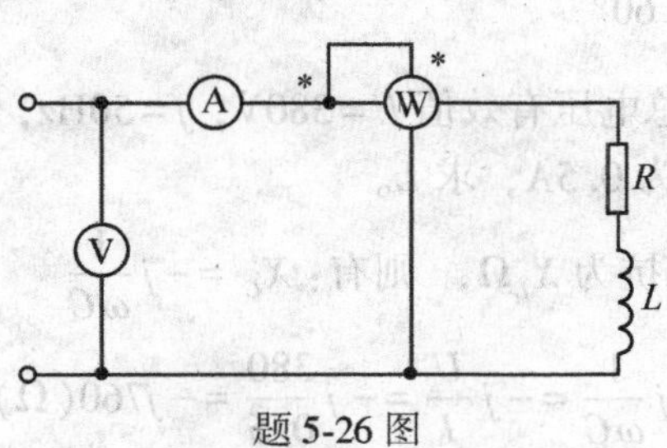

题5-26图

解　$$\cos\varphi = \frac{P}{UI} = \frac{60}{100 \times 2} = 0.3 = \arccos 0.3 = 72.54°$$

依题意，可令 $\dot{U} = 100\angle 72.54°\text{V}$，$\dot{I} = 2\angle 0°\text{A}$

$$Z = \frac{\dot{U}}{\dot{I}} = \frac{100\angle 72.54°}{0°} = 100\angle 72.54° = 15 + j47.7 = R + j\omega L = R + j2\pi L,\ R = 15\Omega$$

$$2\pi fL = 0.15\text{H},\ L = \frac{47.7}{2\pi f} = 0.15\text{H}$$

5-27　在图示电路中，已知电压的有效值 $U = U_L = U_C = 200\text{V}$，$\omega = 1000\text{rad/s}$，$L = 0.4\text{H}$，$C = 5\mu\text{F}$，求各支路电流及 Z。

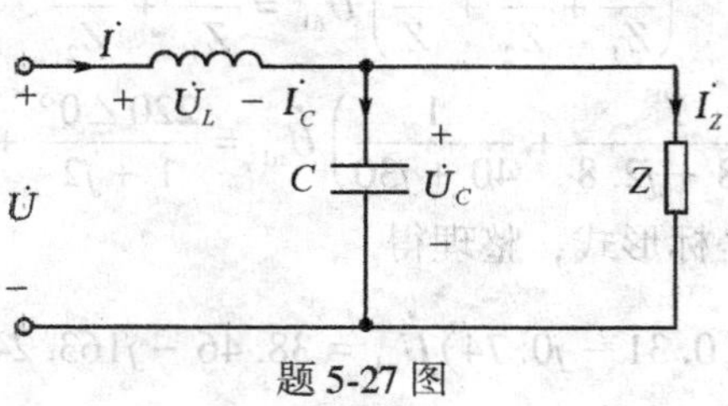

题 5-27 图

解　由题意得，Z 可能呈纯电阻性，可能呈感性，也可能呈容性。由于 $\dot{U} = \dot{U}_L + \dot{U}_C$，且

$U = U_L = U_C = 200\text{V}$，可知 C 与 Z 相并联后，呈容性。

设 $\dot{U}_C = 200\angle 0°\text{V}$，$\dot{U} = 200\angle 60°\text{V}$，$\dot{U}_L = 200\angle 120°\text{V}$，则有

$$\dot{I}_C = j\omega C\dot{U}_C = j \times 1000 \times 5 \times 10^{-6} \times 200\angle 0° = 1\angle 90°(\text{V})$$

$$\dot{I}_L = \frac{1}{j\omega L}\dot{U}_L = \frac{200\angle 120°}{j \times 1000 \times 0.4} = 0.5\angle 30°(\text{A})$$

$$\dot{I}_Z = \dot{I}_L - \dot{I}_C = 0.5\angle 30° - 1\angle 90° = 0.866\angle -60°(\text{A})$$

$$Z = \frac{\dot{U}_Z}{\dot{I}_Z} = \frac{200\angle 0°}{0.866\angle -60°} = 115.475 + j200(\Omega)$$

5-28　在图示电路中，总电压有效值 U=380V，f=50Hz，选取 C 使 S 断开与闭合时电流表的读数不变，且知其值为 0.5A，求 L。

解　设容抗为 $X_C\Omega$，感抗为 $X_L\Omega$，则有：$X_C = -j\dfrac{1}{\omega C}$

当 S 断开后，有 $X_C = -j\dfrac{1}{\omega C} = -j\dfrac{U}{I} = -j\dfrac{380}{0.5} = -j760(\Omega)$

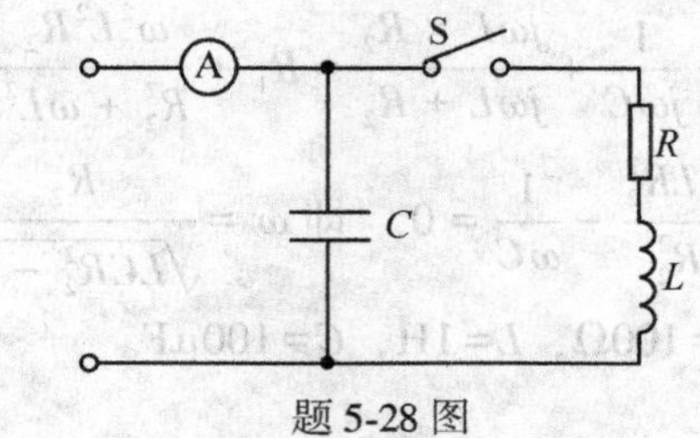

题 5-28 图

当S闭合后，有 $|Z_{总}|=\dfrac{U}{I}=\dfrac{380}{0.5}$，即 $\left|\dfrac{-j760\times(R+jX_L)}{R+jX_L-j760}\right|=\dfrac{380}{0.5}$，得 $\omega L=X_L=380$，

$L=\dfrac{380}{2\pi f}=1.21\text{H}$。

5-29 在图示电路中，已知 $\dot{U}=220\angle 30°\text{V}$，角频率 $\omega=250\text{rad/s}$，$R=110\Omega$，$C_1=20\mu\text{F}$，$C_2=80\mu\text{F}$，$L=1\text{H}$。求该电路的入端复阻抗和各电流表的读数。

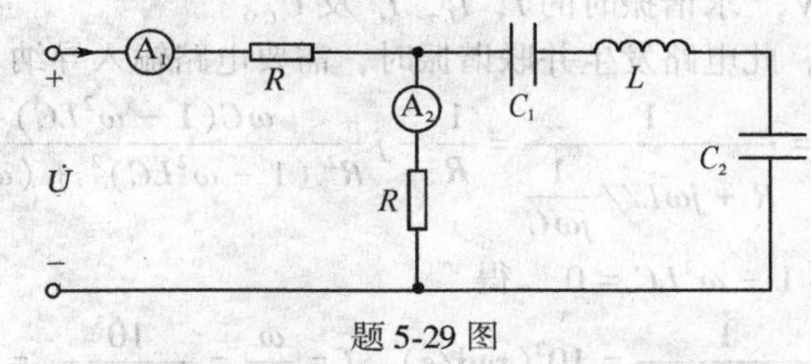

题 5-29 图

解 对 RC 支路分析 $\omega L=250\times 1=250(\Omega)$。

$$\frac{1}{\omega C_1}+\frac{1}{\omega C_2}=\frac{1}{250}\times\left(\frac{1}{20\times 10^{-6}}+\frac{1}{80\times 10^{-6}}\right)=250\Omega=\omega L$$

RC 支路发生串联谐振，此支路相当于短路。

该电路的入端阻抗 $Z_{\text{in}}=R=110\Omega$；

电流表 1 的读数 $I_1=\dfrac{U_1}{R}=\dfrac{220}{110}=2\text{A}$；

电流表 2 的读数为 0。

5-30 求图示电路的谐振角频率 ω。

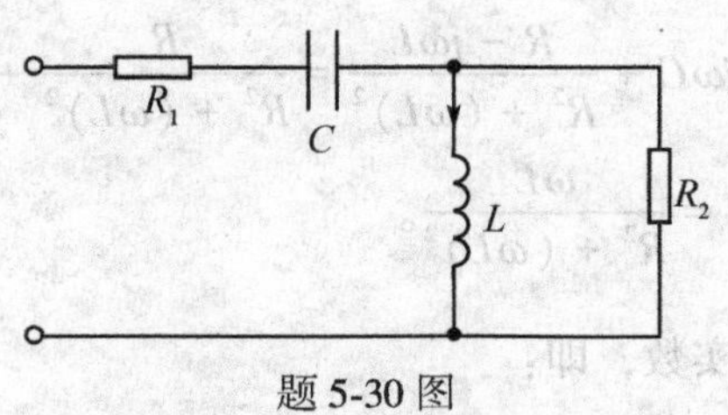

题 5-30 图

解　入端阻抗为 $Z = R_1 + \dfrac{1}{j\omega C} + \dfrac{j\omega L \times R_2}{j\omega L + R_2} = R_1 + \dfrac{\omega^2 L^2 R_2}{R_2^2 + \omega L^2} + j\left(\dfrac{\omega L R_2^2}{R_2^2} - \dfrac{1}{\omega C}\right)$

要使电路发生谐振，则 $\dfrac{\omega L R_2^2}{R_2^2} - \dfrac{1}{\omega C} = 0$，即 $\omega = \dfrac{R_2}{\sqrt{LCR_2^2 - L^2}}$。

5-31　在图示电路中，$R=100\Omega$，$L=1\text{H}$，$C=100\mu\text{F}$。

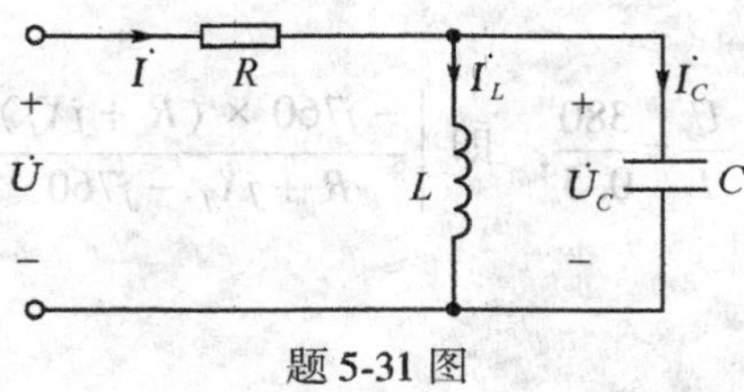

题 5-31 图

(1)求该电路的谐振角频率及谐振频率；

(2)若 $\dot{U} = 10\angle 0°\text{V}$，求谐振时的 $\dot{I}$，$\dot{I}_L$，$\dot{I}_C$ 及 $\dot{U}_C$。

解　(1)依题意得，此电路发生并联谐振时，需要电路输入导纳 Y 的虚部为零。

$$Y = \frac{1}{Z} = \frac{1}{R + j\omega L // \dfrac{1}{j\omega C}} = \frac{1}{R} - j\frac{\omega C(1 - \omega^2 LC)}{R^2(1 - \omega^2 LC)^2 + (\omega C)^2}$$

令 Y 虚部为零，即 $1 - \omega^2 LC = 0$，得

$$\omega = \frac{1}{\sqrt{LC}} = \frac{1}{\sqrt{1 \times 10^{-6}}} = 10^3(\text{rad/s}),\ f = \frac{\omega}{2\pi} = \frac{10^3}{2 \times 3.14} = 159(\text{Hz})$$

(2)并联谐振时，LC 并联对外开路，故 $\dot{I} = 0\text{A}$。

$$\dot{U}_c = \dot{U}_t = \dot{U} = 10\angle 0°\text{V}$$

$$\dot{I}_t = \frac{\dot{U}_i}{j\omega L} = \frac{10\angle 0°}{j \times 10^3 \times 1} = 0.01\angle -90°(\text{V})$$

$$\dot{I}_c = j\omega C\dot{U}_c = 10^3 \times 10^{-6} \times 10 \times \angle 90° = 0.01\angle 90°(\text{V})$$

5-32　一个电感为 0.25mH、电阻为 25Ω 的线圈与 85pF 的电容并联。试求该电路谐振时的频率及谐振时的阻抗。

解　电路入端导纳：

$$Y = j\omega C + \frac{1}{R + j\omega L} = j\omega C + \frac{R - j\omega L}{R^2 + (\omega L)^2} = \frac{R}{R^2 + (\omega L)^2} + j\left[\omega C - \frac{\omega L}{R^2 + \omega L^2}\right]^2$$

当电路发生谐振时，$\omega C = \dfrac{\omega L}{R^2 + (\omega L)^2}$。

当 $R < \sqrt{\dfrac{L}{C}}$ 时，ω_0 为实数，即：

$$25 < \sqrt{\frac{0.25\times10^{-3}}{85\times10^{-12}}}$$

$$\omega_0 \approx \frac{1}{\sqrt{LC}}$$

此时 $f_0 = \dfrac{1}{2\pi\sqrt{LC}} = \dfrac{1}{2\pi\sqrt{0.25\times10^{-3}\times85\times10^{-12}}} = 1092(\text{kZ})$

谐振时阻抗 $R_{in} = \dfrac{L}{RC} = \dfrac{0.25\times10^{-3}}{25\times85\times10^{-12}} = 117(\text{k}\Omega)$

5-33 在图(a)所示电路中，已知电流表 A、A_1 的读数分别为 4A、5A，电压表 V 的读数为 100V，电源角频率 $\omega = 10\text{rad/s}$，且输入电压 u 与输入电流 i 同相。试确定电流表 A_2 的读数及元件 R、L、C 的参数值。

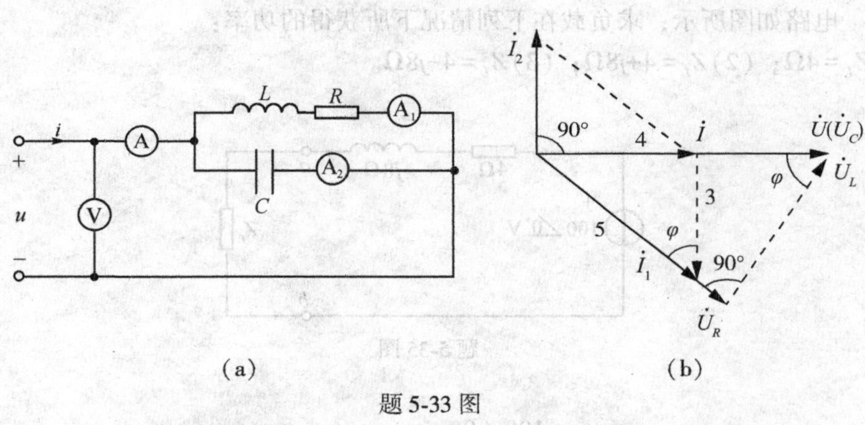

题 5-33 图

解 以电源电压为参考相量，画相量图如图(b)所示，由图可知：

$$\dot{I} = \dot{I}_1 + \dot{I}_2$$

故 $I_2 = \sqrt{I^2 - I_2^2} = \sqrt{5^2 - 4^2} = 3(\text{A})$。

又 $U_c = 100\text{V} = \omega \text{C} I_2$，$C = \dfrac{I_2}{\omega UC} = 0.003\text{F}$。

设 U_L 与 U_C 之间的夹角为 φ，则 $\sin\varphi = \dfrac{4}{5}$。

由电压三角形可知：

$$U_R = U_C\sin\varphi = RI_2,\ R = 16\Omega,\ U_\Sigma = U_C\cos\varphi = \omega L_{I_2},\ L = 1.2H$$

5-34 在图示电路中，当 R 改变时电流有效值 I 保持不变，问：L 和 C 应满足什么样的关系？

解 当 $R=0$ 时，电流有效值 $I = \left|\omega C - \dfrac{1}{\omega L}\right|$

当 $R = \infty$ 时，电流有效值 $I = \omega C$

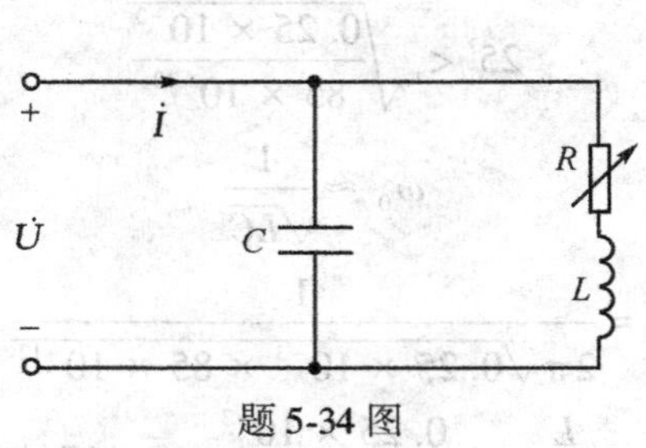

题 5-34 图

由于当 R 改变时电流有效值 I 保持不变，则 $\left|\omega C-\dfrac{1}{\omega L}\right|=\omega C$。

解得 $LC=\dfrac{1}{2\omega^2}$。

5-35　电路如图所示，求负载在下列情况下所获得的功率：

(1) $Z_L=4\Omega$；(2) $Z_L=4+j8\Omega$；(3) $Z_L=4-j8\Omega$。

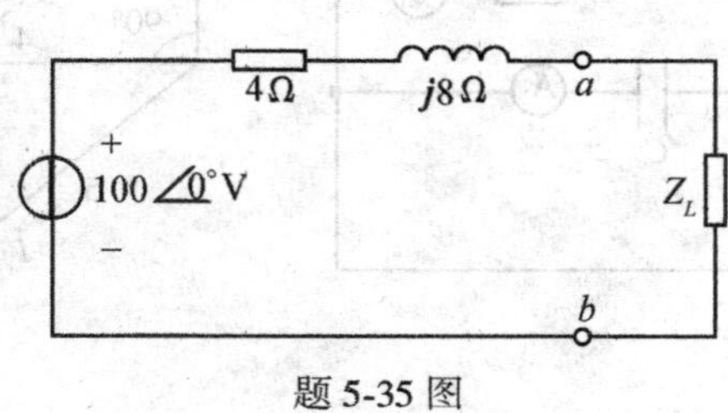

题 5-35 图

解　设电路电流为 $\dot{I}$，则 $\dot{I}=\dfrac{100\angle 0^\circ}{4+j8+Z_L}$。

(1) $\dot{I}=\dfrac{100\angle 0^\circ}{4+j8+Z_L}=\dfrac{100\angle 0^\circ}{4+j8+4}=8.84\angle -45^\circ(\mathrm{A})$，

$P_R=I^2\times 4=8.84^2\times 4=312.58(\mathrm{W})$。

(2) $\dot{I}=\dfrac{100\angle 0^\circ}{4+j8+Z_L}=\dfrac{100\angle 0^\circ}{8+j16}=5.59\angle -63.43^\circ(\mathrm{A})$，

$P_R=I^2\times 4=5.59^2\times 4=125(\mathrm{W})$。

(3) $\dot{I}=\dfrac{100\angle 0^\circ}{4+j8+Z_L}=\dfrac{100\angle 0^\circ}{8}=12.5\angle 0^\circ(\mathrm{A})$，

$P_R=I^2\times 4=12.5^2\times 4=625(\mathrm{W})$。

第 6 章　具有耦合电感元件的电路分析

6.1　学习指导

一、教学要求

(1)掌握耦合系数、耦合电感元件同名端的概念，熟练掌握耦合电感元件的特性方程和伏安关系。

(2)掌握含耦合电感电路的分析方法，重点掌握去耦合等效电路的分析方法。

二、知识框架图

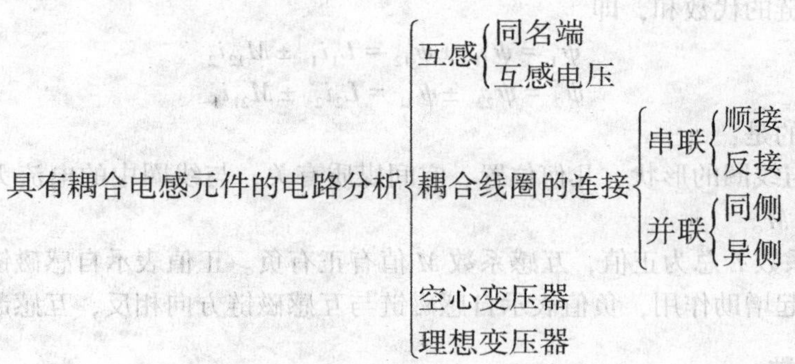

三、重点和难点

(1)同名端与互感电压的确定。

(2)含有互感电路的分析方法，互感的串联与并联的去耦等效；

(3)空心变压器与理想变压器。

6.2　主要内容

一、互感的基本概念

耦合电感元件属于多端元件，在实际电路中，如收音机、电视机中的中周线圈、振荡线圈，整流电源里使用的变压器等都是耦合电感元件，熟悉这类多端元件的特性，掌握包含这类多端元件的电路问题的分析方法是非常必要的。

在交流电路中，如果有两个或两个以上的线圈，当其中某一线圈流入交流电流，此电流产生的磁通不仅在本线圈中感应自感电压，它的交变磁通与邻近线圈相交链时，还会使相邻线圈感应互感电压，这一现象称为线圈之间有磁耦合。这种由磁耦合而产生的电压称为互感电压。

1. 互感

两个靠得很近的电感线圈1、线圈2之间有磁的耦合，当线圈1中通电流 i_1 时，不仅在线圈1中产生磁通 ϕ_{11}，同时，有部分磁通 ϕ_{21} 穿过临近线圈2，同理，若在线圈2中通电流 i_2 时，不仅在线圈2中产生磁通 ϕ_{22}，同时，有部分磁通 ϕ_{12} 穿过线圈1，ϕ_{12} 和 ϕ_{21} 称为互感磁通。定义互磁链：

$$\psi_{12} = N_1\phi_{12}, \quad \psi_{21} = N_2\phi_{21}$$

当周围空间是各向同性的线性磁介质时，磁通链与产生它的施感电流成正比，即有自感磁通链：

$$\psi_{11} = L_1 i_1, \quad \psi_{22} = L_2 i_2$$

互感磁通链：

$$\psi_{12} = M_{12} i_2, \quad \psi_{21} = M_{21} i_1$$

式中，M_{12} 和 M_{21} 称为互感系数，单位为H。当两个线圈都有电流时，每一线圈的磁链为自磁链与互磁链的代数和，即

$$\psi_1 = \psi_{11} \pm \psi_{12} = L_1 i_1 \pm M_{12} i_2$$
$$\psi_2 = \psi_{22} \pm \psi_{21} = L_2 i_2 \pm M_{21} i_1$$

需要指出的是：

(1) M 值与线圈的形状、几何位置、空间媒质有关，与线圈中的电流无关，因此，满足 $M_{12} = M_{21} = M$。

(2) 自感系数 L 总为正值，互感系数 M 值有正有负。正值表示自感磁链与互感磁链方向一致，互感起增助作用，负值表示自感磁链与互感磁链方向相反，互感起削弱作用。

2. 耦合系数

为了衡量两个线圈之间磁耦合的强弱程度，特别定义了一个耦合系数。即

$$k = \frac{M}{\sqrt{L_1 L_2}}$$

称为两个耦合线圈的耦合系数。在通常情况下，$0 \leqslant k \leqslant 1$。

3. 耦合线圈的电压方程

具有磁耦合的两个线圈，线圈1、线圈2流入的变动电流分别为 i_1、i_2，它们产生的磁链分别为 ψ_1，ψ_2。这两个线圈的端电压中既有自感电压，又有互感电压，其电压方程为

$$u_1 = \frac{d\psi_1}{dt} = L_1\frac{di_1}{dt} \pm M\frac{di_2}{dt}$$

$$u_2 = \frac{d\psi_2}{dt} = \pm M\frac{di_1}{dt} + L_2\frac{di_2}{dt}$$

上述两个方程用相量表示为

$$\dot{U}_1 = j\omega L_1\dot{I}_1 \ \pm j\omega M\dot{I}_2$$

$$\dot{U}_2 = \pm j\omega M\dot{I}_1 \ + j\omega L_2\dot{I}_2$$

互感电压可能为正，也可能为负，这取决于线圈导线的绕向以及电流的参考方向，或者说取决于这个线圈中的自感磁链与互感磁链的方向是一致的还是相反的。当自感磁链与互感磁链的方向一致时，表明此线圈中心磁链是相互增强的，互感电压为正，否则为负。

4. 互感的同名端

为了确定互感电压的正负号，应该知道线圈中导线的绕向，而在工程中，为了安全，线圈绕完导线之后要加包绝缘层将导线密封起来，所以导线的绕向是看不见的。在电工技术中，采用对线圈的引出端钮标记符号来表示导线的绕向，这种标记有相同符号(如“＊”“·”等)的端钮称为互感的同名端。

标记同名端的规则是：当电流分别从两线圈的各自一个端钮流进(或者流出)，如果线圈的自感磁链和互感磁链是相互增强的，这两个端钮就是同名端。

根据同名端的定义可以得出确定同名端的方法为：

(1)当两个线圈中电流同时流入或流出同名端时，两个电流产生的磁场将相互增强；

(2)当随时间增大的时变电流从一线圈的一端流入时，将会引起另一线圈相应同名端的电位升高。

二、具有耦合电感元件电路的计算

含有耦合电感(简称互感)电路的计算要注意：

(1)在正弦稳态情况下，有互感的电路的计算仍可应用前面介绍的相量分析方法；

(2)注意互感线圈上的电压除自感电压外，还应包含互感电压；

(3)一般采用支路法和回路法计算。因为耦合电感支路的电压不仅与本支路电流有关，还与其他某些支路电流有关，若列结点电压方程会遇到困难，要另行处理。

1. 耦合电感的去耦等效电路

1)串联电路去耦

图6-1(a)和图6-2(a)即为耦合电感的串联电路。图6-1(a)中 L_1 和 L_2 的异名端连接在一起，该连接方式称为同向串联(顺接)；图6-2(a)中 L_1 和 L_2 的同名端连接在一起，该连接方式称为反向串联(反接)。

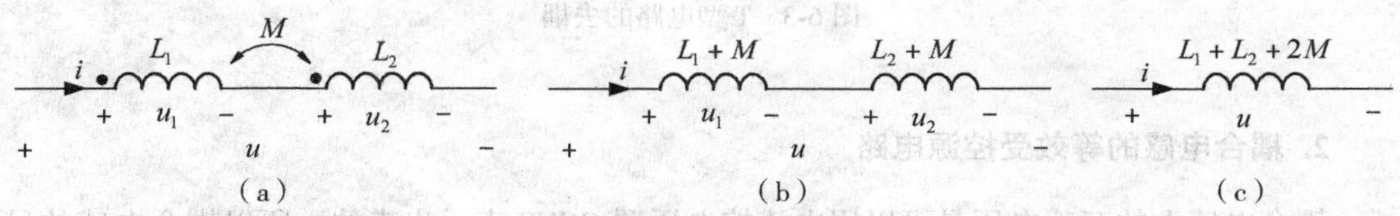

图6-1　串联耦合电路的去耦

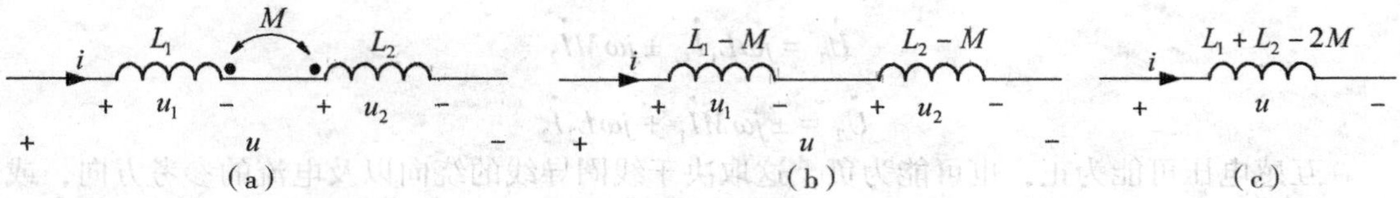

(a)　　(b)　　(c)

图 6-2　串联耦合电路的去耦

顺接时，支路的电压电流关系为

$$u = \left(L_1 \frac{\mathrm{d}i}{\mathrm{d}t} + M \frac{\mathrm{d}i}{\mathrm{d}t}\right) + \left(L_2 \frac{\mathrm{d}i}{\mathrm{d}t} + M \frac{\mathrm{d}i}{\mathrm{d}t}\right)$$

$$= (L_1 + M) \frac{\mathrm{d}i}{\mathrm{d}t} + (L_2 + M) \frac{\mathrm{d}i}{\mathrm{d}t} = (L_1 + L_2 + 2M) \frac{\mathrm{d}i}{\mathrm{d}t}$$

根据等效变换的概念，该顺接耦合电感可用一个 $L_1 + M$ 的电感和一个 $L_2 + M$ 的电感相串联的电路等效替代，或用一个 $L_1 + L_2 + 2M$ 的电感等效替代。如图 6-1(c)所示。

反接时，支路的电压电流关系为

$$u = \left(L_1 \frac{\mathrm{d}i}{\mathrm{d}t} - M \frac{\mathrm{d}i}{\mathrm{d}t}\right) + \left(L_2 \frac{\mathrm{d}i}{\mathrm{d}t} - M \frac{\mathrm{d}i}{\mathrm{d}t}\right)$$

$$= (L_1 - M) \frac{\mathrm{d}i}{\mathrm{d}t} + (L_2 - M) \frac{\mathrm{d}i}{\mathrm{d}t} = (L_1 + L_2 - 2M) \frac{\mathrm{d}i}{\mathrm{d}t}$$

根据等效变换的定义，该反接耦合电感可用一个 $L_1 - M$ 的电感和一个 $L_2 - M$ 的电感相串联的电路等效替代，或用一个 $L_1 + L_2 - 2M$ 的电感等效替代。如图 6-2(c)所示。

2) T 型电路去耦

图 6-3(a)和图 6-4(a)即为耦合电感的 T 型连接电路，其中，图 6-3(a)中耦合电感的连接形式称为同侧连接，图 6-4(a)的连接形式称为异侧连接。T 型电路的等效去耦网络分别如图 6-3(b)和图 6-4(b)所示(证明从略)。请特别注意等效变换前后 O 点的位置。

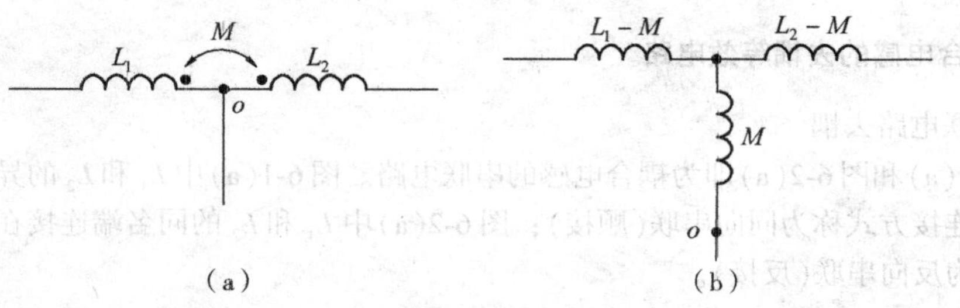

图 6-3　T 型电路的去耦

2. 耦合电感的等效受控源电路

耦合电感上的互感电压是可以用电流控电压源 CCVS 表示出来的，所以耦合电感的另

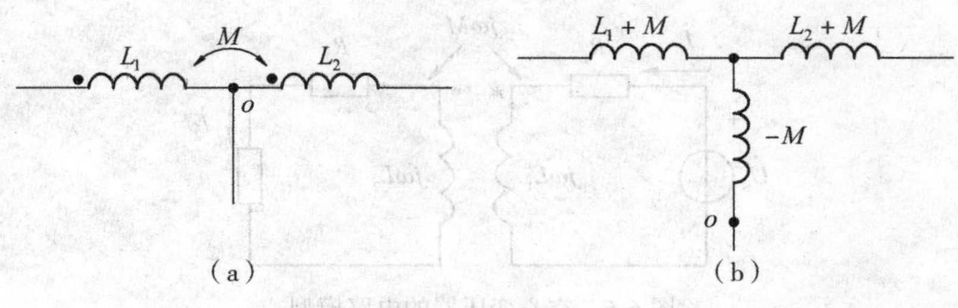

图 6-4 T 型电路的去耦

一种等效电路就是含 CCVS 的无互感电路。图 6-5(b)就是图 6-5(a)所示的耦合电感的等效受控源电路。

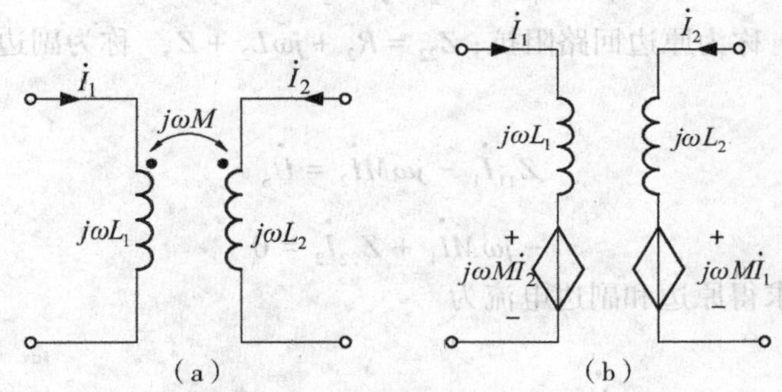

图 6-5 耦合电感的等效受控源电路

三、空心变压器

变压器是利用互感来完成电路中能量或信号传递任务的器件，它具有变换电压、变换电流和变换阻抗的作用。变压器由两个或两个以上的具有磁耦合的线圈(也称为绕组)组成，接向电源端的线圈称为变压器的原边(或初级)，接向负载端的线圈称为变压器的副边(或次级)。这些线圈有的绕在铁磁材料上，称为铁心变压器，其耦合系数大，适合用于电能传输；也有的绕在非铁磁材料上，称为空心变压器，其耦合系数较小，主要应用于电子、通信及自动化工程的高频电路。

空心变压器的原边等效电路和副边等效电路，要求必须掌握。

1. 空心变压器

电路图 6-6 所示为空心变压器的电路模型，与电源相接的回路称为原边回路(或初级回路)，与负载相接的回路称为副边回路(或次级回路)。

2. 分析方法

(1)方程法分析。在正弦稳态情况下，图 6-6 所示电路的回路方程为

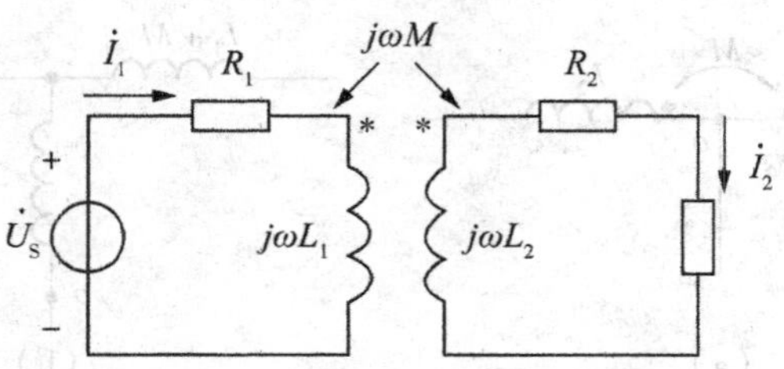

图 6-6　空心变压器的电路模型

$$(R_1 + j\omega L_1)\dot{I}_1 - j\omega M\dot{I}_2 = \dot{U}_S$$

$$-j\omega M\dot{I}_1 + (R_2 + j\omega L_2 + Z)\dot{I}_2 = 0$$

令 $Z_{11} = R_1 + j\omega L_1$，称为原边回路阻抗；$Z_{22} = R_2 + j\omega L_2 + Z$，称为副边回路阻抗。上述方程简写为

$$Z_{11}\dot{I}_1 - j\omega M\dot{I}_2 = \dot{U}_S$$

$$-j\omega M\dot{I}_1 + Z_{22}\dot{I}_2 = 0$$

从上列方程可求得原边和副边电流为

$$\dot{I}_1 = \frac{\dot{U}_s}{Z_{11} + \dfrac{(\omega M)^2}{Z_{22}}}$$

$$\dot{I}_2 = \frac{j\omega M\dot{U}_s}{\left[Z_{11} + \dfrac{(\omega M)^2}{Z_{22}}\right]Z_{22}} = \frac{j\omega M\dot{U}_s}{Z_{11}} \cdot \frac{1}{Z_{22} + \dfrac{(\omega M)^2}{Z_{11}}}$$

(2)等效电路法分析。等效电路法实质上是在方程分析法的基础上找出求解的某些规律，归纳总结成公式，得出等效电路，再加以求解的方法。

首先讨论图 6-6 中的原边等效电路。令上述原边电流的分母为

$$Z_m = Z_{11} + \frac{(\omega M)^2}{Z_{12}} = Z_{11} + Z_J$$

则原边电流为

$$\dot{I}_1 = \frac{\dot{U}_s}{Z_m} = \frac{\dot{U}_s}{Z_{11} + Z_J}$$

根据上式可以画出原边等效电路如图 6-7 所示。Z_f称为引入阻抗(或反映阻抗)，是副边回路阻抗通过互感反映到原边的等效阻抗，它体现了副边回路的存在对原边回路电流的影响。从物理意义讲，虽然原、副边没有电的联系，但由于互感作用使闭合的副边产生电流，反过来这个电流又影响原边电流电压。

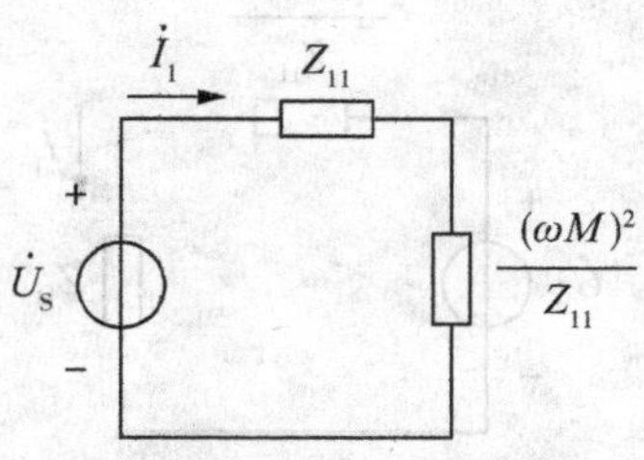

图 6-7　原边等效电路

把引入阻抗 Z_f 展开得

$$Z_{1f}=\frac{(\omega M)^2}{Z_{22}}=\frac{\omega^2M^2}{R_{22}+jX_{22}}=\frac{\omega^2M^2R_{22}}{R_{22}^2+X_{22}^2}+j\frac{\omega^2M^2X_{22}}{R_{22}^2+X_{22}^2}=R_{1f}+jX_{1f}$$

上式表明：

(1)引入电阻 $R_{1f}=\frac{\omega^2M^2R_{22}}{R_{22}^2+X_{22}^2}$ 不仅与次级回路的电阻有关，而且与次级回路的电抗及互感有关。

(2)引入电抗 $X_{1f}=-\frac{\omega^2M^2X_{22}}{R_{22}^2+X_{22}^2}$ 的负号反映了引入电抗与副边电抗的性质相反。

可以证明，引入电阻消耗的功率等于副边回路吸收的功率。根据副边回路方程得

$$j\omega M\dot{I}_1=Z_{22}\dot{I}_2$$

方程两边取模值的平方 $(\omega M)^2\dot{I}_1^2=(R_{22}^2+X_{22}^2)\dot{I}_2^2$，得

$$P_f=\frac{(\omega M)^2R_{22}}{R_{22}^2+X_{22}^2}\dot{I}_1^2=R_{22}\dot{I}_2^2=P_2$$

应用同样的方法分析方程法得出的副边电流表达式。令

$$\dot{U}_{oc}=\frac{\mathrm{j}\omega M\dot{U}_s}{Z_{11}}=j\omega M\dot{I}_1,\ Z_{eq}=Z_{22}+\frac{(\omega M)^2}{Z_{11}}=Z_{22}+Z_{2f}$$

则
$$\dot{I}_2=\frac{\dot{U}_{oc}}{Z_{22}+Z_{2f}}=\frac{\dot{U}_{oc}}{Z_{22}+\frac{(\omega M)^2}{Z_{11}}}$$

根据上式可以画出副边等效电路如图 6-8 所示。Z_{2f} 称为原边回路对副边回路的引入阻抗，它与 Z_{1f} 有相同的性质。应用戴维宁定理也可以求得空心变压器副边的等效电路。

(3)去耦等效法分析。对空心变压器电路进行 T 型去耦等效，变为无互感的电路，再进行分析。

四、理想变压器

理想变压器是实际变压器的理想化模型，是对互感元件的理想科学抽象，是极限情况

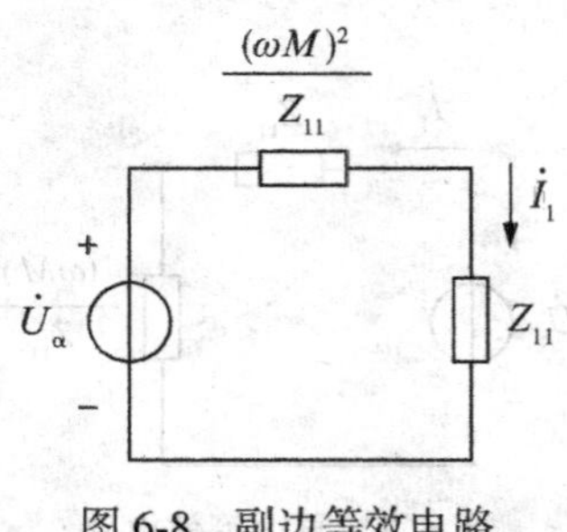

图 6-8　副边等效电路

下的耦合电感。

1. 理想变压器的条件

满足以下条件的铁心变压器，称为理想变压器：

(1)变压器的原边绕组和副边绕组的电阻 $R_1 = R_2 = 0$，磁心中没有涡流和磁滞效应，其能量损耗为零；

(2)变压器的耦合系数 $k=1$，即为全耦合；

(3)磁心材料的磁导率 $\mu \to \infty$，因而原、副边绕组的自感 L_1、L_2及它们间的互感 M 均趋于无限大。

显然，这是一种理想化的器件。

2. 理想变压器的主要性能

满足上述三个理想条件的理想变压器与有互感的线圈有着质的区别。具有以下特殊性能。

(1)变压关系。原、副边的电压比为

$$\frac{u_1}{u_2} = \frac{N_1}{N_2} = \frac{n}{1} = n$$

同理可以得

$$\frac{\dot{U}_1}{\dot{U}_2} = \frac{N_1}{N_2} = n$$

即原、副边绕组电压之比等于绕组的匝数比，成正比关系。匝数比用 n 表示，称为理想变压器的变比。

注意：理想变压器的变压关系与两线圈中电流参考方向的假设无关，但与电压极性的设置有关，若 u_1、u_2 的参考方向的"+"极性端一个设在同名端，一个设在异名端，此时 u_1 与 u_2 之比为：

$$\frac{u_1}{u_2} = -\frac{N_1}{N_2} = -n$$

(2)变流关系。根据互感线圈的电压、电流关系(电流参考方向设为从同名端同时流

入或同时流出）为

$$u_1 = L_1\frac{di_1}{dt} + M\frac{di_2}{dt}$$

则
$$i_1(t) = \frac{1}{L_1}\int_0^t u_1(\xi)\,d\xi - \frac{M_2}{L_1}i_2(t)$$

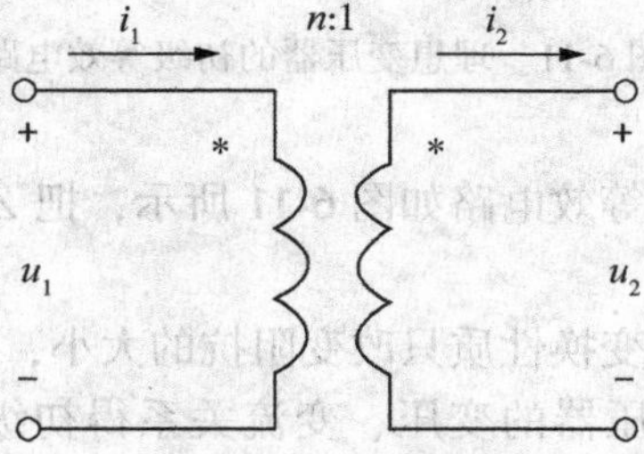

图 6-9　理想变压器的电路模型

代入理想化条件 $k=1 \Rightarrow M=\sqrt{L_1L_2}$，$\frac{M}{L_1}=\sqrt{\frac{L_2}{L_1}}=\frac{1}{n}$，得理想变压器的电流关系为

$$i_1(t) = -\frac{1}{n}i_2(t)$$

注意：理想变压器的变流关系与两线圈上电压参考方向的假设无关，但与电流参考方向的设置有关，若 i_1、i_2的参考方向一个是从同名端流入，一个是从同名端流出，如图 6-9 所示，此时 i_1与 i_2之比为

$$i_1(t) = \frac{1}{n}i_2(t)$$

(3)变阻抗关系。设理想变压器次级接阻抗 Z，如图 6-10 所示。由理想变压器的变压、变流关系得初级端的输入阻抗为

$$Z_{in} = \frac{\dot{U}_1}{\dot{I}_1} = \frac{n\dot{U}_2}{-\frac{1}{n}\dot{I}_2} = n^2\left(-\frac{\dot{U}_2}{\dot{I}_2}\right) = n^2 Z$$

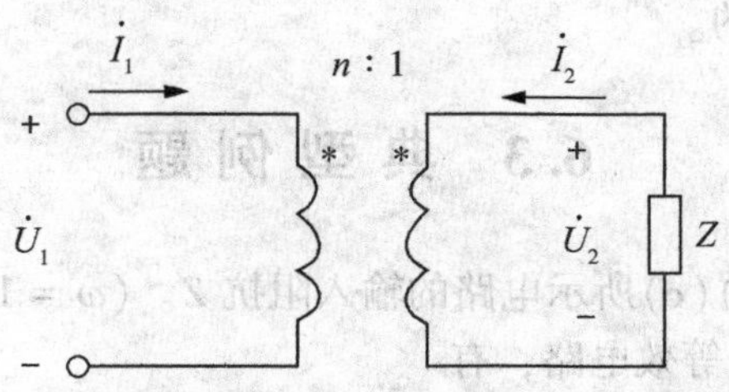

图 6-10　理想变压器次级接阻抗

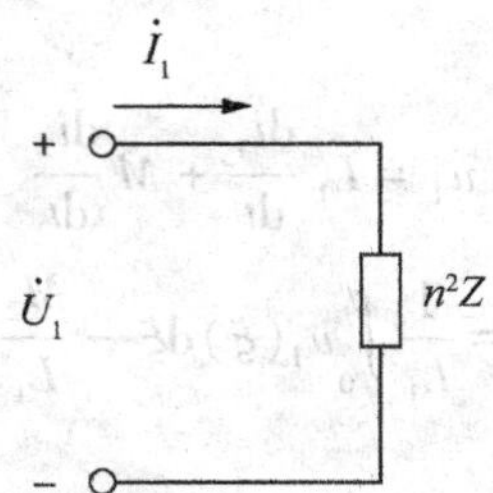

图 6-11　理想变压器的初级等效电路

由此得理想变压器的初级等效电路如图 6-11 所示，把 Z_{in} 称为次级对初级的折合等效阻抗。

注意：理想变压器的阻抗变换性质只改变阻抗的大小，不改变阻抗的性质。

(4)功率性质。由理想变压器的变压、变流关系得初级端口与次级端口吸收的功率和为

$$p = u_1 i_1 + u_2 i_2 = u_1 i_1 + \frac{1}{n} u_1 \times (-n i_1) = 0$$

以上各式表明：

①理想变压器既不储能，也不耗能，在电路中只起传递信号和能量的作用。

②理想变压器的特性方程为代数关系，因此它是无记忆的多端元件。

3. 理想变压器的作用

由前面的分析已知，通过改变理想变压器原、副边绕组的匝数比，就可以改变它们的电压比和电流比。显然，理想变压器可以用于变换电压和变换电流。除此之外，理想变压器还有另外一个作用，它可以变换阻抗。

在理想变压器的副边接入负载阻抗 Z_L。从原边看进去的输入阻抗为

$$Z_{in} = \frac{\dot{U}_1}{\dot{I}_1} = \frac{n\dot{U}_2}{-\frac{1}{n}\dot{I}_2} = n^2 \frac{\dot{U}_2}{-\dot{I}_2} = n^2 Z_L$$

这说明，通过改变理想变压器的变比 n，就可以改变电路的输入阻抗。这一原理常用于电子电路中，在信号源与负载之间接入理想变压器，以达到负载与信号源的阻抗匹配，使负载获得最大功率的目的。

6.3　典 型 例 题

例 6-1　试求图(a)(b)(c)所示电路的输入阻抗 Z。(ω = 1rad/s)

解　图(a)：利用原边等效电路，有

$$Z = j\omega L_1 + \frac{(\omega M)^2}{Z_{22}} = j1 + \frac{1}{1+j2} = (0.2 + j0.6)\,\Omega$$

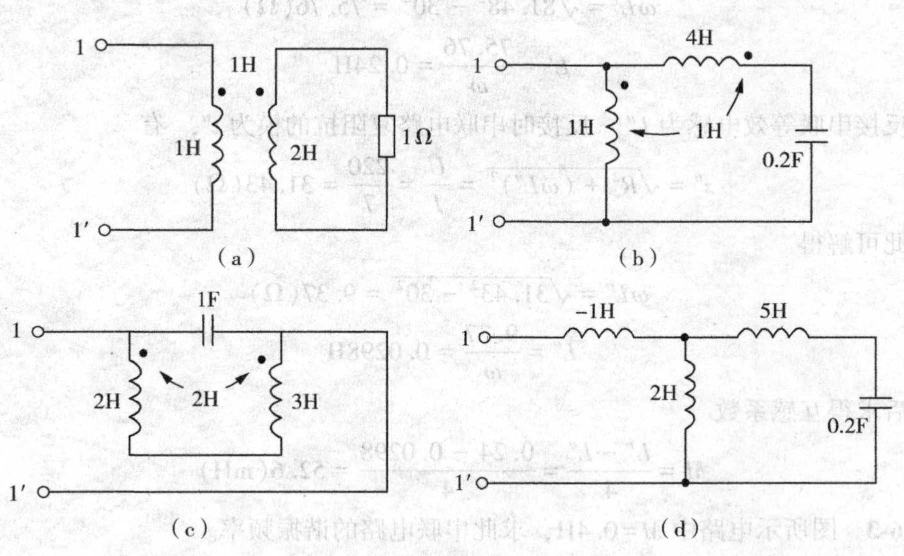

例 6-1 图

图(b)：利用互感消去法，画出其等效电路图(d)。在等效电路中，有

$$Z=-j1+\frac{j2\left(j5-j\dfrac{1}{0.2}\right)}{j2+j5-j\dfrac{1}{0.2}}$$

$$=-j1\Omega$$

图(c)：串联电感部分为反接串联，其等效电感为

$$L=L_1+L_2-2M=2+3-2\times 2=1(\text{H}),\ C=1\text{F}$$

$$Z=\frac{j\omega L\left(-j\dfrac{1}{\omega C}\right)}{j\omega L-j\dfrac{1}{\omega C}}=\frac{j1(-j1)}{j1-j1}=\infty$$

此电路为并联谐振电路。

例 6-2 把两个线圈串联起来接到 50Hz、220V 的正弦电源上，顺接时得电流 $I=2.7$A，吸收的功率为 218.7W；反接时电流为 7A。求互感 M。

解 两线圈串联的等效电阻

$$R=\frac{P}{I^2}=\frac{218.7}{2.7^2}=30(\Omega)$$

设顺接串联等效电感为 L'，顺接时串联电路复阻抗的模为 z'，有

$$z'=\sqrt{R^2+(\omega L')^2}=\frac{U}{I}=\frac{220}{2.7}=81.48$$

由此可解得

$$\omega L' = \sqrt{81.48^2 - 30^2} = 75.76(\Omega)$$

$$L' = \frac{75.76}{\omega} = 0.24\text{H}$$

设反接串联等效电感为 L''，反接时串联电路复阻抗的模为 z''，有

$$z'' = \sqrt{R^2 + (\omega L'')^2} = \frac{U}{I} = \frac{220}{7} = 31.43(\Omega)$$

由此可解得

$$\omega L'' = \sqrt{31.43^2 - 30^2} = 9.37(\Omega)$$

$$L'' = \frac{9.37}{\omega} = 0.0298\text{H}$$

最后求得互感系数

$$M = \frac{L' - L''}{4} = \frac{0.24 - 0.0298}{4} = 52.6(\text{mH})$$

例 6-3　图所示电路中 M=0.4H，求此串联电路的谐振频率。

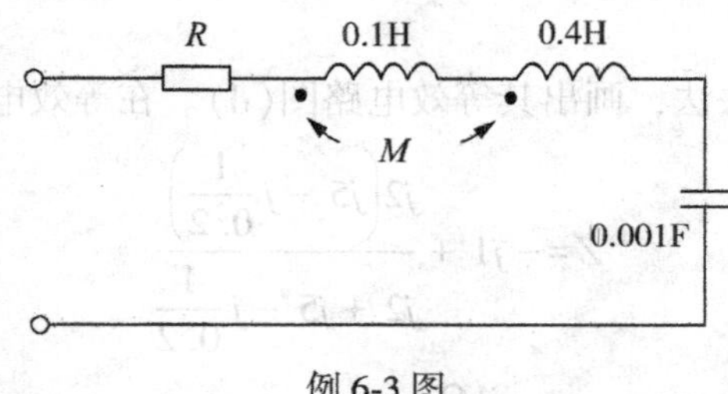

例 6-3 图

解　电路的等效电感：$L_{eq} = L_1 + L_2 + 2M = 0.1 + 0.4 + 2 \times 0.04 = 0.58(\text{H})$

$$\omega_0 = \frac{1}{\sqrt{L_{eq}C}} = \frac{1}{\sqrt{0.58 \times 0.001}} = 41.52(\text{rad/s})$$

例 6-4　已知空心变压器如图(a)所示，原边的周期性电源波形如图(b)所示(一个周期)，副边的电压表读数(有效值)为 25V。

(1)画出副边电压的波形，并计算互感 M；

(2)给出它们等效受控源(CCVS)电路；

(3)如果同名端弄错，对(1)(2)的结果有无影响？

解　(1) $i_S = \begin{cases} \dfrac{1}{2}t, & 0 \leqslant t \leqslant 4 \\ -2t + 10, & 0 \leqslant t \leqslant 5 \end{cases}$

$$u_2 = -M\frac{\mathrm{d}i_s}{\mathrm{d}t} = \begin{cases} -\dfrac{1}{2}M, & 0 \leqslant t \leqslant 4 \\ 2M, & 4 \leqslant t \leqslant 5 \end{cases}$$

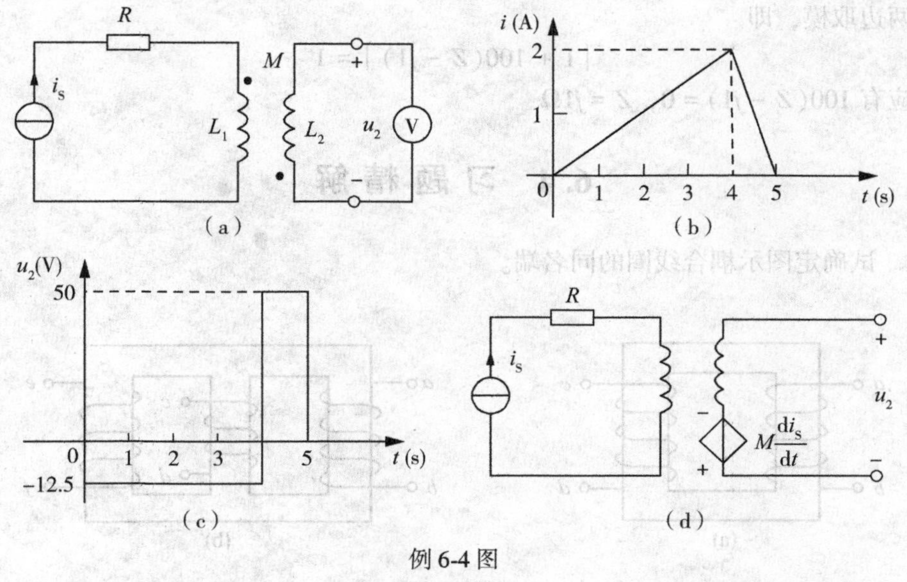

例 6-4 图

由有效值的定义，有

$$U_2=\sqrt{\frac{1}{T}\int_0^T u_2^2\mathrm{d}t}=\sqrt{\frac{1}{5}\left[\int_0^4\left(-\frac{1}{2}M\right)^2\mathrm{d}t+\int_4^5(2M)^2\mathrm{d}t\right]}$$

$$=M=25$$

故有 $M=25$，其副边电压波形如图(c)所示。

(2)其等效受控源电路如图(d)所示。

(3)如果同名端弄错则 u_2 的方向相反，受控源的参考方向也相反。

例 6-5 求图(a)所示电路中的阻抗 Z。已知电流表的读数为 10A，正弦电压 $U=10$V。

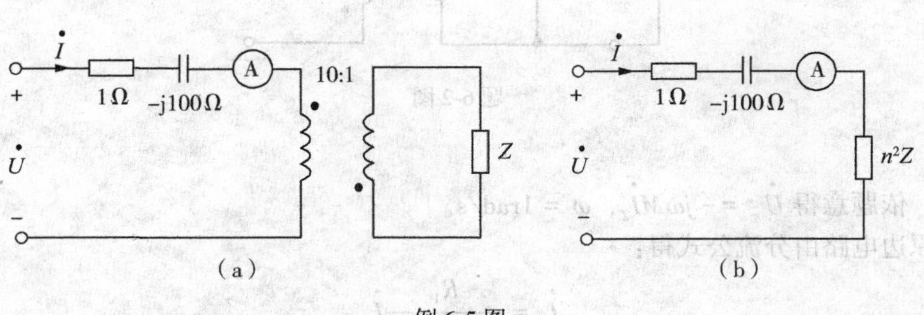

例 6-5 图

解 设电源电压为 $\dot{U}=U\angle 0°$V，设电流为 $\dot{I}=I\angle\varphi=10\angle\varphi$。画出原电路的等效电路，如图(b)所示。列图(b)的电压方程，有

$$\dot{U}=(1-j100+10^2Z)\dot{I}$$

$$10\angle 0°=(1-j100+100Z)\times 10\angle\varphi$$

对两边取模，即

$$|1+100(Z-j1)|=1$$

则应有 $100(Z-j1)=0$，$Z=j1\Omega$

6.4 习题精解

6-1 试确定图示耦合线圈的同名端。

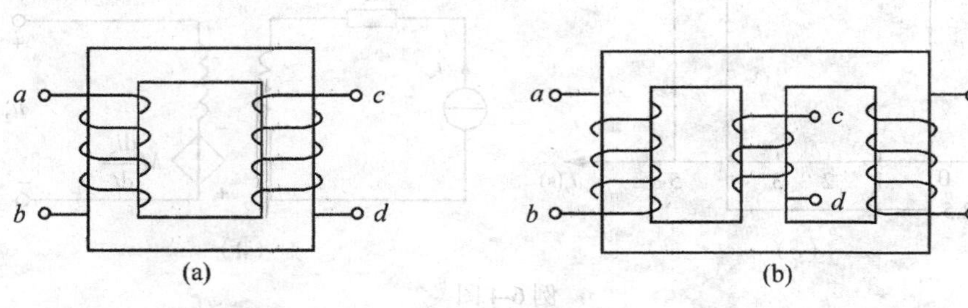

题 6-1 图

解 图(a)同名端：ac；图(b)同名端：bc，bf，df。

6-2 试确定图示耦合电路副边绕组的稳态开路电压。已知：$R_1=1\Omega$，$L_1=1\text{H}$，$L_2=2\text{H}$，$M=0.5\text{H}$，$i_s=10\sqrt{2}\sin t\text{A}$。

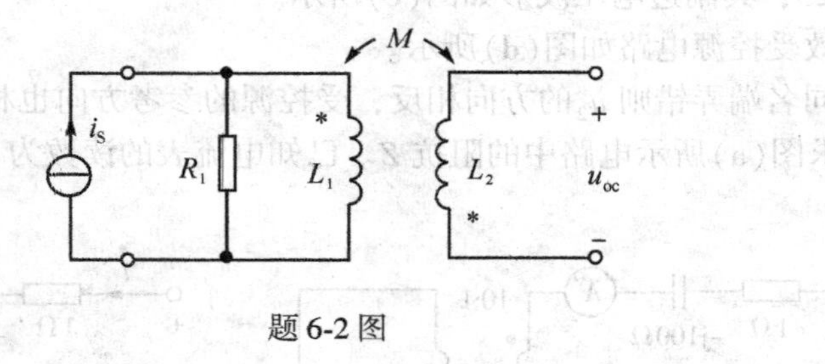

题 6-2 图

解 依题意得 $\dot{U}_{oc}=-j\omega M\dot{I}_2$，$\omega=1\text{rad/s}$。

对原边电路由分流公式得：

$$\dot{I}_2=\frac{R_1}{R_1+j\omega L_1}\dot{I}_S$$

$$\dot{U}_{oc}=-j\omega M\frac{R_1}{R_1+j\omega M}\dot{I}_S=-\frac{0.5\times 10\angle 0^\circ}{1+j}=\frac{5}{\sqrt{2}}\angle-135^\circ$$

$$u_{oc}=\frac{5}{\sqrt{2}}\times\sqrt{2}\sin(t-135^\circ)\text{V}$$

6-3 图示电路中，已知 $\dot{U}_1=100\text{V}$，$R_1=10\Omega$，$X_{L1}=X_{L2}=100\Omega$，$X_M=100\Omega$，$X_C=$

100Ω。求输入电流 $\dot{I}_1$ 和输出电压 $\dot{U}_2$。

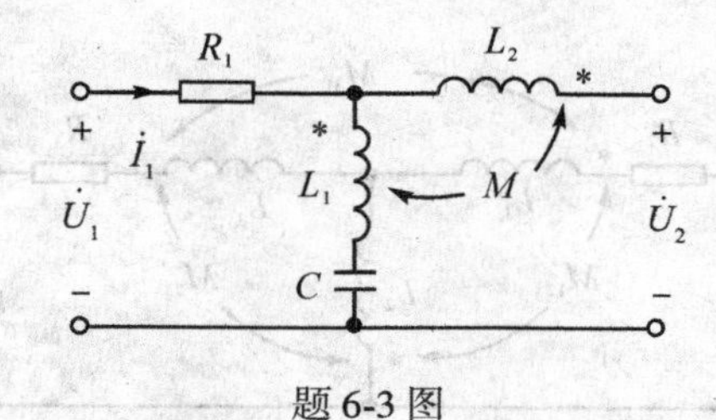

题 6-3 图

解
$$\dot{U}_1 = \dot{I}_1(R_1 + jX_L - jX_C)$$

$$\dot{I}_1 = \frac{\dot{U}_1}{R_1 + jX_L - jX_C} = \frac{100}{10 + j100 - j100} = 10\text{A}$$

$$\dot{U}_2 = jX_M\dot{I}_1 + jX_{L1}\dot{I}_1 - jX_C\dot{I}_1 = j800\text{V}$$

6-4 图示电路中，$\dot{U} = 100\text{V}$，$R_1 = 400\Omega$，$R_2 = 300\Omega$，$X_{L1} = 700\Omega$，$X_{L2} = 400\Omega$，$X_M = 400\Omega$。求各支路电流 $\dot{I}_1$、$\dot{I}_2$ 和 $\dot{I}_3$。

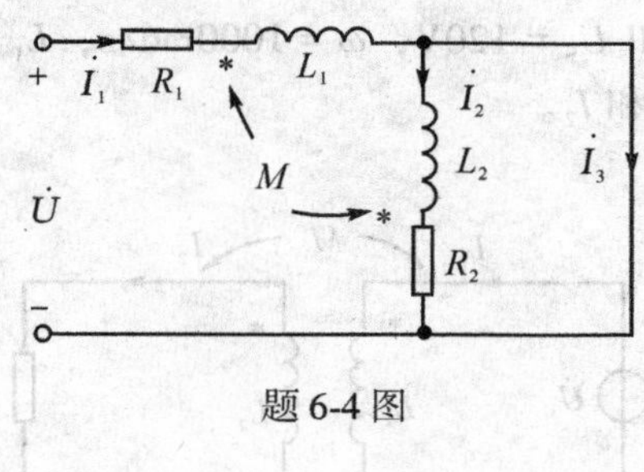

题 6-4 图

解 采用支路电流法，可得

$$\dot{I}_1 = \dot{I}_2 + \dot{I}_3$$

$$\dot{I}_1[R_1 + j\omega(L_1 - M)] + \dot{I}_2[R_2 + j\omega(L_2 - M)] = 0$$

$$j\omega M\dot{I}_3 - \dot{I}_2[R_2 + j\omega(L_2 - M)] = 0$$

整理得：
$$\dot{I}_1 = \dot{I}_2 + \dot{I}_3$$

$$\dot{I}_1[400 + j300] + \dot{I}_2[300 + j0] = 0$$

$$j400\dot{I}_3 - \dot{I}_2[300 + j0] = 0$$

联立以上方程可得 $\dot{I}_1 = 0.135\angle -36.87°\text{A}$，$\dot{I}_2 = 0.108\text{A}$，$\dot{I}_3 = -j0.081\text{A}$

6-5　图示电路中，已知 $U_1 = 100\text{V}$，$R_1 = 30\Omega$，$R_3 = 100\Omega$，$\omega L_1 = 40\Omega$，$\omega L_2 = 100\Omega$，$\omega L_3 = 1000\Omega$，$\omega M_{12} = 50\Omega$，$\omega M_{23} = 100\Omega$，$\omega M_{31} = 150\Omega$。求输出电压 U_2。

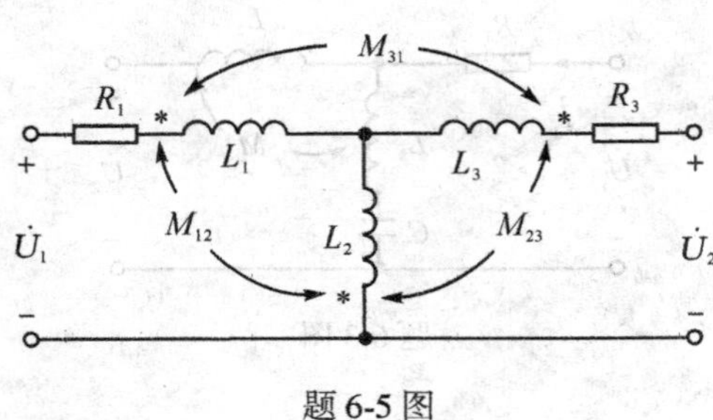

题 6-5 图

解
$$\dot{U}_2 = \frac{j\omega(L_2 - M_{12} + M_{31} - M_{23})}{j\omega(L_2 - M_{12} + M_{31} - M_{23} + L_1 - M_{12} - M_{31} + M_{23}) + R_1}\dot{U}_1$$
$$= \frac{j(100 - 50 + 150 - 100)}{j(100 - 50 + 150 - 100 + 40 - 50 - 150 + 100) + 30}\dot{U}_1$$
$$= \frac{j100}{j40 + 30}\dot{U}_1$$
$$U = \frac{100}{50} \times 100 = 200(\text{V})$$

6-6　图示电路中，已知 $U_S = 120\text{V}$，$\omega = 1000\text{rad/s}$，$L_1 = 0.16\text{H}$，$L_2 = 0.04\text{H}$，$M = 0.08\text{H}$，$R = 300\Omega$。求电流 I_1 和 I_2。

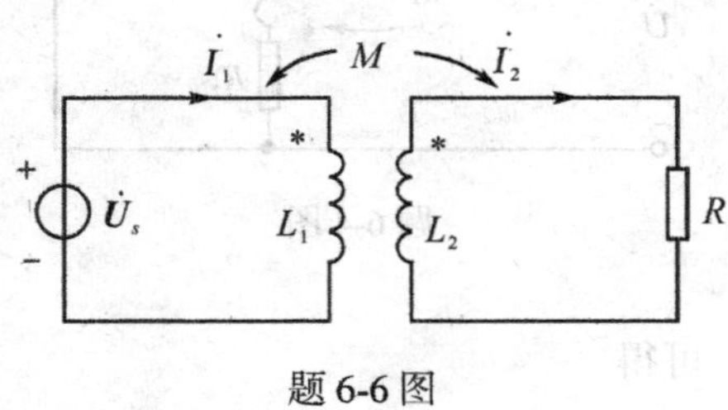

题 6-6 图

解　对原边回路和副边回路列 KVL 方程，得

$$j\omega L_1\dot{I}_1 - j\omega M\dot{I}_2 = \dot{U}_s$$
$$-j\omega M\dot{I}_1 + (R + j\omega L_2)\dot{I}_2 = 0$$

解得 $\dot{I}_1 = 0.76\angle -86.19°\text{A}$，$\dot{I}_2 = 0.2\angle 0°\text{A}$。

故电流 $I_1 = 0.76\text{A}$，$I_2 = 0.2\text{A}$。

6-7　求图(a)所示电路的谐振角频率。已知 $L_1 = 10\text{H}$，$L_2 = 6\text{H}$，$M = 2\text{H}$，$C = 1\mu\text{F}$。

解　如图(b)端子标示图所示，有

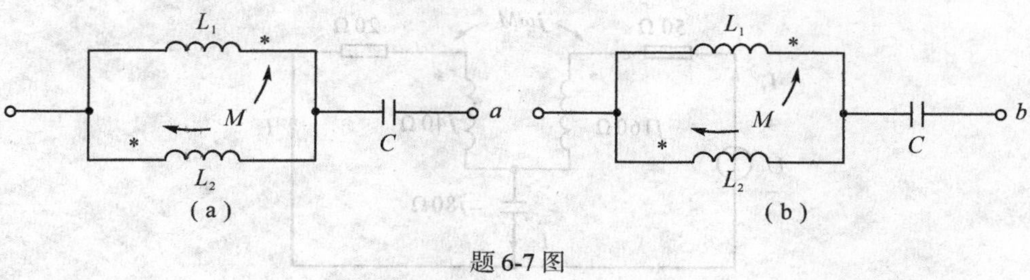

题 6-7 图

$$Z_{ab}=\frac{j\omega(L_1+M)}{j\omega(L_2+M)}-j\omega M+\frac{1}{j\omega C}$$

$$=j\left[\frac{\omega(L_1+M)(L_2+M)}{L_1+L_2+M}-\omega M-\frac{1}{\omega C}\right]$$

当电路发生谐振时，有 $\dfrac{\omega(L_1+M)(L_2+M)}{L_1+L_2+M}-\omega M-\dfrac{1}{\omega C}=0$

整理可得

$$\omega^2(CL_1L_2-M^2C)=L_1+L_2+2M$$

$$\omega=\sqrt{\frac{L_1+L_2+2M}{CL_1L_2-M^2C}}=\sqrt{\frac{10+6+2\times 2}{1\times 10^{-6}\times 10\times 6-2^2\times 1\times 10^{-6}}}=597.61(\text{rad/s})$$

6-8 在图示电路中，$R_1=12\Omega$，$R_3=6\Omega$，$\omega L_1=12\Omega$，$\omega L_2=10\Omega$，$\omega M=6\Omega$，$\dfrac{1}{\omega C}=6\Omega$。求电路的输入阻抗。

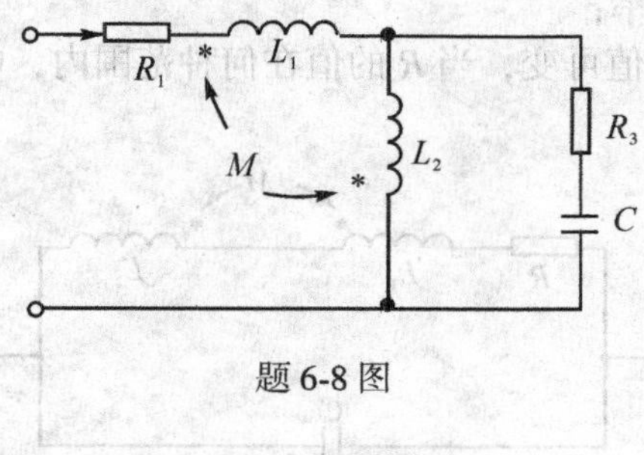

题 6-8 图

解 $Z_{in}=R_1+j\omega(L_1-M)+j\omega(L_1-M)//\left(R_3+j\omega M-j\dfrac{1}{\omega C}\right)$

$$=12+j6+j4//(6+j6-6-j6)=8.46+j8.769=16.389\angle 32.35°$$

6-9 在图示电路中，已知电压源 $\dot{U}=100\text{V}$，两线圈间的耦合系数 $k=0.5$。试求：

(1) 电流的值；

(2) 电压源输出的复功率；

(3) 电路的等效输入阻抗 Z。

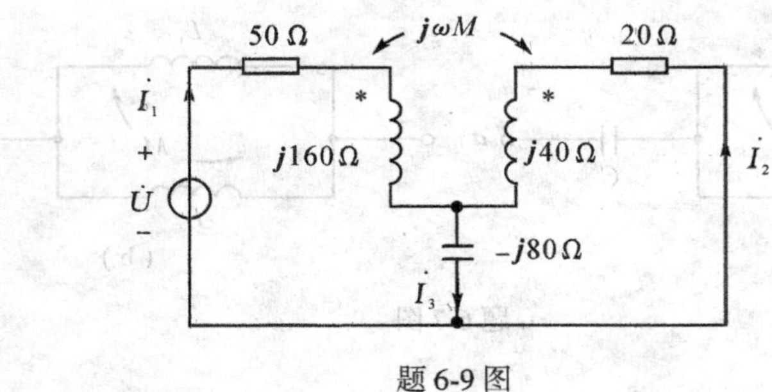

题 6-9 图

解 (1) $k=M/\sqrt{L_1L_2}$, $M=k\sqrt{L_1L_2}=0.5\times\sqrt{\frac{160}{\omega}\times\frac{40}{\omega}}=\frac{40}{\omega}$, $\omega M=40\Omega$, 则 $j\omega M=j40\Omega$, $j(160-\omega M)=j120\Omega$, $j(40-\omega M)=0\Omega$, $-j80+j\omega M=-j40\Omega$

电路的等效输入阻抗 $Z=(50+j120)+20//(-j40)=66+j112=130\angle 59.49°\Omega$

$$\dot{I}_1=\frac{\dot{U}}{Z}=\frac{100\angle 0°}{130\angle 59.49°}=0.769\angle -59.49°(\text{A})$$

采用分流公式: $-\dot{I}_2=\frac{-j40}{20-j40}\dot{I}_1=\frac{40\angle -90°\times 0.769\angle -59.49°}{44.72\angle -63.43°}=0.688\angle -86.06°(\text{A})$

$$\dot{I}_2=0.688\angle(180°-86.06°)=0.688\angle 93.94°(\text{A})$$

$$\dot{I}_3=\dot{I}_1+\dot{I}_2=0.769\angle -59.49°+0.688\angle 93.94°=0.344\angle 3.836°(\text{A})$$

电压源输出的复功率 $\widetilde{S}=\dot{U}\dot{I}_1^*=100\angle 0°\times 0.769\angle 59.49°=76.9\angle 59.49°(\text{VA})$

6-10 在图示电路中，已知 $R=25\Omega$，$L_1=L_2=50\text{mH}$，$M=25\text{mH}$，$C=20\mu\text{F}$。

(1)求电路的谐振角频率；

(2)问：如果电阻 R 的值可变，当 R 的值在何种范围内，电路不可能发生谐振?

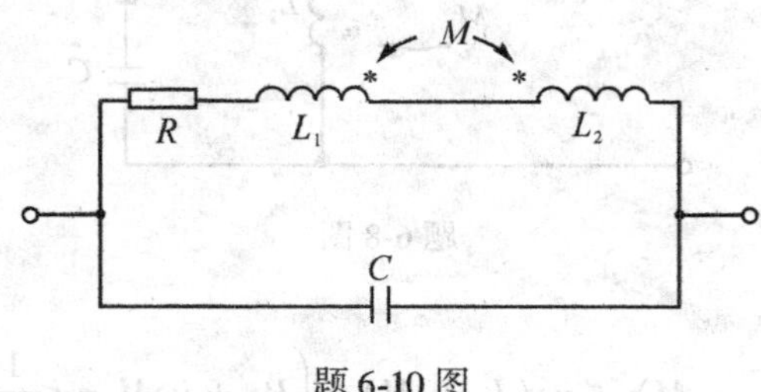

题 6-10 图

解 电路的输入导纳

$$Y=j\omega C+\frac{1}{R+j\omega(L_1+L_2-2M)}=j\omega\times 20\times 10^{-6}+\frac{1}{25+j\omega(50+50-2\times 50)\times 10^{-3}}$$

$$=\frac{25}{25^2+(50\times 10^{-3}\omega)^2}+j\left[2\times 10^{-5}\omega-\frac{5\times 10^{-2}\omega}{25^2+(50\times 10^{-3}\omega)^2}\right]$$

(1)令虚部为零，即$2\times10^{-5}\omega=(5\times10^{-2})/[25^2+(50\times10^{-3}\omega)^2]$，$\omega=866(\text{rad/s})$。

(2)电路不可能发生谐振，说明虚部不为零，即$2\times10^{-5}\omega\neq5\times10^{-2}/[25^2+(50\times10^{-3}\omega)^2]$，整理得$\omega^2\neq\dfrac{2.5\times10^3-R^2}{2.5\times10^{-3}}$，需要$\dfrac{2.5\times10^3-R^2}{2.5\times10^{-3}}<0$，即：$R>50\Omega$。

6-11 图示电路中，已知$R_1=R_2=10\Omega$，$\omega L_1=30\Omega$，$\omega L_2=20\Omega$，$\omega M=20\Omega$，$\dot{U}=100\text{V}$。求电路的输出电压$\dot{U}_2$。

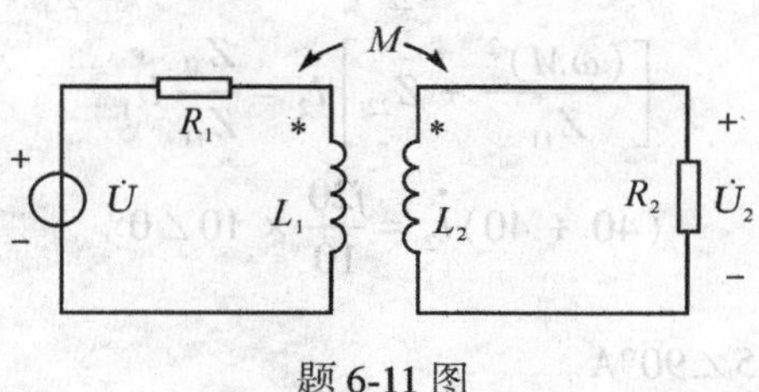

题 6-11 图

解 设原边电流为$\dot{I}_1$，副边电流为$\dot{I}_2$，对原边和副边分别列方程得

原边：
$$-U+R_1\dot{I}_1+j\omega L_1\dot{I}_1+j\omega M\dot{I}_2=0 \quad (1)$$

副边：
$$j\omega L_2\dot{I}_2+j\omega M\dot{I}_1-\dot{U}_2=0 \quad (2)$$

将相关参数代入上式，整理可得

$$-100\angle0^\circ+10\dot{I}_1+j30\dot{I}_1+j20\dot{I}_2=0$$

$$j20\dot{I}_2+j20\dot{I}_1-\dot{U}_2=0$$

$$\dot{U}_2=-10\dot{I}_2$$

解得：
$$\dot{I}_2=\frac{20\angle0^\circ}{-5-j}$$

$$\dot{U}_2=39.22\angle-11.3^\circ\text{V}$$

6-12 图示电路中，已知$U=10\text{V}$，$\omega=10\text{rad/s}$，$R_1=10\Omega$，$L_1=L_2=0.1\text{mH}$，$M=0.02\text{mH}$，$C_1=C_2=0.01\mu\text{F}$。要使负载R_2吸收的功率最大，问：R_2应为何值？求此最大功率及C_2上的电压。

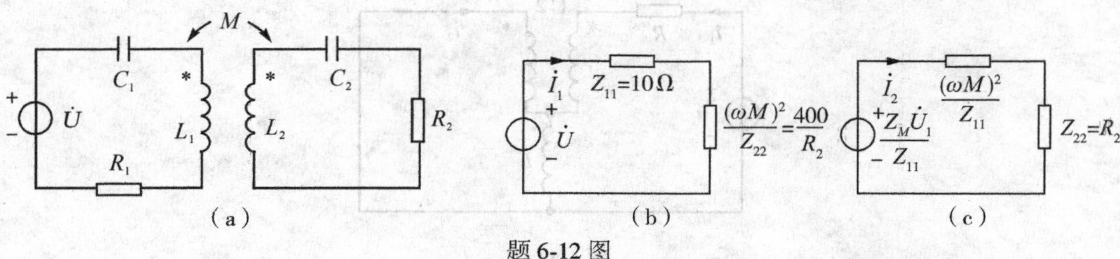

题 6-12 图

解　原边所含阻抗：$Z_{11}=-j\dfrac{1}{\omega C_1}+j\omega L_1+R_1=-j100+j100+10=10(\Omega)$

$$Z_{22}=-j\frac{1}{\omega C_2}+j\omega L_2+R_2=R_2$$

$$Z_M=j\omega M=j20$$

原边等效电路和副边等效电路如图(b)(c)所示。

要使 R_2 吸收的功率最大，则 $Z_{11}=\dfrac{(\omega M)^2}{Z_{22}}$，即 $10=\dfrac{400}{R_2}$，$R_2=40\Omega$。

对副边列方程得

$$\left[\frac{(\omega M)^2}{Z_{11}}+Z_{22}\right]\dot{I}_2=\frac{Z_M}{Z_{11}}\dot{U}_1$$

即

$$(40+40)\dot{I}_2=\frac{j20}{10}\times 10\angle 0^\circ$$

解得：$\dot{I}_2=j0.25=0.25\angle 90^\circ\text{A}$。

此时 $P_{\max}=I_2^2R_2=0.25\times 0.25\times 40\text{W}=2.5\text{W}$

$$\dot{U}_{C_2}=\dot{I}_2\left(-j\frac{1}{\omega C_2}\right)=j0.25\times(-j100)=25\text{V}$$

6-13　图示理想变压器电路中，$\dot{U}=10\angle 0^\circ\text{V}$，求电流 $\dot{I}$。

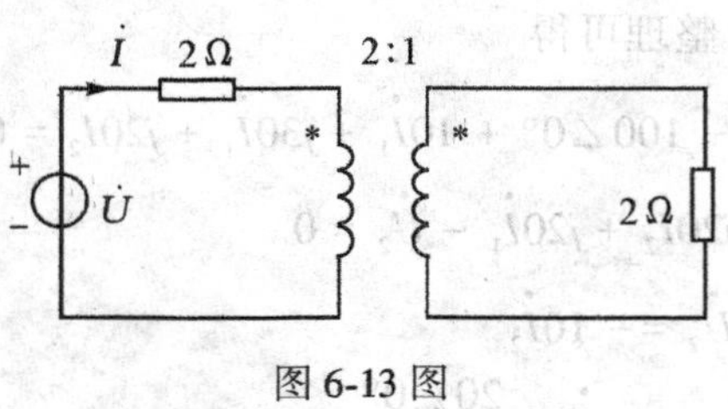

图 6-13 图

解　采用变阻抗性质：$\dot{I}=\dfrac{\dot{U}}{2+8}=1\angle 0^\circ\text{A}$。

6-14　在图示电路中，已知 $R=1\Omega$，$L=1\text{H}$，$u_s=10\sin t\text{V}$。求电流 i_1。

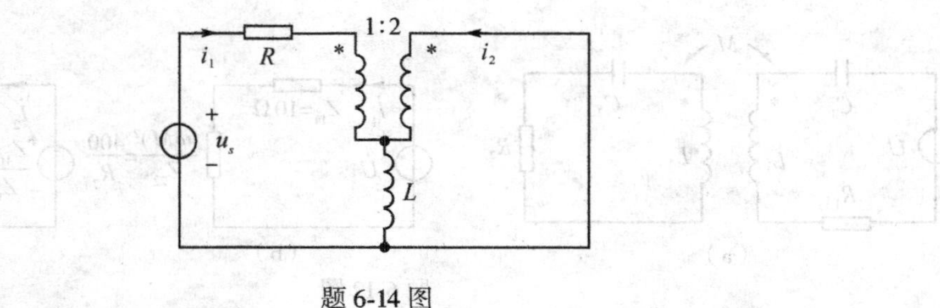

题 6-14 图

解 根据理想变压器的变电流性质，可得

$$\frac{\dot{I}_1}{\dot{I}_2}=-2 \tag{1}$$

根据理想变压器的变电流性质，可得

$$\frac{\dot{U}_1}{\dot{U}_2}=\frac{1}{2} \tag{2}$$

对电路左边的网孔列 KVL 方程，得

$$-10\sin t+\dot{I}_1+\dot{U}_1+j(\dot{I}_1+\dot{I}_2)=0 \tag{3}$$

对电路右边的网孔列 KVL 方程，得

$$\dot{U}_2+j(\dot{I}_1+\dot{I}_2)=0 \tag{4}$$

联立以上式子，解得

$$\dot{I}_1=9.71\angle-14.04°,\ i_1(t)=9.71\sin(t-14.04°)\,\mathrm{A}$$

6-15 图示正弦稳态电路中，已知 $R=1\Omega$，$X_C=4\Omega$，$\dot{U}_S=8\angle0°\mathrm{V}$，$Z$ 可以自由地改变。问：当 Z 为何值时网络能向 Z 提供最大的平均功率？该功率有多大？

解 此题采用戴维南定理方法求解。

首先将原电路中的理想变压器等效成如电路图(b)所示。

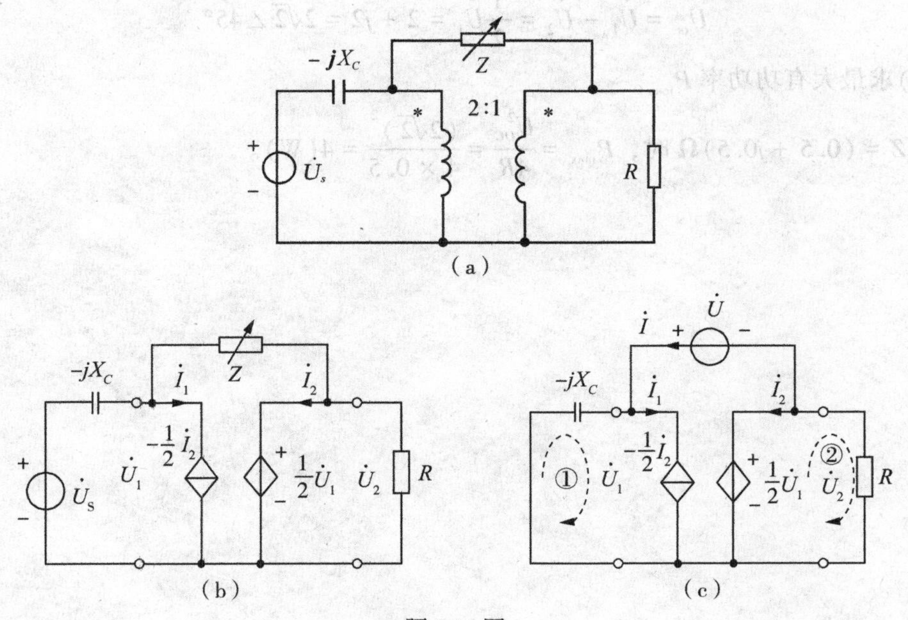

题 6-15 图

(1)求 ab 间等效阻抗 Z_{eq}。

采用外加电压源 U，此时将电源 $\dot{U}_S$ 短接，如图 6-15(c)所示。

对回路 1 列 KVL 方程：$$U_1-(\dot{I}-\dot{I}_1)(-4j)=0 \tag{1}$$

对回路 2 列 KVL 方程：$$-(\dot{I}+\dot{I}_2)\times 1-\dot{U}_2=0 \tag{2}$$

根据理想变压器的变电流性质，可得 $$\frac{I_1}{\dot{I}_2}=-\frac{1}{2} \tag{3}$$

根据理想变压器的变电压性质，可得 $$\frac{\dot{U}_1}{U_2}=2 \tag{4}$$

对回路 3 列 KVL 方程：$$\dot{U}=\dot{U}_1-\dot{U}_2 \tag{5}$$

联立上 5 个式子解得 $$Z_{eq}=\frac{\dot{U}}{\dot{I}}=(0.5-j0.5)\Omega$$

(2)求开路电源电压 U_{oc}。

将电阻 Z 所在的支路断开，对理想变压器采用变阻抗性质，易知：

$$\dot{U}_1=\frac{4\dot{U}_S}{4-j4}=\frac{4\times 8\angle 0^\circ}{4-j4}=4+j4$$

$$U_{oc}=\dot{U}_1-\dot{U}_2=\frac{1}{2}\dot{U}_1=2+j2=2\sqrt{2}\angle 45^\circ$$

(3)求最大有功功率 P_{max}。

当 $Z=(0.5+j0.5)\Omega$ 时，$P_{max}=\dfrac{U_{OC}^2}{4R}=\dfrac{(2\sqrt{2})^2}{4\times 0.5}=4(\mathrm{W})$。

第7章　三相电路

7.1　学习指导

一、学习要求

(1)了解三相电路的特点以及和单相电路的区别，理解三相电路相电压、线电压，相电流、线电流等相关概念。

(2)熟悉对称电路的多种联系方式，掌握三相四线制和三相三线制电路的分析。

(3)了解不对称三相电路的特点，能对三相电路进行分析。

二、知识框架图

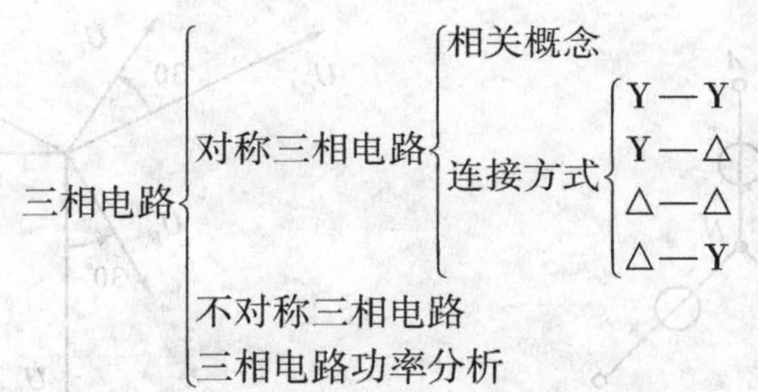

三、重点和难点

(1)对称三相电路在不同连接方式下，相电压，线电压，相电流和线电流的关系；

(2)对称三相电路的分析和计算；

(3)对称三相电路的功率计算和测量方法；

(4)不对称三相电路的分析。

7.2　主要内容

一、对称三相电源

1. 对称三相电源

按照正弦规律变化且同频率的三相电源，其电压的有效值相等、相位依次相差 120°

时，称为对称三相电源。对称三相电源的特点是 $u_A + u_B + u_C = 0$ 或 $\dot{U}_A + \dot{U}_B + \dot{U}_C = 0$。

发电机的每个绕组构成的一个电压源称为电源的一相。三相电源中，各相电压从同一方向经过同一值的先后次序称为三相电源的相序。如果 A 相超前于 B 相，B 相超前于 C 相，这种相序称为正序或顺序，即 $A—B—C$。如果 B 相超前于 A 相，C 相超前于 B 相，这种相序称为负序或逆序，即 $C—B—A$。如无特别说明，三相电源电压的相序均指正序。

2. 三相电源的连接方式

三相电路中的电源有两种基本的连接方式，即星形连接和三角形连接。

1)星形连接

星形电源线电压与相电压的关系为

$$\dot{U}_{AB} = \dot{U}_A - \dot{U}_B = \sqrt{3}\,\dot{U}_A \angle 30°$$

$$\dot{U}_{BC} = \dot{U}_B - \dot{U}_C = \sqrt{3}\,\dot{U}_B \angle 30°$$

$$\dot{U}_{CA} = \dot{U}_C - \dot{U}_A = \sqrt{3}\,\dot{U}_C \angle 30°$$

即
$$U_l = \sqrt{3}\,U_p$$

U_l 为线电压的有效值。电源的星形连接及电压相量图如图 7-1 所示。

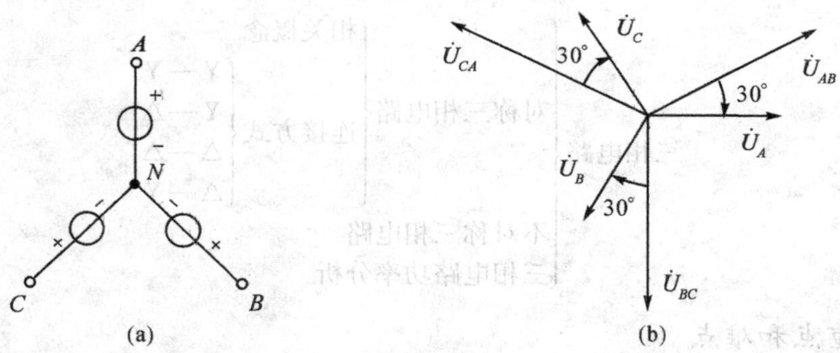

图 7-1　电源的星形连接及其电压相量图

2)三角形连接

三角形电源线电压与相电压的关系为

$$\dot{U}_{AB} = \dot{U}_A,\ \dot{U}_{BC} = \dot{U}_B,\ \dot{U}_{CA} = \dot{U}_C$$

即
$$U_l = U_p$$

电源的三角形连接如图 7-2 所示。

二、对称三相负载

1. 对称三相负载

三相负载的三个阻抗相等时，称为对称三相负载。

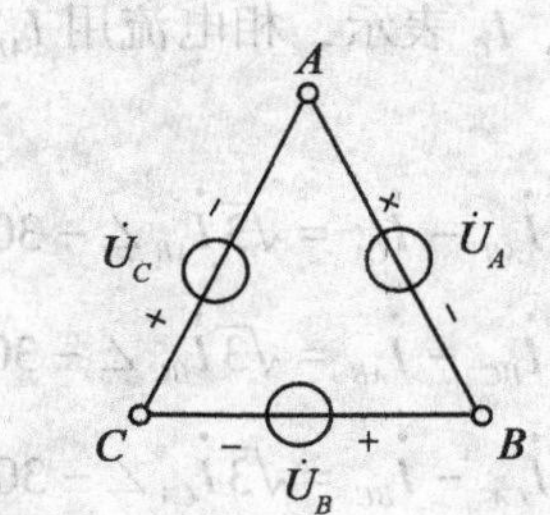

图 7-2 三相电源的三角形连接

2. 三相负载的连接方式

1) 星形连接

三相负载星形连接如图 7-3 所示。当星形负载与电源连接时，电路中就有电流。星形负载中相电流等于线电流，即 $I_l = I_p$。

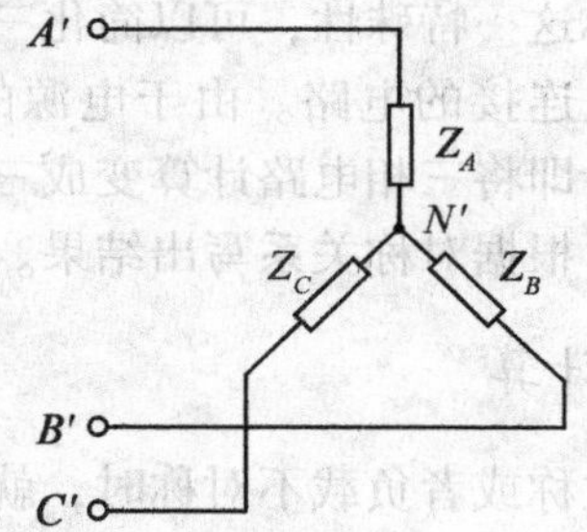

图 7-3 三相负载的星形连接

2) 三角形连接

三相负载三角形连接如图 7-4(a) 所示。

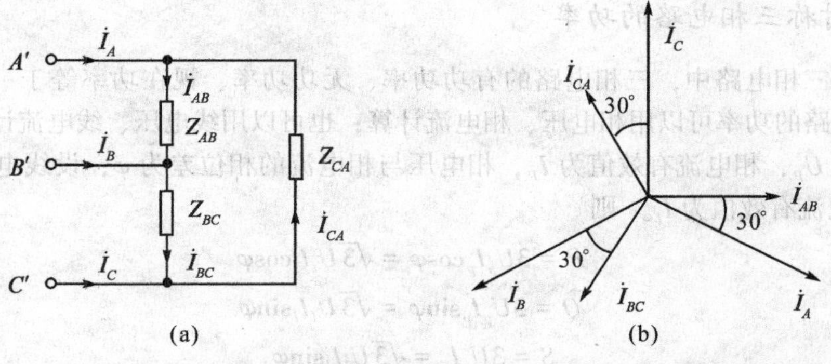

图 7-4 对称负载的三角形连接和电流相量图

三角形负载的线电流用 $\dot{I}_A$、$\dot{I}_B$、$\dot{I}_C$ 表示，相电流用 $\dot{I}_{AB}$、$\dot{I}_{BC}$、$\dot{I}_{CA}$ 表示，线电流与相电流的关系为

$$\dot{I}_A = \dot{I}_{AB} - \dot{I}_{CA} = \sqrt{3}\dot{I}_{AB}\angle -30°$$

$$\dot{I}_B = \dot{I}_{BC} - \dot{I}_{AB} = \sqrt{3}\dot{I}_{BC}\angle -30°$$

$$\dot{I}_C = \dot{I}_{CA} - \dot{I}_{BC} = \sqrt{3}\dot{I}_{CA}\angle -30°$$

即

$$I_l = \sqrt{3}I_p$$

三、三相电路的连接方式

三相电源和三相负载连接在一起就构成三相电路。其接线方式有以下几种：Y_0—Y_0 连接、Y—Y 连接、Y—△连接、△—Y 连接、△—△连接，以及其他复杂三相电路。

四、对称三相电路的计算

当三相电路中的三相电源对称、三相负载对称、三条输电线阻抗相等的电路，就是对称三相电路。针对三相电路对称这一特殊性，可以简化三相电路的分析计算。不管是哪一种连接方式，都可以化为 Y—Y 连接的电路。由于电源的中性点与负载中性点是等电位点，可用一短接线将它们连接，即将三相电路计算变成三个单相电路计算。一般是画出 A 相电路计算，其余两相的响应可根据对称关系写出结果。

五、不对称三相电路的计算

在三相电路中，当电源不对称或者负载不对称时，就称为不对称三相电路。当不对称三相电路是三相电源对称而三相负载不对称时，用节点电压法计算出电源的中性点与负载中性点之间的电位，然后再计算各相负载的电压和电流；还可以利用电路的特点进行计算。由于不对称三相电路中的各相电流一般是不对称的，所以不对称三相电路的计算不能简化为单相电路计算。如果不对称三相电路是三相电源和三相负载都不对称，也可以利用电路的特点进行计算。

六、对称三相电路的功率

在对称三相电路中，三相电路的有功功率、无功功率、视在功率等于一相功率的 3 倍。三相电路的功率可以用相电压、相电流计算；也可以用线电压、线电流计算。设相电压有效值为 U_P，相电流有效值为 I_P，相电压与相电流的相位差为 φ；设线电压有效值为 U_l，线相电流有效值为 I_l。则

$$P = 3U_pI_p\cos\varphi = \sqrt{3}U_lI_l\cos\varphi$$

$$Q = 3U_pI_p\sin\varphi = \sqrt{3}U_lI_l\sin\varphi$$

$$S = 3U_pI_p = \sqrt{3}U_lI_l\sin\varphi$$

七、三相电路功率的测量

1. 三相四线制电路

在三相四线制电路中，当负载不对称时须用三个单相功率表测量三相负载的功率，如图 7-5 所示。这种测量方法称为三表法。

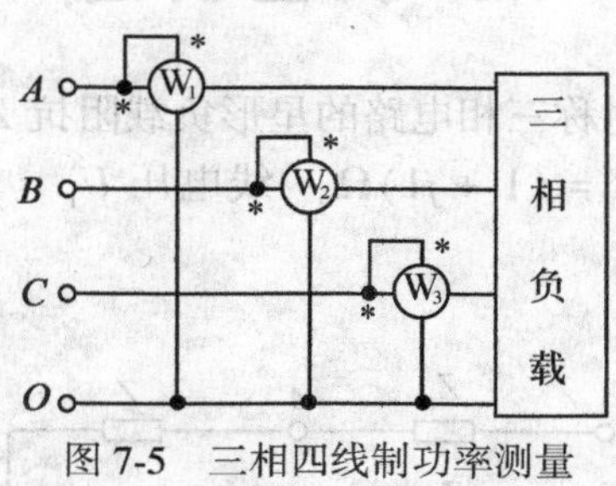

图 7-5 三相四线制功率测量

在三相四线制电路中，当负载对称时只需用一个单相功率表测量三相负载的功率，如图 7-5 中的任意一个表都可以。

$$P = 3P_A = 3P_B = 3P_C$$

即任意一个表的读数乘以 3 就是三相负载的功率。这种测量方法称为一表法。

2. 三相三线制电路

对于三相三线制电路，不管负载对称还是不对称，也不管负载是星形还是三角形连接，可以用两个单相功率表测量三相负载的功率，如图 7-6 所示。这种测量方法称为两表法。

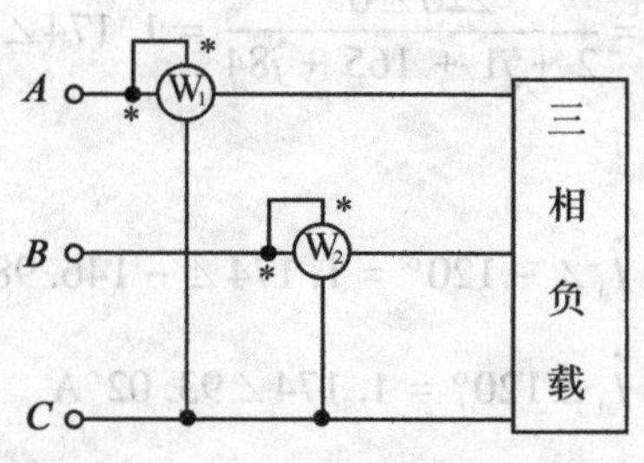

图 7-6 三相三线制功率测量

三相负载的有功功率为

$$P = P_1 + P_2$$

在对称三相电路中，

$$P_1 = U_{AC}I_A\cos(\varphi - 30°), \qquad P_2 = U_{BC}I_B\cos(\varphi + 30°)$$

式中，φ 为负载的阻抗角(也是相电压与相电流的相位差角)；P_1 是电压线圈跨接的相序为逆相序的功率表的读数；P_2 是电压线圈跨接的相序为顺相序的功率表的读数。当 φ 大于 60°时，功率表 W_2 出现反转，可将功率表的“极性旋钮”旋至“-”位置，此时 P_2 的读数应取负值，即

$$P = P_1 - P_2$$

7.3 典 型 例 题

例 7-1　如图所示，已知对称三相电路的星形负载阻抗 $Z = (165 + j84)\Omega$，端线阻抗 $Z_1 = (2 + j1)\Omega$，中线阻抗 $Z_N = (1 + j1)\Omega$，线电压 $U_1 = 380\text{V}$。求负载端的电流和线电压。

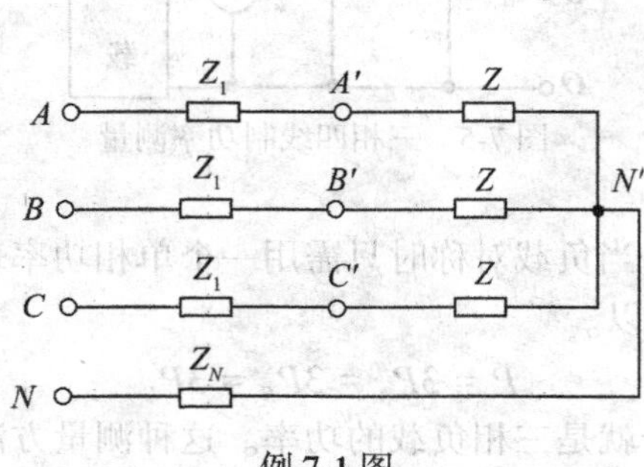

例 7-1 图

解　由于是对称三相电路，可以化为单相电路计算。设 $\dot{U}_A = \frac{1}{\sqrt{3}} U_l \angle 0° = \frac{1}{\sqrt{3}} 380 \angle 0° = 220 \angle 0° \text{V}$。对于 A 相电路，有

$$\dot{I}_A = \frac{\dot{U}_A}{Z_l + Z} = \frac{220\angle 0°}{2 + j1 + 165 + j84} = 1.174\angle -26.98°\text{A}$$

根据对称性，有

$$\dot{I}_B = \dot{I}_A \angle -120° = 1.174\angle -146.98°\text{A}$$

$$\dot{I}_C = \dot{I}_A \angle 120° = 1.174\angle 93.02°\text{A}$$

负载相电压：

$$\dot{U}_{A'N'} = \dot{I}_A Z = 1.174\angle -26.98 \cdot (165 + j84) = 217.37\angle 0°\text{V}$$

$$\dot{U}_{B'N'} = \dot{U}_{A'N'} \angle -120° = 217.37\angle -120°\text{V}$$

$$\dot{U}_{C'N'} = \dot{U}_{A''N'} \angle 120° = 217.37\angle 120°\text{V}$$

负载线电压：

$$\dot{U}_{A'B'}=\sqrt{3}\dot{U}_{A'N'}\angle 30^\circ=376.50\angle 30^\circ\text{V}$$

$$\dot{U}_{B'C'}=\dot{U}_{A'B'}\angle -120^\circ=376.50\angle -90^\circ\text{V}$$

$$\dot{U}_{C'A'}=\dot{U}_{C'B'}\angle 120^\circ=376.50\angle 150^\circ\text{V}$$

例 7-2 如图所示，已知对称三相电路的线电压 $U_1=380\text{V}$(电源端)，三角形负载阻抗 $Z=(4.5+j14)\Omega$，端线阻抗 $Z=(1.5+j2)\Omega$。求线电流和负载的相电流。

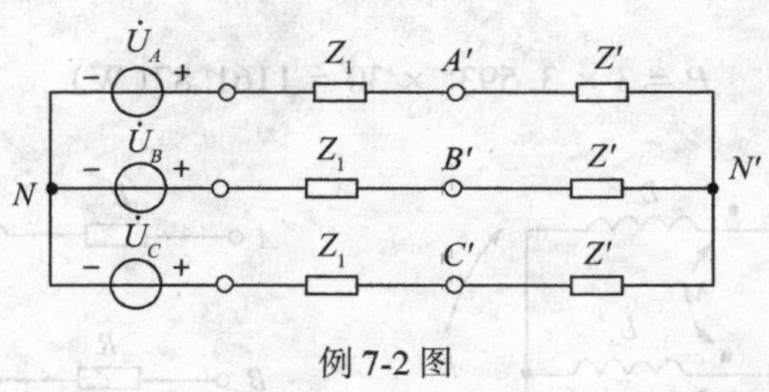

例 7-2 图

解 由于是对称三相电路，可以化为单相电路计算。设 $\dot{U}_A=\frac{1}{\sqrt{3}}U_l\angle 0^\circ=\frac{1}{\sqrt{3}}380\angle 0^\circ=220\angle 0^\circ\text{V}$。将三角形负载 Z 等效变换成星形负载 $Z'=\frac{1}{3}Z=(1.5+j4.67)\Omega$。对于 A 相电路，有

$$\dot{I}_A=\frac{\dot{U}_A}{Z_l+Z'}=\frac{220\angle 0^\circ}{1.5+j2+1.5+j4.67}=30.08\angle -65.78(\text{A})$$

由对称性，有

$$\dot{I}_B=\dot{I}_A\angle -120^\circ=30.08\angle -185.78^\circ=30.08\angle 174.22^\circ(\text{A})$$

$$\dot{I}_C=\dot{I}_A\angle 120^\circ=30.08\angle 54.22^\circ\text{A}$$

负载相电压为

$$\dot{U}_{A'N'}=\dot{I}_A Z'=147.39\angle 6.41^\circ\text{V}$$

负载线电压为

$$\dot{U}_{A'B'}=\sqrt{3}\dot{U}_{A'N'}\angle 30^\circ=255.29\angle 36.41^\circ\text{V}$$

由此可计算出负载相电流，有

$$\dot{I}_{A'B'}=\frac{\dot{U}_{A'B'}}{Z}=\frac{255.29\angle 36.41^\circ}{4.5+j14}=17.35\angle -35.77^\circ(\text{A})$$

即线电流 $I_l=30.08\text{A}$，负载相电流 $I_p=17.35\text{A}$。

例 7-3　图(a)所示对称工频三相耦合电路接于对称三相电源，线电压 $U_1=380\text{V}$，$R=30\Omega$，$L=0.29\text{H}$，$M=0.12\text{H}$。求相电流和负载吸收的总功率。

解　首先用互感消去法将原电路变换成为如图(b)所示的等效电路。设 $\dot{U}_A=\frac{1}{\sqrt{3}}380\angle 0°=220\angle 0°\text{V}$，对于 A 相电路，有

$$\dot{I}_A=\frac{\dot{U}_A}{R+j\omega(L-M)}=\frac{220\angle 0°}{30+j53.38}=3.593\angle -60.66°(\text{A})$$

负载吸收的总功率

$$P=3\times 3.593^2\times 30=1161.87(\text{W})$$

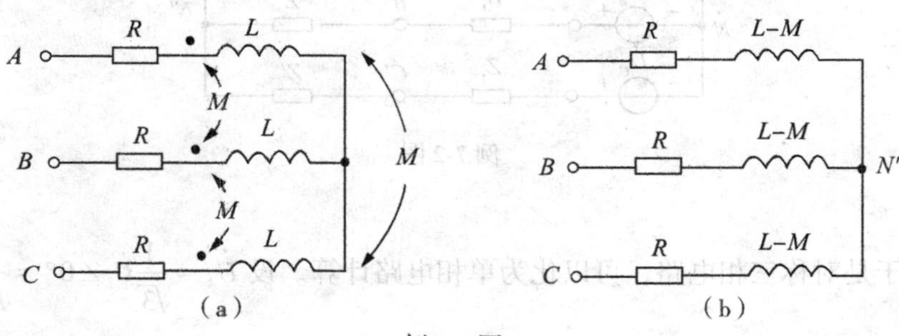

例 7-3 图

例 7-4　图示为对称的 Y—△三相电路，$U_{AB}=380\text{V}$，$Z=(27.5+j47.64)\Omega$。(1)图中功率表的读数及其代数和有无意义？(2)若开关 S 打开，再回答题(1)。

解　(1)图中两个功率表的单独读数均无意义；但两个功率表读数的代数和即为三相电路的总功率。即

$$P=P_1+P_2$$

设

$$\dot{U}_{AB}=380\angle 30°\text{V}$$

$$\dot{I}_{AB}=\frac{\dot{U}_{AB}}{Z}=\frac{380\angle 30°}{27.5+j47.64}=6.91\angle -30°(\text{A})$$

$$\dot{I}_A=\sqrt{3}\dot{I}_{AB}=\angle -30°=11.97\angle -60°(\text{A})$$

根据对称性可知

$$\dot{U}_{CB}=380\angle 90°\text{V}$$

$$\dot{I}_C=11.97\angle 60°\text{A}$$

两功率表的读数为

$$P_1=U_{AB}I_A\cos(30°+60°)=380\times 11.97\times\cos 90°=0(\text{W})$$

$$P_2=U_{CB}I_C\cos(90°-60°)=380\times 11.97\times\cos 30°=3939.2(\text{W})$$

$$P=P_1+P_2=3939.2(\text{W})$$

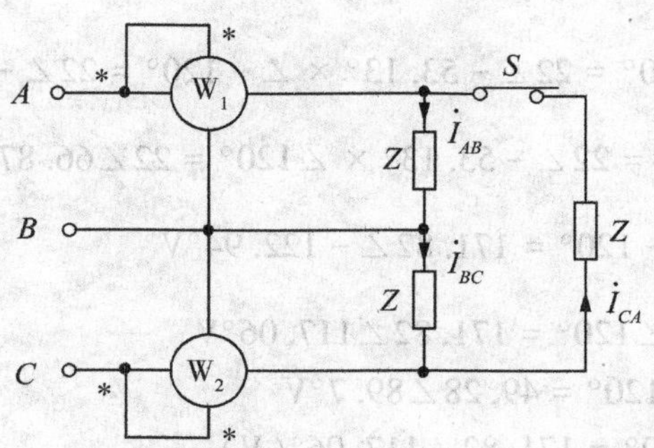

例 7-4 图

(2)当 S 断开时：

$$\dot{I}_A=\dot{I}_{AB}=6.91\angle-30°(\mathrm{A})$$

$$\dot{I}_C=\dot{I}_{CB}=\frac{\dot{U}_{CB}}{2}=\frac{380\angle90°}{27.5+j47.5}=6.91\angle30°(\mathrm{A})$$

$$P_1=U_{AB}I_A\cos(30°+30°)=380\times6.91\times\cos60°=13129(\mathrm{W})$$

$$P_2=U_{CB}I_C\cos(90°-30°)=380\times6.91\times\cos60°=13129(\mathrm{W})$$

总功率为 $$P=P_1+P_2=2625.8\mathrm{W}$$

点评：在三角形负载电路中，当一相负载断开后，不会影响另外两相负载的正常工作，题(2)里的总功率是题(1)里总功率的$\frac{2}{3}$。而在星形负载中，当一相负载开路，则另两相负载的电压会降低，电流会减小，不能正常工作。

7.4 习题精解

7-1 三相电路中，对称三相电源线电压有效值为 380V，输电线阻抗 $Z_l=1+j2\Omega$，对称三相负载作星形连接，其阻抗 $Z=5+j6\Omega$。求各相负载的电流相量、电压相量和线路电压降。

解 由对称三相电源线电压有效值可得对称三相电源相电压有效值 $U_p=\frac{U_l}{\sqrt{3}}=220\mathrm{V}$。

设 $\dot{U}_A=220\angle0$，则 A 相电流相量 $\dot{I}_A=\frac{\dot{U}_{AO}}{Z_l+Z}=\frac{220\angle0}{5+j6+1+j2}=22\angle-53.13°\mathrm{A}$

A 相电压相量 $\dot{U}_{AO'}=\dot{I}_AZ=22\angle-53.13°\times(5+j6)=171.82\angle-2.94°(\mathrm{V})$

A 相线路电压降 $U'_A=\dot{I}_AZ_l=22\angle-53.13°\times(1+j2)=49.28\angle30.3°(\mathrm{V})$

由对称性可知：

$$\dot{I}_B = \dot{I}_A \angle -120° = 22\angle -53.13° \times \angle -120° = 22\angle -173.13°(\text{A})$$

$$\dot{I}_C = \dot{I}_A \angle 120° = 22\angle -53.13° \times \angle 120° = 22\angle 66.87°(\text{A})$$

$$\dot{U}_{BO'} = \dot{U}_{AO} \angle -120° = 171.82\angle -122.94°\text{V}$$

$$\dot{U}_{CO'} = \dot{U}_{AO} \cdot \angle 120° = 171.82\angle 117.06°\text{V}$$

$$U'_B = U'_A \angle -120° = 49.28\angle 89.7°\text{V}$$

$$U'_C = U'_A \angle 120° = 171.82\angle 117.06°(\text{V})$$

故各相负载的电流相量、电压相量和线路电压降分别为22A、171.8V、49.2(V)。

7-2 三相感应电动机的三相绕组作星形连接，接到线电压为380V的对称三相电源上，其线电流为13.8A。

(1)求各相绕组上的相电压和相电流；

(2)求各相绕组阻抗值；

(3)问：如果将电动机的三相绕组改作三角形连接，相电流和线电流是多少？

解 (1)各相绕组上的相电压 $U_p = \frac{1}{\sqrt{3}} U_l = 220\text{V}$，

各相绕组上的相电流 $I_p = I_l = 13.8\text{A}$。

(2)各相绕组阻抗值 $Z = \frac{U_p}{I_p} = \frac{220\text{V}}{13.8\text{A}} = 15.94\Omega$

$$U_p = U_l = 380\text{V}$$

(3) $I_p = \frac{U_p}{Z} = \frac{380\text{V}}{15.94\Omega} = 23.84\text{A}$，$I_l = \sqrt{3} I_p = 41.29\text{A}$。

7-3 对称三相四线电路中，负载阻抗 $Z = 98 + j172.2\Omega$，输电线阻抗 $Z_l = 2 + j1\Omega$，中线阻抗 $Z_0 = 1 + j1\Omega$，对称电源线电压 $U_l = 380\text{V}$。求负载的电流、负载端的线电压。

解：由对称三相电源线电压 $U_l = 380\text{V}$，可得相电压 $U_p = \frac{U_l}{\sqrt{3}} = 220\text{V}$，故负载的电流为

$$\dot{I} = \frac{\dot{U}_P}{Z + Z_l + Z_0} = \frac{220\angle 0°}{98 + j172.2 + 2 + j1 + 1 + j1} = 1.1\angle -59.9°\text{A}$$

负载端的相电压：$\dot{U}_{zP} = \dot{I}Z = 1.1\angle -59.9° \times (98 + j172.2) = 217.94\angle 0.46°(\text{V})$；

负载端的线电压：$U_{zl} = \sqrt{3} U_{zp} = \sqrt{3} \times 217.94 = 377.48(\text{V})$。

7-4 对称三相三线电路中，负载作三角形连接，阻抗 $Z = 98 + j172.2\Omega$，输电线阻抗 $Z_l = 2 + j1\Omega$，三相对称电源线电压 $U_l = 380\text{V}$。求线电流、负载的相电流和相电压。

解：依题意可设负载的相电流有效值为 I_p，负载相电压为220V。

$$\frac{1}{3}(98 + j172.2)\dot{I}_p + (2 + j1)\dot{I}_p = 220\angle 0°$$

$$\dot{I}_p = 3.24\text{A}$$

故线电流为3.24A。

负载的相电压：

$$\frac{1}{\sqrt{3}}I_p = 1.87\text{A}$$

负载端的线电压：

$$U_p = 1.87 \times \sqrt{98^2 + 172.2^2} = 372.5(\text{V})$$

7-5 三相四线电路中，对称电源线电压 $U_l = 380\text{V}$，不对称星形负载分别为 $Z_A = 3 + j4\Omega$，$Z_B = 5 + j5\Omega$，$Z_C = 5 + j8.66\Omega$，设 A 相电压为参考相量。求：

(1)中线阻抗 $Z_0 = 0$ 时的线电流和中线电流；

(2)中线阻抗 $Z_0 = 4 + j3\Omega$ 时的中性电压、线电流和中线电流；

(3)中线阻抗 $Z_0 = 0$，A 相负载开路及短路时的线电流和中线电流；

(4)中线阻抗 $Z_0 = \infty$，A 相负载开路及短路时的线电流和中性点电压。

解 画出三相电路的电路如图所示。

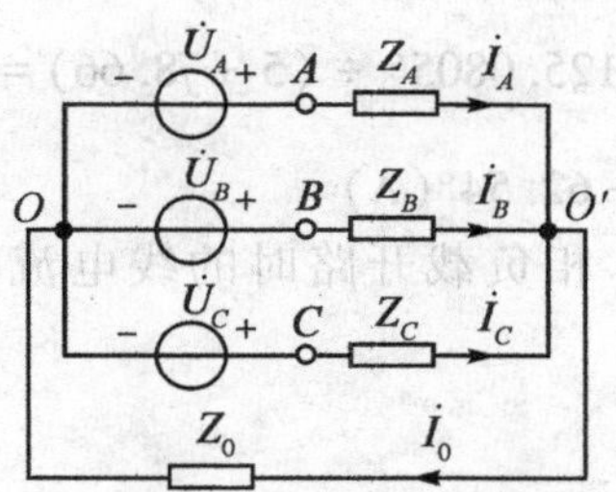

题7-5图 三相四线制Y0-Y0电路

由对称三相电源线电压求对称三相电源相电压 $U_p = \dfrac{U_1}{\sqrt{3}} = \dfrac{380}{\sqrt{3}} = 220\text{V}$

选择 A 相电压为参考相量，即令 $\dot{U}_A = 220\angle 0°(\text{V})$

(1)中线阻抗 $Z_0 = 0$，电路分为三个单相电路计算。

$$\dot{I}_A = \dot{U}_A \div Z_A = 220\angle 0° \div (3 + j4) = 44\angle -53.13°(\text{A})$$

$$\dot{I}_B = \dot{U}_B \div Z_B = 220\angle -120° \div (5 + j5) = 31.11\angle -165°(\text{A})$$

$$\dot{I}_C = \dot{U}_C \div Z_C = 220\angle 120° \div (5 + j8.66) = 22\angle 60°(\text{A})$$

$$\dot{I}_0 = \dot{I}_A + \dot{I}_B + \dot{I}_C = 44\angle -53.13° + 31.11\angle -165° + 220\angle 60° = 25.3\angle -73°(\text{A})$$

$$\dot{U}_{OO'} = 0\text{V}$$

(2)中线阻抗 $Z_0 = 4 + j3\Omega$ 时，由于 Z_A、Z_B、Z_C 不相等，就构成了不对称的Y—Y电

路。该电路的节点电压方程为

$$\dot{U}_{O'O}\left(\frac{1}{Z_A}+\frac{1}{Z_B}+\frac{1}{Z_C}+\frac{1}{Z_0}\right)=\frac{\dot{U}_A}{Z_A}+\frac{\dot{U}_B}{Z_A}+\frac{\dot{U}_C}{Z_A}$$

$$\dot{U}_{O'O}=\left(\frac{\dot{U}_A}{Z_A}+\frac{\dot{U}_B}{Z_A}+\frac{\dot{U}_C}{Z_A}\right)\div\left(\frac{1}{Z_A}+\frac{1}{Z_B}+\frac{1}{Z_C}+\frac{1}{Z_0}\right)=\frac{25.3\angle-73^\circ}{0.635\angle-47.36^\circ}=39.84\angle-25.64^\circ$$

负载相电压为

$$\dot{U}_{A'O}=\dot{U}_A-\dot{U}_{O'O}=220\angle0^\circ-39.84\angle-25.64^\circ=184.89\angle5.35^\circ(\text{V})$$

$$\dot{U}_{B'O}=\dot{U}_B-\dot{U}_{O'O}=220\angle-120^\circ-39.84\angle-25.64^\circ=226.54\angle-130.099^\circ(\text{V})$$

$$\dot{U}_{C'O}=\dot{U}_C-\dot{U}_{O'O}=220\angle120^\circ-39.84\angle-25.64^\circ=253.889\angle125.0805^\circ(\text{V})$$

负载线电流和中线电流为

$$\dot{I}_A=\dot{U}_{AO}\div Z_A=184.89\angle5.35^\circ\div(3+j4)=36.98\angle-47.78^\circ(\text{A})$$

$$\dot{I}_B=\dot{U}_{BO}\div Z_B=226.54\angle-130.099^\circ\div(5+j5)=32\angle-175.1^\circ(\text{A})$$

$$\dot{I}_C=\dot{U}_{CO}\div Z_C=253.889\angle125.0805^\circ\div(5+j8.66)=25.4\angle65.1^\circ(\text{A})$$

$$\dot{I}_O=\dot{I}_A+\dot{I}_B+\dot{I}_C=7.97\angle-62.54^\circ(\text{A})$$

(3)求中线阻抗 $Z_0=0$，A 相负载开路时的线电流、中线电流。由于 A 相负载开路，故

$$\dot{I}_A=0\text{A}$$

$$\dot{I}_B=\dot{U}_B\div Z_B=220\angle-120^\circ\div(5+j5)=31.11\angle-165^\circ(\text{A})$$

$$\dot{I}_C=\dot{U}_C\div Z_C=220\angle120^\circ\div(5+j8.66)=22\angle60^\circ(\text{A})$$

$$\dot{I}_0=\dot{I}_A+\dot{I}_B+\dot{I}_C=22\angle150^\circ\text{A}$$

中线阻抗 $Z_0=0$，A 相负载短路时的线电流和中线电流，$\dot{I}_A=\infty$。

$$I_B=U_B\div Z_B=220\angle-120^\circ\div(5+j5)=31.11\angle-165^\circ(\text{A})$$

$$\dot{I}_C=\dot{U}_C\div Z_C=220\angle120^\circ\div(5+j8.66)=22\angle60^\circ(\text{A})$$

$$\dot{I}_0=\dot{I}_A+\dot{I}_B+\dot{I}_C=\infty$$

(4)中线阻抗 $Z_0=\infty$，A 相负载开路时的线电流和中性点电压：由于 A 相负载开路，故 $\dot{I}_A=0$。

$$\dot{I}_C=-\dot{I}_B=22.45\angle36.2^\circ\text{A}$$

$$\dot{I}_0=0$$

$\dot{U}_{O'O} = -\dot{I}_B Z_B = 91.90\angle -158.80°\text{V}$

A 相负载短路时的线电流和中性点电压：由于 A 相负载短路，故 $\dot{U}_{O'O} = \dot{U}_A$。

$\dot{I}_B = \dot{U}_{BA} \div Z_B = 381.05\angle -150° \div (5 + j5) = 53.89\angle 165°(\text{A})$

$\dot{I}_C = \dot{U}_{CA} \div Z_C = 381.053\angle 150° \div 10\angle 60° = 38.10\angle 90°(\text{A})$

$\dot{I}_0 = -(\dot{I}_B + \dot{I}_C) = 73.61\angle 135°\text{A}$

7-6 由两个相同的灯泡和一个电感线圈连接成星形构成相序指示器，如图所示。已知线电压是对称的且 $R = \omega L$，求两个灯泡所承受的电压。

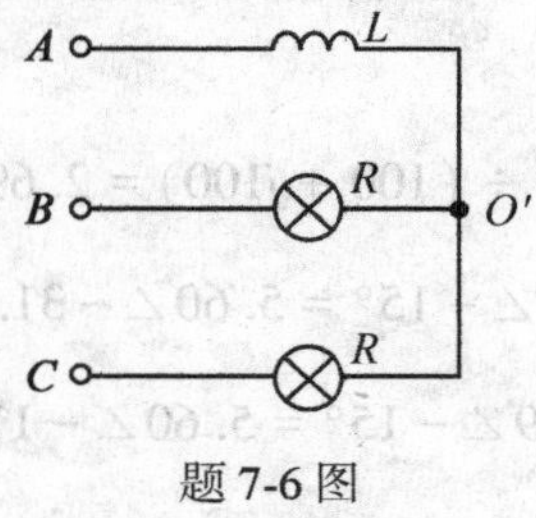

题 7-6 图

解 由于电路属于电源对称、负载不对称电路，设 A 相电压为 U_p，对负载中性点 O' 列节点电压方程：

$$\left(\frac{1}{j\omega L} + \frac{1}{R} + \frac{1}{R}\right)\dot{U}_{O'O} = \frac{U_p}{j\omega L} + \frac{U_p\angle -120°}{R} + \frac{U_p\angle 120°}{R}$$

则 $U_{O'O} = (-0.2 - j0.6)U_P$

$\dot{U}_{BO'} = \dot{U}_B - \dot{U}_{O'O} = U_P\angle -120° - (0.2 - j0.6)U_p = 0.40U_P\angle -138.44°(\text{V})$

$\dot{U}_{CO'} = \dot{U}_C - \dot{U}°_O = U_P\angle 120° - (0.2 - j0.6)U_p = 1.50U_P\angle 101.57°(\text{V})$

即：两灯泡所承受电压分别为 $0.40U_p\angle -138.44°\text{V}$，$1.50U_p\angle 101.57\text{V}$。

7-7 电路如图(a)所示。三相对称电源线电压 $U_l = 380\text{V}$。$Z = 50 + j50\Omega$。$Z = 50 + j50\Omega$，$Z_l = 100 + j100\Omega$。试求：

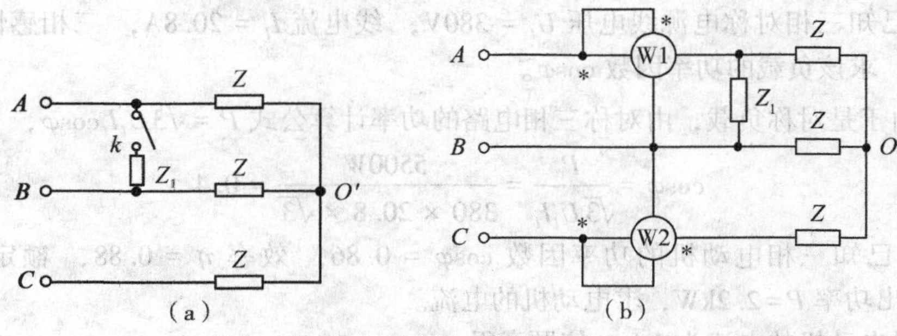

题 7-7 图

(1)开关 k 断开时的线电流；

(2)开关 k 闭合时的线电流；

(3)当开关 k 闭合时，如果用两表法测量电源端三相功率，试画出接线图并求两个功率表的读数。

解　(1)开关 k 断开时为对称三相电路。选择 A 相电压为参考相量，即令 $\dot{U}_A = 220\angle 0\text{V}$。

$$\dot{I}_A = \dot{U}_A \div Z = 220\angle 0 \div (50 + j50) = 3.11\angle -45°(\text{A})$$

由对称性得出 $\dot{I}_B = 3.11\angle -165°\text{A}$，$\dot{I}_C = 3.11\angle 75°\text{A}$。

(2)开关 k 闭合时，由于加在三组负载 Z 上的电压和开关 k 断开时一样，故流过三相负载 Z 上的电的线电流不变。

$$\dot{I}_k = \dot{U}_{AB} \div Z_1 = 380\angle 30° \div (100 + j100) = 2.69\angle -15°(\text{A})$$

$$\dot{I}_A = 3.11\angle -45° + 2.69\angle -15° = 5.60\angle -31.1°(\text{A})$$

$$\dot{I}_B = 3.11\angle -165° - 2.69\angle -15° = 5.60\angle -178.9°(\text{A})$$

$$\dot{I}_C = 3.11\angle 75°\text{A}$$

(3)当开关 k 闭合时，画出用两表法测量电源端三相功率的接线图如图(b)所示。两个功率表的读数分别为

$$P_1 = U_{AB}I_A\cos[30° - (-31.1°)] = 380 \times 5.60 \times \cos 61.1° = 1028.4(\text{W})$$

$$P_2 = U_{CB}I_C\cos[90° - 75°] = 380 \times 3.11 \times \cos 15° = 1141.5(\text{W})$$

验证：$P = P_1 + P_2 = 1028.4 + 1141 = 2169.9(\text{W})$

$$P = \sqrt{3} \times 380 \times 3.11 \times \cos 45° + 2.69^2 \times 100 = 1445.7 + 723.6 = 2169.3(\text{W})$$

7-8　已知对称三相电源接成三角形，如果其中一相(C 相)接反，求证回路电压数值为相电压的 2 倍。

解：如果 C 相接反，设回路电压为 $\dot{U}$，结合相量图示来说明。

$$\dot{U} = \dot{U}_{AX} + \dot{U}_{BY} + \dot{U}_{CZ} = 2\dot{U}_{CZ}$$

证毕。

7-9　已知三相对称电源线电压 $U_l = 380\text{V}$，线电流 $I_l = 20.8\text{A}$，三相感性负载功率 P=5.5kW，求该负载的功率因数 $\cos\varphi$。

解　由于是对称负载，由对称三相电路的功率计算公式 $P = \sqrt{3}U_lI_l\cos\varphi$，得

$$\cos\varphi = \frac{P}{\sqrt{3}U_lI_l} = \frac{5500W}{380 \times 20.8 \times \sqrt{3}} = 0.4$$

7-10　已知三相电动机的功率因数 $\cos\varphi = 0.86$，效率 $\eta = 0.88$，额定电压 $U_l = 380\text{V}$，输出功率 P=2.2kW，求电动机的电流。

解　设电动机的电流为 I_lA，依题意得

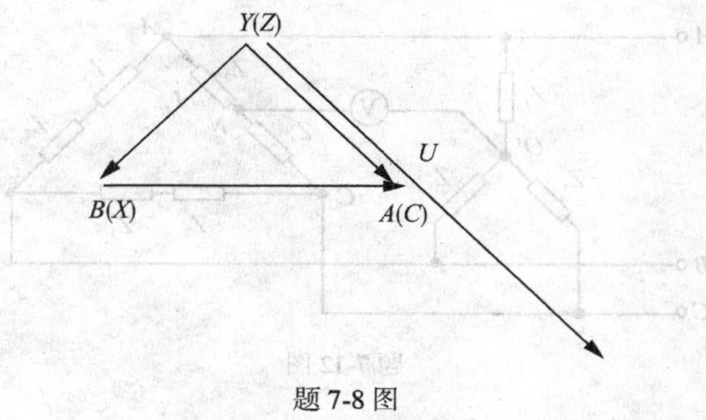

题 7-8 图

$$\sqrt{3}\,U_l I_l \cos\varphi\eta = P$$

即
$$\sqrt{3} \times 380 \times 0.86 \times 0.88 = 2200$$
$$I_l = 4.42\text{A}$$

7-11 在图示电路中的一个功率表可以测出三相负载的无功功率。已知功率表的读数为 5kW，求负载吸收的无功功率。

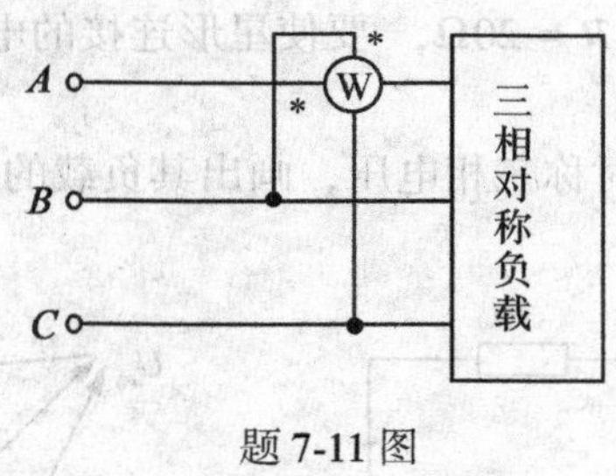

题 7-11 图

解 功率表的读数为

$$P = U_{BC} I_A \cos(-90° - \varphi) = U_{BC} I_A \sin\varphi = U_l I_l \sin\varphi = 5000$$
$$Q = \sqrt{3}\,U_l I_l \sin\varphi = \sqrt{3} \times 5000 = 8660(\text{Var})$$

7-12 在图示三相电路中，对称电源线电压 $U_l = 380\text{V}$，对称星形负载为 $Z_1 = 10 + j16\Omega$，对称三角形负载分别为 $Z_2 = 2 + j3\Omega$，$Z_3 = 3 + j21\Omega$。设电压表的内阻抗为无穷大，求电压表的读数。

解： 由对称三相电源线电压求对称三相电源相电压，$U_p = \dfrac{U_1}{\sqrt{3}} = \dfrac{380}{\sqrt{3}} = 220(\text{V})$。选择 A 相电压为参考相量，即令 $\dot{U}_A = 220\angle 0\text{V}$，则

$\dot{U}_{AB} = 380\angle 30°\text{V}$，$\dot{U}_{BC} = 380\angle -90°\text{V}$，$\dot{U}_{CA} = 380\angle 150°\text{V}$，$\dot{U}_{AC} = 380\angle -30°\text{V}$

对称三角形负载的相电流为

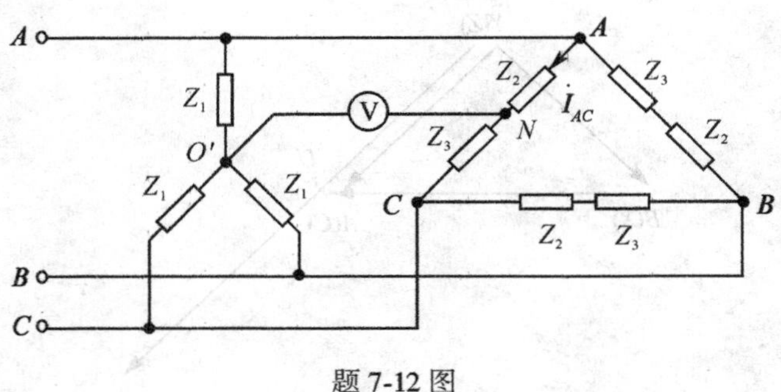

题 7-12 图

$$\dot{I}_{AC}=\frac{\dot{U}_{AC}}{Z_2+Z_3}=380\angle-30°\div(2+j3+3+j21)=15.5\angle-108.2°(\mathrm{A})$$

$$\dot{I}_{AN}=\dot{I}_{AC}Z_2=15.5\angle-108.2°\div(2+j3)=55.8\angle51.9°(\mathrm{A})$$

电压表的端电压为

$$\dot{U}_{O'N}=\dot{U}_{AN}-\dot{U}_{AO}=55.8\angle-51.9°-220\angle0°=190.5\angle-166.7°(\mathrm{V})$$

所以，电压表的读数为 190.7V。

7-13　在图(a)所示电路中 $R=20\Omega$，要使星形连接的电阻获得对称三相电压，求 L、C 的值。

解　要使负载电阻 R 获得对称三相电压，画出其负载的电压相量图如图(b)所示。

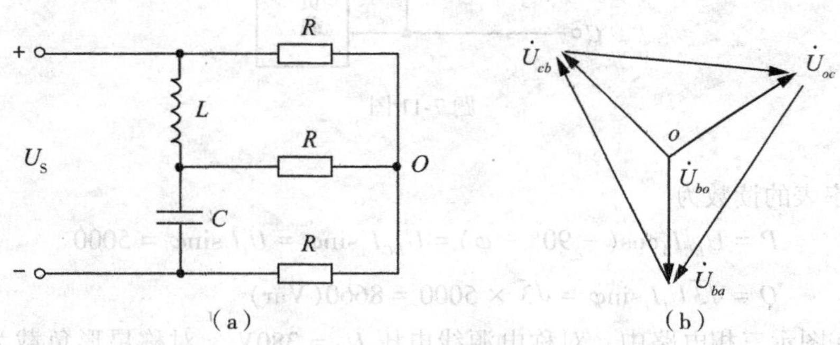

题 7-13 图

设 $U_S=U\angle0°$V 由相量图可以得出：

$$\dot{U}_{ab}=U\angle60°\mathrm{V},\ \dot{U}_{bc}=U\angle-60°\mathrm{V},\ \dot{U}_{bo}=\frac{U}{\sqrt{3}}\angle-90°\mathrm{V}$$

在节点 b 有：$\dot{I}_L=\dot{I}_C+\dot{I}_R$

即

$$\dot{U}_{ab}\div jX_L=\dot{U}_{bc}\div(-jX_c)+\dot{U}_{bo}\div R$$

代入电压值：

$$U\angle 60^\circ \div jX_L = U\angle -60^\circ \div (-jX_c) + \left(\frac{U}{\sqrt{3}}\right)\angle -90^\circ \div R$$

$$\frac{1}{X_L}\left(\frac{\sqrt{3}}{2} \div j\frac{1}{2}\right) = \frac{1}{X_0}\left(\frac{\sqrt{3}}{2} + j\frac{1}{2}\right) - j\frac{1}{\sqrt{3}R}$$

令实部与虚部分别相等 $X_L = X_C$，又$\frac{1}{X_L} = \frac{1}{X_C} - 2\frac{1}{\sqrt{3}R}$，故

解得：$X_L = X_c = \sqrt{3}R$

$L = \sqrt{3}R \div \omega = 110.3\text{mH}$

$C = \frac{1}{\sqrt{3}R} \div \omega = 91.9\mu\text{F}$

$\dot{U}_{ab} = U\angle 60^\circ\text{V}$，$\dot{U}_{bc} = U\angle -60^\circ\text{V}$，$\dot{U}_{bo} = \frac{U}{\sqrt{3}}\angle -90^\circ\text{V}$

7-14 在图(a)所示三相电路中，对称电源线电压 $U_l = 380\text{V}$，对称星形负载为 Z，不对称星形负载分别为 $Z_A = 10\Omega$，$Z_B = j10\Omega$，$Z_C = -j10\Omega$。设电压表的内阻抗为无穷大，求电压表的读数。

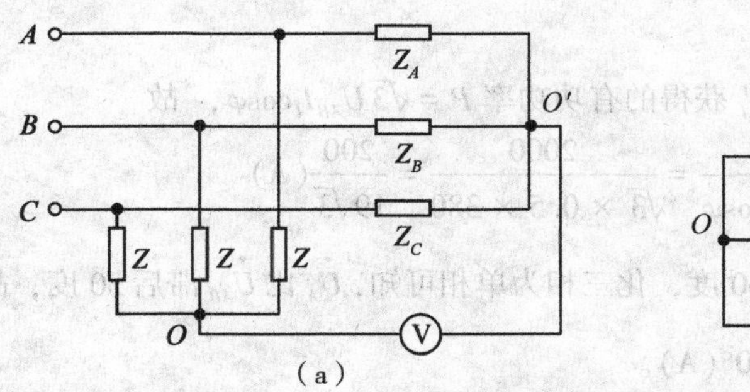

(a)

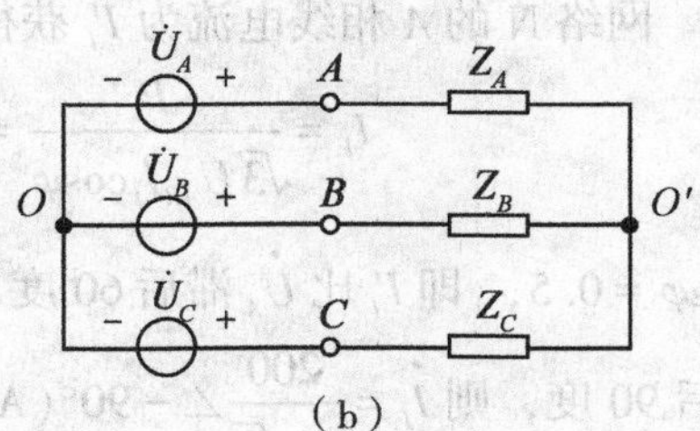

(b)

题 7-14 图

解 求对称三相电源电压 $U_p = \frac{U_1}{\sqrt{3}} = \frac{380}{\sqrt{3}} = 220\text{V}$，选择 A 相电压为参考相量，即 $\dot{U}_{AB} = 220\angle 0\text{V}$，则 $\dot{U}_B = 220\angle -120^\circ\text{V}$，$\dot{U}_C = 220\angle 120^\circ\text{V}$。

因为电源中点与对称负载中点等电位，故可以作为电位参考点，这样便可以不考虑对称负载，而将原电路简化为图(b)所示电路来分析。

以电源中点 O 为参考点，列出节点电压方程

$$\dot{U}_{O'O}\left(\frac{1}{Z_A} + \frac{1}{Z_B} + \frac{1}{Z_C}\right) = \frac{U_A}{Z_A} + \frac{U_B}{Z_B} + \frac{U_C}{Z_C}$$

$$\dot{U}_{O'O} = \left(\frac{\dot{U}_A}{Z_A} + \frac{\dot{U}_B}{Z_B} + \frac{\dot{U}_C}{Z_C}\right) \div \left(\frac{1}{Z_A} + \frac{1}{Z_B} + \frac{1}{Z_C}\right)$$

$$=\frac{220\angle 0°/10+220\angle -120°/j10+220\angle 120°/-j10}{1/10+1/j10+1/-j10}$$
$$=220\angle 0°/10-j220\angle -120°+j220\angle 120°$$
$$=-161.05(\mathrm{V})$$

所以，电压表的读数为161.05V。

7-15　在图示电路中，已知电源电压 $\dot{U}_{AB}=380\angle 0°\mathrm{V}$，$\dot{U}_{BC}=380\angle -120°\mathrm{V}$，$Z_1=30\angle 30°\Omega$，网络N为对称三相负载，$\cos\varphi=0.5$(感性)，三相功率 $P=2\mathrm{kW}$。求两电源分别输出的有功功率和无功功率。

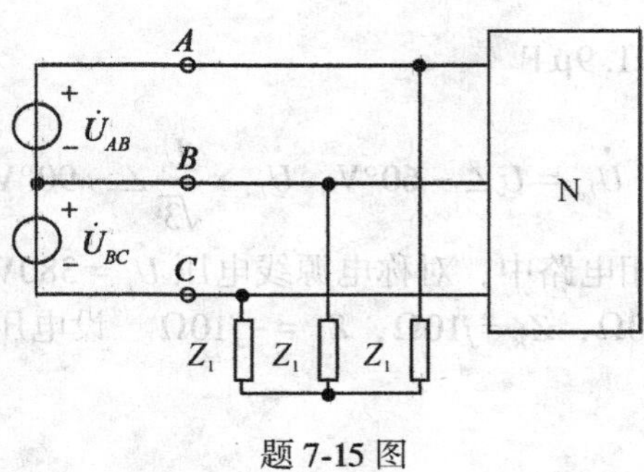

题7-15图

解　网络N的 A 相线电流为 I'_l 获得的有功功率 $P=\sqrt{3}U_{AB}I_l\cos\varphi$，故

$$I_l=\frac{P}{\sqrt{3}U_{AR}I_l\cos\varphi}=\frac{2000}{\sqrt{3}\times 0.5\times 380}=\frac{200}{19\sqrt{3}}(\mathrm{A})$$

$\cos\varphi=0.5$，即 I'_l 比 $\dot{U}_A$ 滞后60度，化三相为单相可知，$\dot{U}_A$ 比 $\dot{U}_{AB}$ 滞后30度，故 I'_l 比 $\dot{U}_{AB}$ 滞后90度，则 $\dot{I}_l=\frac{200}{19\sqrt{3}}\angle -90°(\mathrm{A})$。

设 Z_1 的A相线电流为 $I''_l\mathrm{A}$，化三相为单相，对A相负载进行分析得

$$I''_l=\frac{\frac{1}{\sqrt{3}}U_{AB}}{Z_1}\angle -30°=\frac{380\angle -30°}{\sqrt{3}\times 30\angle 30°}=\frac{38}{3\sqrt{3}}\angle -60°(\mathrm{A})$$

则
$$\dot{I}_A=\dot{I}_l+I''_l=\frac{200}{19\sqrt{3}}\angle -90°+\frac{38}{3\sqrt{3}}\angle -60°=3.657-j12.41$$

$\dot{U}_{AB}$ 电源输出的复功率为

$$S_1^*=\dot{U}_{AB}\dot{I}_A^*=380\angle 0\times(3.657+j12.41)=1390+j4715.8(\mathrm{VA})$$

故 $\dot{U}_{AB}$ 电源分别输出的有功功率和无功功率为1390W和4715.8Var。

$$\dot{I}_C=\dot{I}_A\angle 120°=(3.657-j12.41)\angle 120°=12.938\angle 46.42°(\mathrm{A})$$

$\dot{U}_{BC}$ 电源输出的复功率为

$$
\begin{aligned}
S_2^* &= \dot{U}_{BC}\dot{I}_C^* = 380\angle -120° \times 12.938\angle 180° - 46.42° \\
&= 380 \times 12.938\angle 13.58° = 4779 + j1154(\mathrm{VA})
\end{aligned}
$$

故 $\dot{U}_{BC}$ 电源分别输出的有功功率和无功功率为 4779W 和 1154Var。

第 8 章　非正弦周期电流电路和信号的频谱

8.1 学 习 指 导

一、学习要求

(1)掌握傅里叶级数的形式和各项系数的求解，明确恒定分量、基波和谐波分量的定义

(2)掌握幅度频谱和相位频谱的概念，理解奇函数、偶函数等与傅里叶级数的关系

(3)熟练掌握非正弦周期函数电压、电流的有效值和平均值的定义和求解方法。

二、知识结构

- 非正弦周期电流电路
  - 非正弦周期函数
    - 概念
    - 分解
  - 计算
    - 有效值计算
    - 功率计算
  - 稳态响应(谐波分析法)

三、重点和难点

(1)周期性激励下的有效值和平均功率；

(2)周期性信号的谐波分析；

(3)周期性激励下的电路的稳态响应。

8.2 主 要 内 容

一、周期函数的傅里叶级数形式

周期为 T 的函数 $f(t)$ 如果满足狄里赫利条件，则可以展开成级数形式

$$
\begin{aligned}
f(t) &= a_0 + (a_1\cos\omega t + b_1\sin\omega t) + (a_2\cos 2\omega t + b_2\sin 2\omega t) + \cdots + (a_k\cos\omega t + b_k\sin k\omega t) + \cdots \\
&= a_0 + \sum_{k=1}^{\infty}(a_k\cos k\omega t + b_k\sin k\omega t)
\end{aligned}
$$

$$= A_0 + \sum_{k=1}^{\infty} A_{km}\cos(k\omega t + \psi_k)$$

式中，角频率 $\omega = \dfrac{2\pi}{T}$。以上无穷三角级数称为傅里叶级数。a_0、a_k、b_k称为傅里叶系数。

比较以上两种级数形式，不难得出：

$$A_0 = a_0$$

$$A_{km} = \sqrt{a_k^2 + b_k^2}$$

$$\psi_k = \arctan\frac{-b_k}{a_k}$$

式中，常数项A_0称为$f(t)$的直流分量；$A_{1m}\cos(\omega t+\psi_1)$称为$f(t)$的1次谐波分量或基波分量，$A_{2m}\cos(2\omega t+\psi_2)$称为$f(t)$的2次谐波分量；$A_{3m}\cos(3\omega t+\psi 3)$称为$f(t)$的3次谐波分量……2次及2次以上的谐波分量称为高次谐波。习惯上将k为奇数的分量称为奇次谐波，将k为偶数的分量称为偶次谐波。

二、非正弦周期电流、电压的有效值、平均值

1. 有效值

周期电流有效值的定义式为

$$I = \sqrt{\frac{1}{T}\int_0^T i^2 \mathrm{d}t}$$

对于求非正弦周期电流的有效值上述定义式仍然是实用的。设有一个非正弦周期电流$i(t)$的傅里叶级数展开式为

$$i(t) = I_0 + I_{1m}\cos(\omega t+\psi_1) + I_{2m}\cos(\omega t+\psi_2) + I_{3m}\cos(\omega t+\psi_3) + \cdots$$

将该式代入电流有效值的定义式

$$I = \sqrt{\frac{1}{T}\int_0^T [I_0 + I_{1m}\cos(\omega t+\psi_1) + I_{2m}\cos(2\omega t+\psi_2) + I_{3m}\cos(3\omega t+\psi_3) + \cdots]^2 \mathrm{d}t}$$

$$= \sqrt{I_0^2 + I_1^2 + I_2^2 + I_3^2 + \cdots} = \sqrt{I_0^2 + \frac{I_{1m}^2}{2} + \frac{I_{2m}^2}{2} + \frac{I_{3m}^2}{2} + \cdots}$$

同理可以求出电压有效值

$$U = \sqrt{U_0^2 + U_1^2 + U_2^2 + U_3^2 + \cdots} = \sqrt{U_0^2 + \frac{U_{1m}^2}{2} + \frac{U_{2m}^2}{2} + \frac{U_{3m}^2}{2} + \cdots}$$

2. 平均值

由平均值的概念，一个周期函数$f(t)$的平均值为$\dfrac{1}{T}\displaystyle\int_0^T f(t)\mathrm{d}t$，这就是傅里叶系数$a_0$或者$A_0$，也这就是非正弦周期函数的直流分量。以上平均值称为实际平均值。

在电工技术和电子技术中，为了描述交流电压、电流经过整流后的特性，将平均值定

义为取绝对值之后的平均值。以电流为例：

$$I_{av} = \frac{1}{T}\int_0^T \left| f(t) \right| \mathrm{d}t$$

设正弦电流 $i(t) = I_{\mathrm{m}}\cos\omega t$，则 $|I_{\mathrm{m}}\cos\omega t|$ 就是 $i(t)$ 全波整流后的波形。

$$I_{av} = \frac{1}{T}\int_0^T |I_{\mathrm{m}}\cos\omega t|\mathrm{d}t = \frac{2}{T}I_{\mathrm{m}}\int_0^{T/2}\cos\omega t\mathrm{d}t$$

$$= \frac{2I_{\mathrm{m}}}{\omega t}(\sin\omega t)\Big|_0^{T/2} = \frac{2I_{\mathrm{m}}}{\pi} = 0.637，\ I_{\mathrm{m}} = 0.898I$$

这种平均值称为绝对平均值。

三、非正弦周期电流与电压的测量

1. 磁电式仪表

磁电式仪表的指针偏转角正比于周期函数的平均值 $\frac{1}{T}\int_0^T f(t)\mathrm{d}t$，用它测出的是电流或电压的直流分量，故测量直流电流或电压就用这种仪表。

2. 整流式仪表

整流式仪表的指针偏转角正比于周期函数绝对值的平均值，但是在制造仪表时已经把它的刻度校准为正弦波的有效值，即全部刻度都扩大了 1.11 倍，故用它测出的是电流或电压是有效值。

3. 电磁式仪表、电动式仪表

电磁式仪表或电动式仪表的指针偏转角正比于周期函数的有效值，故用它测出的是电流或电压是有效值。这两种仪表既可以测量交流，也可以测量直流。

四、非正弦周期电流电路的平均功率

由平均功率的定义：

$$P = \frac{1}{T}\int_0^T p(t)\mathrm{d}t = \frac{1}{T}\int_0^T u(t)i(t)\mathrm{d}t$$

将电压和电流的傅里叶级展开式代入上式，得

$$P = \frac{1}{T}\int_0^T u(t)i(t)\mathrm{d}t = U_0I_0 + U_1I_1\cos\varphi_1 + U_2I_2\cos\varphi_2 + \cdots + U_kI_k\cos\varphi_k + \cdots$$

$$= P_0 + P_1 + P_2 + \cdots + P_k + \cdots$$

式中，U_k、I_k分别是第 k 次电压电流谐波分量的有效值，φ_k 是第 k 次电压电流谐波分量的相位差，P_k是第 k 次谐波分量的平均功率。

由上述分析结果表明，只有同频率的电压、电流谐波分量才构成平均功率，不同频率的电压、电流谐波分量不构成平均功率；非正弦周期电流电路的平均功率等于各次谐波平

均功率之和。

五、非正弦周期电流电路的分析计算

1. 一般非正弦周期电流电路的计算步骤

(1)将非正弦激励展开成为傅里叶级数，即将非正弦函数展开成为直流分量和各次谐波分量之和。

(2)分别计算直流分量和各次谐波分量作用于电路时各条支路的响应。当直流分量作用于电路时，采用直流稳态电路的计算方法；当各次谐波分量作用于电路时，采用交流稳态电路的计算方法——相量法。

(3)运用叠加原理，将属于同一条支路的直流分量和各次谐波分量作用产生的响应叠加在一起，这就是非正弦激励在该支路产生的响应。

2. 应注意的问题

由于非正弦周期电流电路具有其特殊性，在电路计算时应注意以下问题：

(1)当直流分量作用于电路时，电路中的电感相当于短路，电路中的电容相当于开路。

(2)电感和电容对于不同的谐波呈现不同的电抗值，对于 k 次谐波呈现的感抗值为 $k\omega L$；对于 k 次谐波呈现的容抗值为 $\dfrac{1}{k\omega C}$。这就是说，随着谐波频率的升高，感抗值增大，容抗值减小。

(3)在含有电感 L、电容 C 的电路中，可能对于某一频率的谐波分量发生串联谐振或并联谐振，计算过程中应注意。

六、对称三相非正弦电路分析

1. 对称三相非正弦电压的特征

仅含奇次谐波的对称三相非正弦电压，其展开式为

$$u_A = U_{1\mathrm{m}}\cos(\omega t+\psi_1)+U_{3\mathrm{m}}\cos(3\omega t+\psi_3)+U_{5\mathrm{m}}\cos(5\omega t+\psi_5)+U_{7\mathrm{m}}\cos(7\omega t+\psi_7)+\cdots$$

$$u_B = U_{\mathrm{im}}\cos\left(\omega t-\frac{2\pi}{3}+\psi_1\right)+U_{3\mathrm{m}}\cos(3\omega t+\psi_3)+U_{5\mathrm{m}}\cos\left(5\omega t-\frac{4\pi}{3}+\psi_5\right)$$
$$+U_{7\mathrm{m}}\cos\left(7\omega t-\frac{2\pi}{3}+\psi_7\right)+\cdots$$

$$u_C = U_{1\mathrm{m}}\cos\left(\omega t-\frac{4\pi}{3}+\psi_1\right)+U_{3\mathrm{m}}\cos(3\omega t+\psi_3)+U_{5\mathrm{m}}\cos\left(5\omega t-\frac{2\pi}{3}+\psi_5\right)$$
$$+U_{7\mathrm{m}}\cos\left(7\omega t-\frac{4\pi}{2}+\psi_7\right)+\cdots$$

基波、7 次谐波(13 次谐波、19 次谐波等)分别都是对称的三相电压，其相序为 A—

$B—C$，即为顺序，构成顺序对称组；3 次谐波(9 次谐波、15 次谐波等)，其初相位相同，相位差为零，构成零序对称组；5 次谐波(11 次谐波、17 次谐波等)，分别都是对称的三相电压，其相序为 $A—C—B$，即为逆序，构成逆序对称组。

2. 对称三相非正弦电路分析

对于顺序和逆序电压激励下的对称三相非正弦电路的分析与第 11 章的分析方法一样；而对于零序电压激励下的对称三相非正弦电路的分析，应注意在线电压、线电流线和负载相电压、相电流中均无零序分量。

七、傅里叶级数的指数形式

一个非正弦周期函数的傅里叶级数形式

$$f(t) = a_0 + \sum_{k=1}^{\infty}(a_k \cos k\omega t + b_k \sin k\omega t)$$

可以变换成为另外一种形式，由欧拉公式

$$\cos k\omega t = \frac{1}{2}(e^{jk\omega_t} + e^{-jk\omega_t}),\ \sin k\omega t = \frac{1}{2j}(e^{jk\omega_t} - e^{-jk\omega_t})$$

代入傅里叶级数，可得

$$f(t) = \sum_{k=-\infty}^{\infty} C_k e^{jk\omega_t}$$

式中，$C_k = \dfrac{1}{T}\int_0^T f(t) e^{-jk\omega t} dt$。该式就是傅里叶级数的指数形式。

八、傅里叶积分及傅里叶变换

傅里叶级数指数形式

$$f(t) = \sum_{k=-\infty}^{\infty} C_k e^{jk\omega_t}$$

式中，C_k为复系数，且 $C_k = \dfrac{1}{T}\int_0^T f(t) e^{-jk\omega_t} dt$。当信号的周期 T 趋向无限大时，$\omega = 2\pi/T$ 就趋近于无限小，由于 ω 趋近于零，$k\omega$ 也就成为连续变量了，谐波振幅值 $|C_k|$ 也相应变为无限小，但 TC_k 仍然为有限值。这样我们定义一个新的函数

$$F(j\omega) = TC_k = \int_0^T f(t) e^{-jk\omega t} dt = \int_{-T/2}^{T/2} f(t) e^{-jk\omega t} dt$$

式中，令 $T \to \infty$，取极限得

$$F(j\omega) = \int_{-\infty}^{\infty} f(t) e^{-j\omega_t} dt$$

此式即为傅里叶积分或傅里叶正变换，它将一个时间函数变换成为频率函数。而时间函数

$$f(t) = \frac{1}{2\pi}\int_{-\infty}^{\infty} F(j\omega) e^{j\omega t} d\omega$$

此式称为傅里叶反变换，它将一个频域函数变换成为时域函数。

8.3 典型例题

例 8-1 有效值为 100V 的正弦电压加在电感 L 两端时，得电流 $I=10\text{A}$，当电压中有 3 次谐波分量，而有效值仍为 100V 时，得电流 $I=8\text{A}$。试求这一电压的基波和 3 次谐波电压的有效值。

解 当 100V 的正弦电压加在电感两端，其电流为 10A，故有

$$z_{(1)}=\frac{100}{10}=10(\Omega)$$

当电压中含有 3 次谐波分量时，由题意列方程。有

$$\sqrt{U_{(1)}^2+U_{(3)}^2}=100$$

$$\sqrt{\left[\frac{U_{(1)}}{10}\right]^2+\left[\frac{U_{(3)}}{30}\right]^2}=8$$

解以上方程，得

$$U_{(1)}=77.14\text{V},\ U_{(3)}=63.63\text{V}$$

例 8-2 已知某信号半周期的波形如图所示。试在下列不同条件下画出整个周期波形：(1) $a_0=0$；(2)对于所有 k，$b_k=0$；(3)对于所有 k，$a_k=0$；(4) a_k 和 b_k 为零，当 k 为偶数时。

解 (1)图(a)(b)中图形的上下面积相等，$a_0=0$。

(2)对于所有 k，$b_k=0$，应为偶函数，如图(c)所示。

(3)对于所有 k，$a_k=0$，应为奇函数，如图(a)所示。

(4) a_k 和 b_k 为零，当 k 为偶数时，应为奇谐波函数，如图(b)所示。

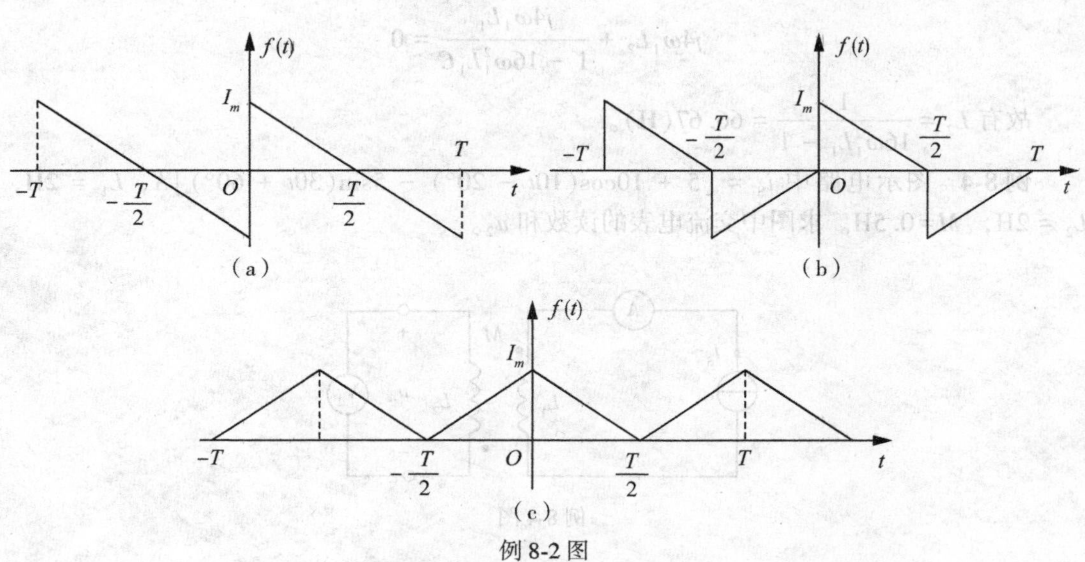

例 8-2 图

例 8-3　图示为滤波电路，要求负载中不含基波分量，但 $4\omega_1$ 的谐波分量能全部传送至负载。如 $\omega_1 = 1000\text{rad/s}$，$C = 1\mu\text{F}$，求 L_1 和 L_2。

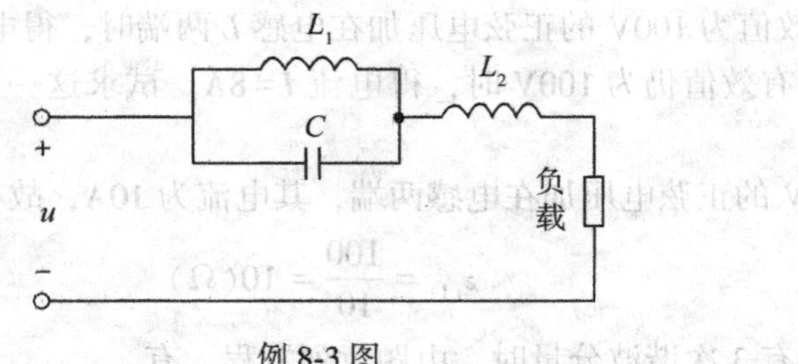

例 8-3 图

解　要求负载中不含有基波分量，即基波在 L_1C 电路上发生并联谐振(对基波相当于开路)；4 次谐波分量在 L_1、C 和 L_2 的串、并联电路发生串联谐振(对 4 次谐波相当于短路)。要满足上述条件有

$$\omega_1 = \frac{1}{\sqrt{L_1 C}} = 1000$$

故有
$$L_1 = \frac{1}{\omega_1^2 C} = \frac{1}{1000^2 + 10^{-6}} = 1(\text{H})$$

$$j4\omega_1 L_2 + \frac{j4\omega_1 L_1\left(\dfrac{1}{j4\omega_1 C}\right)}{j4\omega_1 L_1 + \dfrac{1}{j4\omega_1 C}} = 0$$

将以上表达式化简，得

$$j4\omega_1 L_2 + \frac{j4\omega_1 L_1}{1 - 16\omega_1^2 L_1 C} = 0$$

故有 $L_2 = \dfrac{1}{16\omega_1^2 L_1 - 1} = 66.67(\text{H})$。

例 8-4　图示电路中 $i_S = [5 + 10\cos(10t - 20°) - 5\sin(30t + 60°)]\text{A}$，$L_1 = 2\text{H}$，$L_2 = 2\text{H}$，$M = 0.5\text{H}$。求图中交流电表的读数和 u_2。

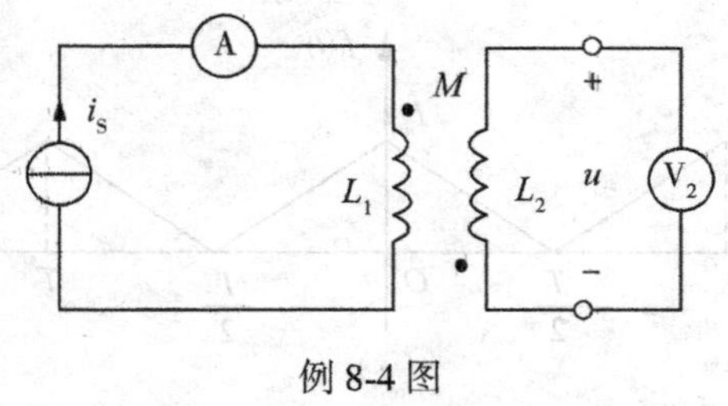

例 8-4 图

解 电流源的电流

$$i_S = 5 + 10\cos(10t - 20°) - 5\sin(30t + 60°)$$
$$= 5 + 10\cos(10t - 20°) + 5\cos(30t + 150°)$$

电流表的读数为 $I = \sqrt{5^2 + \dfrac{10^2}{2} + \dfrac{5^2}{2}} = 9.35(\mathrm{A})$。

$$u_2 = -M\frac{\mathrm{d}i_S}{\mathrm{d}t} = -0.5[-100\sin(10t - 20°) - 150\sin(30t + 150°)]$$
$$= 50\sin(10t - 20°) + 75\sin(30t + 150°)$$

电压表的读数为 $U_2 = \sqrt{\dfrac{50^2}{2} + \dfrac{75^2}{2}} = 63.73(\mathrm{V})$。

8.4 习 题 精 解

8-1 试求图示半波整流电压波形的傅里叶级数。

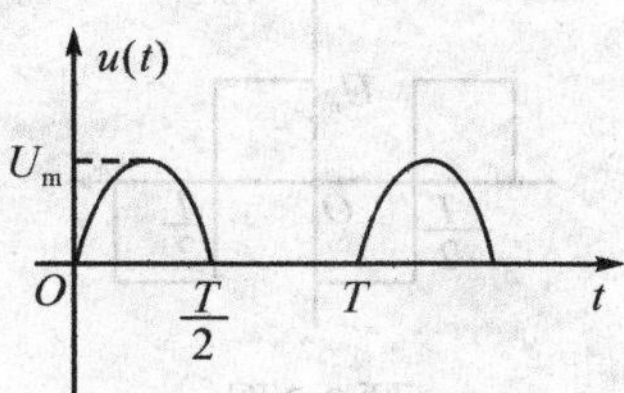

题 8-1 图

解 半波整流电压 $u(t)$ 可以用下式表示：

$$u(t) = \begin{cases} U_m\sin\omega t, & t \in \left[0, \dfrac{T}{2}\right] \\ 0, & t \in \left[\dfrac{T}{2}, T\right] \end{cases}$$

求傅里叶系数。

$$a_0 = \frac{1}{T}\int_0^T u(t)\,\mathrm{d}t = \int_0^{T/2} U_m\sin\omega t\mathrm{d}t = \frac{U_m}{T}\left(-\frac{1}{\omega}\right)\cos\omega t\bigg|_0^{T/2} = \frac{U_m}{\pi}$$

$$a_k = \frac{2}{T}\int_0^T u(t)\cos k\omega t\mathrm{d}t = \frac{2}{T}\int_0^{T/2} U_m\sin\omega t\cos k\omega t\mathrm{d}t$$

$$= \frac{2U_m}{T}\int_0^{T/2}\left[\frac{1}{2}\sin(k+1)\omega t + \frac{1}{2}\sin(1-k)\omega t\right]\mathrm{d}t$$

$$= \frac{U_m}{T}\left(-\frac{1}{2}\right)\cos 2\omega t\bigg|_0^{T/2} + \frac{U_m}{T}\left(-\frac{1}{k+1}\right)\cos(k+1)\omega t\bigg|_0^{T/2} + \frac{U_m}{T}\left(-\frac{1}{1-k}\right)\cos(1-k)\omega t\bigg|_0^{T/2}$$

$$=\frac{4U_{\mathrm{m}}}{T(1-k^2)}\quad(k=2,\ 4,\ 6,\ 8,\ \cdots)$$

$$b_k=\frac{2}{T}\int_0^{\frac{T}{2}}U_{\mathrm{m}}\sin\omega t\sin k\omega t\mathrm{d}t$$

$$=b_1+\frac{2U_{\mathrm{m}}}{T}\left(-\frac{1}{2}\right)\int_0^{\frac{T}{2}}[\cos(1+k)\omega t-\cos(1-k)\omega t]\mathrm{d}t\quad(k=2,\ 3,\ 4,\ 5,\ 6,\ \cdots)$$

$$=\frac{2}{T}\int_0^{\frac{T}{2}}U_{\mathrm{m}}\sin\omega t\sin\omega t\mathrm{d}t-\frac{U_{\mathrm{m}}}{T}\left(-\frac{1}{k+1}\right)\sin(k+1)\omega t\Big|_0^{\frac{T}{2}}+\frac{U_{\mathrm{m}}}{T}\left(-\frac{1}{k-1}\right)\sin(k+1)\omega t\Big|_0^{\frac{T}{2}}$$

$$=\frac{U_{\mathrm{m}}}{2}$$

$$u(t)=a_0+\sum_{k=1}^{\infty}(a_k\cos k\omega t+b_k\sin k\omega t)=\frac{U_{\mathrm{m}}}{\pi}\left(1+\frac{\pi}{2}\sin\omega t-\frac{2}{3}\cos2\omega t-\frac{2}{15}\cos4\omega t-\cdots\right)$$

8-2　某电源的电压波形如图所示。试用傅里叶级数表示。

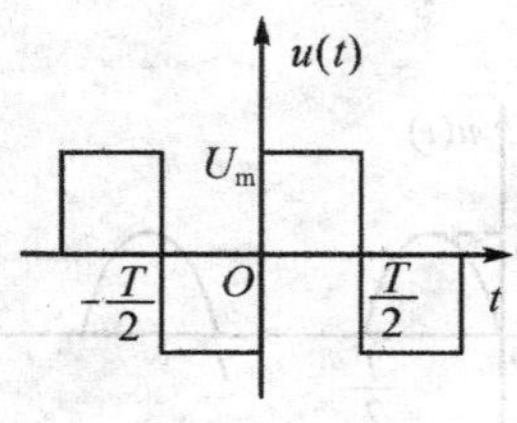

题 8-2 图

解　查表可得：$u(t)=\frac{4U_{\mathrm{m}}}{\pi}\sum\limits_{k=1,\ 3,\ 5}^{\infty}\frac{1}{k}\sin k\omega t$。

8-3　试求题 8-2 图示电压波的有效值。

解　根据有效值的定义：$U=\sqrt{\frac{1}{T}\int_0^T U^2\,\mathrm{d}t}=\sqrt{\frac{1}{T}\int_0^T U_{\mathrm{m}}^2\,\mathrm{d}t}=U_{\mathrm{m}}$。

8-4　在图所示电路中，已知 $u(t)=100+30\sin\omega t+10\sin2\omega t+5\sin3\omega t$，$R=25\Omega$，$L=40\mathrm{mH}$，$\omega=314\mathrm{rad/s}$。求电路中的电流和平均功率。

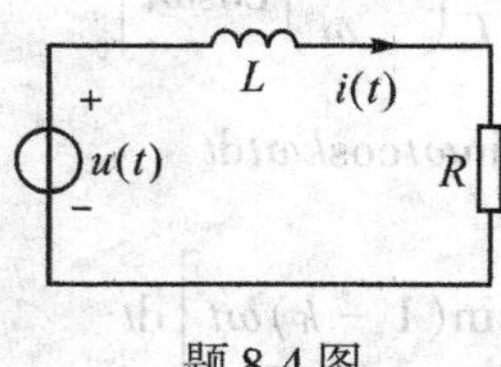

题 8-4 图

解　(1)直流分量作用：$I_0=100/25=4(\mathrm{A})$。

(2)基波分量作用：

$\dot{I}_{m1}=30\angle0°/(25+j12.56)=30\angle0°/27.98\angle26.67°=1.07\angle26.67°(A)$

(3)二次谐波分量作用：

$\dot{I}_{m2}=10\angle0°/(25+j25.12)=10\angle0°/35.44\angle45.14°=0.28\angle-45.14°(A)$

(4)三次谐波分量作用：

$\dot{I}_{m3}=5\angle0°/(25+j37.68)=5\angle0°/45.22\angle56.44°=0.11\angle-56.44°(A)$

电路中的电流：

$I=4+1.07\sin(\omega t+26.67°)+0.28\sin(2\omega t-45.14°)+0.11\sin(3\omega t-56.44°)$

电路中的平均功率：

$$\begin{aligned}P&=U_0I_0+U_1I_1\cos\varphi_1+U_2I_2\cos\varphi_2+U_3I_3\cos\varphi_3\\&=100\times4+\frac{30\times1.07}{2}\cos26.67°+\frac{10\times0.28}{2}\cos45.14°+\frac{5\times0.11}{2}\cos56.44°\\&=415.48(W)\end{aligned}$$

另外，电路中的平均功率还可以这样计算：

$$P=I^2R=\left(\sqrt{4^2+\frac{1.07^2}{2}+\frac{0.28^2}{2}+\frac{0.11^2}{2}}\right)^2\times25=415.48(W)$$

8-5 为了测量电容器的容量，可采用图示测量电路进行测量。其中 A 和 V 分别是电动系电流表和电压表。若已知 $u(t)=U_m(\sin\omega t+h_3\sin3\omega t)$，电流表的读数为 I，电压表的读数为 U。求电容 C。

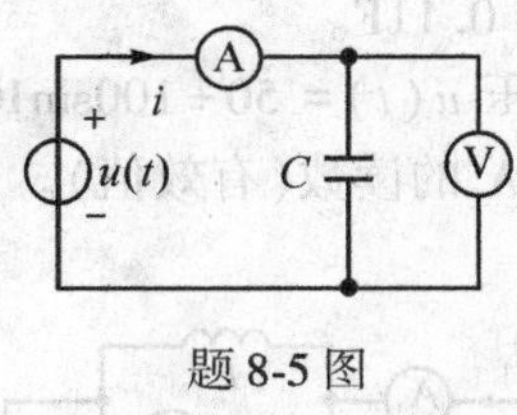

题 8-5 图

解 电容器的电流

$$i=c\frac{du}{dt}=\omega cU_m(\cos\omega t+3h_3\cos3\omega t)$$

电流表的读数为

$$I=\omega c\frac{U_m}{\sqrt{2}}\sqrt{1+9h_3^2}$$

电压表的读数为

$$U=\frac{U_m}{\sqrt{2}}\sqrt{1+h_3^2}$$

电流与电压的比值为

$$I/U=\left(\omega c\frac{U_m}{\sqrt{2}}\sqrt{1+9h_3^2}\right)\bigg/\left(\frac{U_m}{\sqrt{2}}\sqrt{1+h_3^2}\right)=(\omega c\sqrt{1+9h_3^2})/(\sqrt{1+h_3^2})$$

由此可以计算出电容：$C=(I\sqrt{1+h_3^2})\Big/(\omega U\sqrt{1+9h_3^2})$

8-6　电路如图示。设输入电压 $u_1(t)$ 含有两个不希望出现的谐波分量，它们的角频率各为 3rad/s 和 7rad/s。为了消除这些谐波，试确定 L_1和 C_2的值。

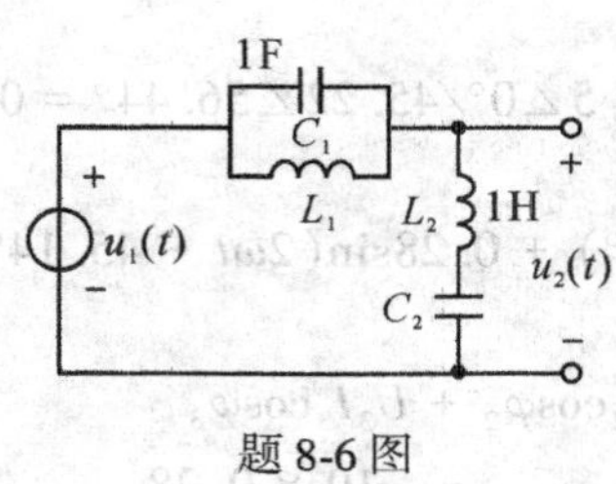

题 8-6 图

解　由题意得，$U_2(t)$ 不会输出角频率各为 3rad/s 和 7rad/s 的谐波分量，说明输入信号在传输过程中，此两种谐波分量被滤波掉了，即 C_1 和 L_1 发生并联谐振，且 C_2 和 L_2 发生串联谐振。故有

$$\omega L_1=\frac{1}{\omega_1 C_1},\ \omega_2 L_2=\frac{1}{\omega_2 C_2} \qquad ①$$

或者

$$\omega_1 L_1=\frac{1}{\omega_1 C_1},\ \omega_2 L_2=\frac{1}{\omega_2 C_2} \qquad ②$$

由①得，$L_1=0.11\text{H}$，$C_2=20\text{mF}$；

同理由②得，$L_1=20\text{mH}$，$C_2=0.11\text{F}$。

8-7　在图示电路中，电源电压 $u(t)=50+100\sin1000t+15\sin2000t$，$L=40\text{mH}$，$C=25\mu\text{F}$，$R=30\Omega$。试求电流表 A_1和 A_2的读数(有效值)。

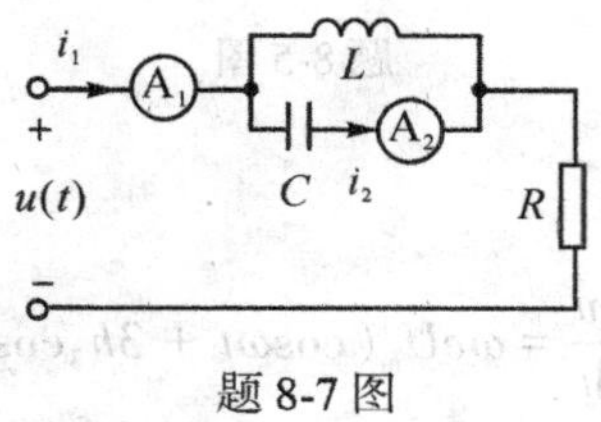

题 8-7 图

解　(1)直流分量作用：　$I_{1(0)}=U_0/R=50/30=1.667(\text{A})$

$$I_{2(0)}=0$$

(2)基波分量作用，电路中的感抗和容抗分别为

$$X_{L(1)}=\omega L=1000\times40\times10^{-3}=40(\Omega)$$

$$X_{C(1)}=1/(\omega C)=1/(1000\times25\times10^{-6})=40(\Omega)$$

电路对于基波分量要生并联谐振，电流 $I_{1(1)}=0$，电容电流和电感电流相等

$$I_{2(1)}=I_{3(1)}=(100\div\sqrt{2})\div40=1.768(\text{A})$$

(3)二次谐波分量作用，电路中的感抗和容抗分别为

$$X_{L(2)} = 2\omega L = 2000 \times 40 \times 10^{-3} = 80(\Omega)$$

$$X_{C(2)} = 1/(2\omega C) = 1/(2000 \times 25 \times 10^{-6}) = 20(\Omega)$$

电路的复阻抗为

$$Z_{(2)} = 30 + \frac{j80 + (-j20)}{j80 - j20} = 40.14\angle -41.63°(\Omega)$$

$$\dot{I}_{1(2)} = (15 \div \sqrt{2}) \div 40.14\angle -41.63° = 0.264\angle 41.63°(\text{A})$$

$$\dot{I}_{2(2)} = \frac{j80}{j80 - j20}\dot{I}_{1(2)} = 0.352\angle 41.63°(\text{A})$$

电流表 A_1 和 A_2 的读数分别为

$$I_1 = \sqrt{1.667^2 + 0.264^2} = 1.688(\text{A})$$

$$I_3 = \sqrt{1.768^2 + 0.352^2} = 1.803(\text{A})$$

8-8 在图示电路中，已知 $j(t) = 4\sin\omega t + 2\sin(3\omega t + \theta_3)$，$R = 15\Omega$，$L = 30\text{mH}$，$\omega = 314\text{rad/s}$。求电路所消耗的有功功率。

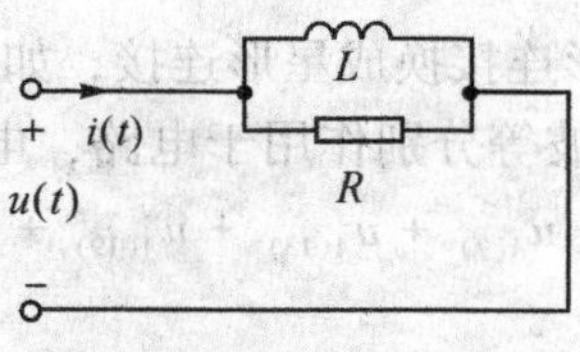

题 8-8 图

解 (1)基波分量作用，电路中的感抗为

$$X_{L(1)} = \omega L = 314 \times 30 \times 10^{-3} = 9.42(\Omega)$$

并联电路复阻抗的模为

$$Z_{(1)} = \sqrt{15^2 + 9.42^2} = 17.71(\Omega)$$

电阻中的电流为

$$I_{R(1)} = \frac{4}{\sqrt{2}} \times \frac{9.42}{17.71} = 1.50(\text{A})$$

(2)三次谐波分量作用，电路中的感抗为

$$X_{L(3)} = 3\omega L = 3 \times 314 \times 30 \times 10^{-3} = 28.26(\Omega)$$

并联电路复阻抗的模为

$$Z_{(3)} = \sqrt{15^2 + 28.26^2} = 31.99(\Omega)$$

电阻中的电流为

$$I_{R(3)} = \frac{2}{\sqrt{2}} \times \frac{28.26}{31.99} = 1.25(\text{A})$$

电路所有消耗的有功功率为

$$P = [I_{R(1)}]^2R + [I_{R(3)}]^2R = 1.50^2 \times 15 + 1.25^2 \times 15 = 57.19(\text{W})$$

8-9　三相发电机作星形连接，输出对称非正弦电压，供给一组对称的三相电阻负载，负载为三角形，如图(a)所示。此时电路消耗的总功率为 12000W。如果将电阻负载改为星形连接，如图(b)所示。此时电路消耗的总功率为 4750W，中线电流为 15A。求电源的相电压和线电压。

解　由于次电路为对称电路，故仅对 A 相电路进行分析：

设 A 相相电压为 $u_A = u_{A(1)} + u_{A(3)} + u_{4(5)} + u_{A(7)} + u_{A(9)} + \cdots$

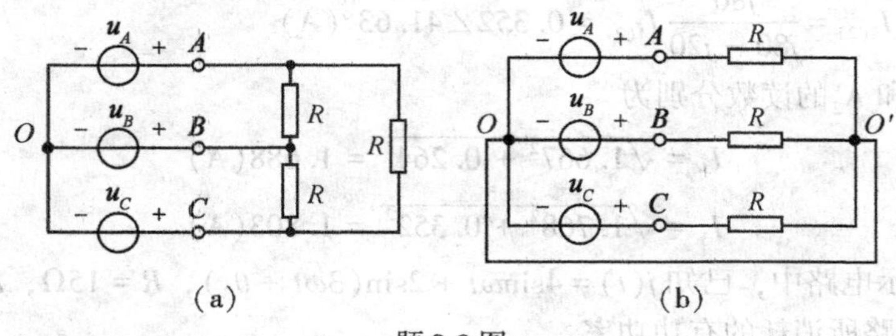

(a)　　　　(b)

题 8-9 图

对于图(a)，先将负载三角形连接换成星形连接，如图(b)所示。

当基波、7 次谐波、13 次谐波等分别作用于电路，电源中点和负载中点为等位点，A 相负载两端的电压为 $u_{A'} = u_{A(1)} + u_{A(7)} + u_{A(13)} + u_{A(19)} + \cdots$，则 A 相负载相电压有效值为 $\sqrt{U_{A(1)}^2 + U_{A(7)}^2 + U_{A(13)}^2 + \cdots}$。

同理，当 5 次谐波、11 次谐波、17 次谐波等分别作用于电路时，A 相负载相电压有效值为 $\sqrt{U_{A(5)}^2 + U_{A(1)}^2 + U_{A(1)}^2 + \cdots}$。

当 3 次谐波、9 次谐波、15 次谐波等分别作用于电路时，A 相负载中无电流流过，故无电压。

可知，A 相负载吸收的功率为

$$[U_{A(1)}^2 + U_{A(5)}^2 + U_{A(\eta)}^2 + U_{A(11)}^2 + U_{A(13)}^2 + U_{A(17)}^2 + \cdots] \Big/ \left(\frac{R}{3}\right) = \frac{12000}{3} \quad ①$$

对于图(b)，当基波、7 次谐波、13 次谐波等分别作用于电路，电源中点和负载中点为等位点，中线中无电流流过，A 相负载两端的电压为 $u_{A'} = u_{A(1)} + u_{A(7)} + u_{A(13)} + u_{A(19)} + \cdots$，则 A 相负载相电压有效值为 $\sqrt{U_{A(1)}^2 + U_{A(7)}^2 + U_{A(13)}^2 + \cdots}$；

同理，当 5 次谐波、11 次谐波、17 次谐波等分别作用于电路时，中线上无电流流过，A 相负载相电压有效值为 $\sqrt{U_{A(5)}^2 + U_{A(11)}^2 + U_{A(17)}^2 + \cdots}$

当 3 次谐波、9 次谐波、15 次谐波等分别作用于电路时，A 相负载中有电流流过，且中线电流是 A 相电路零序对称分量电流的 3 倍，即

$$3\sqrt{\left[\frac{U_{A(3)}}{R}\right]^2 + \left[\frac{U_{A(9)}}{R}\right]^2 + \left[\frac{U_{A(3)}}{R}\right]^2 + \cdots} = 15 \quad ②$$

A 相负载相电压有效值为 $\sqrt{U_{A(3)}^2 + U_{A(9)}^2 + U_{A(15)}^2 + \cdots}$，可知 A 相负载吸收的功率为

$$\frac{U_{A(1)^2} + U_{A(3)}^2 + U_{A(5)^2} + U_{A(\eta)} + U_{A(11)^2} + \cdots}{R} = \frac{4750}{3} \quad ③$$

联立式①、②、③，可解得：$R=10\Omega$。

将 $R=10\Omega$ 代入式③，可得电源相电压为 $U_p = \sqrt{\frac{4750}{3} \times 10} = 125.8(\text{V})$。

电源线电压中不含有零序分量，由①得 $U_l = \sqrt{\frac{12000}{3} \times \frac{1}{3} \times 3R} = 200\text{V}$。

8-10 对称三相发电机 A 相电压为 $u_A(t) = 215\sqrt{2}\sin\omega t - 80\sqrt{2}\sin 3\omega t + 10\sqrt{2}\sin 5\omega t$，供给三相四线制的负载如图所示。基波阻抗为 $Z=6+j3$，中线阻抗 $Z_0=1+j2$。求：(1)线电流、中线电流、负载吸收的功率；(2)如果中线断开，再求线电流、中线电流、负载吸收的功率及两中点间的电压。

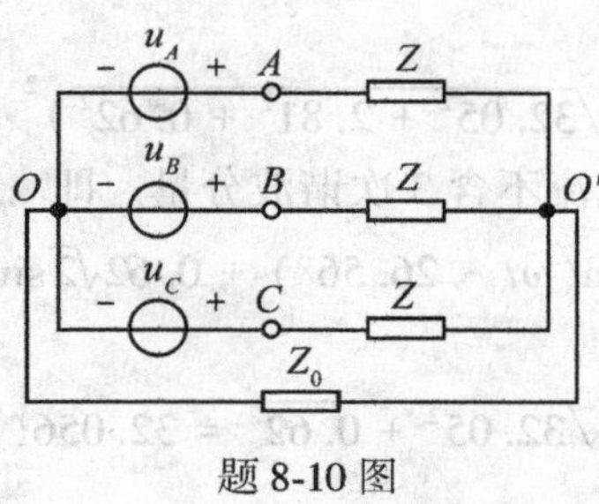

题 8-10 图

解 (1)当中线连通时，基波分量作用，电源中点与负载中点为等位点。设 $\dot{U}_{A(1)} = 215\angle 0°$。$A$ 相负载基波阻抗

$$Z_{(1)} = 6 + j3 = 6.71\angle 26.56°(\Omega)$$

A 相负载基波电流

$$\dot{I}_{A(1)} = \frac{\dot{U}_{A(1)}}{Z_{(1)}} = \frac{215\angle 0°}{6.71\angle 26.56°} = 32.05\angle -26.56°(\text{A})$$

三次谐波分量作用，电源中点与负载中点为非等位点。设 $\dot{U}_{A(3)} = 80\angle 0°\text{V}$。$A$ 相电路三次谐波阻抗

$$Z_{(3)} = 6 + 3 \times j3 + 3 \times (1 + 3 \times j2) = 9 + j27 = 28.46\angle 71.56°(\Omega)$$

A 相电路三次谐波电流

$$\dot{I}_{A(3)} = \frac{\dot{U}_{A(3)}}{Z_{(3)}} = \frac{80\angle 0°}{28.46\angle 71.56°} = 2.81\angle -71.56°(\text{A})$$

中线电流是 A 相电路 3 次谐波电流的 3 倍，即

$$I_0 = 3\dot{I}_{A(3)} = 8.43\angle -71.56°\text{A}$$

5 次谐波分量作用，电源中点与负载中点为等位点。$\dot{U}_{A(5)} = 10\angle 0°\text{V}$。$A$ 相电路 5 次谐

波阻抗

$$Z_{(5)} = 6 + 5 \times j3 = 6 + j15 = 16.16\angle 68.20°(\Omega)$$

A 相电路 5 次谐波电流

$$\dot{I}_{A(5)} = \dot{U}_{A(5)}/Z_{(5)} = 10\angle 0°/16.16\angle 68.20° = 0.62\angle -68.20°(\text{A})$$

A 相电路线电流瞬时值为

$$i_A(t) = 32.05\sqrt{2}\sin(\omega t - 26.56°) - 2.81\sqrt{2}\sin(3\omega t - 71.56°) + 0.62\sqrt{2}\sin(5\omega t - 68.20°)(\text{A})$$

中线电流瞬时值为

$$i_0(t) = 8.43\sqrt{2}\sin(3\omega t - 71.56°)(\text{A})$$

中线电流有效值为 8.43A。

A 相电路线电流有效值为

$$I = \sqrt{32.05^2 + 2.81^2 + 0.62^2} = 32.179(\text{A})$$

三相负载吸收的功率为

$$P = 3I^2R = 3 \times (\sqrt{32.05^2 + 2.81^2 + 0.62^2})^2 \times 6 = 18639(\text{W})$$

(2)如果中线断开，各线电流不含 3 次谐波分量。即

$$i_A(t) = 32.05\sqrt{2}\sin(\omega t - 26.56°) + 0.62\sqrt{2}\sin(5\omega t - 68.20°)$$

A 相电路线电流有效值为

$$I = \sqrt{32.05^2 + 0.62^2} = 32.056(\text{A})$$

三相负载吸收的功率为

$$P = 3I^2R = 3 \times (\sqrt{32.05^2 + 0.62^2})^2 \times 6 = 18497(\text{W})$$

中线电流为 0A。

两中点间的电压为 3 次谐波电压，即 $U_{O'O} = 80\text{V}$。

第 9 章　一阶电路和二阶电路

9.1 学习指导

一、学习要求

(1)了解电路课程中所用电信号的时间函数表达式以及时域特性，特别是单位阶跃信号的“开关”作用和单位冲激信号的抽样性。

(2)掌握并熟练写出电感元件及电容元件自身的伏安特性，理解电容元件与电感元件初始状态 $u_C(0_-)$，$i_L(0_-)$ 的物理意义，以及在一般情况下，开关闭合或开启瞬间 L、C 上的电流和电压是不能发生突变。

(3)理解和掌握一阶电路的零输入响应、零状态响应、全响应的定义，并会用列写和求解一阶电路微分方程的方法求解；深刻理解时间常数的物理意义，并会求解。理解和掌握一阶电路在正弦激励下的响应，并能熟练求解。理解和掌握一阶电路的阶跃响应和冲激响应，并能理解两者之间的关系。

(4)了解二阶电路的定义，能从电路结构直观地判断二阶电路；会列写简单二阶电路的微分方程；了解二阶电路零输入响应、阶跃响应和冲激响应的定义与求解方法。

二、知识结构图

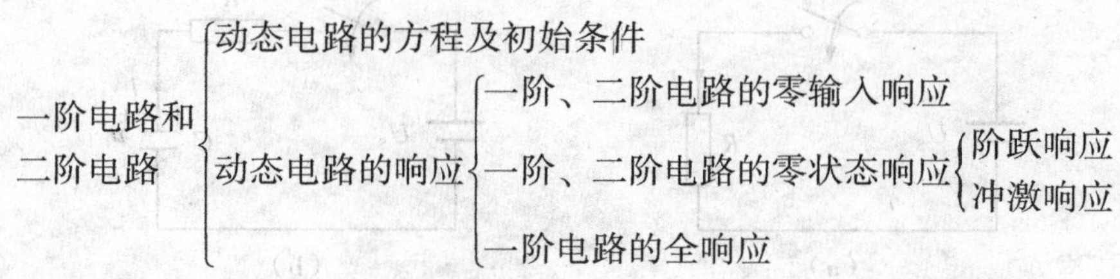

三、重点和难点

(1)本章的重点是能够熟练地应用微分方程的经典解析法分析一阶电路和二阶电路；能够熟练地求解零输入响应、零状态响应和全响应，以及电路的特解、通解，稳态响应，暂态响应，阶跃响应和冲激响应。

(2)本章难点是针对一阶电路或二阶电路，如何写出相应的微分方程。

9.2　主 要 内 容

一、动态电路的方程及其初始条件

1. 动态电路

含有动态元件电容和电感的电路，称为动态电路。由于动态元件是储能元件，其 VCR 是对时间变量 t 的微分和积分关系，因此动态电路的特点是：当电路状态发生改变时(换路)需要经历一个变化过程才能达到新的稳定状态。这个变化过程称为电路的过渡过程。所谓“稳态”，是指电路的响应不发生变化(值不变或变化规律不变)。

换路的原因：电路结构的改变，对电路进行某些控制操作，如接通、断开电源或信号源；某些子电路的接入或断开等；故障，会改变电路的结构；给电路加入了额外的激励干扰；电路元件参数的变化(外部环境如温度等的变化)。

为了分析方便，一般规定换路是在 $t=0$ 时刻发生的，同时认为换路是不需要时间的，即换路是在瞬间完成的。为了更进一步描述换路前后的状态，换路前的瞬间用 $t=0_-$ 表示，换路后的瞬间用 $t=0_+$ 表示。

例如电阻电路，由上面分析看出，当图 9-1(a)所示的电路进行换路后，电路在瞬间完成从一种稳态到达另一种新稳态的转换，所以电路中没有过渡过程。将换路后不发生过渡过程的电路称为静态电路。图 9-1(a)不发生过渡过程的原因是电路中除电源元件外只含有电阻元件。因为电阻元件上的 VCR 是比例关系，电阻电路换路后不会产生过渡过程，所以称电阻为静态元件，电阻电路称为静态电路。静态电路换路后不发生过渡过程。因为描述电阻电路的方程是线性代数方程，所以由线性代数方程描述的电路为静态电路。

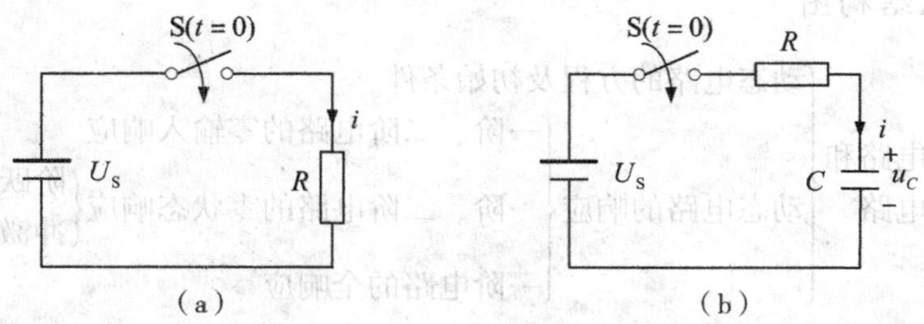

图 9-1　稳态响应和过渡过程

图 9-1(b)所示的电路则不同，因为电路中有动态元件电容，换路后有过渡过程。含有动态元件的电路称为动态电路，动态电路换路后会产生过渡过程，或者说，发生过渡过程的原因是电路中含有动态元件。由于动态元件的 VCR 是微分或积分关系，所以由动态元件组成的电路换路后不可能瞬间进入稳态。也就是说，含有动态元件的电路由一种稳态进入另一种稳态是需要时间(过渡)的。电容和电感都是动态元件，由它们组成的电路(动

态电路)会发生过渡过程。

2. 动态电路的方程

分析动态电路，首先要建立描述电路的方程。动态电路方程的建立包括两部分内容：一是应用基尔霍夫定律，二是应用电感和电容的微分或积分的基本特性关系式。

3. 电路初始条件的确定

求解微分方程时，解答中的常数需要根据初始条件来确定。由于电路中常以电容电压或电感电流作为变量，因此，相应的微分方程的初始条件为电容电压或电感电流的初始值。

若把电路发生换路的时刻记为 $t=0$ 时刻，换路前一瞬间记为 0_-，换路后一瞬间记为 0_+，则初始条件为 $t=0_+$时 u，i 及其各阶导数的值。

(1)电容电压和电感电流的初始条件是

$$u_C(0_+)=u_C(0_-)+\frac{1}{C}\int_{0_-}^{0_+}i(\xi)\,\mathrm{d}\xi \quad i_L(0_+)=i_L(0_-)+\frac{1}{L}\int_{0_-}^{0_+}u(\xi)\,\mathrm{d}\xi$$

由于电容电压和电感电流是时间的连续函数(参见第1章)，所以上两式中的积分项为零，从而有

$$\begin{cases}u_C(0_+)=u_C(0_-)\\ i_L(0_+)=i_L(0_-)\end{cases} \quad \text{对应于} \quad \begin{cases}q(0_+)=q(0_-)\\ \psi(0_+)=\psi(0_-)\end{cases}$$

上式称为换路定则，它表明：

① 换路瞬间，若电容电流保持为有限值，则电容电压(电荷)在换路前后保持不变，这是电荷守恒的体现；

② 换路瞬间，若电感电压保持为有限值，则电感电流(磁链)在换路前后保持不变。这是磁链守恒的体现。

需要明确的是：

① 电容电流和电感电压为有限值是换路定律成立的条件；

② 换路定律反映了能量不能跃变的事实。

(2)电路初始值的确定。根据换路定律可以由电路的 $u_C(0_-)$ 和 $i_L(0_-)$ 确定 $u_C(0_+)$ 和 $i_L(0_+)$ 时刻的值，电路中其他电流和电压在 $t=0_+$ 时刻的值可以通过 0_+ 等效电路求得。求初始值的具体步骤是：

① 由换路前 $t=0_-$ 时刻的电路(一般为稳定状态)求 $u_C(0_-)$ 或 $i_L(0_-)$；

② 由换路定律得 $u_C(0_+)$ 和 $i_L(0_+)$；

③ 画 $t=0_+$ 时刻的等效电路，电容用电压源替代，电感用电流源替代(取 0_+时刻值，方向与原假定的电容电压、电感电流方向相同)；

④ 由 0_+ 电路求所需各变量的 0_+ 值。

研究动态电路的目的是求换路后的响应，即求 $t\geqslant 0_+$ 时微分方程的解。因为微分方程的变量通常是 u_C 和 i_L，当求出他们以后，其他变量(非状态变量)可以根据 KCL 和(或) KVL 求出。在求解 u_C 和 i_L 时，首先要知道 $u_C(0_+)$ 和 $i_L(0_+)$，如果知道 $u_C(0_-)$ 和 $i_L(0_-)$，由换路定则可以求出它们。其他非状态变量的初始条件可以通过状态变量的初

始条件求出。

二、一阶电路的零输入响应

1. 零输入响应

所谓零输入响应，就是动态电路在没有外加激励时的响应。电路的响应仅仅是由动态元件的初始储能引起的，也就是说，是由非零初始状态引起的。如果初始状态为零，电路也没有外加输入，则电路的响应为零。

首先研究 RC 电路的零输入响应。图 9-2(a)所示为 RC 电路，换路前电容已充电，并设 $u_C(0_-)=U_0$，开关 S 在 $t=0$ 时闭合，则电路在 0 时刻换路。换路后，即 $t\geqslant 0_+$ 时的电路如图 9-2(b)所示。

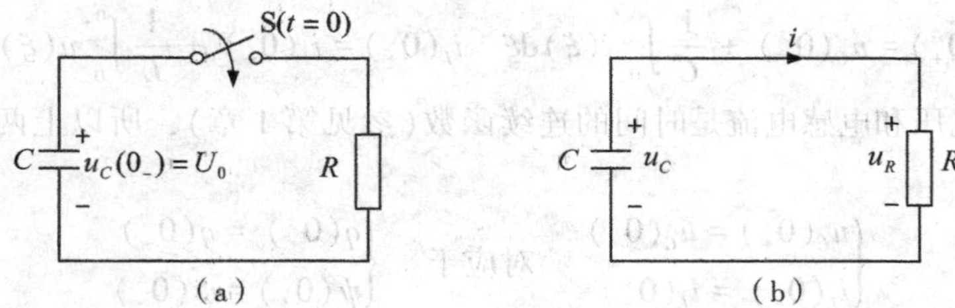

图 9-2　零输入 RC 电路

由图 9-2(b)，根据 KVL，得

$$u_R - u_C = 0$$

选状态变量 u_C 为方程变量，再由 $u_R = Ri$ 和 $i = -C\dfrac{\mathrm{d}u_C}{\mathrm{d}t}$，代入上式得

$$RC\frac{\mathrm{d}u_C}{\mathrm{d}t} + u_C = 0,\ t \geqslant 0_+ \tag{9-1}$$

因为 R、C 为常数，所以该式是一阶线性齐次常微分方程。可见，含一个储能元件的电路可以用一阶微分方程描述，所以 RC 电路是一阶电路。

由微分方程解的形式知，线性齐次常微方程的通解为 $u_C = A\mathrm{e}^{pt}$，代入式(9-1)可得对应的特征方程为

$$RCp + 1 = 0$$

即特征根为

$$p = -\frac{1}{RC}$$

通解为

$$u_C = A\mathrm{e}^{-\frac{t}{RC}}$$

根据换路定则和初始条件，有 $u_C(0_+) = u_C(0_-) = U_0$，代入上式得积分常数 $A =$

$u_C(0_+)=U_0$，于是式(9-1)的通解为

$$u_C=u_C(0_+)\mathrm{e}^{-\frac{t}{RC}}=U_0\mathrm{e}^{-\frac{t}{RC}} \tag{9-2}$$

电路中的电流为

$$i=-C\frac{\mathrm{d}u_C}{\mathrm{d}t}=\frac{U_0}{R}\mathrm{e}^{-\frac{t}{RC}} \tag{9-3}$$

由式(9-2)和式(9-3)可以看出，电容上的电压 u_C 和电路中的电流 i 都是按同样的指数规律衰减的，其变化曲线如图 9-3 所示。

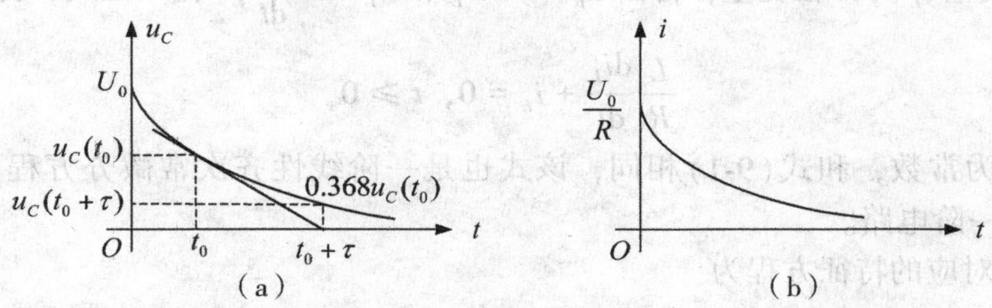

图 9-3　*RC* 电路的零输入响应

u_C 和 i 衰减的快慢取决于电路特征方程的特征根 $p=-\dfrac{1}{RC}$，即取决于电路参数 R 和 C 的乘积。当 R 的单位取欧(Ω)时，C 的单位取法(F)时，有欧·法=欧·库/伏=欧·安·秒/伏=秒，所以 RC 的量纲为时间，并令 $\tau=RC$，称 τ 为时间常数。引入 τ 以后，u_C 和 i 可以表示为

$$u_C=u_C(0_+)\mathrm{e}^{-\frac{t}{\tau}}=U_0\mathrm{e}^{-\frac{t}{\tau}} \tag{9-4}$$

$$i=\frac{U_0}{R}\mathrm{e}^{-\frac{t}{\tau}} \tag{9-5}$$

时间常数 τ 是一个重要的量，一阶电路过渡过程的进程取决于它的大小。以电容电压为例，在任一时刻 t_0，$u_C=u_C(t_0)$，当经过一个时间常数 τ 后，有

$$u_C(t_0+\tau)=U_0\mathrm{e}^{-(t_0+\tau)/\tau}=\mathrm{e}^{-1}U_0\mathrm{e}^{-t_0/\tau}=0.368u_C(t_0)$$

可见，从任一时刻 t_0 开始经过一个 τ 后，电压衰减到原来值的 36.8%，见图 9-3(a)。

从理论上讲，当 $t=\infty$ 时过渡过程结束，即电容电压和电流才能衰减到零。经过计算得，当 $t=3\tau$ 时，$u_C(3\tau)=e^{-3}U_0=0.0498U_0$；当 $t=4\tau$、5τ 时，$u_C(4\tau)=0.0183U_0$，$u_C(5\tau)=0.0067U_0$。所以，一般认为换路后经过 $3\tau\sim5\tau$ 后过渡过程结束。

可以证明，u_C 在 t_0 处的切线和时间轴的交点为 $t_0+\tau$，见图 9-3(a)。这一结果说明，从任一时刻 t_0 开始，如果衰减沿切线进行，则经过时间 τ 它将衰减到零。

在整个过渡过程中，由于电容电压按指数规律一直衰减到零，所以电容通过电阻进行放电，电容中的初始储能——电场能($CU_0^2/2$)全部由电阻消耗并转换成热能，即

$$W_R=\int_0^\infty i^2(t)R\mathrm{d}t=\int_0^\infty\left(\frac{U_0}{R}\mathrm{e}^{-\frac{t}{RC}}\right)^2R\mathrm{d}t$$

$$= -\frac{1}{2}CU_0^2\,e^{-\frac{2t}{RC}}\Big|_0^{\infty} = \frac{1}{2}CU_0^2$$

2. RL 电路的零输入响应

如图 9-4(a)所示电路，在 $t=0$ 时刻将开关 S 由位置 1 合到位置 2，换路后的电路如图 9-4(b)所示。由图 9-4(a)知 $i_L(0_-)=I_S$，图 9-4(b)是 RL 零输入电路，根据 KVL，有

$$u_R - u_L = 0$$

选状态变量 i_L 为方程变量，再由 $u_R=-Ri_L$ 和 $u_L=L\frac{di_L}{dt}$，代入上式，得

$$\frac{L}{R}\frac{di_L}{dt}+i_L=0,\ t\geqslant 0_+ \tag{9-6}$$

式中，R、L 为常数，和式(9-1)相同，该式也是一阶线性齐次常微分方程，所以图 9-4(b)称为 RL 一阶电路。

式(9-6)对应的特征方程为

$$\frac{L}{R}p+1=0$$

特征根为

$$p=-\frac{R}{L}$$

通解为

$$i_L = A\,e^{-\frac{R}{L}t}$$

根据换路定则和初始条件有 $i_L(0_+)=i_L(0_-)=I_S$，代入上式得积分常数 $A=i_L(0_+)=I_S$，所以式(9-6)的通解为

$$i_L = i_L(0_+)\,e^{-\frac{R}{L}t} = I_S e^{-\frac{t}{\tau}} \tag{9-7}$$

式中，$\tau=L/R$，称为时间常数。当 R 的单位取欧(Ω)时，L 的单位取亨(H)时，有：亨/欧=(伏·秒/安)/欧=秒，可见 L/R 的量纲也为秒。

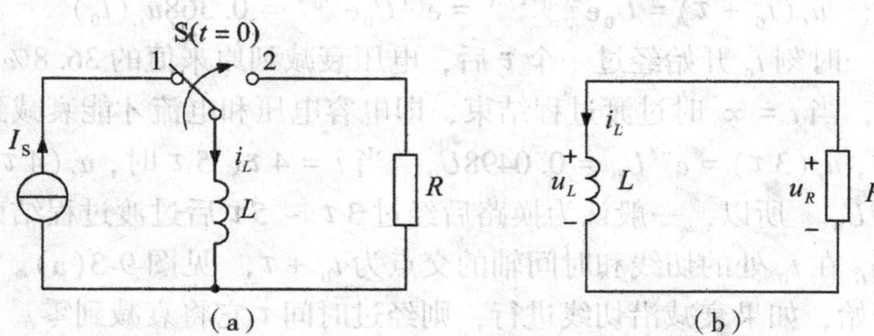

图 9-4　零输入 RL 电路

电感和电阻两端的电压为

$$u_L = u_R = L\frac{\mathrm{d}i_L}{\mathrm{d}t} = -RI_S\mathrm{e}^{-\frac{t}{\tau}} \tag{9-8}$$

i_L、u_L 和 u_R 随时间变化的曲线如图 9-5 所示，它们都是按同样的指数规律衰减的，衰减的快慢取决于时间常数 τ，即取决于电路参数 R 和 L。

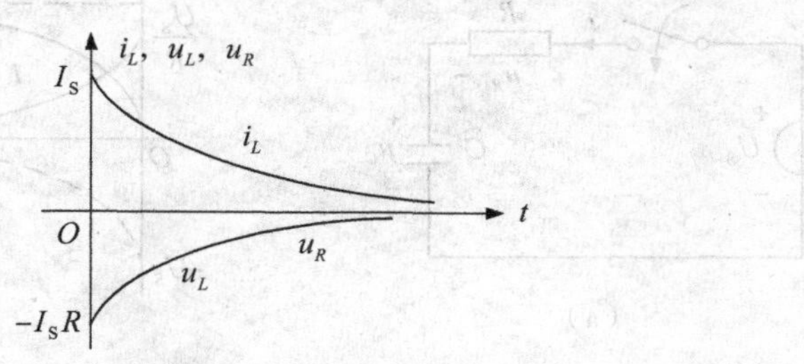

图 9-5　*RL* 电路的零输入响应

换路以后电阻吸收的能量为

$$W_R = \int_0^\infty i_L^2(t)R\,\mathrm{d}t = \int_0^\infty (I_S\mathrm{e}^{-\frac{R}{L}t})^2R\,\mathrm{d}t$$

$$= -\frac{1}{2}LI_S^2\,\mathrm{e}^{-\frac{2R}{L}}\bigg|_0^\infty = \frac{1}{2}LI_S^2$$

可见，在整个过渡过程中，电感的初始储能——磁场能($LI_S^2/2$)全部由电阻消耗了。

小结：(1)一阶电路的零输入响应是由储能元件的初值引起的响应，都是由初始值衰减为零的指数衰减函数，其一般表达式可以写为

$$y(t) = y(0^+)\mathrm{e}^{\frac{t}{\tau}}$$

(2)零输入响应的衰减快慢取决于时间常数 τ，其中 RC 电路 $\tau = RC$，RL 电路 $\tau = \dfrac{L}{R}$，R 为与动态元件相连的一端口电路的等效电阻。

(3)同一电路中所有响应具有相同的时间常数。

(4)一阶电路的零输入响应和初始值成正比，称为零输入线性。

用经典法求解一阶电路零输入响应的步骤：

(1)根据基尔霍夫定律和元件特性列出换路后的电路微分方程，该方程为一阶线性齐次常微分方程；

(2)由特征方程求出特征根；

(3)根据初始值确定积分常数从而得方程的解。

三、一阶电路的零状态响应

对于动态电路而言，反映动态元件储能大小的量称为状态变量，将状态变量在某一时刻的值称为状态。所谓零状态，就是动态电路在换路时储能元件上的储能为零，即动态电路的零状态分别为 $u_C(0_-) = 0\mathrm{V}$ 和 $i_L(0_-) = 0\mathrm{A}$。零状态响应就是在零状态下由外加激励所引起的响应。

图 9-6(a)所示为 RC 串联电路，已知 $u_C(0_-)=0\text{V}$，在 $t=0$ 时将开关 S 闭合，则电路在 0 时刻换路。根据 KVL，在 $t \geqslant 0_+$ 时，有

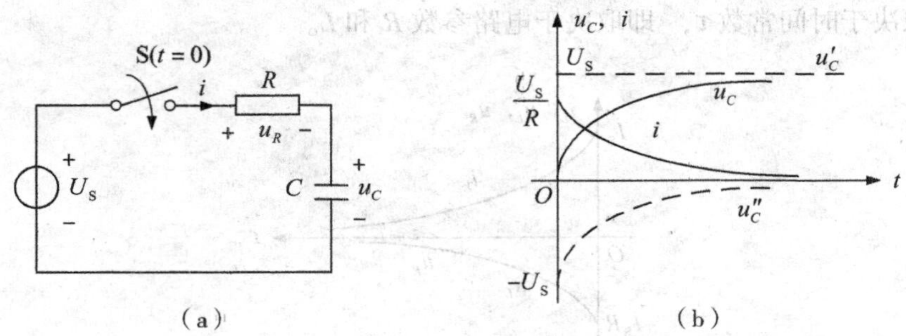

图 9-6　RC 电路的零状态响应

$$u_R + u_C = U_S$$

选 u_C 为方程变量，再由 $u_R = Ri$ 和 $i = C\dfrac{\mathrm{d}u_C}{\mathrm{d}t}$，代入上式，得

$$RC\frac{\mathrm{d}u_C}{\mathrm{d}t} + u_C = U_S,\ t \geqslant 0_+ \tag{9-9}$$

该式是一阶线性非齐次常微方程。由数学知识知，非齐次常微方程的解由两部分构成，即

$$u_C = u'_C + u''_C$$

其中，u'_C 是非齐次方程的特解，u''_C 是对应齐次方程的通解。

用解非齐次方程的待定系数法，令 $u'_C = K$，代入式(9-9)，得

$$u'_C = K = U_S$$

式(9-9)对应齐次方程的通解为

$$u''_C = A\mathrm{e}^{-\frac{t}{\tau}}$$

其中，$\tau = RC$ 为时间常数。于是有

$$u_C = u'_C + u''_C = U_S + Ae^{-\frac{t}{\tau}}$$

根据初始条件，有 $u_C(0_+) = u_C(0_-) = 0$，代入上式得 $A = -U_S$，即得式(9-9)的解为

$$u_C = U_S - U_S\mathrm{e}^{-\frac{t}{\tau}} = U_S(1 - \mathrm{e}^{-\frac{t}{\tau}}) \tag{9-10}$$

电路中的电流为

$$i = C\frac{\mathrm{d}u_C}{\mathrm{d}t} = \frac{U_S}{R}\mathrm{e}^{-\frac{t}{\tau}} \tag{9-11}$$

u_C 和 i 的变化曲线如图 9-6(b)所示，同时图中也给出了 u'_C 和 u''_C。

由图可见，当 $t \to \infty$ 时，$u_C(t) = U_S$，$i(t) = 0$，电压和电流不再变化，电容相当于开路。此时电路达到了稳定状态，简称为稳态。对于式(9-10)的解而言，它由两个部分构成，即特解和齐次方程的通解。可见，特解 $u'_C = U_S$ 是电路达到稳定状态时的响应，所以称为稳态响应。又知稳态分量和外加激励有关，所以又称为强制响应。齐次方程的通解

u''_C 取决于对应齐次方程的特征根，而与外加激励无关，所以称其为自由响应。由于自由响应随时间按指数规律衰减而趋于零，所以又称为暂态响应。因此，换路以后电路中的响应 u_C 等于强制响应和自由响应之和，或者说，等于稳态响应和暂态响应之和。对于电流 i 来说，强制响应（或稳态响应）为 0；自由响应（或暂态响应）为指数衰减形式，见式(9-11)。

对于图 9-6(a) 中的电路，换路以后的过程实际上是直流电源通过电阻给电容充电的过程。在整个充电过程中，电源提供的能量一部分被电阻消耗了，而另一部分以电场能的形式储存在电容中。由于电容上的电压最终等于电源电压，所以当充电完毕电容上所储存的电场能为 $CU_S^2/2$。电阻消耗的能量为

$$W_R = \int_0^\infty i^2(t) R\,\mathrm{d}t = \int_0^\infty \left(\frac{U_S}{R}\mathrm{e}^{-\frac{t}{RC}}\right)^2 R\,\mathrm{d}t$$

$$= -\frac{1}{2}CU_S^2\,\mathrm{e}^{-\frac{2t}{RC}}\Big|_0^\infty = \frac{1}{2}CU_S^2$$

可见，在整个充电过程中，电阻所消耗的能量和电容最终储存的电场能相等，即电源所提供的能量只有一半变成电场能存于电容中，所以电容的充电效率只有 50%。

在图 9-6(a) 中的电路中，若将电容换成电感则电路如图 9-7(a) 所示。已知零状态，即 $i_L(0_-) = 0\text{A}$。换路后，根据 KVL，有

$$u_R + u_L = U_S$$

选 i_L 为变量，由 $u_R = Ri_L$ 和 $u_L = L\frac{\mathrm{d}i_L}{\mathrm{d}t}$，代入上式，得

$$L\frac{\mathrm{d}i_L}{\mathrm{d}t} + Ri_L = U_S,\ t \geqslant 0_+ \tag{9-12}$$

该式是一阶线性非齐次常微方程，其解的结构为

$$i_L = i'_L + i''_L$$

其中，i'_L 是特解，i''_L 是齐次方程的通解。可得特解和齐次方程的通解分别为

$$i'_L = \frac{U_S}{R},\ i''_L = A\mathrm{e}^{-\frac{t}{\tau}}$$

其中，$\tau = L/R$ 为时间常数。于是有

$$i_L = i'_L + i''_L = \frac{U_S}{R} + A\mathrm{e}^{-\frac{t}{\tau}}$$

根据零状态有 $i_L(0_+) = i_L(0_-) = 0$，代入得 $A = -\frac{U_S}{R}$，即得式(9-12)的解为

$$i_L = \frac{U_S}{R} - \frac{U_S}{R}\mathrm{e}^{-\frac{t}{\tau}} = \frac{U_S}{R}(1 - \mathrm{e}^{-\frac{t}{\tau}}) \tag{9-13}$$

电感和电阻两端的电压分别为

$$u_L = L\frac{\mathrm{d}i_L}{\mathrm{d}t} = U_S\mathrm{e}^{-\frac{t}{\tau}} \tag{9-14}$$

$$u_R = Ri_L = U_S(1 - e^{-\frac{t}{\tau}}) \tag{9-15}$$

i_L、u_L 和 u_R 的变化曲线如图 9-7(b)所示。

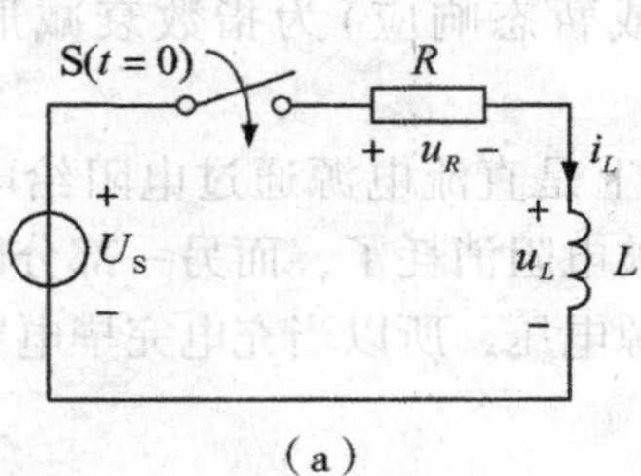

(a)

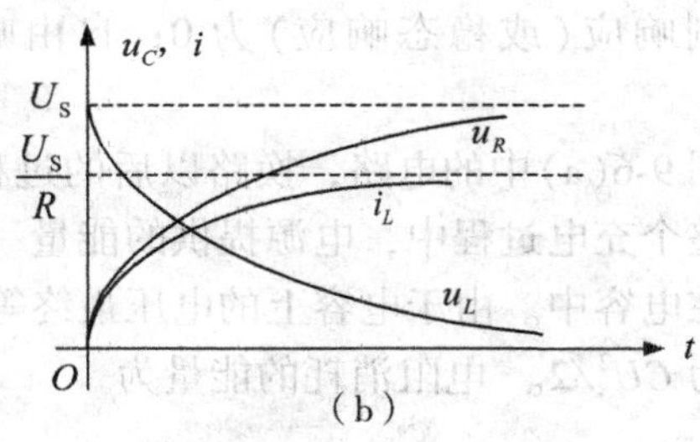

(b)

图 9-7　RL 电路的零状态响应

四、一阶电路的全响应

1. 全响应

如图 9-8 所示电路，换路后直流电压源被接到 RC 串联电路中，即非零输入；又已知 $u_C(0_-) = U_0$，即非零状态。根据 KVL，有

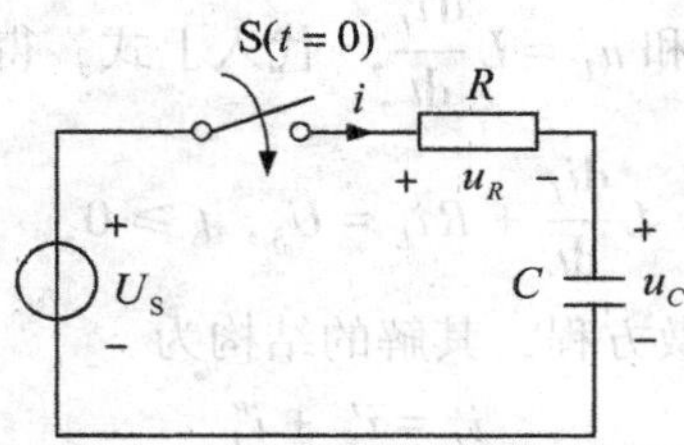

图 9-8　一阶电路的全响应

$$RC\frac{du_C}{dt} + u_C = U_S，t \geqslant 0_+ \tag{9-16}$$

方程解的结构为

$$u_C = u'_C + u''_C$$

其中，特解和齐次方程的通解分别为

$$u'_C = U_S，u''_C = Ae^{-\frac{t}{\tau}}$$

$\tau = RC$ 为时间常数，则

$$u_C = u'_C + u''_C = U_S + Ae^{-\frac{t}{\tau}}$$

根据初始条件有 $u_C(0_+) = u_C(0_-) = U_0$，代入上式，得积分常数

$$A = U_0 - U_S$$

即得式(9-16)的解，即全响应为

$$u_C = U_S + (U_0 - U_S)e^{-\frac{t}{\tau}} \tag{9-17}$$

该式右边的第一项为电路达到稳态时的响应，所以称为稳态响应；右边的第二项随着时间逐步衰减到零，所以为暂态响应。可见全响应可以表示为

全响应=稳态响应+暂态响应

或者

全响应=强制响应+自由响应

将式(9-17)改写为

$$u_C = U_0 e^{-\frac{t}{\tau}} + U_S(1 - e^{-\frac{t}{\tau}}) \tag{9-18}$$

式中，右边的第一项为电路的零输入响应，右边的第二项为电路的零状态响应。全响应又可以表示为

全响应=零输入响应+零状态响应

由此可见，电路的全响应是零输入响应和零状态响应的叠加，这是由线性电路的性质所决定的。

将全响应分解成稳态响应(强制响应)和暂态响应(自由响应)，或者零输入响应和零状态响应是从不同的角度来分析全响应的构成，便于进一步的理解动态电路的全响应。

一阶电路的全响应是指换路后电路的初始状态不为零，同时又有外加激励源作用时电路中产生的响应。

2. 三要素法分析一阶电路

一阶电路的数学模型是一阶微分方程

$$a\frac{\mathrm{d}f}{\mathrm{d}t} + bf = c$$

其解答为稳态分量加暂态分量，即解的一般形式为

$$f(t) = f(\infty) + Ae^{-\frac{t}{\tau}}$$

当 $t = 0_+$ 时，有 $f(0_+) = f(\infty)|_{0_+} + A$

则积分常数为 $A = f(0_+) - f(\infty)|_{0_+}$

代入方程得 $f(t) = f(\infty) + [f(0_+) - f(\infty)|_{0_+}]e^{-\frac{t}{\tau}}$

注意：当直流激励时，$f(\infty)|_{0_+} = f(\infty)$。

以上式子表明分析一阶电路问题可以转为求解电路的初值 $f(0_+)$，稳态值 $f(\infty)$ 及时间常数 τ 的三个要素的问题。求解方法为：

$f(0_+)$：用 $t \to \infty$ 的稳态电路求解；

$f(\infty)$：用 0_+ 等效电路求解；

时间常数 τ：求出等效电阻，则电容电路有 $\tau = RC$，电感电路有 $\tau = \dfrac{L}{R}$。

五、一阶电路的阶跃响应

动态电路都是通过开关实现换路的，即电路结构或参数的改变是通过开关的动作完成

的。在各种换路现象中，有一种是通过开关 S 将激励施加于电路，即在 $t=0$ 时刻(也可以是其他时刻)将激励施加于电路。为了简化开关过程，本节引入一种函数——阶跃函数。阶跃函数是一种奇异函数或开关函数。在电路分析中，常用的奇异函数有单位阶跃函数和单位冲激函数。引入单位阶跃函数以后，可以通过该函数将激励在任一时刻施加于电路，由此引起的响应称为阶跃响应。

1. 单位阶跃函数

单位阶跃函数是一种奇异函数，函数在 $t=0$ 时发生阶跃，可定义为

$$\varepsilon(t)=\begin{cases}0, & t<0\\1, & t>0\end{cases}$$

任一时刻 t_0 起始的阶跃函数，也称为延迟的单位阶跃函数，可定义为

$$\varepsilon(t-t_0)=\begin{cases}0, & t<t_0\\1, & t>t_0\end{cases}$$

单位阶跃函数的作用：

(1)可以用来描述开关动作。

(2)可以用来起始一个任意函数，即

$$f(t)\varepsilon(t-t_0)=\begin{cases}0, & t\leqslant t_0\\f(t), & t\geqslant t_0\end{cases}$$

单位阶跃函数起始一个正弦函数，如图 9-9 所示。

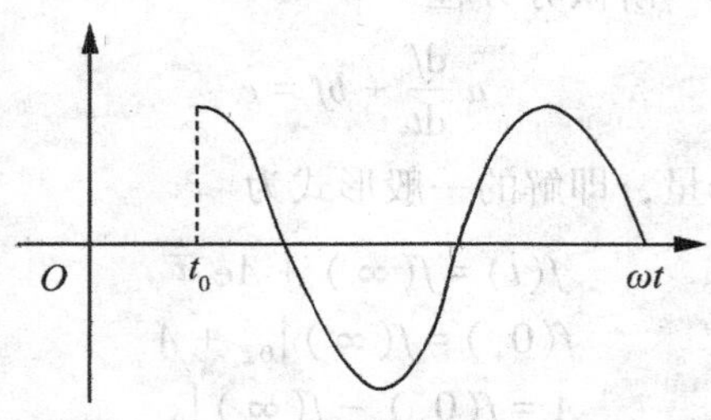

图 9-9　单位阶跃函数

(3)可以用来延迟一个函数，如图 9-10 所示。

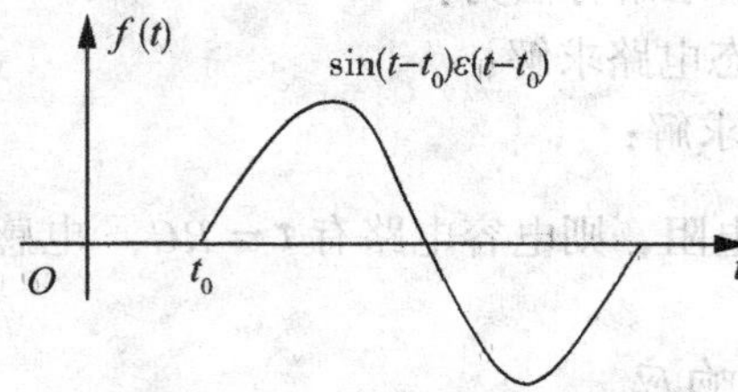

图 9-10　延迟单位阶跃函数

(4)可以用来表示复杂的信号，函数可以写为

$$f(t)=\varepsilon(t)-\varepsilon(t-t_0)$$

2. 一阶电路的阶跃响应

图 9-11(a)所示为 RC 串联电路，已知激励为 $U_S\varepsilon(t)$，求该激励下的响应 u_C。由于电路中的激励是由阶跃函数起始的，则所求的响应称为阶跃响应。

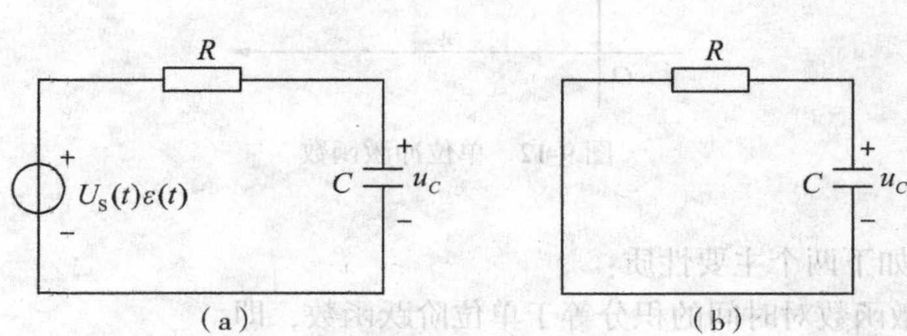

图 9-11 RC 电路的阶跃响应

激励 $U_S\varepsilon(t)$ 表明在 $t=0$ 时刻将直流电压源 U_S 接入 RC 串联电路。由 $\varepsilon(t)$ 函数的定义知，当 $t\leqslant 0_-$ 时，$\varepsilon(t)=0$，所以 $U_S\varepsilon(t)=0$。又因为 U_S 是电压源，所以在 $t=-\infty\sim 0_-$ 期间，它相当于短路，等效电路如图 9-11(b)所示。由此得

$$u_C(0_+)=u_C(0_-)=0$$

可见，阶跃响应是零状态响应。图 9-11(a)所示 RC 电路的零状态响应为

$$u_C(t)=U_S(1-e^{-t/\tau})\varepsilon(t) \tag{9-19}$$

式中，$\tau=RC$，$\varepsilon(t)$ 表明响应是从零时刻开始并由单位阶跃函数起始的，所以为阶跃响应。如果 $U_S=1$，则激励变为单位阶跃 $\varepsilon(t)$，所得的响应称为单位阶跃响应，即式(9-19)变为

$$s(t)=u_C(t)=(1-e^{-t/\tau})\varepsilon(t) \tag{9-20}$$

式中，$s(t)$ 表示单位阶跃响应。

六、一阶电路的冲激响应

阶跃函数可以为电路中的开关建模，或者可以起始一个函数。如果被起始的函数是电容电压 u_C 或电感电流 i_L，那么对 u_C 或 i_L 求导应该是电容电流 i_C 或电感电压 u_L。这样就涉及对阶跃函数的求导运算，将对阶跃函数求导所得到的函数称为冲激函数，由该函数激励下的响应称为冲激响应。

1. 单位冲激函数

单位冲激函数也是一种奇异函数，如图 9-12 所示，函数在 $t=0$ 处发生冲激，在其余处为零，可定义为：

$$\begin{cases}\int_{-\infty}^{\infty}\delta(t)\,\mathrm{d}t = 1\\ \delta(t) = 0,\ t \neq 0\end{cases}$$

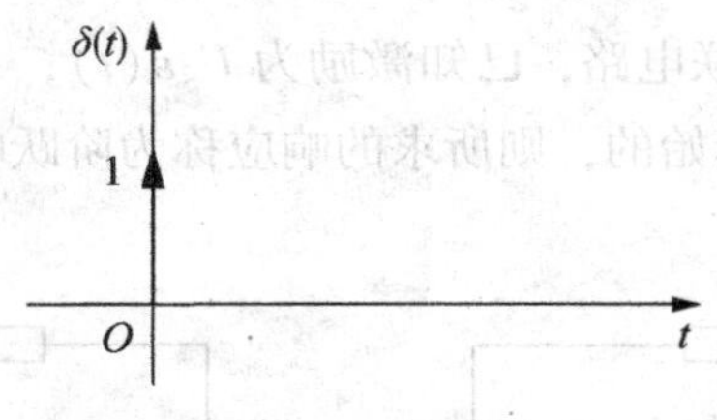

图 9-12　单位冲激函数

冲激函数有如下两个主要性质：

(1)单位冲激函数对时间的积分等于单位阶跃函数，即

$$\int_{-\infty}^{t}\delta(t)\,\mathrm{d}t = \begin{cases}0,\ t > 0_-\\ 1,\ t > 0_+\end{cases} = \varepsilon(t)$$

反之，单位阶跃函数对时间的一阶导数等于冲激函数，即

$$\frac{\mathrm{d}\varepsilon(t)}{\mathrm{d}t} = \delta(t)$$

(2)单位冲激函数的筛分性质。对任意在时间 $t=0$ 连续的函数 $f(\mathrm{t})$，将有

$$\int_{-\infty}^{+\infty} f(t)\delta(t)\,\mathrm{d}t = f(0)\int_{-\infty}^{+\infty}\delta(t)\,\mathrm{d}t = f(0)$$

同理，对任意在时间 $t=t_0$ 连续的函数 $f(t)$，将有

$$\int_{-\infty}^{+\infty} f(t)\delta(t-t_0)\,\mathrm{d}t = f(t_0)$$

说明冲激函数有把一个函数在某一时刻的值“筛”出来的本领。

2. 一阶电路的冲激响应

如果一个动态电路的激励源为冲激(冲激电流或冲激电压)，由冲激函数的定义可知，冲激源的作用是瞬时发生的，也就是说，在冲激作用以前，电路中没有激励，由于冲激源携带有一定的能量，冲激过后冲激源所携带的能量转移到电路中。所谓冲激响应，就是由冲激源所携带的能量引起的响应。

求冲激响应首先要解决的问题是，当冲激过后，冲激所携带的能量转移到何处，确切地说，冲激过后能量转移到哪一个(些)具体的元件上。当动态电路由冲激激励时，冲激到来之前电路处于零状态。设冲激在 0 时刻作用，根据零状态条件，则电路中所有的 $u_C(0_-)=0$ 和 $i_L(0_-)=0$。当冲激电压源 $\delta_u(t)$ 或者冲激电流源 $\delta_i(t)$ 作用于电路时，由于电容或者电感只能存储有限的能量，根据 $W_C = \dfrac{Cu_C^2}{2}$ 和 $W_L = \dfrac{Li_L^2}{2}$ 知，电容电压不可能是冲激电压；同理，电感电流也不可能是冲激电流。因为冲激在 $t=0$ 时刻作用，则有 $u_C(0) =$

$u_C(0_-)=0$ 和 $i_L(0)=i_L(0_-)=0$，所以在冲激作用瞬间电容可看作短路，电感可看作开路。有了这两个条件以后，就可以画出 $t=0$（冲激作用）时刻的等效电路，然后根据 KCL 和 KVL 得出冲激电流或者冲激电压的约束关系，进而求出动态元件的初始状态（或初始值）。

有了动态元件的初始状态以后，就可以求电路的冲激响应了。

3. 单位阶跃响应和单位冲激响应的关系

由于单位冲击函数与单位阶跃函数之间满足关系：

$$\frac{\mathrm{d}\varepsilon(t)}{\mathrm{d}t}=\delta(t)$$

因此线性电路中，单位阶跃响应与单位冲激响应之间满足关系：

$$\frac{\mathrm{d}s(t)}{\mathrm{d}t}=h(t)$$

式中，$s(t)$ 为单位阶跃响应，$h(t)$ 为单位冲激响应。

七、电容电压和电感电流的跃变

前面讨论了冲激函数的定义与性质，由于冲激作用是在瞬间完成的，如果将这样具有冲激变化规律的激励作用于电路，当冲激过后，冲激源所携带的能量是如何转移的，这是本小节将讨论的内容。

前面已经讨论过，换路瞬间若电容的电流为有限值，则换路前后电容电压是连续的，即不发生跃变；若电感电压为有限值，则换路前后电感电流也不发生跃变。但是，如果电容电流或电感电压在换路瞬间不是有限值，确切的说是冲激函数，则电容电压或电感电流将发生跃变。设 $i_C(t)=Q\delta_i(t)$，Q 是冲激电流的强度，有

$$u_C(t)=u_C(t_0)+\frac{1}{C}\int_{t_0}^{t}i_C(\xi)\,\mathrm{d}\xi$$

由于 $\delta(t)$ 函数在 0 时刻作用，所以令 $t_0=0_-$ 和 $t=0_+$，代入上式，得

$$u_C(0_+)=u_C(0_-)+\frac{1}{C}\int_{0_-}^{0_+}Q\delta_i(t)\,\mathrm{d}t=u_C(0_-)+\frac{Q}{C} \tag{9-21}$$

可见，$u_C(0_+)\neq u_C(0_-)$。结果说明，若有冲激电流作用于电容时，电容电压可以跃变。由式(9-21)可以得出冲激电流所携带的电荷量为

$$Q=C[u_C(0_+)-u_C(0_-)] \tag{9-22}$$

因为冲激电流使电容电压发生了跃变，所以冲激作用前后电容上所储存的电场能也发生了跃变，因此冲激电流携带有一定的能量。由于 Q 是有限值，所以能量跃变的幅度也是有限值，或者说，冲激所携带的能量也是有限值。

如果电容电流为单位冲激，则

$$u_C(0_+)=u_C(0_-)+\frac{1}{C} \tag{9-23}$$

对于电感来说，设 $u_L(t)=\Psi\delta_u(t)$，Ψ 是冲激电压的强度，有

$$i_L(t)=i_L(t_0)+\frac{1}{L}\int_{t_0}^{t}u_L(\xi)\,\mathrm{d}\xi$$

令 $t_0 = 0_-$，$t = 0_+$，代入上式，得

$$i_L(0_+) = i_L(0_-) + \frac{1}{L}\int_{0_-}^{0_+} \Psi\delta_u(t)\,\mathrm{d}t = i_L(0_-) + \frac{\Psi}{L} \tag{9-24}$$

该式表明，若有冲激电压作用于电感时，电感电流可以跃变，即 $i_L(0_+) \neq i_L(0_-)$。由式(9-24)得出冲激电压所携带的磁链大小为

$$\Psi = L[i_L(0_+) - i_L(0_-)] \tag{9-25}$$

因为冲激电压使电感电流发生了跃变，又因为 Ψ 是有限值，所以电感所储存的磁场能跃变的幅度(或者冲激所携带的能量)也是有限值。

如果电感电压为单位冲激，则

$$i_L(0_+) = i_L(0_-) + \frac{1}{L} \tag{9-26}$$

需要注意的是，如果冲激电压(而不是冲激电流)作用于电容，或者是冲激电流(而不是冲激电压)作用于电感，则电容电流和电感电压将是冲激的导数，称为冲激偶。本书不讨论这种情况。

八、阶跃响应和冲激响应的关系

前面分别讨论了一阶电路的阶跃响应和冲激响应。由冲激函数的性质知道，冲激函数是阶跃函数的导数，而阶跃函数是冲激函数的积分。对于线性动态电路来说，电路的冲激响应与阶跃响应之间同样存在着导数与积分关系。

若某一线性电路的激励为单位阶跃 $\varepsilon(t)$，设阶跃响应为 $s(t)$；若将同一电路的激励换成单位冲激 $\delta(t)$，并设对应的冲激响应为 $h(t)$，则 $h(t)$ 与 $s(t)$ 之间存在着如下关系：

$$h(t) = \frac{\mathrm{d}s(t)}{\mathrm{d}t} \tag{9-27}$$

$$s(t) = \int h(t)\,\mathrm{d}t \tag{9-28}$$

下面以一阶线性电路为例，对上述关系加以说明。设一阶线性电路的激励为 $g(t)$，所求的响应为 $f(t)$，则描述电路的方程是一阶线性常微方程，即

$$K\frac{\mathrm{d}f(t)}{\mathrm{d}t} + f(t) = g(t) \tag{9-29}$$

解此方程就得到了电路在激励 $g(t)$ 下的响应 $f(t)$。

对式(9-29)的两边求导，即

$$K\frac{\mathrm{d}}{\mathrm{d}t}\left(\frac{\mathrm{d}f}{\mathrm{d}t}\right) + \frac{\mathrm{d}f}{\mathrm{d}t} = \frac{\mathrm{d}g}{\mathrm{d}t} \tag{9-30}$$

可见，如果电路的激励为 $\frac{\mathrm{d}g}{\mathrm{d}t}$，则可以通过该式解出响应为 $\frac{\mathrm{d}f}{\mathrm{d}t}$。

比较式(9-29)和式(9-30)可以知道，对于同一线性电路中的同一响应来说，如果激励变为原激励的导数，则所得响应就是原响应的导数。如果令激励为单位阶跃，即 $g(t) = \varepsilon(t)$，则阶跃响应为 $s(t) = f(t)$。如果改变激励为 $\frac{\mathrm{d}g}{\mathrm{d}t} = \frac{\mathrm{d}\varepsilon(t)}{\mathrm{d}t} = \delta(t)$ 是单位冲激，则单

位冲激响应为 $h(t)=\frac{\mathrm{d}f}{\mathrm{d}t}=\frac{\mathrm{d}s(t)}{\mathrm{d}t}$，即验证了式(9-27)。这一结果说明，对于同一电路的同一响应来说，如果知道了单位阶跃响应，就可以通过求一阶导数得到单位冲激响应。

如果对式(9-28)的两边积分(忽略积分常数)，得

$$K\frac{\mathrm{d}}{\mathrm{d}t}\int f\mathrm{d}t+\int f\mathrm{d}t=\int g\,\mathrm{d}t \tag{9-31}$$

可见，如果激励为 $\int g\,\mathrm{d}t$，则响应为 $\int f\mathrm{d}t$。

对于同一线性电路中的同一响应来说，如果激励变为原激励的积分，则所得的响应就是原响应的积分。如果令激励 $g(t)=\delta(t)$，则冲激响应为 $h(t)=f(t)$。若将激励变为 $\int g\,\mathrm{d}t=\int\delta(t)\,\mathrm{d}t=\varepsilon(t)$ 是单位阶跃，则响应为 $s(t)=\int h(t)\,\mathrm{d}t$ 单位阶跃响应，即验证了式(9-28)。可见，对于同一电路的同一响应来说，若已知单位冲激响应，就可以通过积分得到单位阶跃响应。

有了以上的结论以后，将给求解响应带来便利。一般是通过求解阶跃响应来求冲激响应。

九、二阶电路的零输入响应

零输入响应是由储能元件的原始储能引起的响应。首先研究最简单的二阶电路，即 *RLC* 串联电路的零输入响应。如图 9-13(a)所示电路已达稳态，开关 S 在 $t=0$ 时打开，$t\geqslant 0_+$ 时的电路如图图 9-13(b)所示，该电路为 *RLC* 串联的零输入电路。由图 9-13(a)可以求出电路的初始条件，即

$$u_C(0_+)=u_C(0_-)=\frac{R}{R_1+R}U_S,\quad i(0_+)=i(0_-)=\frac{U_S}{R_1+R}$$

因此，图 9-13(b)电路中的储能元件 C 和 L 上都有原始储能。当 $t\geqslant 0_+$ 时，电路在原始储能的作用下产生响应，下面求图 9-13(b)电路的零输入响应。

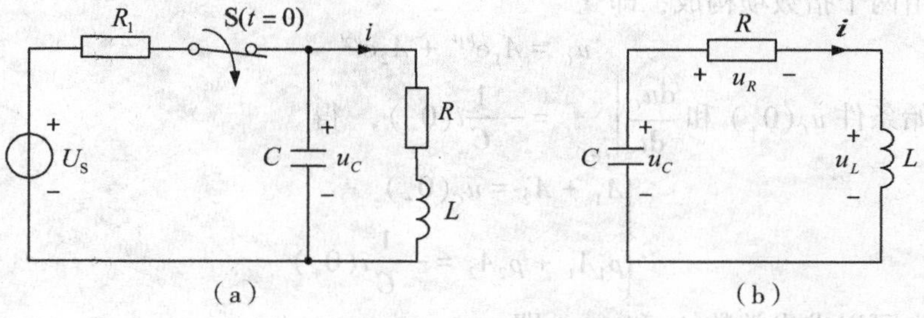

图 9-13 *RLC* 串联电路的零输入响应

首先列出图 9-13(b)电路的方程，根据 KVL，有

$$-u_C+u_R+u_L=0$$

设状态变量 u_C 为方程变量，根据 $i=-C\dfrac{\mathrm{d}u_C}{\mathrm{d}t}$，$u_R=Ri$ 和 $u_L=L\dfrac{\mathrm{d}i}{\mathrm{d}t}$，代入方程整理得

$$LC\frac{\mathrm{d}^2u_C}{\mathrm{d}t^2}+RC\frac{\mathrm{d}u_C}{\mathrm{d}t}+u_C=0,\ t\geqslant 0_+ \tag{9-32}$$

该式是一个线性常系数二阶齐次微分方程。可见，含有两个动态元件的电路是由二阶微分方程描述的，所以称为二阶电路。

根据数学知识，设式(9-32)的解为 $u_C=A\mathrm{e}^{pt}\neq 0$，代入即得特征方程为

$$LCp^2+RCp+1=0$$

解出特征根为

$$p_1=-\frac{R}{2L}+\sqrt{\left(\frac{R}{2L}\right)^2-\frac{1}{LC}} \tag{9-33a}$$

$$p_2=-\frac{R}{2L}-\sqrt{\left(\frac{R}{2L}\right)^2-\frac{1}{LC}} \tag{9-33b}$$

可见，特征根和电路参数有关，参数不同其特征根的形式也不同，根据式(9-33)可以得出结论：

(1)当 $R>2\sqrt{\dfrac{L}{C}}$ 时，特征根为两个不相等的负实根，称为过阻尼情况；

(2)当 $R=2\sqrt{\dfrac{L}{C}}$ 时，为两个相等的负实根，称为临界阻尼情况；

(3)当 $R<2\sqrt{\dfrac{L}{C}}$ 时，为两个共轭复根，称为欠阻尼情况。

下面按特征根的三种情况分别进行讨论。

1. 过阻尼响应

在过阻尼情况下，因为 $R>2\sqrt{\dfrac{L}{C}}$，所以 $p_1\neq p_2$ 为两个不相等的负实根，因此式(9-32)的解由两个指数项构成，即

$$u_C=A_1\mathrm{e}^{p_1t}+A_2\mathrm{e}^{p_2t} \tag{9-34}$$

根据初始条件 $u_C(0_+)$ 和 $\left.\dfrac{\mathrm{d}u_C}{\mathrm{d}t}\right|_{t=0_+}=-\dfrac{1}{C}i(0_+)$，得

$$\begin{cases}A_1+A_2=u_C(0_+)\\ p_1A_1+p_2A_2=-\dfrac{1}{C}i(0_+)\end{cases}$$

解该式，可以求出常数 A_1 和 A_2，即

$$\begin{cases}A_1=\dfrac{p_2u_C(0_+)+i(0_+)/C}{p_2-p_1}\\ A_2=-\dfrac{p_1u_C(0_+)+i(0_+)/C}{p_2-p_1}\end{cases} \tag{9-35}$$

代入式(9-34)，即可以得出响应 u_C。

由于 u_C 由两个指数衰减项组成，随着时间的推移它们均衰减为零，最后电路中的原始储能全部由电阻消耗了。由于响应是非振荡衰减过程，所以称为过阻尼响应。利用 $i=-C\dfrac{\mathrm{d}u_C}{\mathrm{d}t}$ 和 $u_L=L\dfrac{\mathrm{d}i}{\mathrm{d}t}$ 可以求出电路电流和电感电压。u_C 和 i 的响应曲线如图 9-14 所示。

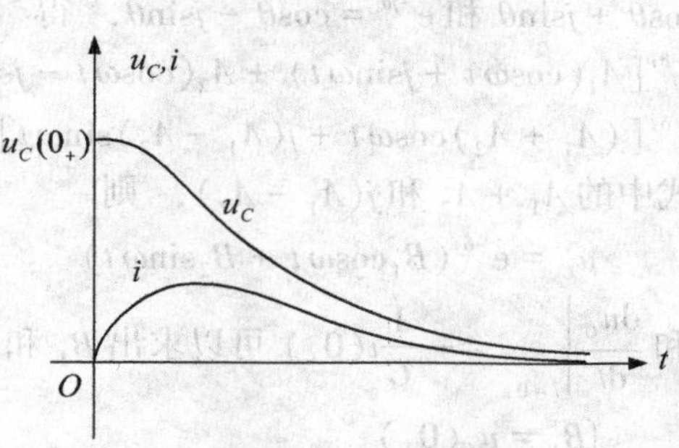

图 9-14　过阻尼响应曲线

2. 临界阻尼响应

在临界阻尼情况下，因为 $R=2\sqrt{\dfrac{L}{C}}$，特征方程的根为重根，即

$$p_1=p_2=-\frac{R}{2L}=-\delta$$

根据数学知识知，式(9-32)的解为

$$u_C=(A_1+A_2t)\mathrm{e}^{-\delta t} \tag{9-36}$$

由初始条件 $u_C(0_+)$ 和 $\left.\dfrac{\mathrm{d}u_C}{\mathrm{d}t}\right|_{t=0_+}=-\dfrac{1}{C}i(0_+)$，得

$$\begin{cases}A_1=u_C(0_+)\\A_2=\delta u_C(0_+)-\dfrac{1}{C}i(0_+)\end{cases} \tag{9-37}$$

代入式(9-36)即可以得出响应 u_C。

再利用 $i=-C\dfrac{\mathrm{d}u_C}{\mathrm{d}t}$ 和 $u_L=L\dfrac{\mathrm{d}i}{\mathrm{d}t}$ 可以求出电路电流和电感电压。u_C 和 i 响应曲线和过阻尼情况类似。

3. 欠阻尼响应

当 $R<2\sqrt{\dfrac{L}{C}}$ 时，特征根为共轭复根，令

$$\delta=\frac{R}{2L},\ \omega_0=\frac{1}{\sqrt{LC}},\ \omega=\sqrt{\omega_0^2-\delta^2}$$

代入式(9-33)，则共轭复根可表述为

$$p_1=-\delta+j\omega,\ p_2=-\delta-j\omega$$

其中，$j=\sqrt{-1}$ 为虚数符号。

由于 $p_1\neq p_2$，将 p_1、p_2 代入式(9-3)，即

$$u_C=A_1\mathrm{e}^{(-\delta+j\omega)t}+A_2\mathrm{e}^{(-\delta-j\omega)t}=\mathrm{e}^{-\delta t}(A_1\mathrm{e}^{j\omega t}+A_2\mathrm{e}^{-j\omega t})$$

利用欧拉公式 $\mathrm{e}^{j\theta}=\cos\theta+j\sin\theta$ 和 $\mathrm{e}^{-j\theta}=\cos\theta-j\sin\theta$，得

$$\begin{aligned}u_C&=\mathrm{e}^{-\delta t}[A_1(\cos\omega t+j\sin\omega t)+A_2(\cos\omega t-j\sin\omega t)]\\&=\mathrm{e}^{-\delta t}[(A_1+A_2)\cos\omega t+j(A_1-A_2)\sin\omega t]\end{aligned}$$

用 B_1、B_2 分别替换式中的 A_1+A_2 和 $j(A_1-A_2)$，则

$$u_C=\mathrm{e}^{-\delta t}(B_1\cos\omega t+B_2\sin\omega t)\tag{9-38}$$

由初始条件 $u_C(0_+)$ 和 $\left.\frac{\mathrm{d}u_C}{\mathrm{d}t}\right|_{t=0_+}=-\frac{1}{C}i(0_+)$ 可以求出 B_1 和 B_2，即

$$\begin{cases}B_1=u_C(0_+)\\B_2=\dfrac{1}{\omega}\left[\delta u_C(0_+)-\dfrac{1}{C}i(0_+)\right]\end{cases}\tag{9-39}$$

根据三角函数关系，式(9-38)可以进一步写为

$$u_C=A\mathrm{e}^{-\delta t}\sin(\omega t+\beta)\tag{9-40}$$

式中，$A=\sqrt{B_1^2+B_2^2}$，$\beta=\arctan\left(\frac{B_1}{B_2}\right)$。

利用 $i=-C\frac{\mathrm{d}u_C}{\mathrm{d}t}$ 和 $u_L=L\frac{\mathrm{d}i}{\mathrm{d}t}$ 可以求出电流和电感电压。u_C 的响应曲线如图 9-15 所示。

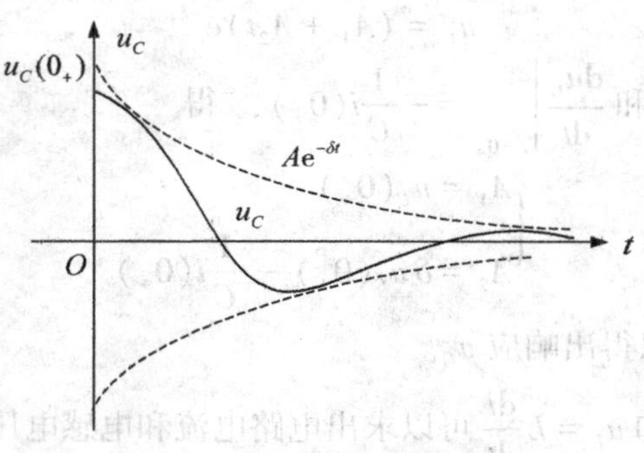

图 9-15　欠阻尼响应曲线

由图 9-15 可以看出，u_C 处于振荡衰减的过程中，同样 i 和 u_L 也是振荡衰减的。衰减规律取决于 $\mathrm{e}^{-\delta t}$，δ 称为衰减因子，δ 越大，衰减越快；振荡频率为 ω，ω 越大，振荡周期越小，振荡越快。振荡和衰减的过程是由电路参数决定的。在该过程中，电容和电感在交替释放和吸收能量，而电阻始终在消耗电能直到电路中的储能为零。

由以上分析知道，无论是过阻尼、欠阻尼还是临界阻尼响应过程，电路中的原始储能

是逐渐衰减，并最后到零。换句话说，电路中的储能均由电阻消耗了，因此，电阻的大小决定着暂态过程的长短。对于欠阻尼过程来说，如果令 $R=0$，则 $\delta=0$，于是式(9-40)变为

$$u_C = A\sin(\omega_0 t+\beta)$$

可见，图 9-15 所示电路将进入永无休止的振荡过程，因为电阻为零，所以该情况称为无阻尼情况；当 $0<R<2\sqrt{\dfrac{L}{C}}$ 时，由于电阻比较小，电路进入振荡响应过程，称为欠阻尼情况；当 $R>2\sqrt{\dfrac{L}{C}}$ 时，电路不再振荡，因为电阻增大了，所以称为过阻尼情况；由于 $R=2\sqrt{\dfrac{L}{C}}$ 是决定响应振荡与否的界限，所以称为临界阻尼情况。因此，它们对应的电路分别称为无阻尼电路、欠阻尼电路、过阻尼电路和临界阻尼电路等。

十、二阶电路的阶跃响应和冲激响应

对于二阶电路来说，若激励为阶跃函数，所产生的响应为阶跃响应；若激励为冲激函数，则响应为冲激响应。下面就讨论这两种响应。

1. 二阶电路的阶跃响应

图 9-16 所示为阶跃电流源激励下的 *GLC* 并联电路。由阶跃函数的定义知，当 $t<0_-$ 时电路中无储能，即电容和电感均处于零状态，所以有 $u_C(0_-)=0$ 和 $i_L(0_-)=0$。

当 $t\geqslant 0_+$ 时，根据 KCL，有

$$i_G+i_C+i_L=I_S$$

设状态变量 i_L 为所求变量，根据 $i_G=Gu_L$，$i_C=C\dfrac{\mathrm{d}u_L}{\mathrm{d}t}$，和 $u_L=L\dfrac{\mathrm{d}i_L}{\mathrm{d}t}$，代入上式得

$$LC\frac{\mathrm{d}^2 i_L}{\mathrm{d}t^2}+GL\frac{\mathrm{d}i_L}{\mathrm{d}t}+i_L=I_S,\ t\geqslant 0_+ \tag{9-41}$$

该式是二阶线性常系数非齐次微分方程，其解由两部分构成，即

$$i_L=i'_L+i''_L \tag{9-42}$$

其中，i'_L 是方程的特解也称为稳态响应或强制响应，i''_L 是对应齐次方程的通解也称为暂态响应或自由响应。稳态响应或强制响应是当 $t\to\infty$ 时的响应，因为激励是阶跃函数，所以

$$i'_L(t)=i_L(\infty)=I_S \tag{9-43}$$

暂态响应或自由响应可以利用一阶电路的求解方法求出。在式(9-41)中，令 $I_S=0$，则对应的特征方程为

$$LCp^2+GLp+1=0$$

特征根为

$$p_{1,2}=-\frac{G}{2C}\pm\sqrt{\left(\frac{G}{2C}\right)^2-\frac{1}{LC}} \tag{9-44}$$

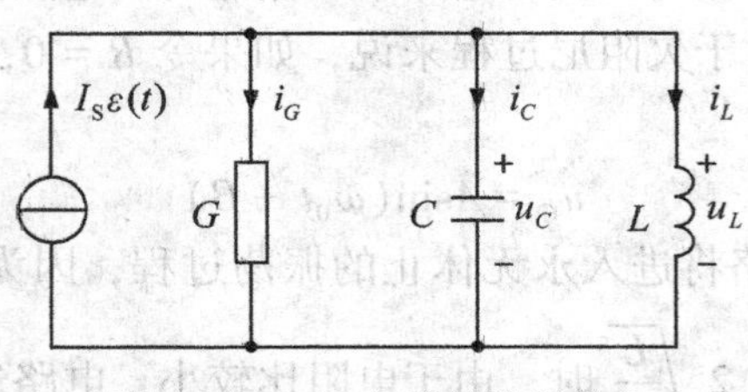

图 9-16　二阶电路的阶跃响应

可见，特征根仍然有三种不同的情况，即两个不相等的负实根、两个相等的负实根和共轭复根；同样，对应三种不同的情况，即过阻尼、临界阻尼以及欠阻尼情况。于是暂态响应可能的形式有

$$i''_L = A_1 e^{p_1 t} + A_2 e^{p_2 t} \quad (\text{过阻尼响应}) \tag{9-45a}$$

$$i''_L = (A_1 + A_2 t) e^{-\delta t} \quad (\text{临界阻尼响应}) \tag{9-45b}$$

$$i''_L = e^{-\delta t}(A_1 \cos\omega t + A_2 \sin\omega t) \quad (\text{欠阻尼响应}) \tag{9-45c}$$

式中，$\delta = \dfrac{G}{2C}$，$\omega = \sqrt{\dfrac{1}{LC} - \left(\dfrac{G}{2C}\right)^2}$。

将式(9-43)和式(9-45)代入式(9-42)，得图 9-16 电路的阶跃响应分别为

$$i_L = [I_S + A_1 e^{p_1 t} + A_2 e^{p_2 t}]\varepsilon(t) \quad (\text{过阻尼响应}) \tag{9-46a}$$

$$i_L = [I_S + (A_1 + A_2 t) e^{-\delta t}]\varepsilon(t) \quad (\text{临界阻尼响应}) \tag{9-46b}$$

$$i_L = [I_S + e^{-\delta t}(A_1 \cos\omega t + A_2 \sin\omega t)]\varepsilon(t) \quad (\text{欠阻尼响应}) \tag{9-46c}$$

式中，A_1 和 A_2 的值可以根据初始条件

$$i_L(0_+) = i_L(0_-) = 0,\ \left.\frac{\mathrm{d}i_L}{\mathrm{d}t}\right|_{t=0_+} = \frac{1}{L}u_C(0_+) = \frac{1}{L}u_C(0_-) = 0$$

求出。利用 $u_C = u_L = L\dfrac{\mathrm{d}i}{\mathrm{d}t}$ 可以求出电容和电感电压，再利用 $i_C = C\dfrac{\mathrm{d}u_C}{\mathrm{d}t}$ 和 $i_G = Gu_C$ 求出电容和电导电流。

如果图 9-16 电路是非零状态，即 $i_L(0_+)$ 和 $u_C(0_+)$ 不等于零，则同样根据式(9-46)可以求出电路的响应，此时响应是全响应。和一阶电路相同，全响应等于稳态响应和暂态响应之和，或者全响应等于强制响应和自由响应之和，于是全响应 $f(t)$ 可以写为

$$f(t) = f_f(t) + f_n(t) \tag{9-47}$$

2. 二阶电路的冲激响应

和一阶电路相同，如果二阶电路的激励为冲激，当冲激过后，冲激源所携带的能量就储存在储能元件上，电路的响应就是由该能量引起的响应。冲激过后，电路中的外加激励为零，此时的响应就是零输入响应，即冲激响应。所以，求冲激响应的首要任务是求冲激源能量的转移，即求电路的初始储能或初始状态，其次是求电路的零输入响应。

图 9-17(a)所示为冲激电压源激励的 *RLC* 串联电路。由于是冲激激励，所以 $u_C(0_-) =$

0，$i(0_-)=0$。电感对冲激相当于开路，电容对冲激相当于短路，则冲激作用$t=0$时刻的等效电路如图9-17(b)所示，所以有$u_L=\delta(t)$，$i=0$。再根据电感元件的VCR，有

$$i(0_+)=i(0_-)+\frac{1}{L}\int_{0_-}^{0_+}\delta(t)\mathrm{d}t=0+\frac{1}{L}=\frac{1}{L}$$

可见，冲激所携带的能量转移到电感元件上，冲激使电感电流发生了跃变。由于$t=0$时流过电容的电流为零，所以电容电压不可能跃变，则

$$u_C(0_+)=u_C(0_-)=0$$

$t\geqslant 0_+$时的电路如图9-17(c)所示，该电路为RLC串联的零输入电路。若以u_C为变量，则该电路的响应就是零输入响应，即根据特征根的不同冲激响应有三种不同的结果。此时的初始条件为

$$u_C(0_+)=0,\ \left.\frac{\mathrm{d}u_C}{\mathrm{d}t}\right|_{t=0_+}=\frac{1}{C}i(0_+)=\frac{1}{LC}$$

将它们代入式(9-35)，得

$$A_1=-A_2=-\frac{1}{LC(p_2-p_1)}$$

代入式(9-34)，则过阻尼响应为

$$u_C=-\frac{1}{LC(p_2-p_1)}(\mathrm{e}^{p_1t}+\mathrm{e}^{p_2t})\varepsilon(t)$$

将初始条件代入式(9-37)，得

$$A_1=0,\ A_2=-\frac{1}{LC}$$

代入式(9-36)，则临界阻尼响应为

$$u_C=\frac{1}{LC}t\mathrm{e}^{-\delta t}\varepsilon(t)$$

将初始条件代入式(9-39)，得

$$B_1=0,\ B_2=\frac{1}{\omega LC}$$

代入式(9-40)，则欠阻尼响应为

$$u_C=\frac{1}{\omega LC}\mathrm{e}^{-\delta t}\sin(\omega t)\varepsilon(t)$$

另外，电路的冲激响应同样可以先求出阶跃响应，然后通过求导得到冲激响应。

十一、一般二阶电路

前面研究的二阶电路仅仅是RLC的串联或并联电路，它们是最简单也是最常用的二阶电路。但是，在实际中，常常会遇到含有两个储能元件的任意二阶电路，将前面讨论的方法用于这样的电路，其分析的步骤与方法如下：

(1)设方程变量，列出电路方程。对于动态电路来说方程变量必须是状态变量u_C或i_L，并用函数$f(t)$统一表示它们，然后根据KVL、KCL以及支路上的VCR列出电路方

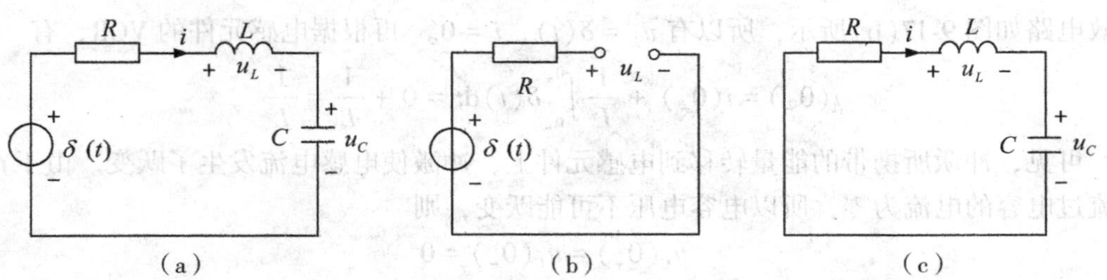

图 9-17　二阶电路的冲激响应

程。零输入电路的方程为二阶齐次常微方程，而非零输入是非齐次二阶方程。

(2)确定初始条件 $f(0_+)$ 和 $\left.\dfrac{\mathrm{d}f(t)}{\mathrm{d}t}\right|_{t=0_+}$。如果电路只有阶跃激励，则初始状态为零；如果电路只有冲激激励，则通过求冲激源能量的转移结果得到初始状态。

(3)求微分方程对应特征方程的特征根，确定电路自然(暂态)响应 $f_n(t)$ 的形式，即过阻尼响应、临界阻尼响应或者欠阻尼响应。若电路是零输入或冲激激励，则利用初始条件求出响应中的两个未知常数便可以得出电路响应。

(4)求出强制(稳态)响应。如果激励是直流，则强制(稳态)响应为

$$f_f(t)=f(\infty)$$

式中，$f(\infty)$ 为终值，可以通过电路直接求得，因为 $t\to\infty$ 时，对于直流电容开路，电感短路。

(5)求出全响应。因为全响应是强制(稳态)响应与自然(暂态)响应之和，则根据式(9-47)，即

$$f(t)=f_f(t)+f_n(t)$$

由初始条件确定全响应中的两个未知常数，即得电路的全响应。

9.3 典型例题

例 9-1　如图(a)所示电路原已处于稳定状态，当 $t=0$ 时开关 S 闭合，试求电路在 $t=0_+$ 时刻各储能元件上的电压、电流值。

解　先确定电路在 $t=0_-$ 时刻的电容电压和电感电流值。当 $t=0_+$ 时，有

$$i_L(0_-)=I_S,\ u_{C_1}(0_-)=0,\ u_{C_2}(0_-)=R_2I_S$$

由独立初始条件得

$$u_{C_1}(0_+)=u_{C_1}(0_-)=0$$

$$u_{C_2}(0_+)=u_{C_2}(0_-)=R_2I_S$$

$$i_L(0_+)=i_L(0_-)=I_S$$

所以，电路对应的等效电路如图(b)所示，解得

$$u_L(0_+)=-R_2I_S+R_2I_S=0$$

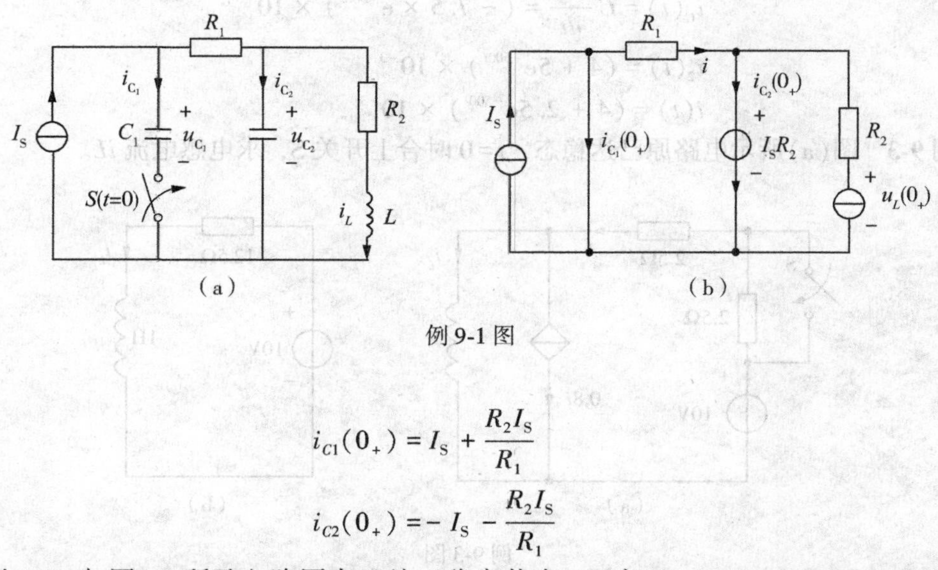

例 9-1 图

$$i_{C1}(0_+) = I_S + \frac{R_2 I_S}{R_1}$$

$$i_{C2}(0_+) = -I_S - \frac{R_2 I_S}{R_1}$$

例 9-2 如图(a)所示电路原来已处于稳定状态，已知 $C=3\mu F$，$R_1=R_2=1k\Omega$，$R_3=R_4=2k\Omega$，$u_{S1}=12V$，$u_{S2}=6V$，当 $t=0$ 时闭合开关 S，试求电容电压 $u_C(t)$。

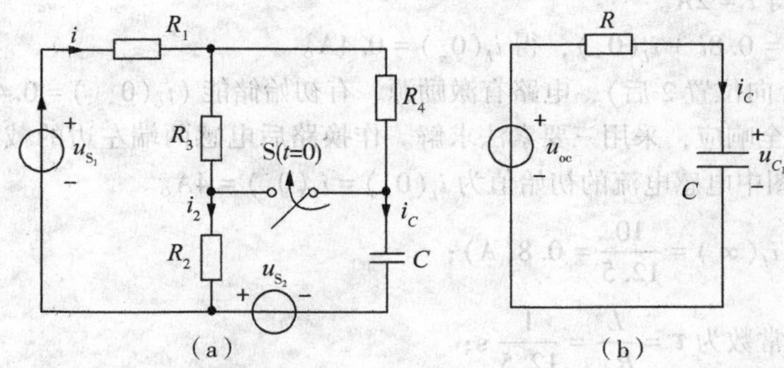

例 9-2 图

解 当 $t=0_-$ 时，$u_C(0_-)=\frac{3}{4}\times 12-6=3(V)$，因此，$u_C(0_+)=u_C(0_-)=3V$。

当 $t=0$ 时，开关合上后(电路换路后)，经过无穷长的时间电路达到新的稳态，从动态元件两端看进去，可将电路用戴维宁定理等效如图(b)所示，其开路电压为

$$u_C(\infty)=u_{oc}=\frac{12\times 1000}{3\times 1000}-6=-2(V)$$

等效电阻 $R=\frac{2}{3}k\Omega$，所以时间常数 $\tau=RC=2\mu s$。

应用三要素法，有 $u_C(t)=u_C(\infty)+[u_C(0_+)-u_C(\infty)]e^{-\frac{t}{\tau}}=(-2+5e^{-500t})$

那么，其他要求的电流要回到原电路中去求，因此

$$i_C(t) = C\frac{\mathrm{d}u_C}{dt} = (-7.5 \times \mathrm{e}^{-500t}) \times 10^{-3}$$

$$i_2(t) = (4 + 5\mathrm{e}^{-500t}) \times 10^{-3}$$

$$i(t) = (4 + 2.5\mathrm{e}^{-500t}) \times 10^{-3}$$

例 9-3　图(a)所示电路原已达稳态，$t=0$ 时合上开关 S，求电感电流 iL。

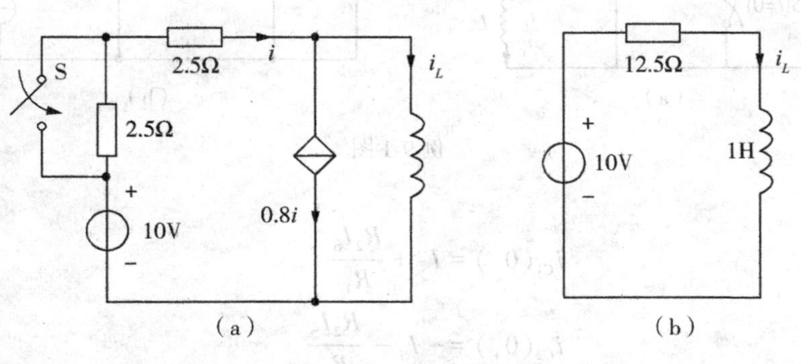

例 9-3 图

解　换路前(开关 S 在位置时)，直流原稳态电路，故电感短路，由 KVL 有 $10 = (2.5 + 2.5)i$，得 $i = 2\mathrm{A}$。

由 KCL 有 $i = 0.8i + i_L(0_-)$，得 $i_L(0_-) = 0.4\mathrm{A}$。

换路后(S 合向位置 2 后)，电路有激励源、有初始储能 ($i_C(0_{-\_}) = 0.4A \neq 0$)，所以该电路的响应为全响应，采用三要素法求解。作换路后电感两端左边的戴维南等效电路，如图(b)所示，图中电感电流的初始值为 $i_L(0_+) = i_L(0_-) = 4\mathrm{A}$。

新稳态值为 $i_L(\infty) = \dfrac{10}{12.5} = 0.8(\mathrm{A})$；

电路的时间常数为 $\tau = \dfrac{L}{R_{\mathrm{eq}}} = \dfrac{1}{12.5}\ \mathrm{s}$；

所以全响应为 $i_L(t) = 0.8 + (0.4 - 0.8)\mathrm{e}^{1/12.5} = 0.8 - 0.4\mathrm{e}^{-12.5t}(t \geqslant 0)$。

例 9-4　图(a)所示电路，当 $t=0$ 时 S_1 从触点 2 倒向触点 1，经 0.12s 后 S_2 打开，要求作出上述过程中 $u_C(t)$ 的波形。

解　换路前(开关 S_1 在触点 2，开关 S_2 闭合时)，由 KVL 有 $u_C(0_-) = -10\mathrm{V}$。

当 $t=0$ 时，第一次换路(S_1 合向触点 1，S_2 不动作)，换路后电路如图(b)所示，在 $0 \leqslant t < 0.12$ 时，采用三要素法求 $u_C(t)$。

$$u_C(0_+) = u_C(0_-) = -10\mathrm{V}$$

$$u_C(\infty) = \frac{30}{20 + 30} \times 50 = 30(\mathrm{V})$$

$$\tau = R_{\mathrm{eq}}C = (20//30) \times 10^3 \times 10 \times 10^{-6} = 0.12(\mathrm{s})$$

全响应：

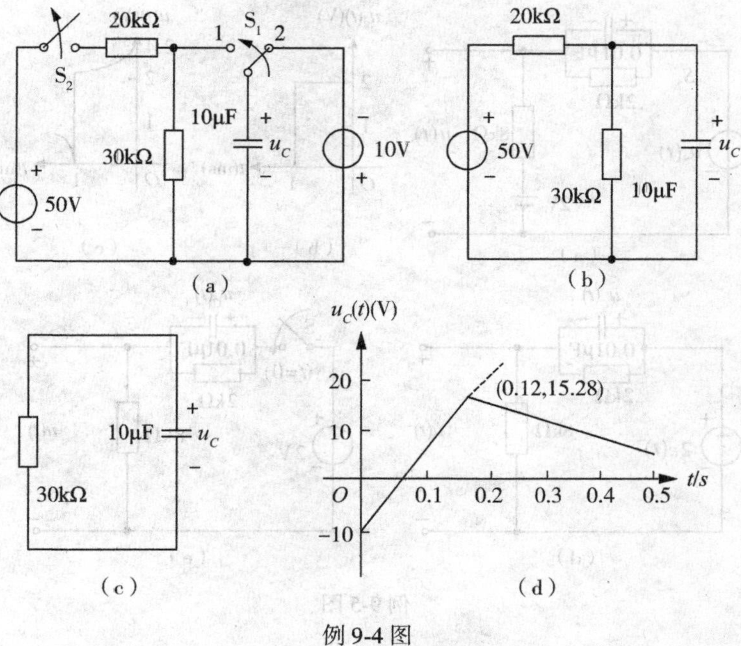

例 9-4 图

$$u_C(t) = 30 - 40e^{-8.33t}(0 \leqslant t < 0.12)$$

$$u_C(0.12_-) = 30 - 40e^{-8.33 \times 0.12} = 15.28(\text{V})$$

当 $t=0.12$s 时，第二次换路(S_1 不动作，S_2 打开)，换路后电路如图(c)所示。

$$u_C(0.12_+) = u_C(0.12_-) = 15.28\text{V}$$

$$\tau = R_{eq}C = 30 \times 10^3 \times 10 \times 10^{-6} = 0.3(\text{s})$$

零输入响应：

$$u_C(t) = 15.28e^{-3.33(t-0.12)}(t \geqslant 0.12\text{s})$$

注意上式中的 $t-0.12>0$。

所以 $u_C(t)$ 的函数式为

$$u_C(t) = \begin{cases} 30 - 40e^{-8.33t}, & 0 \leqslant t < 0.12 \\ 15.28e^{-3.33(t-0.12)}, & t \geqslant 0.12 \end{cases}$$

$u_C(t)$ 的波形如图(d)所示。

例 9-5 图(a)所示电路，电压 $u_S(t)$ 的波形如图(b)所示，试求 $u(t)$。

解

方法 1：按时间分段求取，即阶跃电源作用下的电路，可看成换路。换路时刻在电源跃变点 $t=0$、$t=1$s 时：

当 $t \leqslant 0_-$ 时，$u_s(t) = 0$

$$u_C(0_-) = \frac{2}{2+8} \times 2 = -0.4(\text{V})$$

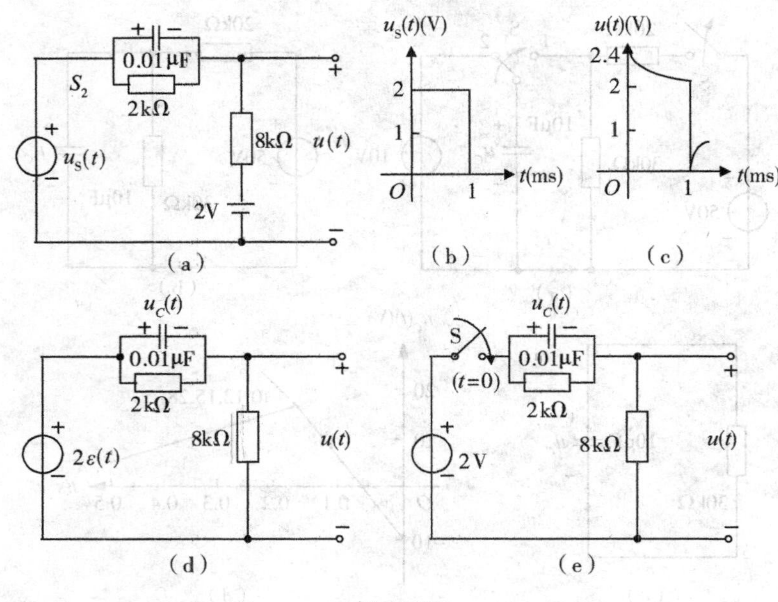

(a)　(b)　(c)

(d)　(e)

例 9-5 图

$$u(t) = -u_C(t) = 0.4(\mathrm{V})$$

当 $0_+ \leqslant t \leqslant 1_-$ 时，$u_S(t) = 2\mathrm{V}$

用三要素法：

$u_C(0_+) = u_C(0_-) = -0.4\mathrm{V}$

$u_C(\infty) = 0$

$\tau = (2//8) \times 10^3 \times 0.01 \times 10^{-6} = 1.6 \times 10^{-5}(\mathrm{s})$

$u_C(t) = -0.4\mathrm{e}^{-6.25\times10^4 t}$

$u(t) = u_S(t) - u_C(t) = 2 + 0.4\mathrm{e}^{-6.25\times10^4 t}$，$0_+ \leqslant t \leqslant t_-$

$u_C(10_-^{-3}) = -0.4\mathrm{e}^{-6.25\times10^4\times10^{-3}} \approx 0$

$t \geqslant 1_+ \mathrm{ms}$，$u_S(t) = 0$

用三要素法：

$u_C(10_+^{-3}) = u_C(10_-^{-3}) = -0.4\mathrm{e}^{-6.25\times10^4\times10^{-3}} \approx 0$

$u_C(\infty) = -0.4\mathrm{V}$

$\tau = 1.6 \times 10^{-5}\mathrm{s}$

$$u_C(t) = u_C(10_+^{-3})\mathrm{e}^{-6.25\times10^4\times(t-10^{-3})} + u_C(\infty)[1 - \mathrm{e}^{-6.25\times10^4\times(t-10^{-3})}]$$

$$\approx -0.4[1 - \mathrm{e}^{-6.25\times10^4\times(t-10^{-3})}]$$

$u(t) = -u_C(t) \approx 0.4[1 - \mathrm{e}^{-6.25\times10^4\times(t-10^{-3})}]$

所以 $u_C(t)$ 的函数式为

$$u_C(t)=\begin{cases}0.4,\ t\leqslant 0_+\\ 2+0.4\mathrm{e}^{-6.25\times 10^4 t},\ 0_+<t\leqslant 1_+\\ 0.4[1-\mathrm{e}^{-6.25\times 10^4\times(t-10^{-3})}],\ t>1_+\end{cases}$$

$u_C(t)$ 的波形如图(c)所示。

方法 2：用叠加原理求解。即用阶跃函数表示激励，求各阶跃函数的响应，再叠加。电源分解为

$$u_S(t)=2\varepsilon(t)-2\varepsilon(t-10^{-3})$$

2V 直流电源单独作用时，直流稳态电路，故

$$u_C(t)=-0.4=-0.4[\varepsilon(-t)+\varepsilon(t)]$$

$2\varepsilon(t)$ 阶跃电源单独作用时，如图。由于阶跃电源等同开关动作，故图等同图。在图中

$$u_C(t)=\begin{cases}0.4(1-\mathrm{e}^{-6.25\times 10^4 t}),\ t>0_+\\ 0\qquad\qquad ,\ t\leqslant 0_-\end{cases}$$

即为所求的阶跃响应(即电路在直流电源作用下的零状态响应)，它也可表示为

$$u_C(t)=0.4(1-\mathrm{e}^{-6.25\times 10^4 t})\varepsilon(t)$$

$-2\varepsilon(t-10^{-3})$ 阶跃电源单独作用时，由电路的线性时不变性，得电路的阶约响应为

$$u_C(t)=-0.4[1-\mathrm{e}^{-6.25\times 10^4(t-10^{-3})}]\varepsilon(t-10^{-3})$$

所有电源共同作用时

$$u_C(t)=-0.4+0.4(1-\mathrm{e}^{-6.25\times 10^4 t})\varepsilon(t)-0.4[1-\mathrm{e}^{-6.25\times 10^4(t-10^{-3})}]\varepsilon(t-10^{-3})\text{V}$$

所以
$$u_C(t)=2[\varepsilon(t)-\varepsilon(t-10^{-3})]$$

例 9-6 例 9-6 图(a)所示电路已达稳态，在 $t=0$ 时打开开关 S，试求 $t\geqslant 0_+$ 时的电压 u_C 和电流 i。

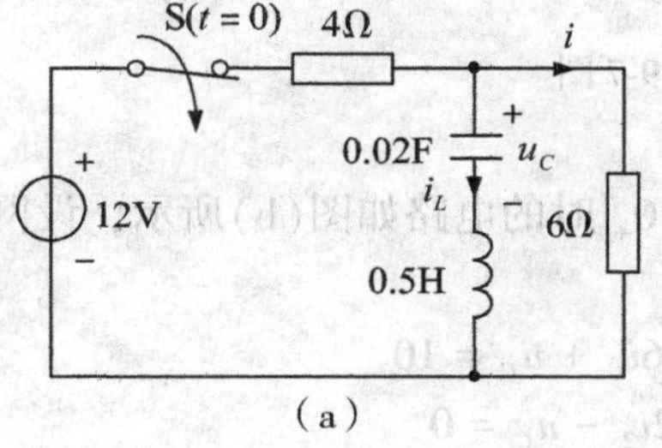

(a)

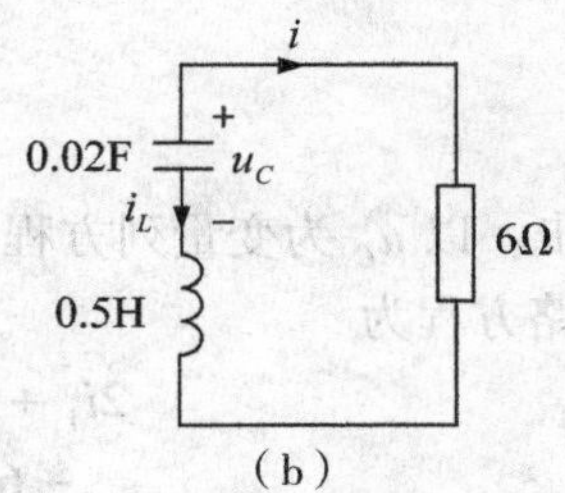

(b)

例 9-6 图

解 因为图(a)电路处于稳态，所以

$$u_C(0_-)=\frac{6}{4+6}\times 12=7.2(\text{V}),\ i_L(0_-)=0\text{A}$$

当 $t\geqslant 0_+$ 时，电路如图(b)所示，该电路是零输入二阶电路，由换路定则，得

$$u_C(0_+)=u_C(0_-)=7.2\text{V},\ i_L(0_+)=i_L(0_-)=0\text{A}$$

因为 $R=6\Omega$，$2\sqrt{L/C}=2\sqrt{0.5/0.02}=10$，所以满足 $R<2\sqrt{L/C}$，为欠阻尼情况，则

$$\delta=\frac{R}{2L}=6,\ \omega_0=\frac{1}{\sqrt{LC}}=10,\ \omega=\sqrt{\omega_0^2-\delta^2}=8$$

将以上参数和初始条件代入式(9-39)，得 $B_1=7.2$，$B_2=5.4$，进而可以得出 $A=9$ 和 $\beta=53.1°$，再将 ω 和 A 代入式(9-40)，得

$$u_C=9\mathrm{e}^{-6t}\sin(8t+53.1°)$$

由 $i=-C\frac{\mathrm{d}u_C}{\mathrm{d}t}$ 求出电流，则

$$i=1.8\mathrm{e}^{-6t}\sin(8t)$$

例 9-7　图(a)所示电路已达稳态，$t=0$ 时闭合开关 S，试求 u_C。

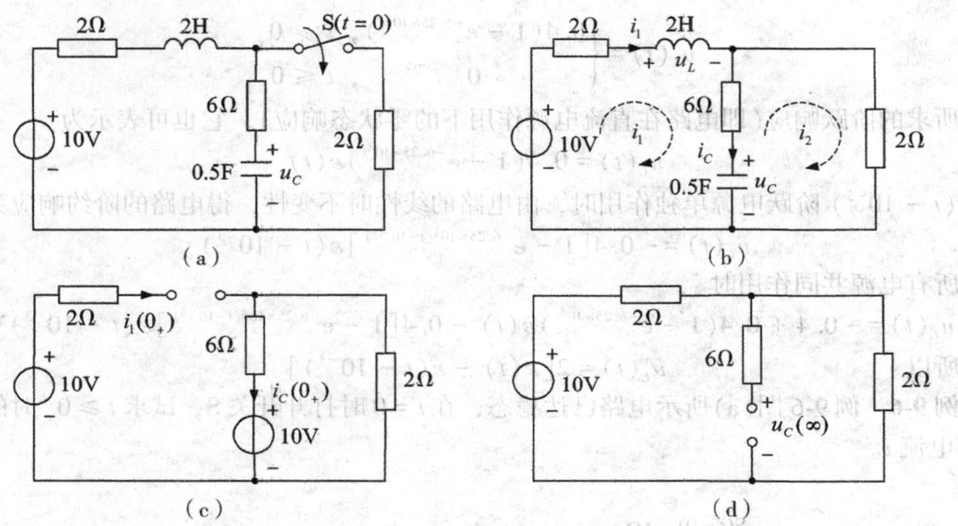

例 9-7 图

解　第一步：以 u_C 为变量列方程。$t\geqslant 0_+$ 时的电路如图(b)所示，设网孔电流分别为 i_1 和 i_2，则电路方程为

$$2i_1+u_L+6i_C+u_C=10$$

$$-6i_C+2i_2-u_C=0$$

$$u_L=2\frac{\mathrm{d}i_1}{\mathrm{d}t}$$

$$7\text{−}8\ i_C=i_1-i_2=0.5\frac{\mathrm{d}u_C}{\mathrm{d}t}$$

整理得以 u_C 为变量的微分方程为

$$2\frac{\mathrm{d}^2u_C}{\mathrm{d}t^2}+4\frac{\mathrm{d}u_C}{\mathrm{d}t}+u_C=5$$

第二步：求初始条件。由图(a)得电路的初始状态为

$$u_C(0_+) = u_C(0_-) = 10\text{V}$$

$$i_1(0_+) = i_1(0_-) = 0\text{A}$$

$t = 0_+$ 时的电路如图(c)所示，得

$$\left.\frac{\mathrm{d}u_C}{\mathrm{d}t}\right|_{t=0_+} = \frac{1}{0.5}i_C(0_+) = -2.5(\text{V/s})$$

第三步：求暂态响应。上式的特征方程为

$$2p^2 + 4p + 1 = 0$$

所以特征根为

$$p_1 = -0.293,\ p_2 = -1.707$$

为两个不相等的实根，暂态响应为过阻尼响应，即

$$u_{Cn}(t) = A_1\mathrm{e}^{-0.293t} + A_2\mathrm{e}^{-1.707t}$$

第四步：求稳态响应。$t = \infty$ 时的电路如图(d)所示，得

$$u_{Cf}(t) = u_C(\infty) = 5\text{V}$$

第五步：求出全响应，即

$$u_C = u_{Cf} + u_{Cn}(t) = 5 + A_1\mathrm{e}^{-0.293t} + A_2\mathrm{e}^{-1.707t}$$

代入初始条件，得常数为

$$A_1 = -4.27,\ A_2 = 0.73$$

所以全响应为

$$u_C = 5 + 4.27\mathrm{e}^{-0.293t} + 0.73\mathrm{e}^{-1.707t}$$

例 9-8 试求图(a)所示电路的冲激响应 i_L，设电路为欠阻尼情况。

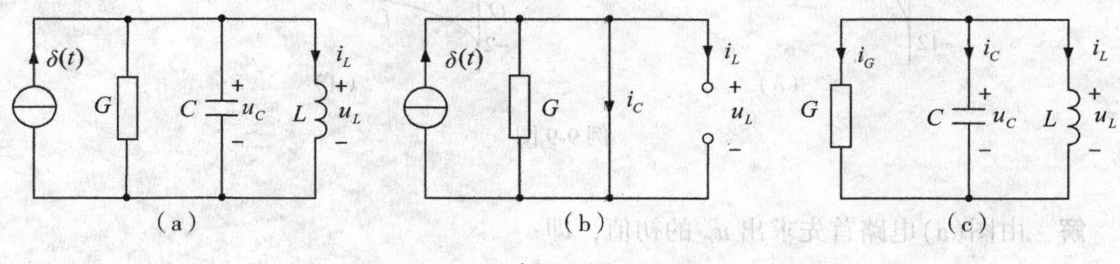

例 9-8 图

解 因为是冲激激励，所以 $u_C(0_-) = 0$，$i_L(0_-) = 0$。先求冲激作用后的初始状态，$t = 0$ 时的等效电路如图(b)所示，由图知 $i_C = \delta(t)$，$i_L = 0$，可以求出

$$u_C(0_+) = u_C(0_-) + \frac{1}{C}\int_{0_-}^{0_+}\delta(t)\mathrm{d}t = \frac{1}{C}$$

$$i_L(0_+) = i_L(0_-) = 0$$

$t \geqslant 0_+$ 时的电路如图(c)所示，该电路为 RLC 并联的零输入电路。设以 i_L 为变量，电路的方程为

$$LC\frac{d^2 i_L}{dt^2} + GL\frac{di_L}{dt} + i_L = 0$$

根据式 $i_L = e^{-\delta t}(A_1\cos\omega t + A_2\sin\omega t)$ 和初始条件

$$i_L(0_+) = 0,\ \left.\frac{di_L}{dt}\right|_{t=0_+} = \frac{1}{L}u_C(0_+) = \frac{1}{LC}$$

求出 $A_1 = 0$，$A_2 = \frac{1}{\omega LC}$，则

$$i_L = \left[\frac{1}{\omega LC}e^{-\delta t}A_2\sin(\omega t)\right]\varepsilon(t)$$

例 9-9　图(a)所示电路已达稳态，试求 $t \geqslant 0$ 时的 u_C、i_C 和 i。

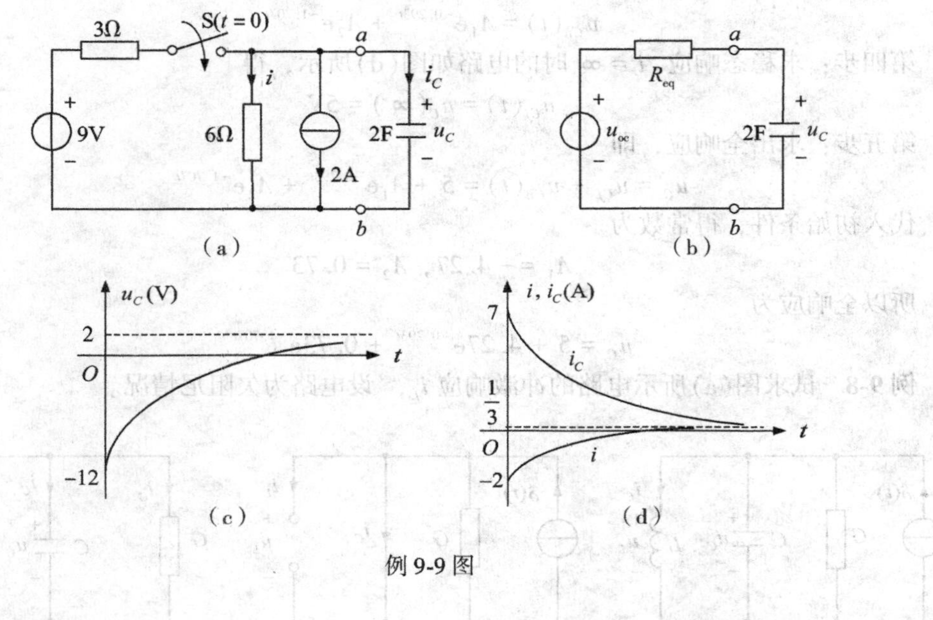

例 9-9 图

解　由图(a)电路首先求出 u_C 的初值，即

$$u_C(0_+) = u_C(0_-) = -2 \times 6 = -12(\text{V})$$

为了求出换路后的终值和时间常数，将图(a)电路 a、b 左边的含源一端口用戴维宁定理等效，由节点电压法，得

$$\left(\frac{1}{3} + \frac{1}{6}\right)u_{oc} = \frac{9}{3} - 2$$

解得 $u_{oc} = 2\text{V}$，再求出 $R_{eq} = \frac{3 \times 6}{3 + 6} = 2(\Omega)$，等效电路如图(b)所示，于是得

$$u_C(\infty) = u_{oc} = 2\text{V}$$

$$\tau = R_{eq}C = 2 \times 2 = 4(\text{s})$$

$$u_C = 2 + (-12 - 2)e^{-0.25t} = 2 - 14e^{-0.25t}$$

$$i_C = C\frac{\mathrm{d}u_C}{\mathrm{d}t} = 2\times(-14)\times(-0.25)\mathrm{e}^{-0.25t} = 7\mathrm{e}^{-0.25t}$$

$$i = \frac{u_C}{6} = \frac{1}{3} - \frac{7}{3}\mathrm{e}^{-0.25t}$$

u_C、i_C 和 i 的波形图分别如图(c)(d)所示。

例 9-10 图(a)所示电路已达稳态，在 $t=0$ 时将开关 S 由位置 2 合到 1，试求 $t\geqslant 0$ 时的 i_L 和 u_L。

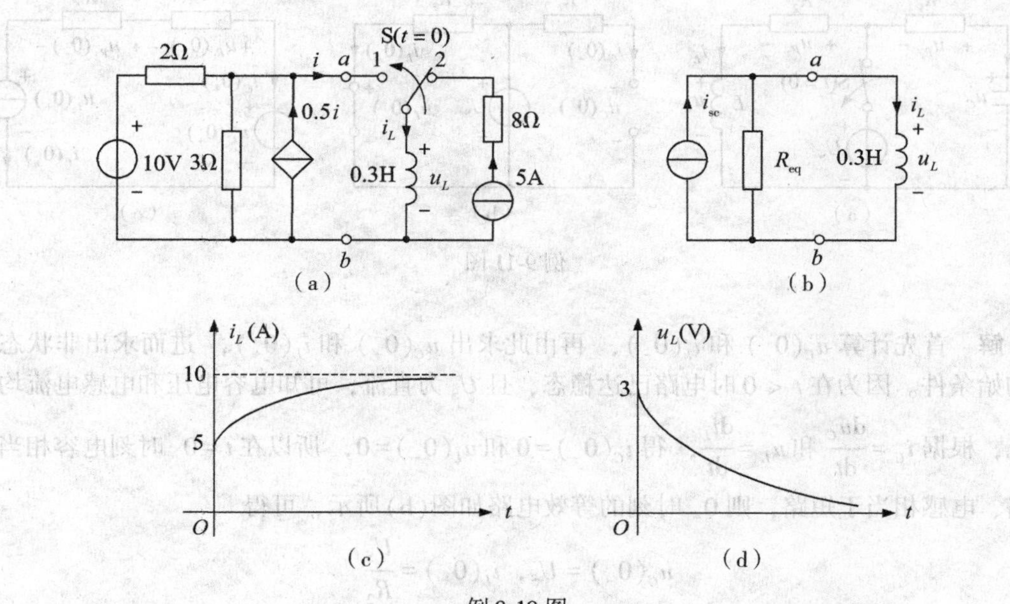

例 9-10 图

解 先由图(a)电路求出 i_L 的初值，即

$$i_L(0_+) = i_L(0_-) = 5\mathrm{A}$$

将图(a)电路 a、b 左边的含源一端口用诺顿定理等效，得

$$u_{oc} = \frac{3}{2+3}\times 10 = 6(\mathrm{V})$$

$$i_{sc} = 0.5i_{sc} + 5$$

解得 $i_{sc} = 10\mathrm{A}$， 所以

$$R_{eq} = \frac{u_{oc}}{i_{sc}} = \frac{6}{10} = 0.6(\Omega)$$

等效电路如图(b)所示，于是得

$$i_L(\infty) = i_{sc} = 10\mathrm{A}$$

$$\tau = \frac{L}{R_{eq}} = \frac{0.3}{0.6} = 0.5(\mathrm{s})$$

由三要素法，得

$$i_L = 10 + (5 - 10)e^{-2t} = (10 - 5e^{-2t})$$

$$u_L = L\frac{di_L}{dt} = 0.3 \times (-5) \times (-2)e^{-2t} = 3e^{-2t}$$

i_L 和 u_L 的波形分别如图(c)(d)所示。

例 9-11　图(a)所示电路，已知 U_S 为直流电源，设 $t<0$ 时电路已达到稳态，试求初始条件 $u_C(0_+)$、$i_L(0_+)$、$i_C(0_+)$、$u_L(0_+)$、$u_{R_1}(0_+)$ 和 $u_{R_2}(0_+)$。

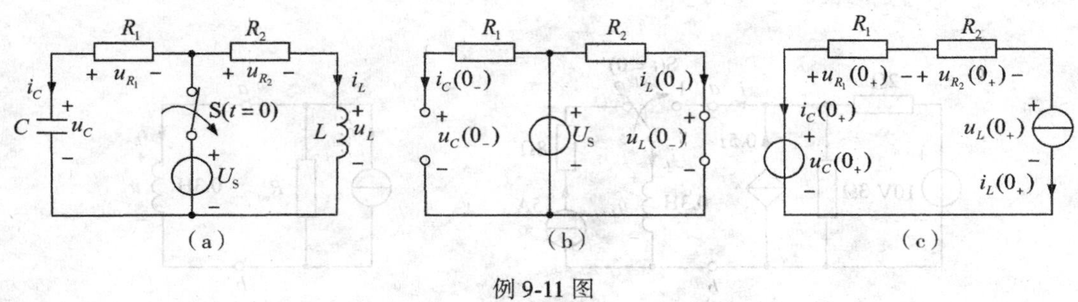

例 9-11 图

解　首先计算 $u_C(0_-)$ 和 $i_L(0_-)$，再由此求出 $u_C(0_+)$ 和 $i_L(0_+)$，进而求出非状态变量初始条件。因为在 $t<0$ 时电路已达稳态，且 U_S 为直流，可知电容电压和电感电流均为直流，根据 $i_C=\frac{du_C}{dt}$ 和 $u_L=\frac{di_L}{dt}$，得 $i_C(0_-)=0$ 和 $u_L(0_-)=0$，所以在 $t=0_-$ 时刻电容相当于开路、电感相当于短路，则 0_- 时刻的等效电路如图(b)所示，可得

$$u_C(0_-) = U_S,\ i_L(0_-) = \frac{U_S}{R_2}$$

根据换路定则有 $u_C(0_+)=u_C(0_-)=U_S$ 和 $i_L(0_+)=i_L(0_-)=\frac{U_S}{R_2}$，即在 $t=0_+$ 时刻电容相当于电压源，电感相当于电流源，则 0_+ 时刻的等效电路如图(c)所示，可得

$$i_C(0_+) = -i_L(0_+) = -\frac{U_S}{R_2}$$

$$u_{R_1}(0_+) = R_1 i_L(0_+) = \frac{R_1 U_S}{R_2}$$

$$u_{R_2}(0_+) = R_2 i_L(0_+) = U_S$$

$$u_L(0_+) = u_C(0_+) - u_{R_1}(0_+) - u_{R_2}(0_+) = -u_{R_1}(0_+) = -\frac{R_1 U_S}{R_2}$$

由该例看出，虽然电容电压和电感电流不能发生跃变，但电容电流和电感电压在换路时发生了跃变。可见，电容电流和电感电压是可以发生跃变的。

例 9-12　图(a)所示电路已达稳态，已知 $U_S=10V$，$R_1=6\Omega$，$R_2=4\Omega$，$C=0.5F$，在 $t=0$ 时打开开关 S，试求 $t\geqslant 0$ 时的电流 i。

解　只要知道 RC 电路的初值 $u_C(0_+)$ 和时间常数 τ，就可以求出电容两端的电压，

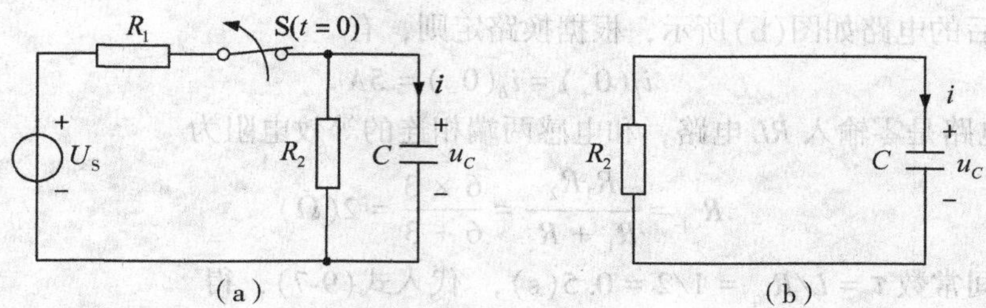

例 9-12 图

进而求出电流。

首先求 $u_C(0_+)$。已知换路前电路已达稳态，则

$$u_C(0_-) = \frac{R_2}{R_1 + R_2}U_S = \frac{4 \times 10}{6 + 4} = 4(\mathrm{V})$$

换路后 $t \geqslant 0_+$ 时的电路如图(b)所示，根据换路定则，有

$$u_C(0_+) = u_C(0_-) = 4\mathrm{V}$$

再求时间常数，$\tau = R_2C = 4 \times 0.5 = 2(\mathrm{s})$，代入式(6-10)，得

$$u_C(t) = u_C(0_+)\mathrm{e}^{-\frac{i}{\tau}} = 4\mathrm{e}^{-0.5t}$$

则电流 i 为

$$i(t) = C\frac{\mathrm{d}u_C}{\mathrm{d}t} = 0.5 \times 4 \times (-0.5)\mathrm{e}^{-0.5t} = -\mathrm{e}^{-0.5t}$$

或者用 $i = -\frac{u_C}{R_2}$ 同样可以得出此结果。

例 9-13 已知图(a)所示电路已达稳态，已知 $I_S = 5\mathrm{A}$，$R_1 = 6\Omega$，$R_2 = 3\Omega$，$L = 1\mathrm{H}$，在 $t=0$ 时合上开关 S，试求 $t \geqslant 0$ 时的电流 i。

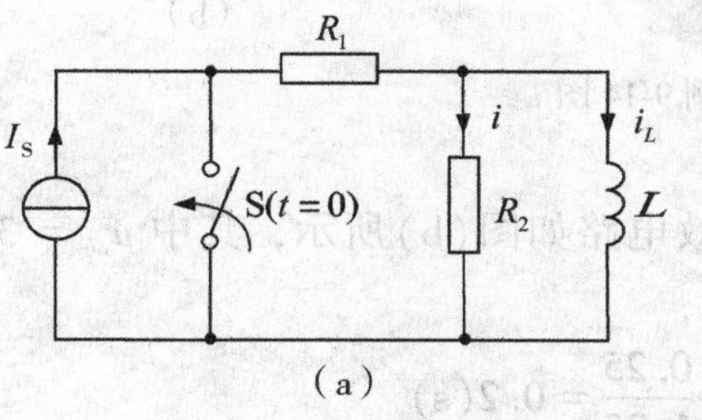

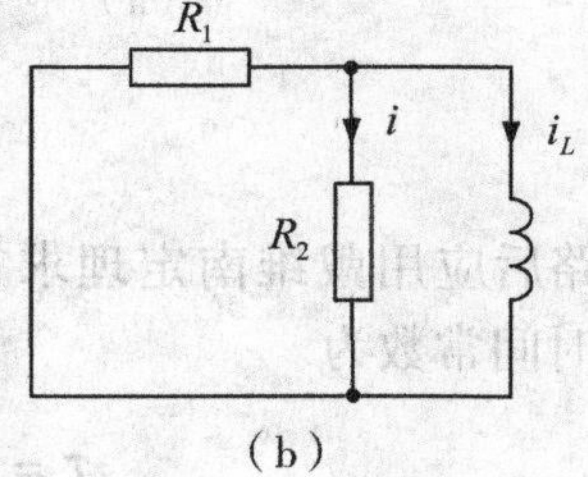

例 9-13 图

解 对于零输入 RL 电路，只要知道电路的初值 $i_L(0_+)$ 和时间常数 τ 就可以求出电感中的电流，然后再求出电流 i。

换路前电路已达稳态，则

$$i_L(0_-) = I_S = 5\mathrm{A}$$

$t \geqslant 0_+$ 后的电路如图(b)所示，根据换路定则，有

$$i_L(0_+) = i_L(0_-) = 5\text{A}$$

图(b)电路是零输入 RL 电路，和电感两端相连的等效电阻为

$$R_{eq} = \frac{R_1 R_2}{R_1 + R_2} = \frac{6 \times 3}{6 + 3} = 2(\Omega)$$

所以时间常数 $\tau = L/R_{eq} = 1/2 = 0.5(\text{s})$，代入式(9-7)，得

$$i_L(t) = i_L(0_+)\text{e}^{-\frac{t}{\tau}} = 5\text{e}^{-2t}$$

有两种方法可以求出图(a)中的电流 i。

方法一：用分流公式，即

$$i(t) = -\frac{R_1}{R_1 + R_2} i_L(t) = -\frac{6}{6 + 3} \times 5\text{e}^{-2t} = -\frac{10}{3}\text{e}^{-2t}$$

方法二：先求出 u_L，再求出电流 i，即

$$u_L(t) = L\frac{\text{d}i_L}{\text{d}t} = 1 \times 5 \times (-2)\text{e}^{-2t} = -10\text{e}^{-2t}$$

$$i(t) = \frac{u_L}{R_2} = -\frac{10}{3}\text{e}^{-2t}$$

例 9-14　图(a)所示电路，在 $t=0$ 时合上开关 S，已知 $i_L(0_-) = 0\text{A}$，试求 $t \geqslant 0$ 时的电流 i_1。

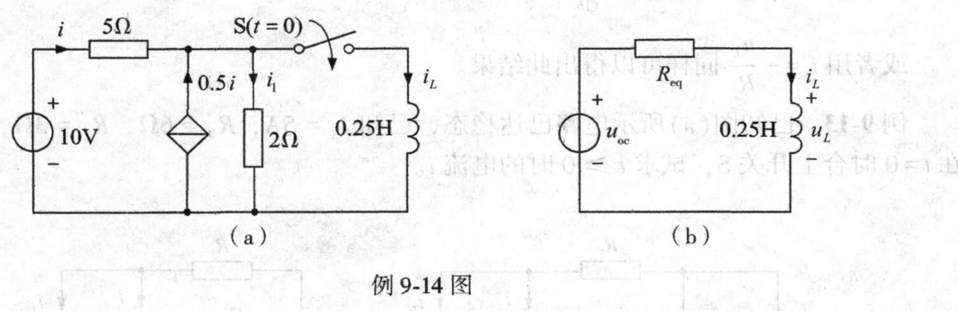

例 9-14 图

解　换路后应用戴维南定理求得等效电路如图(b)所示，其中 $u_{oc} = 3.75\text{V}$，$R_{eq} = 1.25\Omega$，得时间常数为

$$\tau = \frac{L}{R_{eq}} = \frac{0.25}{1.25} = 0.2(\text{s})$$

得

$$i_L = \frac{U_{oc}}{R_{eq}}(1 - \text{e}^{-\frac{t}{\tau}}) = 3(1 - \text{e}^{-5t})$$

$$u_L = L\frac{\text{d}i_L}{\text{d}t} = 0.25 \times 3 \times (-1) \times (-5)\text{e}^{-5t} = 3.75\text{e}^{-5t}$$

换路后，2Ω 电阻上的电压就是电感电压 u_L，则

$$i_1 = \frac{u_L}{2} = 1.875e^{-5t}$$

例 9-15 图(a)所示电路已达稳态，试求 $t \geqslant 0$ 时的 u_C、i_C 和 i。

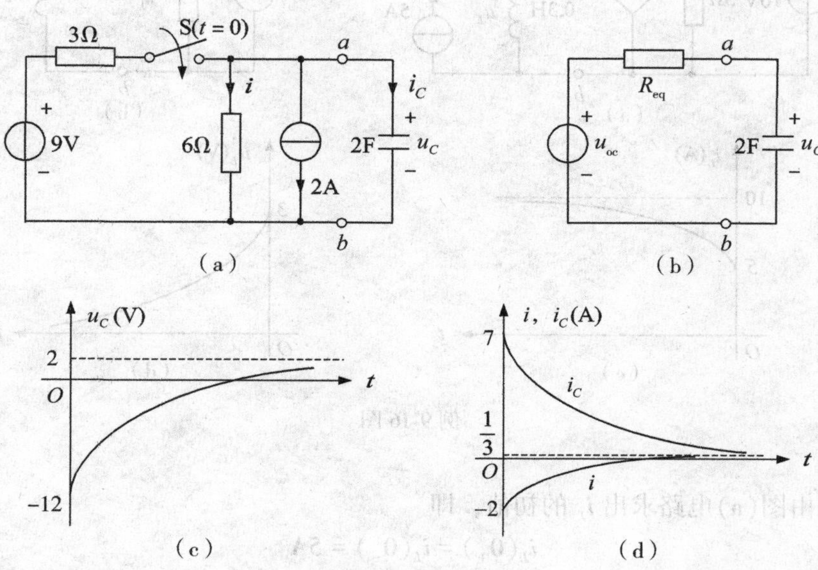

例 9-15 图

解 由图(a)电路首先求出 u_C 的初值，即

$$u_C(0_+) = u_C(0_-) = -2 \times 6 = -12(\mathrm{V})$$

为了求出换路后的终值和时间常数，将图(a)电路 a、b 左边的含源一端口用戴维宁定理等效，由节点电压法，得

$$\left(\frac{1}{3} + \frac{1}{6}\right)u_{oc} = \frac{9}{3} - 2$$

解得 $u_{oc} = 2\mathrm{V}$，再求出 $R_{eq} = \dfrac{3 \times 6}{3 + 6} = 2(\Omega)$，等效电路如图(b)所示，于是得

$$u_C(\infty) = u_{oc} = 2\mathrm{V}$$

$$\tau = R_{eq}C = 2 \times 2 = 4(\mathrm{s})$$

得

$$u_C = 2 + (-12 - 2)e^{-0.25t} = 2 - 14e^{-0.25t}$$

$$i_C = C\frac{\mathrm{d}u_C}{\mathrm{d}t} = 2 \times (-14) \times (-0.25)e^{-0.25t} = 7e^{-0.25t}$$

$$i = \frac{u_C}{6} = \frac{1}{3} - \frac{7}{3}e^{-0.25t}$$

u_C、i_C 和 i 的波形图分别如图(c)(d)所示。

例 9-16 图(a)所示电路已达稳态，在 t=0 时将开关 S 由位置 2 合到 1，试求 $t \geqslant 0$ 时的 i_L 和 u_L。

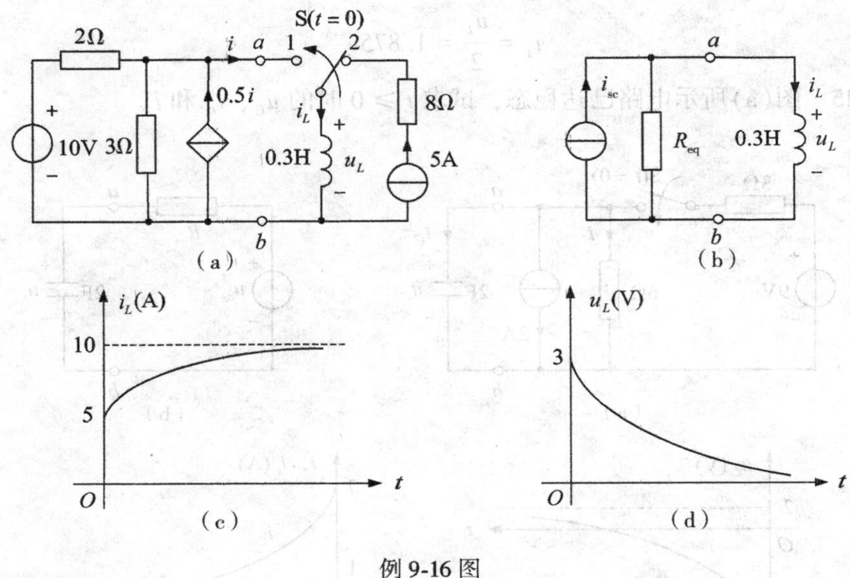

例 9-16 图

解　先由图(a)电路求出 i_L 的初值，即

$$i_L(0_+) = i_L(0_-) = 5\text{A}$$

将图(a)电路 a、b 左边的含源一端口用诺顿定理等效，得

$$u_{oc} = \frac{3}{2+3} \times 10 = 6(\text{V})$$

$$i_{sc} = 0.5 i_{sc} + 5$$

解得 $i_{sc} = 10\text{A}$，所以

$$R_{eq} = \frac{u_{oc}}{i_{sc}} = \frac{6}{10} = 0.6(\Omega)$$

等效电路如图(b)所示，于是得

$$i_L(\infty) = i_{sc} = 10\text{A}$$

$$\tau = \frac{L}{R_{eq}} = \frac{0.3}{0.6} = 0.5(\text{s})$$

由三要素法，得

$$i_L = 10 + (5-10)e^{-2t} = 10 - 5e^{-2t}$$

$$u_L = L\frac{di_L}{dt} = 0.3 \times (-5) \times (-2)e^{-2t} = 3e^{-2t}$$

i_L 和 u_L 的波形分别如图(c)(d)所示。

例 9-17　试求图(a)所示电路的阶跃响应 i_L。

解　由图可知直流电流源 I_S 是在 $t = t_0$ 时刻接入的，即初始条件为

$$i_L(t_{0_+}) = i_L(t_{0_-}) = 0$$

求得图(a)电路中 a、b 左边的诺顿等效电路如图(b)所示，其中

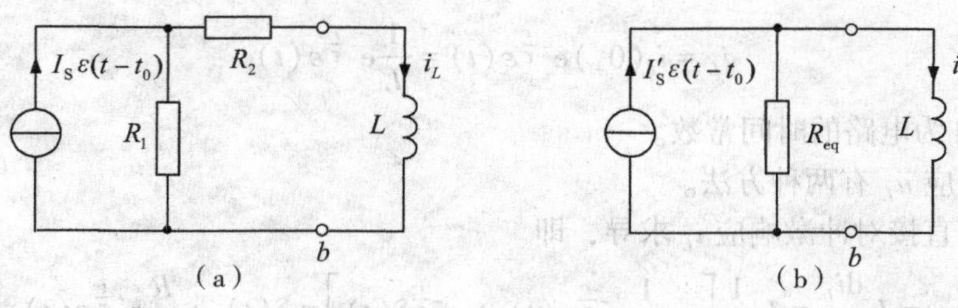

例 9-17 图

$$I'_S=\frac{R_1}{R_1+R_2}I_S,\ R_{eq}=R_1+R_2$$

于是得阶跃响应为

$$i_L(t)=I'_S\left(1-e^{-\frac{t-t_0}{\tau}}\right)\varepsilon(t-t_0)$$

该响应称为延迟阶跃响应，其中 $\tau=L/R_{eq}$。

例 9-18 试求图(a)所示电路的冲激响应 i_L 和 u_L。

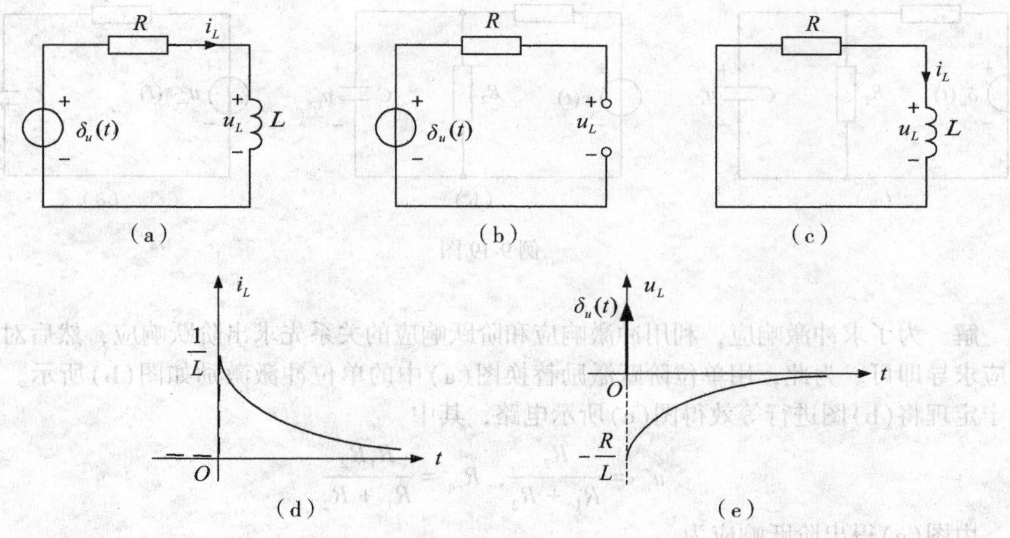

例 9-18 图

解 先求冲激电压源 $\delta_u(t)$ 能量的转移结果。在 $\delta_u(t)$ 作用的0时刻电感相当于开路，其等效电路如图(b)所示。由图(b)并应用 KVL 得 $u_L=\delta_u(t)$，因为是冲激激励，所以 $i_L(0_-)=0$，有

$$i_L(0_+)=i_L(0_-)+\frac{1}{L}=\frac{1}{L}$$

当 $t\geqslant 0_+$ 时，由于 $\delta_u(t)=0$，冲激电压源相当于短路，等效电路如图(c)所示，求冲激响应 i_L 就是求图(c)电路在 $t\geqslant 0_+$ 时的零输入响应，即

$$i_L = i_L(0_+)\mathrm{e}^{-\frac{t}{\tau}}\varepsilon(t) = \frac{1}{L}\mathrm{e}^{-\frac{t}{\tau}}\varepsilon(t)$$

式中，$\tau = L/R$ 为电路的时间常数。

求冲激响应 u_L 有两种方法。

方法一：直接对冲激响应 i_L 求导，即

$$u_L = L\frac{\mathrm{d}i_L}{\mathrm{d}t} = L\frac{1}{L}\left[-\frac{1}{\tau}\mathrm{e}^{-\frac{t}{\tau}}\varepsilon(t) + \mathrm{e}^{-\frac{t}{\tau}}\delta(t)\right] = \delta(t) - \frac{R}{L}\mathrm{e}^{-\frac{t}{\tau}}\varepsilon(t)$$

式中，应用了冲激函数的筛分性质，即 $\mathrm{e}^{-t/\tau}\big|_{t=0} = 1$。

方法二：根据图(a)并应用 KVL，得

$$u_L = \delta_u(t) - Ri_L = \delta_u(t) - \frac{R}{L}\mathrm{e}^{-\frac{t}{\tau}}\varepsilon(t)$$

如果只考虑 $t \geqslant 0_+$ 时的响应，则 u_L 将不存在冲激项。i_L 和 u_L 的波形分别如图(d)(e)所示。

例 9-19　试求图(a)所示电路的冲激响应 u_C。

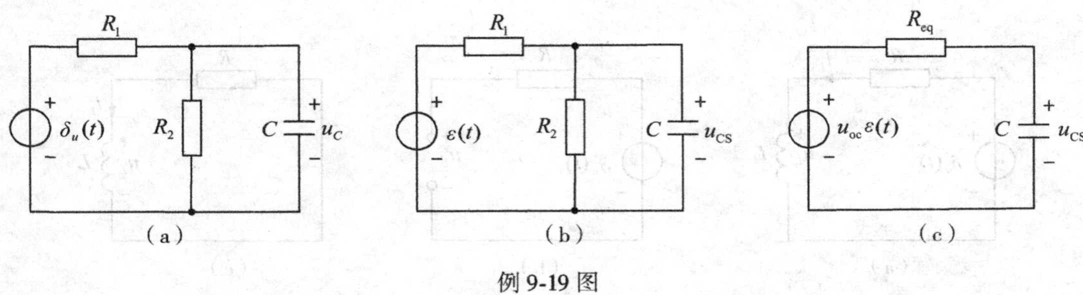

例 9-19 图

解　为了求冲激响应，利用冲激响应和阶跃响应的关系先求出阶跃响应，然后对阶跃响应求导即可。为此，用单位阶跃激励替换图(a)中的单位冲激激励如图(b)所示。用戴维宁定理将(b)图进行等效得图(c)所示电路，其中

$$u_{\mathrm{oc}} = \frac{R_2}{R_1 + R_2},\quad R_{\mathrm{eq}} = \frac{R_1R_2}{R_1 + R_2}$$

由图(c)得出阶跃响应为

$$s(t) = u_{\mathrm{CS}}(t) = u_{\mathrm{oc}}(1 - \mathrm{e}^{-t/\tau})\varepsilon(t)$$

其中，$\tau = R_{\mathrm{eq}}C$ 为时间常数。可以求出冲激响应，即

$$h(t) = u_C(t) = \frac{\mathrm{d}s(t)}{\mathrm{d}t} = u_{\mathrm{oc}}\left[\frac{1}{\tau}\mathrm{e}^{-t/\tau}\varepsilon(t) + (1 - \mathrm{e}^{-t/\tau})\delta(t)\right] = \frac{1}{R_{\mathrm{eq}}C}\mathrm{e}^{-t/\tau}\varepsilon(t)$$

此处应用了 $\delta(t)$ 函数的筛分性质。

9.4　习题精解

9-1　图示电路原已处于稳定状态。已知 $U_{\mathrm{S}} = 20\mathrm{V}$，$R_1 = R_2 = 5\Omega$，$L = 2\mathrm{H}$，$C = 1\mathrm{F}$。求：

(1)开关闭合后瞬间($t=0_+$)各支路电流和各元件上的电压；

(2)开关闭合后电路达到新的稳态时($t=\infty$)，各支路电流和各元件上的电压。

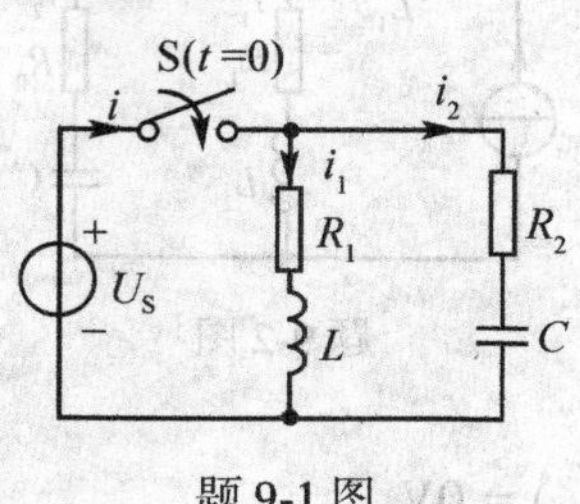

题 9-1 图

解 当 $t=0_-$ 时，

$$i_L(0_-)=0\text{A}$$
$$u_C(0_-)=0\text{V}$$

(1)根据换路原则，闭合瞬间($t=0_+$)L、C 上 i，u 不会发生跃变，所以

$$i_L(0_+)=i_L(0_-)=0\text{A}$$
$$u_C(0_+)=u_C(0_-)=0\text{V}$$
$$i_2(0_+)=\frac{u_S}{R_2}=4\text{A}$$
$$i_1(0_+)=i_L(0_+)=0\text{A}$$
$$u_{R_1}(0_+)=R_1i_1(0_+)=0\text{V}$$
$$u_{R_2}(0_+)=u_S-u_C(0_+)=20\text{V}$$
$$u_L(0_+)=u_S-u_{R_1}(0_+)=20\text{V}$$

(2)当 $t=\infty$ 时，电路已经达到稳态，此时

$$i_L(\infty)=i_1(\infty)=\frac{u_S}{R_2}=4\text{A}$$
$$u_C(\infty)=20\text{V}$$
$$i_2(\infty)=0\text{A}$$
$$u_{R_1}(\infty)=R_1i_1(\infty)=20\text{V}$$
$$u_{R_2}(\infty)=0\text{V}$$
$$u_L(\infty)=0\text{V}$$

9-2 图示电路原已处于稳定状态。已知 $I_S=5\text{A}$，$R_1=10\Omega$，$R_2=5\Omega$，$L_1=2\text{H}$，$L_2=1\text{H}$，$C=0.5\text{F}$。求：

(1)开关闭合后瞬间($t=0_+$)各支路电流和各元件上的电压；

(2)开关闭合后电路达到新的稳态时($t=\infty$)各支路电流和各元件上的电压。

解 当 $t=0_-$ 时，

$$i_{L_1}(0_-)=i_{L_2}(0_-)=i(0_-)=I_S=5\text{A}$$

题9-2图

$$u_C(0_-)=0\text{V}$$

（1）根据换路原则，闭合瞬间（$t=0_+$）L上电流不会发生跃变，所以

$$i_{L_1}(0_+)=i_{L_1}(0_-)=5\text{A}$$

$$i_{L_2}(0_+)=i_{L_2}(0_-)=5\text{A}$$

$$u_C(0_+)=u_C(0_-)=0\text{V}$$

$$i_2(0_+)=0\text{A}$$

$$i_1(0_+)=i_{L_2}(0_+)=5\text{A}$$

$$u_{R_1}(0_+)=i_{L_2}(0_+)\times R_1=5\times 10=50\text{V}$$

$$u_{R_2}(0_+)=i_2(0_+)\times R_2=0\text{V}$$

（2）当$t=\infty$时，电路已经达到稳态，此时

$$i_{L_1}(\infty)=5\text{A}$$

$$i_{L_2}(\infty)=5\text{A}$$

$$i_2(\infty)=0\text{A}$$

$$i_1(\infty)=5\text{A}$$

$$u_{R_1}(\infty)=5\times 10=50\text{V}$$

$$u_{R_2}(\infty)=R_2 i_2(\infty)=0\text{V}$$

9-3　如图（a）所示电路原已处于稳定状态。已知$I_S=10\text{mA}$，$R_1=3000\Omega$，$R_2=6000\Omega$，$R_3=2000\Omega$，$C=2.5\mu\text{F}$。求开关S在$t=0$时闭合后电容电压u_c和电流i，并画出它们随时间变化曲线。

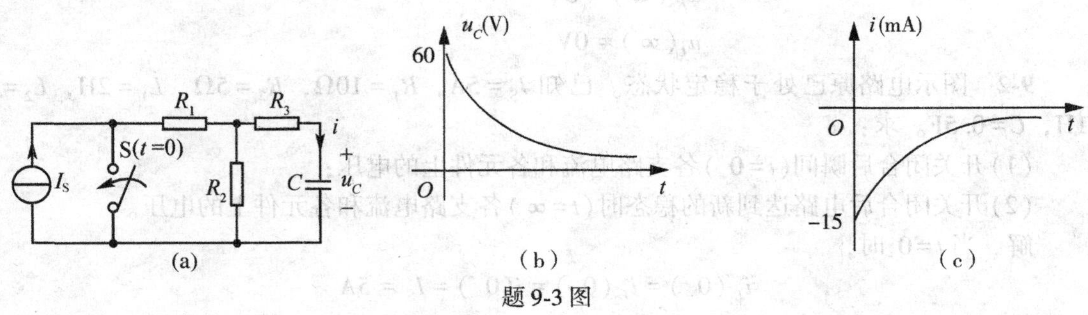

题9-3图

解 方法一(三要素法)：由题意得，该电路为一阶零输入响应，故

$$u_C(0_-) = R_2 I_S = 6000 \times 10 \times 10^{-3} = 60(\text{V})$$

$$u_C(\infty) = 0\text{V}$$

$$\tau = (R_3 + R_1 // R_2) C = 4000 \times 2.5 \times 10^{-6} = 0.01(\text{s})$$

$$u_C = 60\text{e}^{-100t} \varepsilon(t)$$

方法二：开关在 $t=0$ 时闭合后电压的方程为

$$[(R_1 R_2)//(R_1 + R_2) + R_3] C \frac{\text{d}u_C}{\text{d}t} + u_C = 0$$

代入数值并化简得

$$\frac{\text{d}u_C}{\text{d}t} + 100 u_C = 0$$

该一阶齐次微分方程的特征方程为 $p+100=0$。特征方程的特征根为 $p=-100$。电容电压为

$$u_C(t) = A\text{e}^{pt} = A\text{e}^{-100t}$$

由电路的初始条件确定各分常数

$$u_C(0_+) = u_C(0_-) = I_S R_2 = 10 \times 10^{-3} \times 6000 = 60(\text{V})$$

由此可以求得积分常数 $A=60$，即

$$u_C(t) = A\text{e}^{pt} = 60\text{e}^{-100t}$$

电容电流为

$$i = C\frac{\text{d}u_C}{\text{d}t} = 2.5 \times 10^{-6} \times (-100) \times 60\text{e}^{-100t} = -15\text{e}^{-100t}$$

电容电压、电流的波形如图(b)(c)所示。

9-4 图示电路开关与触点 a 接通并已处于稳定状态。已知 $U_S=100\text{V}$，$R_1=10\Omega$，$R_2=200\Omega$，$R_3=40\Omega$，$L=10\text{H}$。开关 S 在 $t=0$ 时由触点 a 合向触点 b，求电感电流 i_L 和电压 u_L。

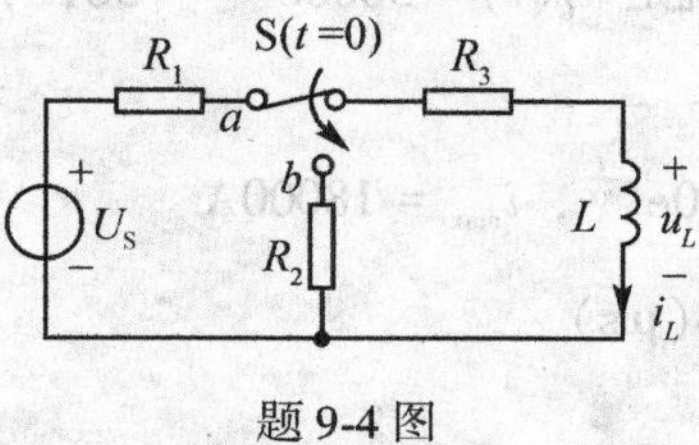

题 9-4 图

解 开关在 $t=0$ 时由触点 a 合向触点 b 之后，电感电流的方程为

$$L\frac{\text{d}i_L}{\text{d}t} + (R_2 + R_3) i_L = 0$$

代入数据并化简得

$$\frac{di_L}{dt} + 24i_L = 0$$

该一阶齐次微分方程的特征方程为 $p+24=0$。特征方程的特征根为 $p=-24$。电感电流

$$i_L(t) = Ae^{pt} = Ae^{-24t}$$

由电路的初始条件确定积分常数

$$i_L(0_+) = i_L(0_-) = \frac{U_S}{R_1 + R_3} = \frac{100}{50} = 2(\mathrm{A})$$

由此可以求得积分常数 $A=2$，即

$$i_L(t) = 2e^{pt} = 2e^{-24t}$$

电感电压为 $u_L = L\frac{di_L}{dt} = 10 \times (-24) + 2e^{-24t} = -480e^{-24t}\varepsilon(t)$

9-5　一组高压电容器从高压电网上切除，在切除瞬间电容器的电压为 3600V。脱离电网后电容经本身泄漏电阻放电，经过 20 分钟，它的电压降低为 950V。问：

(1)再经过 20 分钟，它的电压降低为多少？

(2)如果电容量为 40μF，电容器的绝缘电阻是多少？

(3)经过多少时间电容电压降为 36V？

(4)如果电容器从电网上切除后经 0.2Ω 的电阻放电，放电的最大电流为多少？放电过程需多长时间？(设 $t=5\tau$时电路达到稳定)

解　$u_C(0_-) = 3600\mathrm{V}$，由换路定则可得 $u_C(0_+) = u_C(0_-) = 3600\mathrm{V}$。

当 $t \geqslant 0$ 时，$u_C(t) = u_C(0_+)e^{-\frac{t}{\tau}}$

将 $t=20\mathrm{min}=1200\mathrm{s}$ 时的电压值代入，得 $\tau = 900$。

那么 $t \geqslant 0$ 时，$u_C(t) = 3600e^{-\frac{1}{900}}$。

(1)当再经过 20min，也即 $t=40\mathrm{min}=2400\mathrm{s}$ 时，

$$u_C(2400) = 3600e^{-\frac{2400}{900}} = 250\mathrm{V}$$

(2)当 $C=40\mu\mathrm{F}$ 时，由 $\tau = RC$，可得出电容器的绝缘电阻 $R=22.5\mathrm{M}\Omega$。

(3)要电压降为 36V，也就是 $u_C(t) = 3600e^{-\frac{t}{900}} = 36$，那么得出 $t=69.08\mathrm{min}$。

(4)$R = 0.2\Omega$，

$$i_C(t) = C\frac{du_C}{dt} = -18000e^{-\frac{t}{900}},\ i_{\max} = 18000\mathrm{A}$$

$$\tau = RC = 0.2 \times 40 = 8(\mu\mathrm{s})$$

$$t = 5\tau = 40\mu\mathrm{s}$$

9-6　图示电路原已处于稳定状态。已知 $U_S=100\mathrm{V}$，$R_1=R_2=R_3=100\Omega$，$C=10\mu\mathrm{F}$。试求开关 S 在 $t=0$ 时断开后电容电压 u_C和流过 R_2的电流 i_2。

解　开关在 $t=0$ 时断开后，电容电压的方程为

$$(R_2 + R_3)C\frac{du_C}{dt} + u_C = 0$$

代入数据并化简得

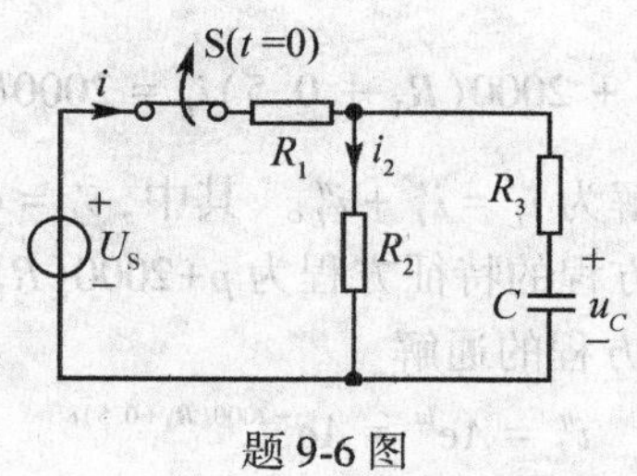

题 9-6 图

$$\frac{\mathrm{d}u_C}{\mathrm{d}t}+500u_C=0$$

$$u_C(0_+)=u_C(0_+)=50\mathrm{V}$$

$$t=(R_2+R_3)C=200\times10\times10^{-6}=200(\mathrm{s})$$

该一阶齐次微分方程的特征方程为 $p+500=0$。特征方程的特征根为 $p=-500$。电容电压为

$$u_C(t)=A\mathrm{e}^{pt}=A\mathrm{e}^{-500t}$$

由电路的初始条件确定积分常数

$$u_C(0_+)=u_C(0_-)=U_\mathrm{S}\frac{R_2}{R_1+R_2}=50\mathrm{V}$$

由此可以求得积分常数 $A=50$，即

$$u_C(t)=A\mathrm{e}^{pt}=50\mathrm{e}^{-500t}$$

电容电流为

$$i_2=-C\frac{\mathrm{d}u_C}{\mathrm{d}t}=-10\times10^{-6}\times(-500)\times50\mathrm{e}^{-500t}=0.25\mathrm{e}^{-500t}\varepsilon(t)$$

9-7 图示电路中，已知线圈电阻 $R=0.5\Omega$，电感 $L=0.5\mathrm{mH}$。线圈额定工作电流 $I=4\mathrm{A}$。现要求开关 S 闭合后在 2ms 内达到额定电流，求串联电阻 R_1 和电源电压 U_S(设 $t=5\tau$ 时电路达到稳定)。

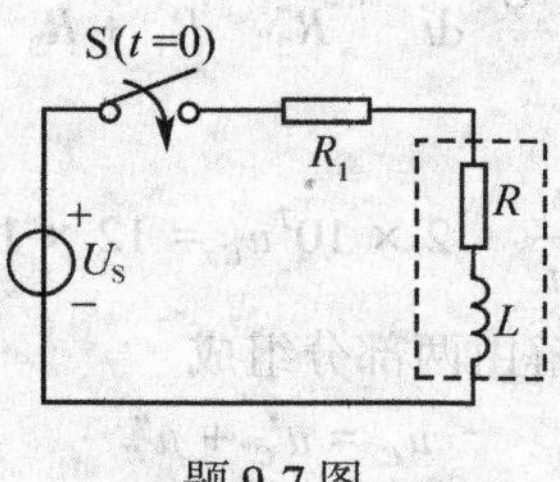

题 9-7 图

解 开关在 $t=0$ 时闭合之后，电感电流的方程为

$$L\frac{\mathrm{d}i_L}{\mathrm{d}t}+(R_1+R)i_L=U_\mathrm{S}$$

代入数据并化简得

$$\frac{\mathrm{d}i_L}{\mathrm{d}t}+2000(R_1+0.5)i_L=2000U_S$$

该一阶非齐次微分方程的解为 $i_L=i'_L+i''_L$。其中，$i'_L=U_S/(R_1+0.5)$；i''_L 为齐次微分方程的通解。一阶齐次和微分方程的特征方程为 $p+2000(R_1+0.5)=0$。特征方程的特根为 $p=-2000(R_1+0.5)$。齐次微分方程的通解

$$i''_L=Ae^{pt}=Ae^{-2000(R_1+0.5)t}$$

电感电流为 $i_L=U_S/(R_1+0.5)+Ae^{-2000(R_1+0.5)t}$。

由电路的初始条件确定积分常数

$$i_L(0_+)=i_L(0_-)=0\mathrm{A}$$

由此可以求得积分常数 $A=-[U_S/(R_1+0.5)]$，即

$$i_L=U_S/(R_1+0.5)-[U_S/(R_1+0.5)]e^{-2000(R+0.5)t}$$

因为 $\tau=1/[2000(R_1+0.5)]$，由于 $5\tau=2\mathrm{ms}$，由此可解得 $R_1=0.75\Omega$。

再由 $i_L=U_S/(R_1+0.5)=4$，可求得 $U_S=5\mathrm{V}$。

9-8　如图所示电路原已处于稳定状态（电容器 C 没有初始储能）。已知 $U_S=12\mathrm{V}$，$R_1=5000\Omega$，$R_2=10000\Omega$，$R_3=5000\Omega$，$C=10\mathrm{pF}$。开关 S 在 $t=0$ 时断开，而又在 $t=2\mu\mathrm{s}$ 时接通的情况下，试求输出电压 u_0 的表示式。

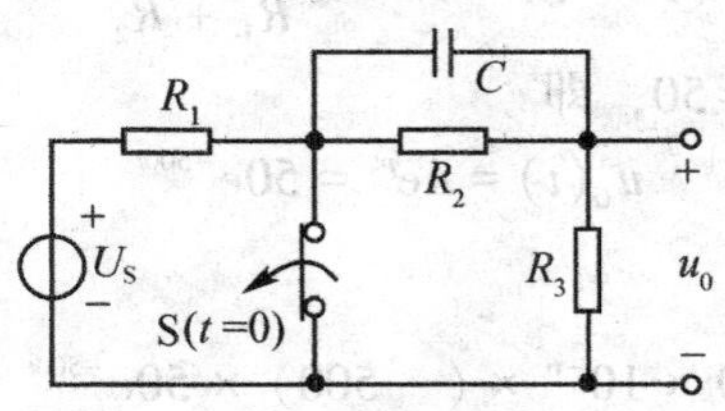

题 9-8 图

解　开关在 $t=0$ 时闭合之后，电容电压的方程为

$$C\frac{\mathrm{d}u_C}{\mathrm{d}t}+\frac{u_C}{R_2}=\frac{U_S-u_C}{R_1+R_3}$$

代入数据并化简得

$$\frac{\mathrm{d}u_C}{\mathrm{d}t}+2\times10^7u_C=12\times10^7 \tag{1}$$

由数学知识可知该方程的通解由两部分组成

$$u_C=u'_C+u''_C$$

其中，u'_C 是方程的特解，u''_C 满足齐次方程：

$$\frac{\mathrm{d}u_C}{\mathrm{d}t}+2\times10^7u_C=0 \tag{2}$$

当$t>0$达到新的稳态时必定满足方程(1)，所以$u'_C=\dfrac{R_2}{R_1+R_2+R_3}U_S=6\text{V}$。

方程(2)的解为

$$u''_C=A\mathrm{e}^{-2\times10^7t}$$

所以方程(1)的通解为

$$u_C=u'_C+u''_C=6+A\mathrm{e}^{-2\times10^7t}$$

代入$u_C(0_+)=u_C(0_-)=0\text{V}$，可得$A=-6$。

$$u_C=u'_C+u''_C=6-6\mathrm{e}^{-2\times10^7t},\ 0\leqslant t\leqslant2$$

开关在$t=2$时接通之后，电容电压的方程为

$$\frac{R_2R_3}{R_2+R_3}C\frac{\mathrm{d}u_C}{\mathrm{d}t}+u_C=0$$

该方程的解为$u_C=A\mathrm{e}^{-3\times10^7t}$。

代入$u_C(2_+)=u_C(2_-)=6-6\mathrm{e}^{-2\times10^7\times2\times10^{-6}}=6-6\mathrm{e}^{-40}\approx6(\text{V})$，可得$A=6$。

$$u_C=\begin{cases}6-6\mathrm{e}^{-2\times10^7t}, & 0\leqslant t\leqslant2\\ 6\mathrm{e}^{-3\times10^7(t-2)}, & t\geqslant2\end{cases}$$

$$\text{那么},\ u_0=\begin{cases}\dfrac{R_3}{R_1+R_3}(U_S-u_C)=3+3\mathrm{e}^{-2\times10^7t}, & 0\leqslant t\leqslant2\\ -u_C=-6\mathrm{e}^{-3\times10^7(t-2)}, & t\geqslant2\end{cases}$$

9-9 图示电路原已处于稳定状态。已知$I_S=50\text{mA}$，$R_1=10\Omega$，$R_2=20\Omega$，$C=5\mu\text{F}$，$L=15\text{mH}$。试求开关S在$t=0$时断开后开关电压u_S的表示式。

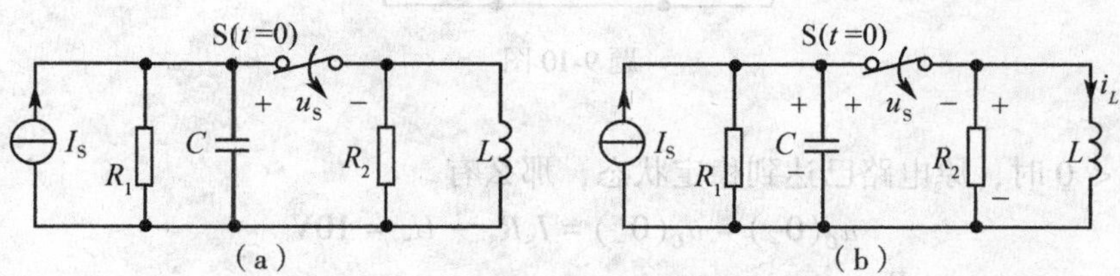

题9-9图

解 $t<0$时，原电路已达到稳定状态，那么有

$$u_C(0_+)=u_C(0_-),\ i_L(0_+)=i_L(0_-)=I_S=50\text{mA}$$

$t\geqslant0$时，电容电压方程为

$$C\frac{\mathrm{d}u_C}{\mathrm{d}t}+\frac{u_C}{R_2}=I_S$$

化简得

$$\frac{\mathrm{d}u_C}{\mathrm{d}t}+2\times10^4u_C=10^4$$

可选电路达到新的稳态是电容电压值$u_C(\infty)=0.5\text{V}$作为该方程的特解，那么该方程的通解为$u_C=0.5+A\mathrm{e}^{-2\times10^4t}$。

代入 $u_C(0_+)=u_C(0_-)=0\text{V}$，可得 $A=-0.5$。

$$u_C=0.5-0.5\mathrm{e}^{-2\times 10^4 t}$$

$t\geqslant 0$ 时，电感电流的方程为

$$L\frac{\mathrm{d}i_L}{\mathrm{d}t}+R_2 i_L=0$$

化简得
$$\frac{\mathrm{d}i_L}{\mathrm{d}t}+\frac{20}{15\times 10^{-3}}i_L=0$$

该方程的通解为 $i_L=A\mathrm{e}^{-1.33\times 10^3 t}$，代入 $i_L(0_+)=i_L(0_-)=I_S=50\text{mA}$，可得

$$i_L=50\times 10^{-3}\mathrm{e}^{-1.33\times 10^3 t}$$

此时

$$u_{R_2}=-i_L R_2=-50\times 10^{-3}\times 20\times \mathrm{e}^{-1.33\times 10^3 t}=-\mathrm{e}^{-1.33\times 10^3 t}$$

$$u_S=u_C-u_{R_2}=0.5-0.5\mathrm{e}^{-2\times 10^4 t}+\mathrm{e}^{-1.33\times 10^3 t}$$

9-10　如图所示电路原已处于稳定状态。已知 $I_S=1\text{mA}$，$R_1=10\text{k}\Omega$，$R_2=10\text{k}\Omega$，$R_3=20\text{k}\Omega$，$C=10\mu\text{F}$，$U_S=10\text{V}$。试求开关 S 在 $t=0$ 时闭合后电容电压 u_C 的表示式。

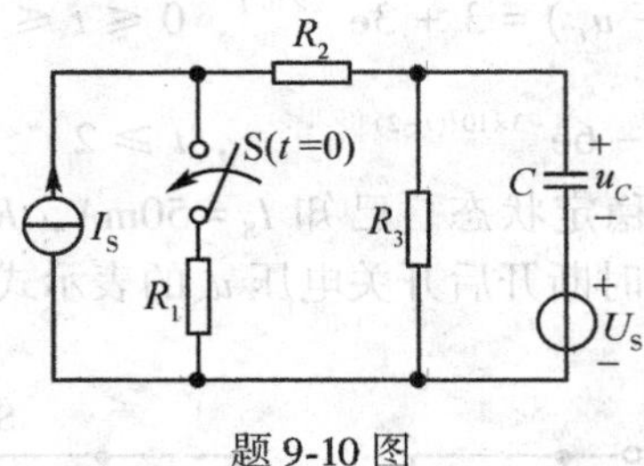

题 9-10 图

解　$t<0$ 时，原电路已达到稳定状态，那么有

$$u_C(0_+)=u_C(0_-)=I_S R_3-U_S=10\text{V}$$

$t\geqslant 0$ 时，$i_2=\dfrac{R_1}{R_1+R_2+R_3}I_S=0.25\text{mA}$，$i_3(\infty)=0.25\text{mA}$，$u_{R_3}(\infty)=5\text{V}$

电容电压方程为

$$\left[\frac{R_3(R_1+R_2)}{R_1+R_2+R_3}\right]C\frac{\mathrm{d}u_C}{\mathrm{d}t}+U_S+u_C=0$$

化简得
$$\frac{\mathrm{d}u_C}{\mathrm{d}t}+10u_C+100=0$$

可选电路达到新的稳态是电容电压值 $u_C(\infty)=-5\text{V}$ 作为该方程的特解，那么该方程的通解为

$$u_C=-5+A\mathrm{e}^{-10t}$$

代入 $u_C(0_+)=u_C(0_-)=10\text{V}$，可得 $A=15$。

$$u_C=-5+15\mathrm{e}^{-10t}\quad(t\geqslant 0)$$

9-11 如图所示电路中，已知 $u_S=10\sin(314t+45°)$，$R_1=20\Omega$，$R_2=10\Omega$，$C=318\mu F$。试求开关 S 在 $t=0$ 时闭合电容电压 u_C 和 R_2 的电流 i。

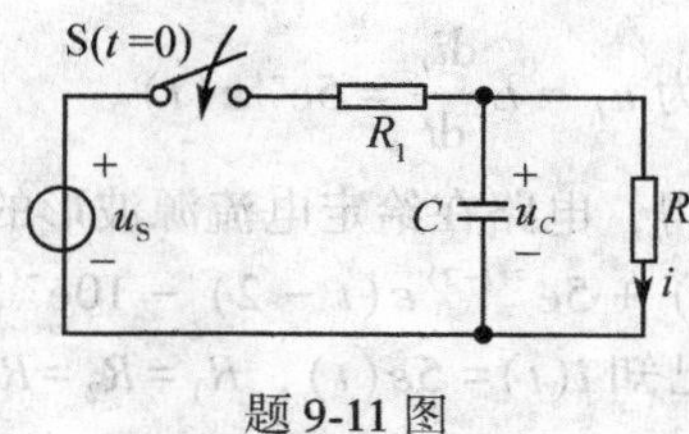

题 9-11 图

解 由三要素法求电路的零状态响应。

$$u_C(0_+)=u_C(0_-)=0V$$

当电路达到稳态时，利用相量法对电路进行分析，即：

$$\dot{U}_C(\infty)=\frac{R_2//\dfrac{1}{j\omega C}}{R_2//\dfrac{1}{j\omega C}+R_1}\dot{U}_S=\frac{R_2}{R_1+R_2+j\omega R_1R_2C}\times\frac{10}{\sqrt{2}}\angle 45°$$

$$=\frac{2.77}{\sqrt{2}}\angle(45°-33.7°)=\frac{2.77}{\sqrt{2}}\angle 11.3°$$

$$u_C(\infty)=2.77\sin(314t+11.3°)$$

$$\tau=R'C=[(10\times 20)/(10+20)]\times 318\times 10^{-6}=2.12\times 10^{-3}(s)$$

故得

$$u_C(t)=u_C(\infty)+[u_C(0_+)-u_C(\infty)|_{t=0_+}]=2.77\sin(314t+11.3°)-0.543e^{-422t}(t\geqslant 0)$$

$$i(t)=\frac{u_C(t)}{R_0}=0.277\sin(314t+11.3°)-0.0543e^{-42t}(t\geqslant 0)$$

9-12 试求图(a)所示电路，在图(b)所示电流源波形作用下的零状态响应 u_L。已知 $R_1=2\Omega$，$R_2=5\Omega$，$L=5H$。

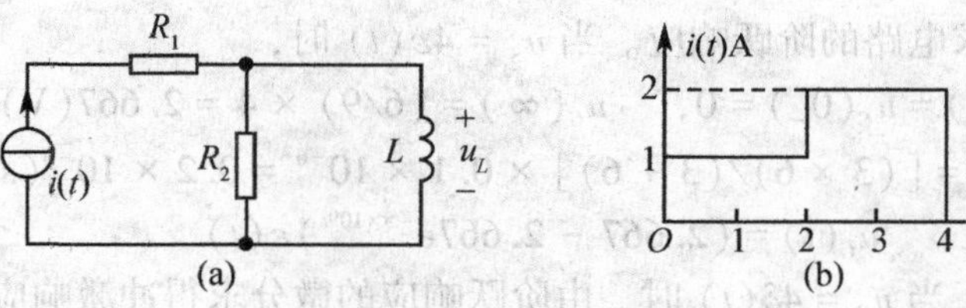

题 9-12 图

解 电流源波形的函数表达式为

$$i(t)=[\varepsilon(t)+\varepsilon(t-2)-2\varepsilon(t-4)]$$

由三要素法要求电路的单位阶跃响应：

$$i_L(0_+)=i_L(0_-)=0,\ i_L(\infty)=1\text{A},\ \tau=L/R_2=1\text{s}$$

故得

$$i_L(t)=(1-\mathrm{e}^{-t})\varepsilon(t)$$

电路的电压单位阶跃响应为 $u_L=L\dfrac{\mathrm{d}i_L}{\mathrm{d}t}=5\mathrm{e}^{-t}\varepsilon(t)$。

由叠加定理和齐次定理可得，电路在给定电流源波形的作用下的响应为

$$u_L=[5\mathrm{e}^{-t}\varepsilon(t)+5\mathrm{e}^{-(t-2)}\varepsilon(t-2)-10\mathrm{e}^{-(t-4)}\varepsilon(t-4)]$$

9-13　如图所示电路中，已知 $i(t)=5\varepsilon(t)$，$R_1=R_2=R_3=2\Omega$，$L=0.3\text{H}$。试求电路的阶跃响应 i_L。

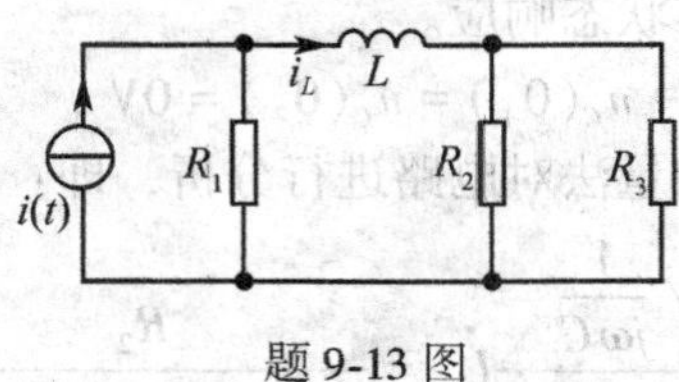

题 9-13 图

解　由三要素法求电的阶跃响应 $i_L(0_+)=i_L(0_-)=0$，$i_L(\infty)=\dfrac{2}{2+1}\times5=3.33(\text{A})$，$\tau=L/R'=0.3/3=0.1(\text{s})$。故得 $i_L(t)=(3.33-3.33\mathrm{e}^{-10t})\varepsilon(t)$。

9-14　图示电路中，已知 $u_S=4\delta(t)$，$R_1=3\Omega$，$R_2=6\Omega$，$C=0.1\mu\text{F}$。试求电路的冲激响应 $i(t)$。

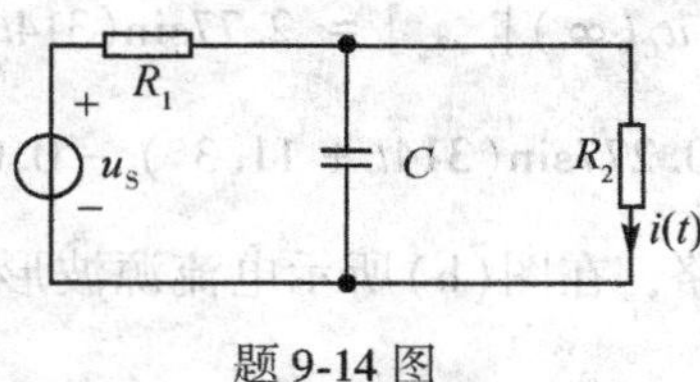

题 9-14 图

解　由三要素法求电路的阶跃响应。当 $u_S=4\varepsilon(t)$ 时，

$$u_C(0_+)=u_C(0_-)=0,\quad u_C(\infty)=(6/9)\times4=2.667(\text{V})$$

$$\tau=R'C=[(3\times6)/(3+6)]\times0.1\times10^{-6}=0.2\times10^{-6}(\text{s})$$

故得

$$u_C(t)=(2.667-2.667\mathrm{e}^{-5\times10^6t})\varepsilon(t)$$

电路的冲激响应：当 $u_S=4\delta(t)$ 时，由阶跃响应的微分求得冲激响应

$$u_C(t)=(5\times10^6\times2.667\mathrm{e}^{-5\times10^6t})\varepsilon(t)$$

流过电阻 R_2 的电流为

$$i(t)=\frac{u_C(t)}{R_2}=[(5\times10^6\times2.667\mathrm{e}^{-5\times10^6t})\varepsilon(t)]/6$$

$$=(2.22\times10^6\mathrm{e}^{-5\times10^6t})\varepsilon(t)$$

9-15 图示电路已知 $i_S=3\delta(t)$，$R_1=1\Omega$，$R_2=1\Omega$，$R_3=2\Omega$，$L=2H$，试求电路的冲激响应 u_L。

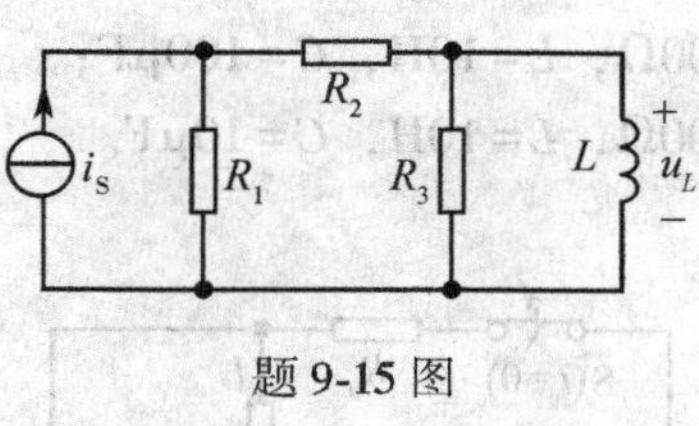

题 9-15 图

解 由三要素法求电路的阶跃响应。当 $i_S=3\varepsilon(t)$ 时，

$$i_L(0_+)=i_L(0_-)=0,\ i_L(\infty)=1.5\text{A},\ \tau=L/R'=2\text{s}$$

故得

$$i_L(t)=(1.5-1.5e^{-0.5t})\varepsilon(t)$$

电容电压为 $u_L=L\dfrac{di_L}{dt}=1.5e^{-0.5t}\varepsilon(t)$。

当 $i_S=3\delta(t)$ 时，由阶跃响应的微分求得冲激响应

$$u_L=-0.75e^{-0.5t}\varepsilon(t)+1.5\delta(t)$$

9-16 如图所示电路，已知 $U_S=100V$，$C_1=4F$，$C_2=1F$，$C_3=3F$，$R=10\Omega$。开关 S 在 $t=0$ 时闭合后，试求电路的零状态响应 u_2、u_3 和电阻 R 吸收的功率。

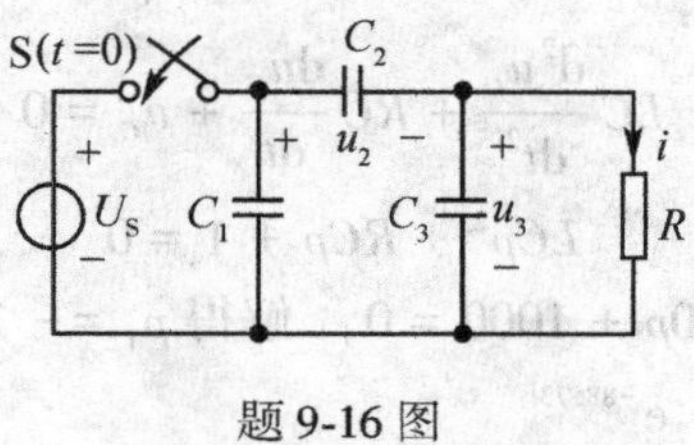

题 9-16 图

解 由三要素法求电路的响应。

$$u_2(0_+)+u_3(0_+)=U_S$$

$$u_2(0_+)=[C_3/(C_2+C_3)]U_S=75V$$

$$u_3(0_+)=[C_2/(C_2+C_3)]U_S=25V$$

$$u_2(\infty)=100V,\ u_3(\infty)=0V,\ \tau=R(C_2+C_3)=40s$$

故得

$$u_2=100+(75-100)e^{-0.025t}=(100-25e^{-0.025t})\varepsilon(t)$$

$$u_3=25e^{-0.025t}\varepsilon(t)$$

$$i=\frac{u_3}{R}=2.5e^{-0.025t}\varepsilon(t)$$

电阻 R 吸收的功率为 $P=i^2R=62.5\mathrm{e}^{-0.05t}\varepsilon(t)$。

9-17　如图所示电路，开关 S 原来是闭合的，电路已处于稳定状态。当 $t=0$ 时开关 S 断开，试求当 $t\geqslant 0$ 时以下两种情况下的 u_C 和 i。

(1) $U_S=100\text{V}$，$R_0=R=1000\Omega$，$L=10\text{H}$，$C=100\mu\text{F}$；

(2) $U_S=100\text{V}$，$R_0=R=1000\Omega$，$L=10\text{H}$，$C=10\mu\text{F}$。

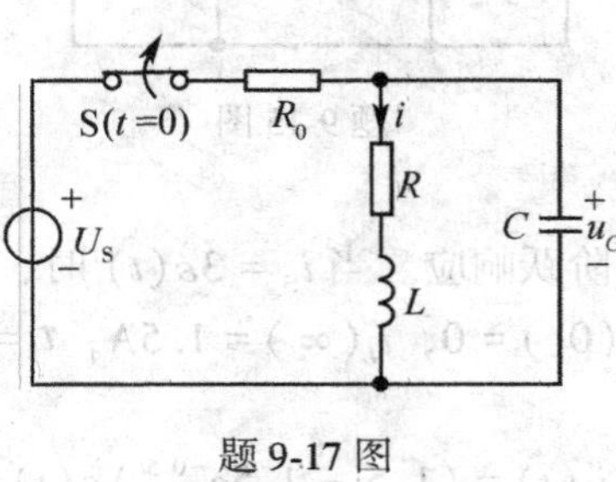

题 9-17 图

解　当 $t<0$ 时：

$$u_C(0_-)=\frac{R}{R+R_0}U_S=50\text{V},\quad i_L(0_-)=\frac{1}{R+R_0}U_S=0.05\text{A}$$

开关 S 断开瞬间，根据换路定则

$$i_L(0_+)=i_L(0_-)=0.05\text{A},\quad u_C(0_+)=u_C(0_-)=50\text{V}$$

当 $t\geqslant 0$ 时，电路转化为 R、L、C 三者串联的二阶电路。要分析电路，则必须列出其微分方程：

$$LC\frac{\mathrm{d}^2u_C}{\mathrm{d}t^2}+RC\frac{\mathrm{d}u_C}{\mathrm{d}t}+u_C=0$$

其特征方程为

$$LCp^2+RCp+1=0$$

(1)将数据代入得 $p^2+100p+1000=0$，解得 $p_1=-11.27$，$p_2=-88.73$。

$$u_C(t)=A_1\mathrm{e}^{-11.27t}+A_2\mathrm{e}^{-88.73t}$$

$$i_L(t)=C\frac{\mathrm{d}u_c}{\mathrm{d}t}=-100\times10^{-6}(-11.27\times A_1\mathrm{e}^{-11.27t}-88.73\times A_2\mathrm{e}^{-88.73t})$$

代入初始条件，可以得出 $A_1=50$，$A_2=-0.82$，那么

$$u_C(t)=50\mathrm{e}^{-11.27t}-0.82A_2\mathrm{e}^{-88.73t}\quad(t\geqslant 0)$$

$$i_C(t)=0.057\mathrm{e}^{-11.27t}-0.0073A_2\mathrm{e}^{-88.73t}\quad(t\geqslant 0)$$

(2)将数据代入得 $p^2+100p+10000=0$，解得 $p_1=-50+j866$，$p_2=-50-j866$。

$$u_C(t)=u_C(0_+)+A\mathrm{e}^{-\delta t}\sin(\omega t+\beta)$$

$$i_L(t)=C\frac{\mathrm{d}u_c}{\mathrm{d}t}=CA\omega\mathrm{e}^{-\delta t}\cos(\omega t+\beta)-A\omega\mathrm{e}^{-\delta t}\sin(\omega t+\beta)$$

代入初始条件，可以得出

$$u_C(t)=57.74\mathrm{e}^{-50t}\sin(866t+60°)\quad(t\geqslant 0)$$

$$i_C(t)=0.058\mathrm{e}^{-50t}\sin(866t) \quad (t \geqslant 0)$$

9-18 图示电路中，已知 $U_S=10\delta(t)\text{V}$，$R=1\Omega$，$L=1\text{H}$，$C=1\text{F}$，试求电路的冲激响应 u_C。

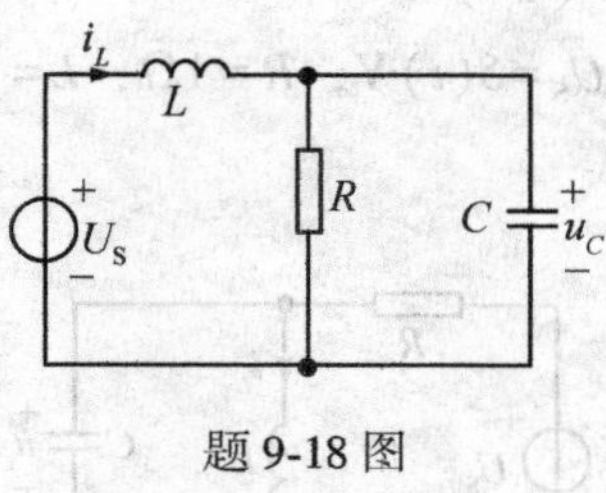

题 9-18 图

解 当 $t<0$ 时，$i_L(0_-)=0\text{A}$，$u_C(0_-)=0\text{V}$。

列写以 u_C 为变量的二阶微分方程。

回路方程
$$10\delta(t)=\frac{\mathrm{d}i_L}{\mathrm{d}t}+u_C \tag{1}$$

对电阻元件
$$u_C=1\times\left(i_L-\frac{\mathrm{d}u_C}{\mathrm{d}t}\right)$$

那么
$$i_L=\frac{\mathrm{d}u_C}{\mathrm{d}t}+u_C \tag{2}$$

结合式(1)(2)可得
$$\frac{\mathrm{d}^2u_C}{\mathrm{d}t^2}+\frac{\mathrm{d}u_C}{\mathrm{d}t}+u_C=10\delta(t) \tag{3}$$

该方程的特征方程为
$$p^2+p+1=0$$

可得其特征根为
$$p_{1,2}=\frac{-1\pm\sqrt{1-4}}{2}=-0.5\pm j\frac{\sqrt{3}}{2}$$

二阶微分方程的解的形式为

$$u_C(t)=A_1\mathrm{e}^{-0.5t}\sin\frac{\sqrt{3}}{2}t+A_2\mathrm{e}^{-0.5t}\cos\frac{\sqrt{3}}{2}t$$

代入初值：$i_L(0_-)=0\text{A}$，$u_C(0_+)=u_C(0_-)=0\text{V}$。

由式(2)得 $i_L(0_-)=\dfrac{\mathrm{d}u_C(0_-)}{\mathrm{d}t}+u_C(0_-)$，可得 $\dfrac{\mathrm{d}u_C(0_-)}{\mathrm{d}t}=0$。

对 $\dfrac{\mathrm{d}^2u_C}{\mathrm{d}t^2}+\dfrac{\mathrm{d}u_C}{\mathrm{d}t}+u_C=10\delta(t)$ 方程两边取 $(0_-,\ 0_+)$ 积分，有

$$\int_0^{0_+}\frac{\mathrm{d}^2u_C}{\mathrm{d}t^2}\mathrm{d}t+\int_0^{0_+}\frac{\mathrm{d}u_C}{\mathrm{d}t}\mathrm{d}t+\int_0^{0_+}u_c\mathrm{d}t=\int_0^{0_+}10\delta(t)\mathrm{d}t$$

可得
$$\frac{\mathrm{d}u_C(0_+)}{\mathrm{d}t}=10$$

利用初值 $u_C(0_+)=0\text{V}$ 和 $\dfrac{\mathrm{d}u_C(0_+)}{\mathrm{d}t}=10$ 确定待定系数 A_1 和 A_2，解得：

$$A_1 = \frac{20}{\sqrt{3}},\ A_2 = 0$$

$$u_C(t) = \frac{20}{\sqrt{3}} e^{-0.5t} \sin\left(\frac{\sqrt{3}}{2}t\right) \varepsilon(t) = 11.15 e^{-0.5t} \sin(0.866t) \varepsilon(t)$$

9-19　在图示电路中，已知 $U_S = \delta(t)$ V，$R = 1\Omega$，$L = 1$H，$C = 1$F，试求电路的冲激响应 u_C、i_L。

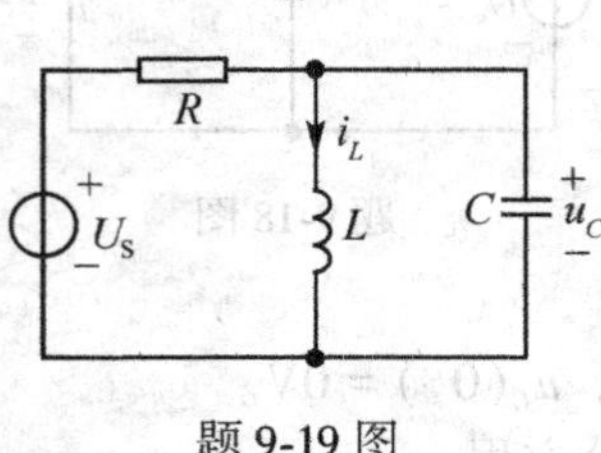

题 9-19 图

解　以 i_L 为变量列方程得

$$-U_S + R\left(i_L + C\frac{du_C}{dt}\right) + u_C = 0 \tag{1}$$

对电感元件 $$u_C = \frac{di_L}{dt} \tag{2}$$

结合(1)(2)可得 $$\frac{d^2 i_L}{dt^2} + \frac{di_L}{dt} + i_L = U_S = \delta(t)$$

该方程的特征方程为 $$p^2 + p + 1 = 0$$

可得其特征根为 $$p_{1,2} = \frac{-1 \pm \sqrt{1-4}}{2} = -0.5 \pm j\frac{\sqrt{3}}{2}$$

二阶微分方程的解的形式为

$$i_L(t) = A_1 e^{-0.5} \sin\frac{\sqrt{3}}{2}t + A_2 e^{-0.5} \cos\frac{\sqrt{3}}{2}t$$

代入初值：$i_L(0_+) = i_L(0_-) = 0$A，$u_C(0_-) = 0$V

由式(2)得 $$\frac{di_L(0_-)}{dt} = u_C(0_-) = 0$$

对 $\frac{d^2 i_L}{dt^2} + \frac{di_L}{dt} + i_L = \delta(t)$ 方程两边取 $(0_-,\ 0_+)$ 积分，有

$$\int_{0_-}^{0_+} \frac{d^2 i_L}{dt^2} dt + \int_{0_-}^{0_+} \frac{di_L}{dt} dt + \int_{0_-}^{0_+} i_L dt = \int_{0_-}^{0_+} 10\delta(t) dt$$

可得 $$\frac{di_L(0_+)}{dt} = 1$$

利用初值 $i_L(0_+) = 0$V 和 $\frac{di_L(0_+)}{dt} = 10$ 确定待定系数 A_1 和 A_2，解得：

$$A_1 = \frac{2}{\sqrt{3}},\ A_2 = 0$$

$$i_L(t) = \frac{2}{\sqrt{3}}e^{-0.5t}\sin\left(\frac{\sqrt{3}}{2}t\right)\varepsilon(t) = 1.115e^{-0.5t}\sin(0.866t)\varepsilon(t)$$

$$u_C = \frac{di_L}{dt} = 1.115e^{-0.5t}\sin(0.866t + 120°)\varepsilon(t)$$

9-20 如图所示 R、C 并联电路，已知电流源 $i_S = 2e^{-2t}\varepsilon(t)\mu A$，$R = 500k\Omega$，$C = 1\mu F$，电容原来没有电压。试求电路的零状态响应 u_C、i。

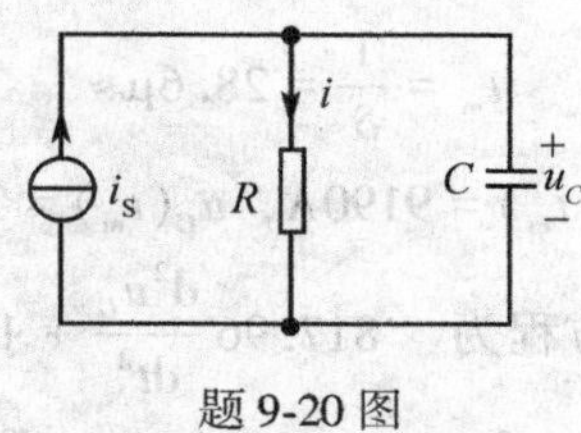

题 9-20 图

解 $u_C(0_+) = u_C(0_-) = 0$，$u_C(\infty) = i_S R = e^{-2t}V$，$\tau = RC = 0.5s$

由三要素法求电路的响应。

$$u_C(t) = u_C(\infty) + [u_C(0_+) - u_C(\infty)|_{t=0}]e^{-\frac{t}{\tau}} = 2(e^{-t} - e^{-2t})\varepsilon(t)$$

$$i_C(t) = C\frac{du_C(t)}{dt} = 0.004(e^{-t} - e^{-2t})\varepsilon(t)$$

9-21 在图示电路中，已知电容电压初值 $U_0 = 50kV$，$C = 14.3\mu F$，$L = 57.2\mu H$，开关 S 在 $t = 0$ 时闭合后，电容对电感和电阻放电。

(1)当 $R = 4\Omega$ 时，试求电路的零输入响应 u_C、i；电流出现最大值的时刻 t_m 以及最大电流 i_{max}。

(2)当 $R = 10\Omega$ 时，试求电路的零输入响应 u_C、i；电流出现最大值的时刻 t_m 以及最大电流 i_{max}。

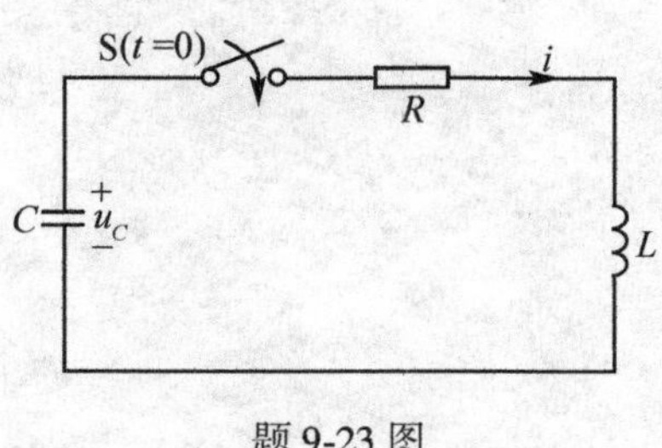

题 9-23 图

解　开关闭合后，列回路方程得　$LC\dfrac{\mathrm{d}^2u_C}{\mathrm{d}t^2}+RC\dfrac{\mathrm{d}u_C}{\mathrm{d}t}+u_C=0$

(1)当 $R=4\Omega$ 时，原二阶方程为　$817.96\dfrac{\mathrm{d}^2u_C}{\mathrm{d}t^2}+57.2\times10^6\dfrac{\mathrm{d}u_C}{\mathrm{d}t}+10^{12}u_C=0$

该方程的特征方程为　$817.96p^2+57.2\times10^6p+10^{12}=0$

可得其特征根为 $p_{1,2}=-35000=-\delta$。

$$u_C(t)=U_0(1+\delta t)\mathrm{e}^{-\delta t}=50000(1+35000t)\mathrm{e}^{-35000t}$$

$$i_C(t)=C\frac{\mathrm{d}u_C(t)}{\mathrm{d}t}=874t\mathrm{e}^{-35000t}$$

$$t_{\mathrm{m}}=\frac{1}{\delta}=28.6\mu\mathrm{s}$$

$$i_{\max}=i_C(t_{\mathrm{m}})=9190\mathrm{A},\ u_C(t_{\mathrm{m}})=36770\mathrm{V}$$

(2)当 $R=10\Omega$ 时，原二阶方程为　$817.96\dfrac{\mathrm{d}^2u_C}{\mathrm{d}t^2}+143\times10^6\dfrac{\mathrm{d}u_C}{\mathrm{d}t}+10^{12}u_C=0$

该方程的特征方程为　$817.96p^2+143\times10^6p+10^{12}=0$

可得其特征根为　$p_1=-7297,\ p_2=-167500$

此时，电路处于振荡充电过程。

$$u_C(t)=U_0-\frac{U_0}{p_2-p_1}(p_2\mathrm{e}^{-p_1t}-p_1\mathrm{e}^{-p_2t})=52880\mathrm{e}^{-7297t}-2278\mathrm{e}^{-167500r}$$

$$i_C(t)=C\frac{\mathrm{d}u_C(t)}{\mathrm{d}t}=5460(\mathrm{e}^{-9297t}-\mathrm{e}^{-167500t})$$

$$t_{\mathrm{m}}=\frac{\mathrm{In}(p_2/p_1)}{p_1-p_2}=19.5\mu\mathrm{s},\ i_{\max}=i_C(t_{\mathrm{m}})=4529\mathrm{A},\ u_C(t_{\mathrm{m}})=45270\mathrm{V}$$

第 10 章　拉普拉斯变换及网络函数

10.1　学习指导

一、学习要求

(1) 了解拉普拉斯变换的定义，会用拉普拉斯变换基本性质求象函数。

(2) 掌握求拉普拉斯反变换的部分分式展开法，基尔霍夫定律的运算形式、运算阻抗和运算导纳、运算电路的画法。

(3) 掌握应用拉普拉斯变换分析线性电路的方法和步骤。

二、教学重点与难点

重点：拉普拉斯反变换部分分式展开；基尔霍夫定律的运算形式、运算阻抗和运算导纳、运算电路；应用拉普拉斯变换分析线性电路的方法和步骤。

难点：拉普拉斯反变换的部分分式展开法；电路分析方法及定理在拉普拉斯变换中的应用。

10.2　主要内容

一、拉普拉斯变换的定义

1. 拉普拉斯变换法

拉普拉斯变换法是一种数学积分变换，其核心是把时间函数 $f(t)$ 与复变函数 $F(s)$ 联系起来，把时域问题通过数学变换为复频域问题，把时间域的高阶微分方程变换为复频域的代数方程，在求出待求的复变函数后，再作相反的变换得到待求的时间函数。由于解复变函数的代数方程比解时域微分方程较有规律且有效，所以拉普拉斯变换在线性电路分析中得到广泛应用。

2. 拉普拉斯变换的定义

一个定义在 $[0, +\infty]$ 区间的函数 $f(t)$，它的拉普拉斯变换式 $F(s)$ 定义为

$$F(s) = L[f(t)] = \int_0^{+\infty} f(t)\mathrm{e}^{-st}\mathrm{d}t$$

式中，$s=\sigma+j\omega$ 为复数，被称为复频率；$F(s)$ 为 $f(t)$ 的象函数，$f(t)$ 为 $F(s)$ 的原函数。

由 $F(s)$ 到 $f(t)$ 的变换称为拉普拉斯反变换，它定义为

$$f(t)=L^{-1}[F(s)]=\frac{1}{2\pi j}\int_{c-j\omega}^{c+j\omega}F(s)\mathrm{e}^{st}\mathrm{d}s$$

式中，c 为正的有限常数。

注意：

(1)定义中拉氏变换的积分从 $t=0_-$ 开始，即

$$F(S)=\int_{0^-}^{+\infty}f(t)\mathrm{e}^{-st}\mathrm{d}t=\int_{0^-}^{0^+}f(t)\mathrm{e}^{-st}\mathrm{d}t+\int_{0^+}^{+\infty}f(t)\mathrm{e}^{-st}\mathrm{d}t$$

它计及 $t=0^-\sim0^+$，$f(t)$ 包含的冲激和电路动态变量的初始值，从而为电路的计算带来方便。

(2)象函数 $F(s)$ 一般用大写字母表示，如 $I(s)$、$U(s)$，原函数 $f(t)$ 用小写字母表示，如 $i(t)$、$u(t)$。

(3)象函数 $F(s)$ 存在的条件：

$$\int_{0^-}^{\infty}\left|f(t)\mathrm{e}^{-st}\right|\mathrm{d}t<\infty$$

3. 典型函数的拉氏变换

(1)单位阶跃函数的象函数：

$$f(t)=\varepsilon(t)$$

$$F(s)=L[\varepsilon(t)]=\int_{0^-}^{\infty}\varepsilon(t)\mathrm{e}^{-st}\mathrm{d}t=\int_{0^+}^{\infty}\mathrm{e}^{-st}\mathrm{d}t=-\frac{1}{s}\mathrm{e}^{-st}\bigg|_0^{\infty}=\frac{1}{s}$$

(2)单位冲激函数的象函数：

$$f(t)=\varepsilon(t)$$

$$F(s)=L[\delta(t)]=\int_{0^-}^{\infty}\delta(t)\mathrm{e}^{-st}\mathrm{d}t=\int_{0^-}^{0^+}\delta(t)\mathrm{e}^{-st}\mathrm{d}t=1$$

(3)指数函数的象函数：

$$f(t)=\mathrm{e}^{\pm\alpha t}$$

$$F(s)=L[f(t)]=\int_{0-}^{+\infty}\mathrm{e}^{\pm\alpha t}\mathrm{e}^{-st}\mathrm{d}t=\frac{1}{s+\alpha}$$

二、拉普拉斯变换的性质

线性性质：

$$L[af_1(t)+bf_2(t)]=aL[f_1(t)]+b[f_2(t)]$$

$$L^{-1}[af_1(t)+bf_2(t)]=aL^{-1}[f_1(t)]+bL^{-1}[f_2(t)]$$

$$L[f'(t)]=sF(s)-f(0)$$

微分性质：

$$L[f^{(n)}(t)]=s^nF(s)-[s^{n-1}f(0)+s^{n-2}f(0)+\cdots+f^{n-1}(0)]$$

积分性质：

$$L\left[\int f(t)\mathrm{d}t\right]=\frac{1}{s}L[f(t)]$$
$$=\frac{1}{S}F(s)$$

三、拉普拉斯反变换的部分分式展开

1. 拉普拉斯反变换法

用拉氏变换求解线性电路的时域响应时，需要把求得的响应的拉氏变换式反变换为时间函数。由象函数求原函数的方法有如下几种：

(1)利用公式

$$f(t)=\frac{1}{2\pi j}\int_{c-j\infty}^{c+j\varphi}F(s)\mathrm{e}^{st}\mathrm{d}s$$

(2)对简单形式的 $F(s)$ 可以查拉氏变换表得原函数

(3)把 $F(s)$ 分解为简单项的组合，也称部分分式展开法。

$$F(s)=F_1(s)+F_2(s)+\cdots+F_n(s)$$

则

$$f(t)=f_1(t)+f_2(t)+\cdots+f_n(t)$$

2. 部分分式展开法

用部分分式法求拉氏反变换(海维赛德展开定理)，即将 $F(s)$ 展开成部分分式，成为可在拉氏变换表中查到的 s 的简单函数，然后通过反查拉氏变换表求取原函数 $f(t)$。

设 $F(s)=F_1(s)/F_2(s)$，$F_1(s)$ 的阶次不高于 $F_2(s)$ 的阶次；否则，用 $F_2(s)$ 除 $F_1(s)$，以得到一个 s 的多项式与一个余式(真分式)之和。部分分式为真分式时，需对为分母多项式作因式分解，求出 $F_2(s)=0$ 的根。

设象函数的一般形式：

$$F(s)=\frac{F_1(s)}{F_2(s)}=\frac{a_0s^m+a_1s^{m-1}+\cdots+a_m}{b_0s^n+b_1s^{n-1}+\cdots+b_n}(n\geqslant m)$$

即 $F(s)$ 为真分式。下面讨论 $F_2(s)=0$ 的根的情况。

(1)若 $F_2(s)=0$ 有 n 个不同的单根 p_1，p_2，…，p_n。利用部分分式可将 $F(s)$ 分解为

$$F(s)=\frac{F_1(s)}{(s-p_1)(s-p_2)\cdots(s-p_n)}=\frac{a_1}{s-p_1}+\frac{a_2}{s-p_2}+\cdots+\frac{a_n}{s-p_n}$$

待定常数的确定：

方法一：按 $a_i=[(s-p_i)F(s)]_{s-p}(i=1, 2, 3, \cdots, n)$ 来确定。

方法二：用求极限方法确定 a_i 的值，即

$$a_i=\lim_{s\to pi}\frac{(s-p_i)F_1(s)}{F_2(s)}=\lim_{s\to pi}\frac{(s-p_i)F'_1(s)+F_1(s)}{F'_2(s)}=\frac{F_1(p_i)}{F'_1(p_i)}$$

得原函数的一般形式为

$$f(t)=\frac{F_1(p_1)}{F'_2(p_1)}\mathrm{e}^{p_1t}+\frac{F_1(p_2)}{F'_2(p_2)}\mathrm{e}^{p_2t}+\cdots+\frac{F_1(p_n)}{F'_2(p_n)}\mathrm{e}^{p_nt}$$

(2)若 $F_2(s)=0$ 有共轭复根 $p_1=\alpha+j\omega$ 和 $p_1=\alpha-j\omega$，可将 $F(s)$ 分解为

$$F(s)=\frac{F_1(s)}{(s-p_1)(s-p_2)(s-p_3)\cdots(s-p_n)}=\frac{a_1}{s-p_1}+\frac{a_2}{s-p_2}+\frac{a_3}{s-p_3}+\cdots+\frac{a_n}{s-p_n}$$

则

$$a_1=[(s-\alpha-j\omega)F(s)]_{s=\alpha+j\omega},\quad a_2=[(s-\alpha+j\omega)F(s)]_{s=\alpha-j\omega}$$

因为 $F(s)$ 为实系数多项式之比，故 α_1 和 α_2 为共轭复数。设 $\alpha_1=|K_1|\mathrm{e}^{j\theta}$，$\alpha_2=|K_1|\mathrm{e}^{-j\theta}f(t)=\alpha_1\mathrm{e}^{(\alpha+j\omega)t}+\alpha_2\mathrm{e}^{(\alpha-j\omega)t}=2|K_1|\mathrm{e}^{\alpha t}\cos(\omega t+\theta)$

(3) $F_2(s)=0$ 具有重根时，因含有 $(s-p_1)^r$ 的因式，故

$$F(s)=\frac{F_1(s)}{(s-p_1)^r(s-p_{r+1})\cdots(s-p_n)}$$

$$=\frac{b_r}{(s-p_1)^r}+\frac{b_{r-1}}{(s-p_1)^{r-1}}+\cdots+\frac{b_1}{s-p_1}+\frac{a_{r+1}}{s-p_{r+1}}+\frac{a_{r+2}}{s-p_{r+2}}+\cdots+\frac{a_n}{s-p_n}$$

则

$$b_r=[(s-p_1)^rF(s)]_{s-p_1}$$

$$b_{r-1}=\frac{\mathrm{d}}{\mathrm{d}s}[(s-p_1)^rF(s)]_{s-p_1}$$

……

$$b_1=\frac{1}{(r-1)!}\frac{\mathrm{d}^{r-1}}{\mathrm{d}s^{r-1}}[(s-p_1)^rF(s)]_{s-p_1}$$

总结得出由 $F(s)$ 求 $f(t)$ 的步骤如下：

(1)当 $n=m$ 时，将 $F(s)$ 化成真分式和多项式之和；

(2)求真分式分母的根，确定分解单元；

(3)将真分式展开成部分分式，求各部分分式的系数；

(4)对每个部分分式和多项式逐项求拉氏反变换。

四、运算电路

应用拉普拉斯变换求解线性电路的方法称为运算法。运算法的思想是：首先找出电压、电流的象函数表示式，然后找出 R、L、C 单个元件的电压电流关系的象函数表示式，以及基尔霍夫定律的象函数表示式，得到用象函数和运算阻抗表示的运算电路图，列出复频域的代数方程，最后求解出电路变量的象函数形式，通过拉普拉斯反变换，得到所求电路变量的时域形式。显然，运算法与相量法的基本思想类似，因此，用相量法分析计算正弦稳态电路的那些方法和定理在形式上均可用于运算法。

1. 电路定律的运算形式

基尔霍夫定律的时域表示：

$$\sum i(t)=0,\quad \sum u(t)=0$$

把时间函数变换为对应的象函数：

$$u(t)\rightarrow U(s),\quad i(t)\rightarrow I(s)$$

得基尔霍夫定律的运算形式：

$$\sum I(s)=0,\quad \sum U(s)=0$$

2. 电路元件的运算形式

根据元件电压、电流的时域关系，可以推导出各元件电压电流关系的运算形式。

1）电阻 R 的运算形式

图 10-1(a)所示电阻元件的电压电流关系为 $u=Ri$，两边取拉普拉斯变换，得电阻元件 VCR 的运算形式：

$$U(s)=RI(s) \quad \text{或} \quad I(s)=RU(s)$$

根据上式得电阻 R 的运算电路如图 10-1(b)所示。

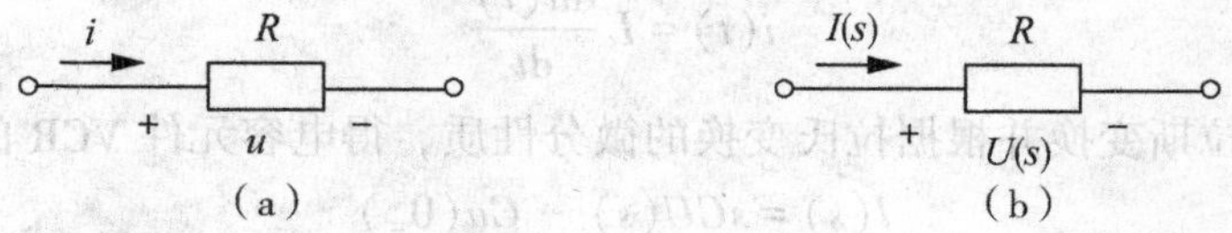

图 10-1

2）电感 L 的运算形式

图 10-2(a)所示电感元件的电压电流关系为

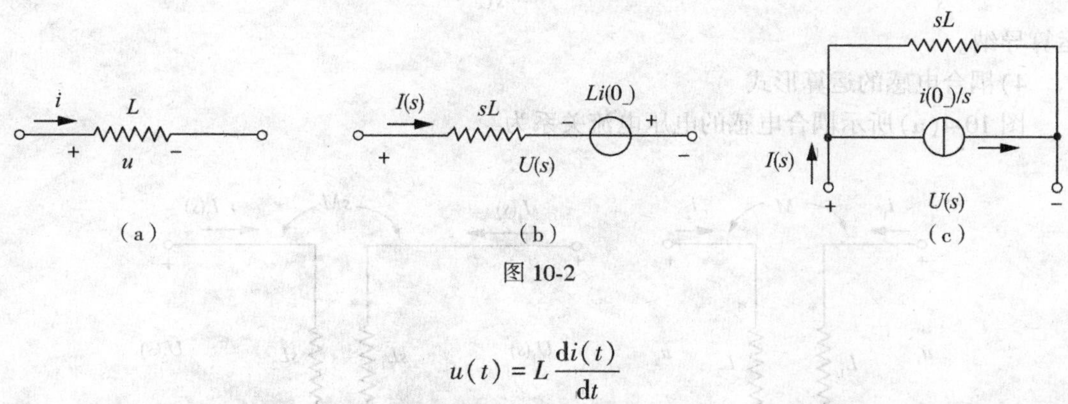

图 10-2

$$u(t)=L\frac{\mathrm{d}i(t)}{\mathrm{d}t}$$

两边取拉普拉斯变换并根据拉氏变换的微分性质，得电感元件 VCR 的运算形式：

$$U(s)=LsI(s)-Li(0_-)$$

或
$$I(s)=\frac{U(s)}{sL}+\frac{i(0_-)}{s}$$

根据上式得电感 L 的运算电路如图 10-2(b)(c)所示。图中 $Li(0_-)$ 表示附加电压源的电压，$\frac{i(0_-)}{s}$ 表示附加电流源的电流。

$Z(s)=sL$，$Y(s)=\frac{1}{sL}$ 分别为电感的运算阻抗和运算导纳。

3）电容 C 的运算形式

图 10-3(a)所示电容元件的电压电流关系为

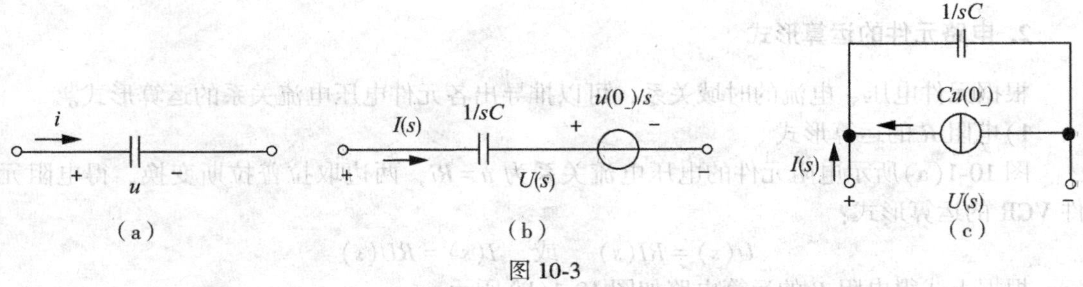

图 10-3

$$i(t) = L\frac{\mathrm{d}u(t)}{\mathrm{d}t}$$

两边取拉普拉斯变换并根据拉氏变换的微分性质，得电容元件 VCR 的运算形式：

$$I(s) = sCU(s) - Cu(0_-)$$

或
$$U(s) = \frac{1}{sC}I(s) + \frac{u(0_-)}{s}$$

根据上式得电容 C 的运算电路如图 10-3(b)(c)所示。图中 $Cu(0_-)$ 表示附加电流源的电流，$\frac{u(0_-)}{s}$ 表示附加电压源的电压。$Z(s) = \frac{1}{sC}$，$Y(s) = sC$，分别为电容的运算阻抗和运算导纳。

4)耦合电感的运算形式

图 10-4(a)所示耦合电感的电压电流关系为

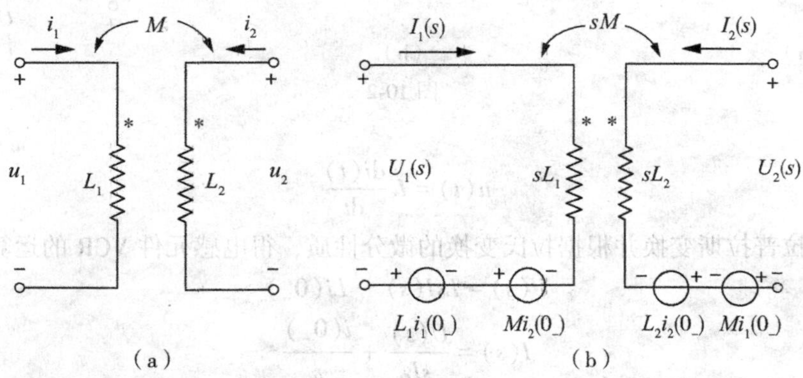

图 10-4

$$u_1 = L_1\frac{\mathrm{d}i_1}{\mathrm{d}t} + M\frac{\mathrm{d}i_2}{\mathrm{d}t} \quad u_2 = L_2\frac{\mathrm{d}i_2}{\mathrm{d}t} + M\frac{\mathrm{d}i_1}{\mathrm{d}t}$$

两边取拉普拉斯变换，得耦合电感 VCR 的运算形式：

$$U_1(s) = sL_1I_1(s) - L_1i_1(0_-) + sMI_2(s) - Mi_2(0_-)$$
$$U_2(s) = sL_2I_2(s) - L_2i_2(0_-) + sMI_1(s) - M_1(0_-)$$

根据上式得耦合电感的运算电路如图 10-4(b)所示。图中 $Mi_1(0_-)$ 和 $Mi_2(0_-)$ 都是附加电压源。$Z_M(s)=sM$，$Y_M(s)=\frac{1}{s}M$，分别为互感运算阻抗和互感运算导纳。

5)受控源的运算形式

图 10-5(a)所示 VCVS 的电压电流关系为

$$u_1 = i_1 R,\ u_2 = \mu u_1$$

两边取拉普拉斯变换，得运算形式为

$$U_1(s) = I_1(s)R,\ U_2(s) = \mu U_1(s)$$

根据上式得 VCVS 的运算电路如图 10-5(b)所示。

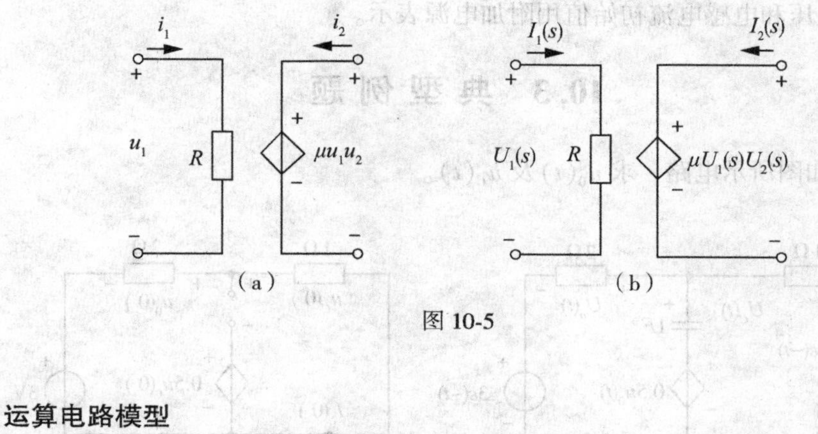

图 10-5

3. 运算电路模型

图 10-6 所示为 RLC 串联电路，设电容电压的初值为 $u_C(0_-)$，电感电流的初值为 $i_L(0_-)$，其时域方程为

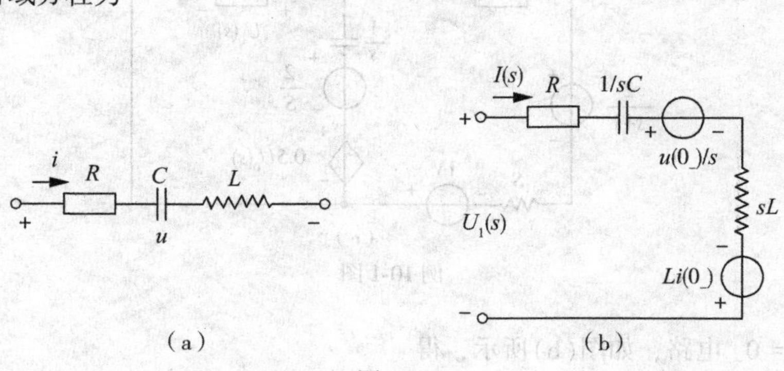

图 10-6

$$u = iR + L\frac{\mathrm{d}i}{\mathrm{d}t} + \frac{1}{C}\int_{0_-}^{t} i_C \mathrm{d}t$$

取拉普拉斯变换，得运算方程

$$U(s) = I(s)R + sLI(s) - Li(0_-) + \frac{1}{sC}I(s) + \frac{u_C(0_-)}{s}$$

或写为

$$\left(R+sL+\frac{1}{sC}\right)I(s)=Z(s)I(s)=U(s)+Li(0_-)-\frac{u_C(0_-)}{s}$$

即
$$U(s)=Z(s)I(s)$$

上式称运算形式的欧姆定律，式中，

$$Z(s)=\frac{1}{Y(s)}=R+sL+\frac{1}{sC}$$

称为运算阻抗。根据上式得图 10-6(b)所示的运算电路。因此，运算电路实际是：

(1)电压、电流用象函数形式；

(2)元件用运算阻抗或运算导纳表示；

(3)电容电压和电感电流初始值用附加电源表示。

10.3 典型例题

例 10-1 如图所示电路，求 $u_0(t)$ 及 $u_C(t)$。

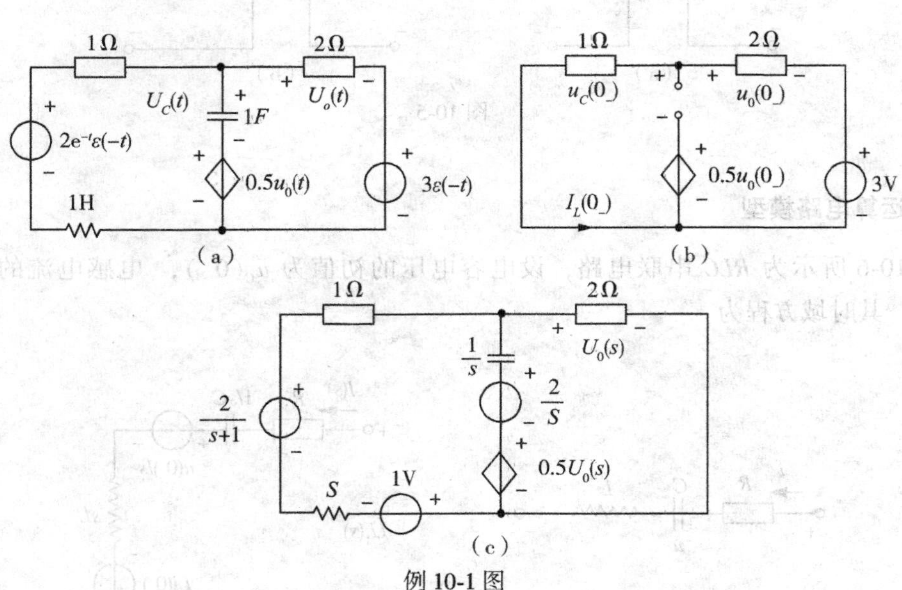

例 10-1 图

解 作 $t=0_-$ 电路，如图(b)所示，得

$$i_L(0_-)=\frac{3}{1+2}=1(\text{A})$$

$$u_C(0_-)=-0.5u_0(0_-)+1=2\text{V}$$

$t>0$ 时，运算电路模型如图(c)所示。由节点电压法：

$$\left(\frac{1}{s+1}+\frac{1}{2}+s\right)U_0(s)=\frac{\frac{2}{s+1}-1}{s+1}+s\left[\frac{2}{s}+0.5U_0(s)\right]$$

$$\left[\frac{1}{s+1}+\frac{1}{2}+\frac{1}{2}s\right]U_0(s)=\frac{2s^2+3s+3}{(s+1)^2}$$

$$U_0(s)=\frac{2(2s^2+3s+3)}{(s+1)[(s+1)^2+(\sqrt{2})^2]}=\frac{k_1}{s+1}+\frac{k_2}{s+1-j\sqrt{2}}+\frac{k_3}{s+1+j\sqrt{2}}$$

$$k_1=\left.\frac{2(2s^2+3s+3)}{(s+1)^2+2}\right|_{s=-1}=2$$

即
$$k_2=\left.\frac{2[2(1+j\sqrt{2})^2 3+j3\sqrt{2}+3]}{(1+j\sqrt{2}+1)(1+j\sqrt{2}+1+j\sqrt{2})}\right|_s=-1+j\sqrt{2}=\frac{4+j2\sqrt{2}}{4}=\frac{\sqrt{6}}{2}\angle 35.3°$$

$$k_3=\frac{\sqrt{6}}{2}\angle -35.3°$$

$$u_0(t)=-2\cdot\varepsilon(-t)+[2e^{-t}+\sqrt{6}e^{-t}\cos(\sqrt{2}t+35.3°)]\cdot\varepsilon(t)$$

$$u_C(t)=u_0(t)-0.5u_0(t)=0.5u_0(t)$$

$$=2\cdot\varepsilon(-t)+\left[e^{-t}+\frac{\sqrt{6}}{2}e^{-t}\cos(\sqrt{2}t+35.3°)\right]\cdot\varepsilon(t)$$

注意：$\varepsilon(t)$ 及 $\varepsilon(-t)$ 的作用相当于开关动作。

例 10-2 在图所示电路中，电源电压 $u_s(t)=\delta(t)+\delta(t-1)$，求当 $t\geqslant 0$ 时的电流 $i_L(t)$。

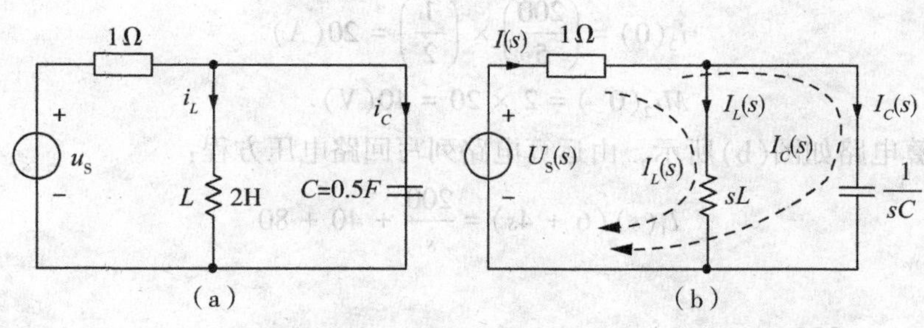

例 10-2 图

解 $t<0$ 时，L，C 上无储能。所以，电路在 $t>0$ 时的运算电路如图(b)所示。

由回路法：

$$(R+sL)I_L(s)+RI_c(s)=U_S(s)$$

$$RI_L(s)+\left(R+\frac{1}{sC}\right)I_C(s)=U_S(s)$$

$$I_L(s)=\frac{\begin{vmatrix}U_S(s) & R\\ U_S(s) & R+\frac{1}{sC}\end{vmatrix}}{\begin{vmatrix}R+sL & R\\ R & R+\frac{1}{sC}\end{vmatrix}}=\frac{\frac{1}{sC}U_S(s)}{(R+sL)\left(R+\frac{1}{sC}\right)R^2}=\frac{U_S(s)}{RLC^2+Ls+R}=\frac{1+e^{-s}}{(s+1)^2}$$

$$i_L(t) = te^{-t} \cdot \varepsilon(t) + (t-1)e^{(t1)} \cdot \varepsilon(t-1)$$

此题也可以用叠加法，先求出在 $u'_S(t)=\delta(t)$ 作用下的 $i'_L(t)$，然后通过时间延迟再得到在 $u''_S(t)=\delta(t-1)$ 作用下的 $i'_L(t-1)$。

例 10-3　图示电路原处于稳定状态，$M=2\text{H}$，$L_1=4\text{H}$，$L_2=4\text{H}$，$R=4\Omega$，$R_1=2\Omega$，$R_2=2\Omega$，$U_S=200\text{V}$。$t=0$ 时，开关 S 断开。求当 $t\geqslant 0$ 时的电流 i_1 和开关电压 u。

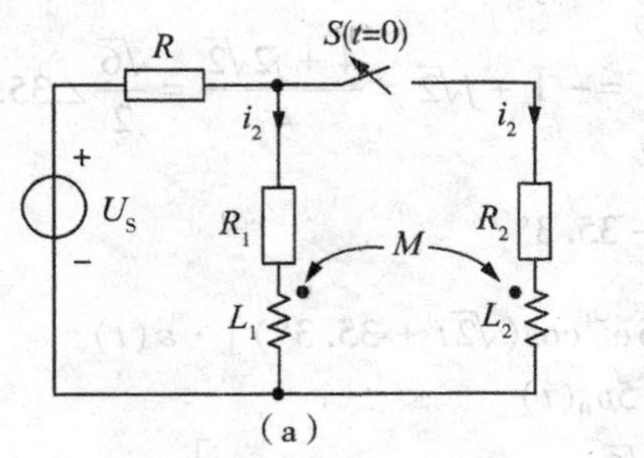

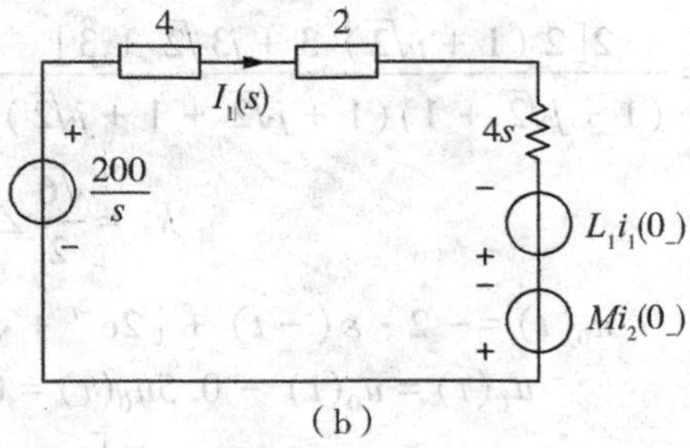

例 10-3 图

解

$$i_1(0_-) = \left(\frac{200}{5}\right) \times \left(\frac{1}{2}\right) = 20(\text{A})$$

$$L_1 i_1(0_-) = 4 \times 20 = 80(\text{V})$$

$$i_2(0) = \left(\frac{200}{5}\right) \times \left(\frac{1}{2}\right) = 20(\text{A})$$

$$Mi_2(0_-) = 2 \times 20 = 40(\text{V})$$

画出运算电路如图(b)所示，由运算电路列写回路电压方程：

$$I_1(s)(6+4s) = \frac{200}{s} + 40 + 80$$

解得

$$I_1(s) = \frac{\dfrac{200}{s} + 40 + 80}{6+4s} = \frac{30s+50}{s(s+1.5)} = \frac{k_1}{s} + \frac{k_2}{s+1.5} = \frac{33.33}{s} + \frac{3.33}{s+1.5}$$

反变换求得

$$i_1 = 33.3 - 3.33e^{-1.5}$$

10.4　习题精解

10-1　求下列原函数的象函数：

(1) $3t^2+5t-4$；　(2) $\varepsilon(t)+\varepsilon(t-1)$；

(3) $te^{-\alpha t}$；　(4) $e^{-\alpha t}\sin\omega t$；

(5) $\sin(\omega t+\theta)$；　(6) $\cos^2\omega t$。

解　(1) $f(t)=3t^2+5t-4$，$F(s)=\dfrac{6}{s^3}+\dfrac{5}{s^2}-\dfrac{4}{s}$

(2) $f(t)=\varepsilon(t)+\varepsilon(t-1)$, $F(s)=\dfrac{1}{s}+\dfrac{e^{-s}}{s}$

(3) $f(t)=te^{-\alpha t}$, $F(s)=\dfrac{1}{(s+\alpha)^2}$

(4) $f(t)=e^{-\alpha t}\sin\omega t$, $F(s)=\dfrac{\omega}{(s+\alpha)^2+\omega^2}$

(5) $f(t)=\sin(\omega t+\theta)$, $F(s)=\dfrac{s\sin\theta+\omega\cos}{s^2+\omega^2}$

(6) $f(t)=\cos^2\omega t=\dfrac{1+\cos2\omega t}{2}$, $F(s)=\dfrac{1}{2}\left(\dfrac{1}{s}+\dfrac{s}{s^2+4\omega^2}\right)$

10-2 求下列象函数的原函数：

(1) $\dfrac{3s+1}{2s^2+6s+4}$; (2) $\dfrac{s^2+6s+8}{s^2+4s+3}$;

(3) $\dfrac{1}{(s+1)(s+2)^2}$; (4) $\dfrac{s+3}{(s+1)(s^2+2s+5)}$;

(5) $\dfrac{2s+1}{s(s+2)(s+5)}$; (6) $\dfrac{s}{s^2+2s+5}$。

解 (1) $F(s)=\dfrac{3s+1}{2s^2+6s+4}=\dfrac{1}{2}\left(\dfrac{3}{s+2}-\dfrac{1.5}{s+1}\right)$

$$f(t)=1.5e^{-2t}+0.75e^{-t}$$

(2) $F(s)=\dfrac{s^2+6s+8}{s^2+4s+3}=1+\dfrac{2s+5}{s^2+4s+3}=1+\dfrac{0.5}{s+3}+\dfrac{1.5}{s+1}$

$$f(t)=\delta(t)+1.5e^{-t}+0.5e^{-3t}$$

(3) $F(s)=\dfrac{1}{(s+1)(s+2)^2}=\dfrac{1}{(s+1)}+\dfrac{-1}{(s+2)}+\dfrac{-1}{(s+2)^2}$

$$f(t)=e^{-t}-(t+1)e^{-2t}$$

(4) $F(s)=\dfrac{s+3}{(s+1)(s^2+2s+5)}=\dfrac{a}{(s+1)}+\dfrac{b}{(s+1)+j2}+\dfrac{c}{(s+1)-j2}$

$$a=(s+1)F(s)\big|_{s=-1}=\frac{s+3}{(s^2+2s+5)}\bigg|_{s=-1}=0.5$$

$$b=[(s+1)+j2]F(s)\big|_{s=-1-j2}=\frac{1-j}{4}=-\frac{\sqrt{2}}{4}\angle-45^\circ$$

$$c=[(s+1)-j2]F(s)\big|_{s=-1+j2}=\frac{1+j}{4}=\frac{\sqrt{2}}{4}\angle45^\circ$$

$$F(s)=\frac{s+3}{(s+1)(s^2+2s+5)}=\frac{0.5}{s+1}-\frac{0.25-j0\cdot25}{(s+1)+j2}-\frac{0.25+j0.25}{(s+1)-j2}$$

$$=\frac{0.5}{s+1}-\frac{0.5(s+1)}{(s+1)^2+2^2}-\frac{0.5\times2}{(s+1)^2+2^2}$$

$$f(t)=0.5\mathrm{e}^{-t}-0.5\mathrm{e}^{-t}(\cos 2t+\sin 2t)=0.5\mathrm{e}^{-t}-0.707\mathrm{e}^{-t}\cos(2t+45°)$$

(5) $F(s)=\dfrac{2s+1}{s(s+2)(s+5)}=\dfrac{0.1}{s}+\dfrac{0.5}{s+2}+\dfrac{-0.6}{s+5}$

$$f(t)=0.1+0.5\mathrm{e}^{-2t}-0.6\mathrm{e}^{-st}$$

(6) $F(s)=\dfrac{s}{s^2+2s+5}=\dfrac{s+1-1}{(s+1)^2+4}=\dfrac{s+1}{(s+1)^2+2^2}-\dfrac{2\times 0.5}{(s+1)^2+2^2}$

$$f(t)=\mathrm{e}^{-t}(\cos 2t-0.5\sin 2t)=\frac{\sqrt{5}}{2}\mathrm{e}^{-t}\cos(2t+26.57°)=1.18\mathrm{e}^{-t}\cos(2t+26.57°)$$

10-3 如图(a)所示，电路原已处于稳定状态。已知 $U_S=20\text{V}$，$R_1=R_2=5\Omega$，$L=2\text{H}$，$C=1\text{F}$。试画出它的复频域等效电路。

解 如图(a)所示，在开关闭合前，电路已达到稳定状态，则电感和电容没有储能。$u_C(0_-)=0\text{V}$，$i_L(0_-)=0\text{A}$ 对应的复频域等效电路如图(b)所示。其中该参数数据为

$$\frac{U_S}{s}=\frac{20}{s},\ sL=2s,\ \frac{1}{sC}=\frac{1}{1s}=\frac{1}{s},\ R_1=R_2=5$$

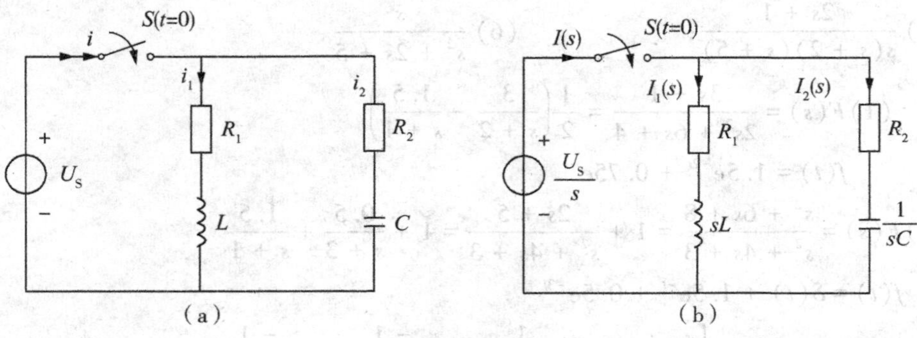

题 10-3 图

10-4 如图(a)所示，电路原已处于稳定状态。已知 $I_S=5\text{A}$，$R_1=10\Omega$，$R_2=5\Omega$，$L_1=2\text{H}$，$L_2=1\text{H}$，$C=0.5\text{F}$。试画出它的复频域等效电路。

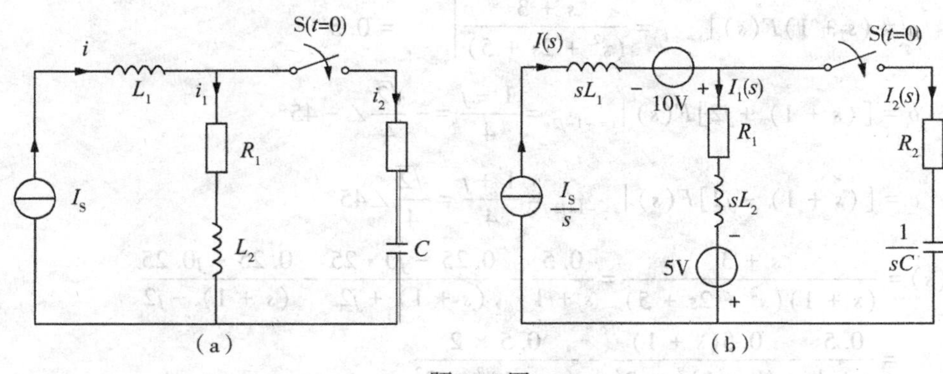

题 10-4 图

解 如图(a)所示，在开关闭合前，电路已达到稳定状态，则电感 L_1 和 L_2 都有储能，而电容没有储能。

$$u_C(0_-)=0,\ i_{L_1}(0_-)=i_{L_1}(0_-)=5\text{V}$$

则其复频域等效电路如图(b)所示。

代入对应参数可得

$$\frac{I_S}{s}=\frac{5}{s},\ sL_1=2s,\ sL_2=s,\ \frac{1}{sC}=\frac{1}{0.5s}=\frac{2}{s},\ R_1=10,\ R_2=5$$

$$L_1 i_{L_1}(0_-)=2\times5=10(\text{V}),\ L_1 i_{L_2}(0_-)=1\times5=5(\text{V})$$

10-5 试求出图(a)(b)所示各电路的运算阻抗 $Z_{ab}(s)$。

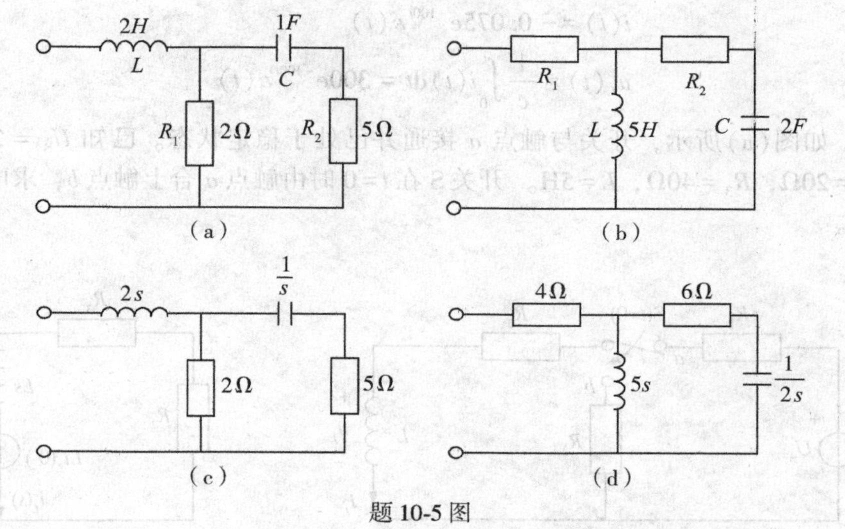

题 10-5 图

解 复频域等效电路图如图(c)(d)所示。

根据阻抗串并联计算方式可以得出

$$Z_{ab}(s)=2s+2//\left(\frac{1}{s}+5\right)=2s+\frac{10s+2}{7s+1}=\frac{14s^2+12s+2}{7s+1}$$

$$Z_{ab}(s)=4+5s//\left(\frac{1}{2s}+6\right)=\frac{100s^2+63s+4}{10s^2+12s+1}$$

10-6 如图(a)所示，电路原已处于稳定状态。已知 $I_S=50\text{mA}$，$R_1=3000\Omega$，$R_2=6000\Omega$，$R_3=2000\Omega$，$C=2.5\mu\text{F}$。求开关 S 在时闭合后的电容电压 u_C 和电流 i。

解 如图(a)所示，开关闭合前，电路已达到稳定状态，此时

$$u_C(0_-)=I_S R_2=50\times10^{-3}\times6\times10^3=300(\text{V})$$

开关闭合后，如图(b)复频域等效电路所示，可以得出

$$I(s)=\frac{\dfrac{-u_C(0_-)}{s}}{\dfrac{1}{sc}+R_3+R_1//R_2}=\frac{-\dfrac{300}{s}}{\dfrac{400000}{s}+2000+2000}=-\frac{3}{40}\times\frac{1}{s+100}$$

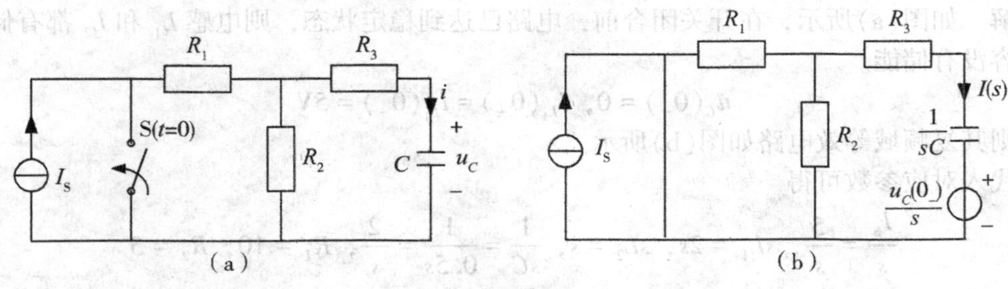

题 10-6 图

对其进行拉普拉斯反变换，可以得出：

$$i(t) = -0.075\mathrm{e}^{-100t}\varepsilon(t)$$

$$u_C(t) = \frac{1}{c}\int_0^t i(t)\,\mathrm{d}t = 300\mathrm{e}^{-100t}\varepsilon(t)$$

10-7　如图(a)所示，开关与触点 a 接通并已处于稳定状态。已知 $U_S = 25\text{V}$，$R_1 = 10\Omega$，$R_2 = 20\Omega$，$R_3 = 40\Omega$，$L = 5\text{H}$。开关 S 在 $t=0$ 时由触点 a 合上触点 b，求电感电流 i_L 和电压 u_L。

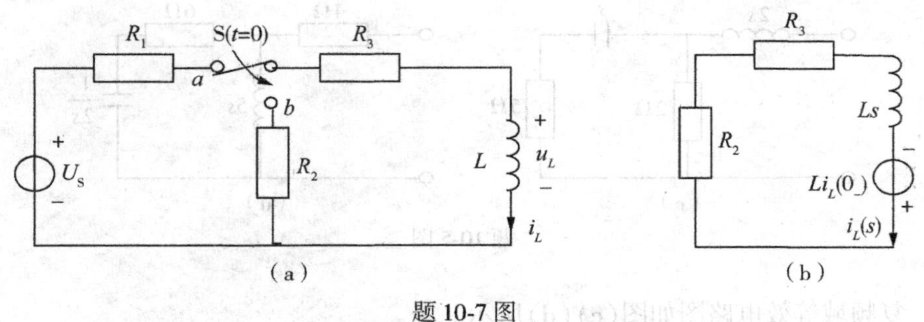

题 10-7 图

解　由图(a)可以判断出开关闭合在 a 点时，电感 L 是储能的，其电流为

$$i_L(0_-) = \frac{U_S}{R_1 + R_3} = 0.5\text{A}$$

当开关闭合到 b 触点时，如复频域等效电路图(b)所示，对其列单回路方程，得

$$(R_2 + R_3 + Ls)i_L(s) = Li_L(0_-)$$

$$(60 + 5s)i_L(s) = 5 \times 0.5$$

$$i_L(s) = \frac{1}{2(s+12)},\ i_L(t) = 0.5\mathrm{e}^{-12t}\varepsilon(t)$$

$$u_L(t) = L\frac{\mathrm{d}i_L(t)}{\mathrm{d}t} = -30\mathrm{e}^{-12t}\varepsilon(t) + 2.5\delta(t)$$

10-8　如图(a)所示，开关 S 闭合前已处于稳定状态，电容原未充电。已知 $U_S = 200\text{V}$，$C_1 = 2\mu\text{F}$，$C_2 = 1\mu\text{F}$，$R = 500\Omega$。在 $t=0$ 开关 S 闭合，求 $t \geqslant 0$ 时电容电压和各支

路电流。

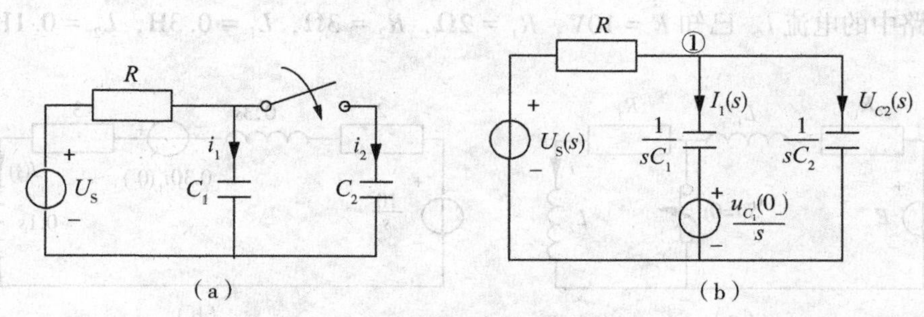

题 10-8 图

解 开关闭合后，其对应的复频域等效电路如图(b)所示。

开关闭合前，电路已处于稳定状态。所以：

$$u_{C_1}(0_-) = U_S R_2 = 200\text{V},\ u_{C_2}(0_-) = 0$$

根据叠加定理可得

$$I_1(s)=\frac{\dfrac{\dfrac{1}{sC_1}}{\left(\dfrac{1}{sC_1}+\dfrac{1}{sC_2}\right)}}{\left(\dfrac{1}{sC_1}//\dfrac{1}{sC_2}\right)+R}U_S(s)-\frac{1}{\left(R//\dfrac{1}{sC_2}\right)+\dfrac{1}{sC_1}}\frac{u_C(0_-)}{s}$$

$$=\frac{0.89}{s+6666.7}-1.33\times10^{-4}$$

$$I_2(s)=\frac{\dfrac{\dfrac{1}{sC_1}}{\left(\dfrac{1}{sC_1}+\dfrac{1}{sC_2}\right)}}{\left(\dfrac{1}{sC_1}//\dfrac{1}{sC_2}\right)+R}U_S(s)+\frac{R//\left(R+\dfrac{1}{sC_2}\right)}{\left(R//\dfrac{1}{sC_2}\right)+\dfrac{1}{sC_1}}\frac{u_C(0_-)}{s}$$

$$=\frac{0.44}{s+6666.7}+1.33\times10^{-4}$$

$$U_{C_1}(s)=I_1(s)\frac{1}{sC_1}+\frac{u_C(0_-)}{s}=\frac{200}{s}-\frac{66.7}{s+6666.7}$$

$$U_{C_2}(s)=I_2(s)\frac{1}{sC_2}=\left(\frac{0.44}{s+6666.7}+1.33\times10^{-4}\right)\frac{10^6}{s}=\frac{200}{s}-\frac{66.7}{s+6666.7}$$

$$i_1(t)=0.89\mathrm{e}^{-6666.7t}\varepsilon(t)-1.33\times10^4\delta(t)$$

$$i_2(t)=0.44\mathrm{e}^{-6666.7t}\varepsilon(t)+1.33\times10^4\delta(t)$$

$$u_1(t)=(200-66.7\mathrm{e}^{-6666.7t})\varepsilon(t)$$

$$u_2(t)=(200-66.7\mathrm{e}^{-6666.7t})\varepsilon(t)$$

10-9　如图(a)所示，在开关 S 断开前已处于稳定状态。当 $t=0$ 时开关 S 断开，求当 $t\geqslant 0$ 时回路中的电流 i。已知 $E=10\mathrm{V}$，$R_1=2\Omega$，$R_2=3\Omega$，$L_1=0.3\mathrm{H}$，$L_2=0.1\mathrm{H}$。

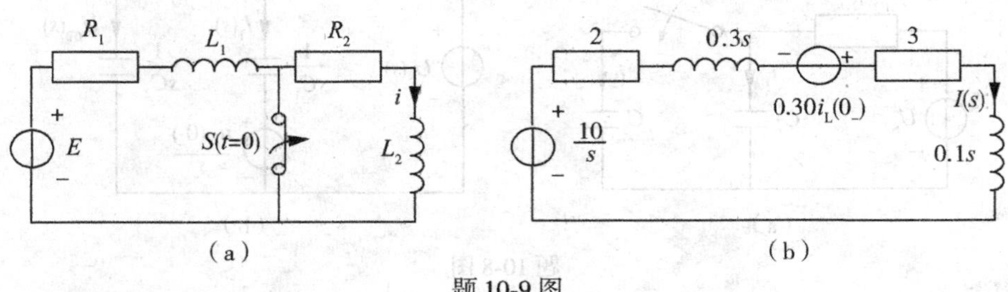

题 10-9 图

解　开关断开前电路已达到稳定状态，此时：

$$i_L(0_-)=\frac{E}{R_1}=5\mathrm{A},\ L_1 i_{L1}(0_-)=0.3\times 5=1.5(\mathrm{V})$$

对单回路列 KVL 方程得

$$(2+0.3s+3+0.1s)I(s)=\frac{10}{s}+1.5$$

$$I(s)=\frac{\frac{10}{s}+1.5}{0.4s+5}=\frac{15s+10}{4s(s+12.5)}=\frac{2}{s}+\frac{1.75}{s+12.5}$$

$$i(t)=2\varepsilon(t)+1.75\mathrm{e}^{-12.5t}\varepsilon(t)$$

10-10　在图(a)所示电路中，电源电压 $U_S=\delta(t)+\delta(t-1)$，求当 $t\geqslant 0$ 时的电流 i_L 和 i_C。

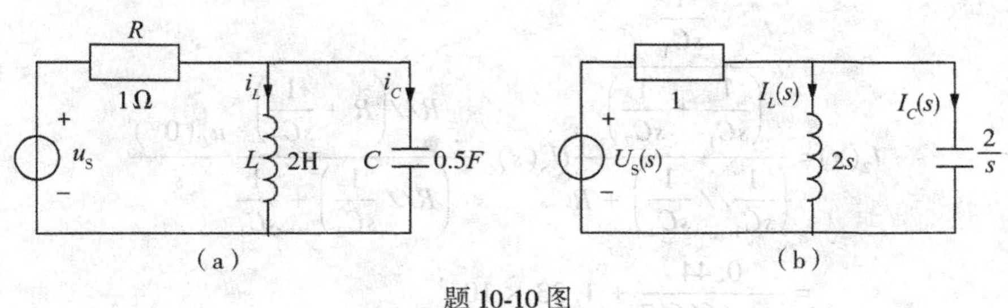

题 10-10 图

解　根据冲激函数的定义，由电源电压的函数表达式可以判断 $t<0$ 时无电源输入，可以把该题看成求电路的零输入响应。其对应的复频域等效电路如图(b)所示。

其中，$U_S(s)=1+\mathrm{e}^{-s}$

$$I(s)=\frac{U(s)}{1+\left(2s//\frac{2}{s}\right)}=\frac{1+\mathrm{e}^{-s}}{1+\frac{4}{2s+\frac{2}{s}}}=\frac{s^2+1}{s^2+2s+1}(1+\mathrm{e}^{-s})$$

根据分流公式，得

$$I_L(s)=\frac{\frac{2}{s}}{2s+\frac{2}{s}}I(s)=\frac{(1+\mathrm{e}^{-s})}{s^2+2s+1}$$

$$I_C(s)=\frac{2s}{2s+\frac{2}{s}}I(s)=\frac{s^2(1+\mathrm{e}^{-s})}{s^2+2s+1}=\left[1-\frac{2}{s+1}+\frac{1}{(s+1)^2}\right](1+\mathrm{e}^{-s})$$

$$i_L(t)=t\mathrm{e}^{-t}\varepsilon(t)+(t-1)\mathrm{e}^{-(t-1)}\varepsilon(t-1)$$

$$i_C(t)=[\delta(t)-2\mathrm{e}^{-t}+t\mathrm{e}^{-t}]\varepsilon(t)+[\delta(t-1)-2\mathrm{e}^{-(t-1)}+(t-1)\mathrm{e}^{-(t-1)}]\varepsilon(t-1)$$

10-11 如图(a)所示电路原已处于稳定状态，互感 $M=2\mathrm{H}$，当 $t=0$ 时开关 S 断开，求当 $t\geqslant 0$ 时电流。

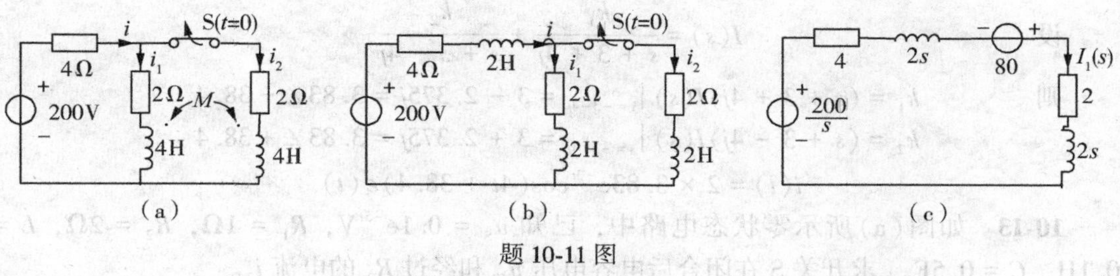

题 10-11 图

解 先将互感电路去耦，如图(b)所示，再将其转换为复频域等效电路，如图(c)所示。

计算出 $i(0_-)=40\mathrm{A}$，$i_1(0_-)=20\mathrm{A}$，$i_2(0_-)=20\mathrm{A}$。

将电路图转化为复频域电路图，再根据单回路列 KVL 方程：

$$(4+2s+2+2s)I_1(s)=40+80+\frac{200}{s}$$

$$I_1(s)=\frac{40+80+\frac{200}{s}}{4s+6}=\frac{30s+50}{s(s+1.5)}=\frac{33.3}{s}-\frac{3.33}{s+1.5}$$

得
$$i_1(t)=(33.3-3.33\mathrm{e}^{-1.5t})\varepsilon(t)$$

10-12 在图(a)所示电路中，电源电压 $U_\mathrm{S}=\delta(t)\mathrm{V}$，$R=500\Omega$，$L=1\mathrm{H}$，$C=0.04\mathrm{F}$，$u_C(0_-)=1\mathrm{V}$，$i(0_-)=5\mathrm{A}$。求电流 i。

解 先将原电路转换成复频域等效电路，如图(b)所示，再对单回路列 KVL 方程，得

$$\left(R+Ls+\frac{1}{sC}\right)I(s)=Li(0_-)-\frac{u_C(0_-)}{s}+U(s)$$

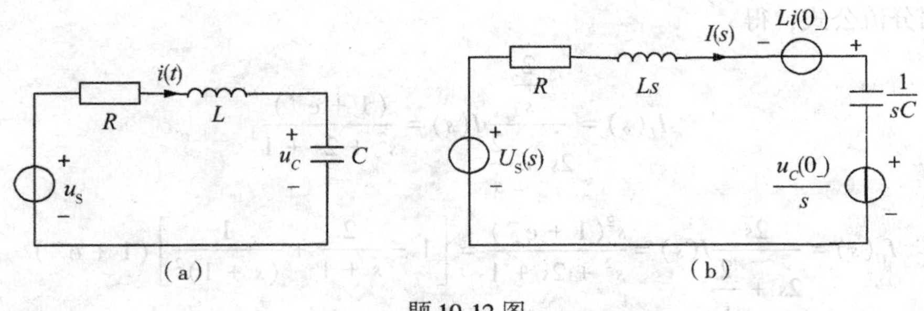

题 10-12 图

即：
$$\left(6+s+\frac{25}{s}\right)I(s)=5-\frac{1}{s}+1$$

$$I(s)=\frac{6s-1}{s^2+6s+25}$$

设
$$I(s)=\frac{k_1}{s+3+4j}+\frac{k_2}{s+3-4j}$$

则
$$k_1=(s+3+4j)I(s)\big|_{s=-3-4j}=3-2.375j=3.83\angle-38.4$$
$$k_2=(s+3-4j)I(s)\big|_{s=-3+4j}=3+2.375j=3.83\angle+38.4$$
$$i(t)=2\times3.83e^{-3t}\cos(4t+38.4)\varepsilon(t)$$

10-13　如图(a)所示零状态电路中，已知 $u_S=0.1e^{-5t}$V，$R_1=1\Omega$，$R_2=2\Omega$，$L=0.1$H，$C=0.5$F。求开关 S 在闭合后电容电压 u_C 和经过 R_2 的电流 i_2。

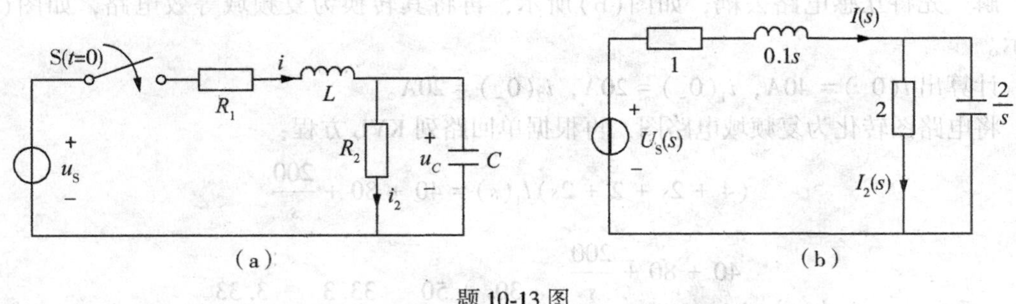

题 10-13 图

解　将原电路转换为复频域等效电路，如图(b)所示，根据分流公式，得

$$I_2(s)=\frac{U(s)}{1+0.1s+\left(2//\dfrac{2}{s}\right)}\times\frac{\dfrac{2}{s}}{2+\dfrac{2}{s}}=\frac{1}{(s+5)^2(s+6)}$$

令
$$I_2(s)=\frac{k_1}{(s+6)}+\frac{k_2}{(s+5)}+\frac{k_3}{(s+5)^2}$$
$$k_1=(s+6)I_2(s)\big|_{s=-6}=1$$

$$k_2 = \frac{\mathrm{d}[(s+5)I_2(s)]}{\mathrm{d}s}\bigg|_{s=-5} = -1$$

$$k_3 = (s+5)^2 I_2(s)\big|_{s=-5} = 1$$

$$i_2(t) = [\mathrm{e}^{-6t} - \mathrm{e}^{-5t} + t\mathrm{e}^{-5t}]\varepsilon(t)$$

$$u_C(t) = R_2 i_2(t) = 2[\mathrm{e}^{-6t} - \mathrm{e}^{-5t} + t\mathrm{e}^{-5t}]\varepsilon(t)$$

10-14 在图(a)所示 R、L、C 并联电路中，电流源 $i_S = 10\sin 5t\mathrm{A}$，$R = 1/3.5\Omega$，$L = 0.2\mathrm{H}$，$C = 0.5\mathrm{F}$，$u_C(0_-) = 2\mathrm{V}$，$i_L(0_-) = 3\mathrm{A}$。求电源电压 $u(t)$。

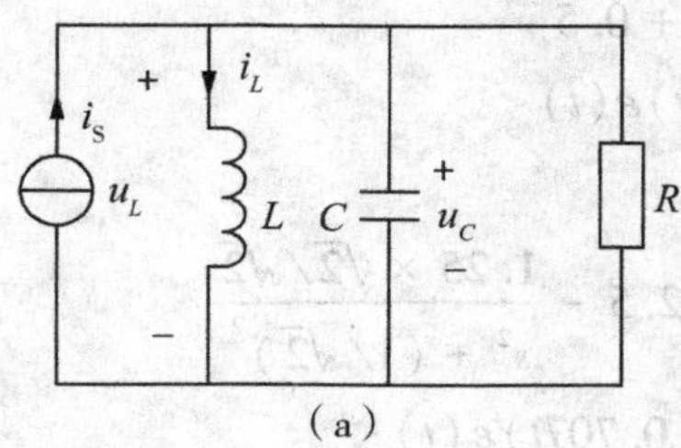
(a)

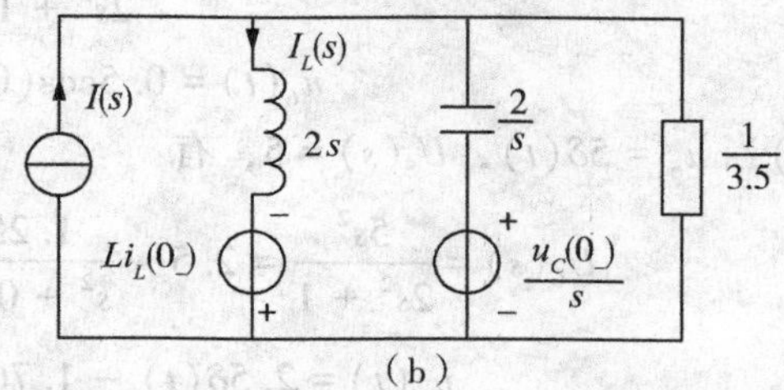
(b)

题 10-14 图

解 先将原电路转换为复频域电路，如图(b)所示，其中 $I(s) = \dfrac{50}{s^2+25}$。利用叠加定理可以计算出

$$U(s) = \frac{I(s)}{\left(3.5 + 0.5s + \dfrac{5}{s}\right)} + \frac{\left(\dfrac{2}{s}//\dfrac{1}{3.5}\right)}{0.2s + \left(\dfrac{2}{s}//\dfrac{1}{3.5}\right)} \times 0.2 \times 3 + \frac{\left(0.2s//\dfrac{1}{3.5}\right)}{\dfrac{2}{s} + \left(0.2s//\dfrac{1}{3.5}\right)} \times \frac{2}{s}$$

$$= \frac{-s + 1.2j}{s^2+25} - \frac{5.36}{s+2} + \frac{8.66}{s+5}$$

$$u_C(t) = [2.62\sin(5t - 23.2°) - 5.63\mathrm{e}^{-2t} + 8.66\mathrm{e}^{-5t}]\varepsilon(t)$$

10-15 求图(a)所示电路在下列两种电源作用时的零状态响应 $u_C(t)$。

(1) $u_S = \varepsilon(t)$；

(2) $u_S = 5\delta(t)$。

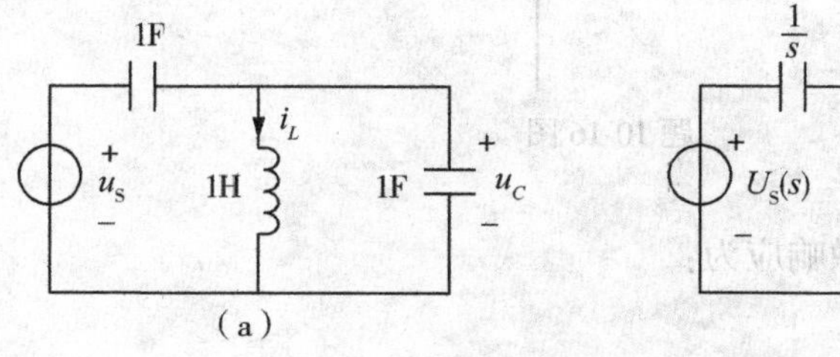

题 10-15 图

解　先将电路图转换为复频域电路图，如图(b)所示。根据分压公式，得

$$U_C(s)=\frac{\frac{1}{s}//s}{\frac{1}{s}+\frac{1}{s}//s}U_s(s)=\frac{s^2}{2s^2+1}U_s(s)$$

(1)当 $u_S=\varepsilon(t)$，$U_S(s)=\frac{1}{s}$，有

$$U_C(s)=\frac{s}{2s^2+1}=\frac{0.5s}{s^2+0.5}$$

$$u_C(t)=0.5\cos(0.707t)\varepsilon(t)$$

(2)当 $u_S=5\delta(t)$，$U_S(s)=5$，有

$$U_C(s)=\frac{5s^2}{2s^2+1}=2.5-\frac{1.25}{s^2+0.5}=2.5-\frac{1.25\times\sqrt{2}/\sqrt{2}}{s^2+(1/\sqrt{2})^2}$$

$$u_C(t)=2.5\delta(t)-1.768\sin(0.707t)\varepsilon(t)$$

10-16　已知某线性电路的冲激响应 $h(t)=4\mathrm{e}^{-t}+\mathrm{e}^{-2t}$。求相应的网络函数 $H(s)$，并绘出零点、极点图。

解　对电路的冲激响应拉普拉斯变换，即

$$H(s)=L[h(t)]=L(4\mathrm{e}^{-t}+\mathrm{e}^{-2t})=L(4\mathrm{e}^{-t})+L(\mathrm{e}^{-2t})$$

$$H(s)=\frac{4}{s+1}+\frac{1}{s+2}=\frac{5s+9}{s^2+3s+2}$$

令 $s^2+3s+2=0$，得出其极点为 $p_1=-1$，$p_2=-2$。

由 $5s+9=0$，得出其零点为 $s=-1.8$。

其零极点图如题图所示。

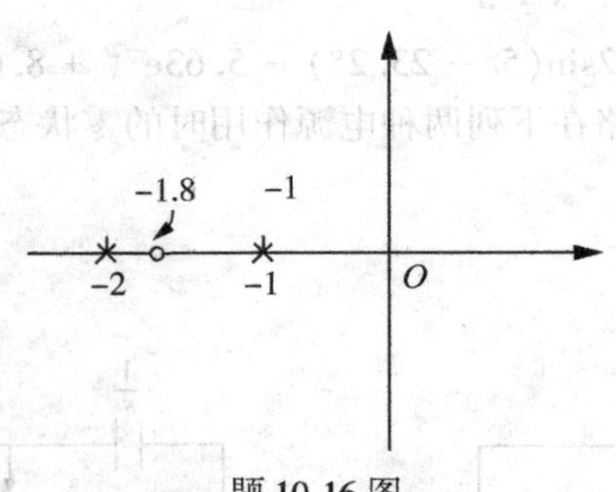

题 10-16 图

10-17　已知线性网络的冲激响应为：

(1) $h(t)=2\delta(t)+\mathrm{e}^{-t}$；

(2) $h(t)=\mathrm{e}^{-2t}\cos(\omega t+\theta)$。

求相应的网络函数的极点。

解 (1) $H(s)=L[h(t)]=L[2\delta(t)+\mathrm{e}^{-t}]=2+\dfrac{1}{s+1}\left(=\dfrac{2s+3}{s+1}\right)$

令 $s+1=0$，得出其极点为 $p=-1$。

(2) $H(s)=L[h(t)]=L[\mathrm{e}^{-2t}\cos(\omega t+\theta)]=\dfrac{s\cos\theta+(2\cos\theta-\omega\sin\theta)}{(s+2)^2+\omega^2}$

令 $(s+2)^2+\omega^2=0$，得出其极点为 $p_{1,2}=-2\pm j\omega$。

10-18 在图(a)所示电路中，已知电流源 $i_S=6\delta(t)\,\mathrm{A}$，$R_1=1\Omega$，$R_2=1\Omega$，$R_3=2\Omega$，$L=2\mathrm{H}$。试求电路的冲激响应 u_L。

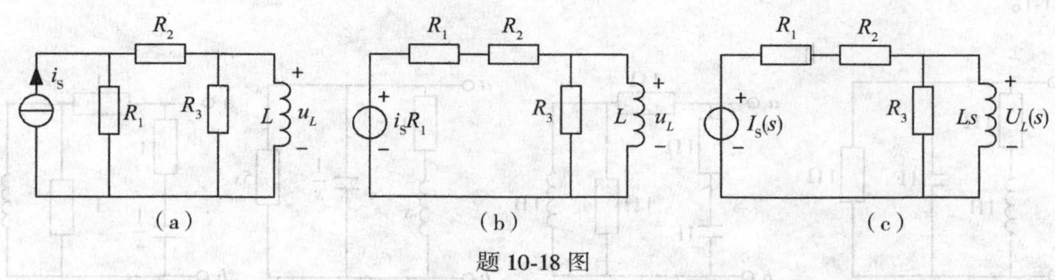

题 10-18 图

解 先将电流源转换为电压源，电路图如图(b)所示，转换为复频域等效电路图，如图(c)所示。

根据分压公式得 $$U_L(s)=\frac{2//2s}{2+2//2s}\times U(s)=\frac{6s}{2s+1}=3-\frac{1.5}{s+0.5}$$

$$u_L(t)=3\delta(t)-1.5\mathrm{e}^{-0.5t}\varepsilon(t)$$

10-19 在图(a)所示电路中，已知 $U_S=50\mathrm{V}$，$C_1=4\mathrm{F}$，$C_2=1\mathrm{F}$，$C_3=3\mathrm{F}$，$R=10\Omega$。开关 S 在闭合后，试求电路的零状态响应 u_2、u_3。

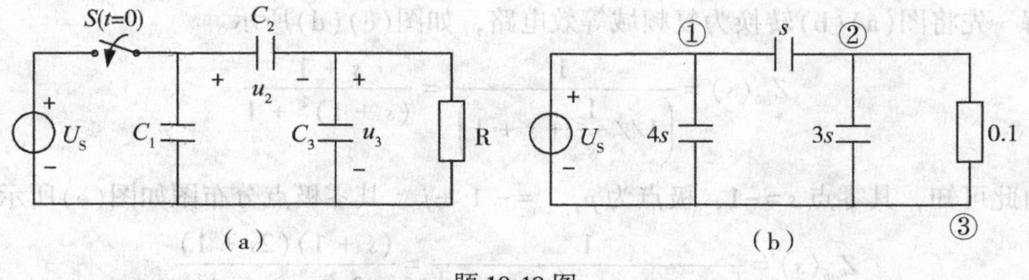

题 10-19 图

解 将电路图转换到复频域中，如图(b)所示。

选③为参考节点。对图所示节点①和节点②列节点方程：

对节点①： $$U_{n1}(s)=\frac{50}{s}$$

对节点②： $$(s+3s+0.1)U_{n2}(s)-50=0$$

解得：$U_{n1}(s)=\dfrac{50}{s}$，$U_{n2}(s)=\dfrac{50}{4s+0.1}$。

根据拉普拉斯反变换，得

$$u_{n1}(t)=50$$

$$u_{n2}(t)=12.5e^{-0.025}\varepsilon(t)$$

$$u_2(t)=u_{n2}(t)=12.5e^{-0.025t}\varepsilon(t)$$

$$u_3(t)=u_{n1}(t)-u_{n2}(t)=50-12.5e^{-0.025t}\varepsilon(t)$$

10-20　试求图(a)所示电路的驱动点阻抗 $Z_{ab}(s)$，并在 s 平面上画出零点、极点分布图。

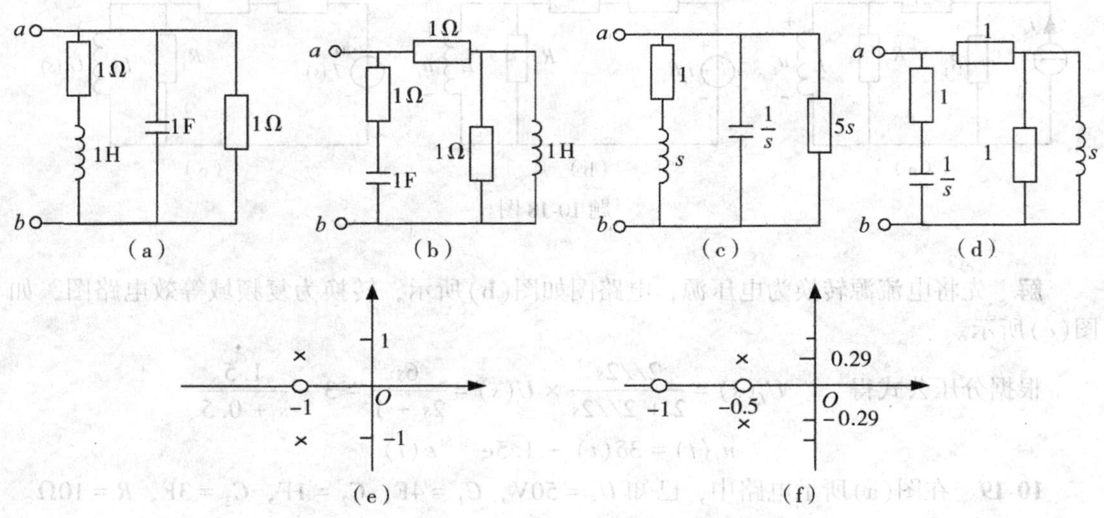

题 10-20 图

解　先将图(a)(b)转换为复频域等效电路，如图(c)(d)所示。

$$Z_{ab}(s)=\frac{1}{\left(1//\dfrac{1}{s}+s+1\right)}=\frac{s+1}{(s+1)^2+1}$$

由此可知，其零点 $s=-1$，极点为 $p_{1,2}=-1\pm j$。其零极点分布图如图(e)所示。

$$Z_{ab}(s)=\frac{1}{\left[\dfrac{s}{1+s}+1//\left(1+\dfrac{1}{s}\right)\right]}=\frac{(s+1)(2s+1)}{3s^2+3s+1}$$

由此可知，其零点 $s_1=-1$，$s_2=-0.5$，极点为 $p_{ij}=-0.5\pm0.29j$。其零极点分布图如图(f)所示。

10-21　如图(a)所示电路中，i_S 激励，其波形如图(b)所示；$i(t)$ 是零状态响应。求网络函数(转移电流比) $H(s)$、单位冲激响应 $h(t)$ 和零状态响应 $i(t)$。

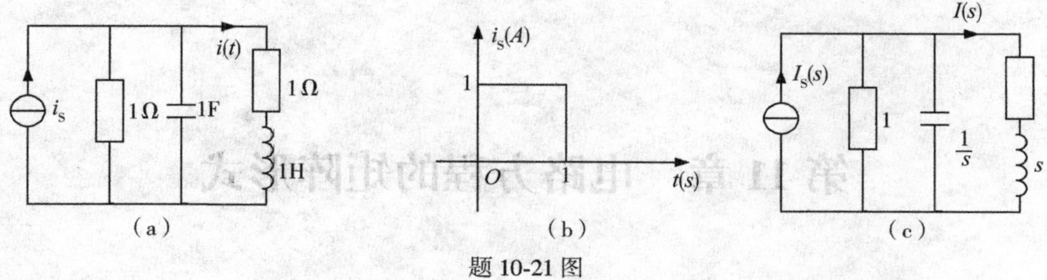

题 10-21 图

解　先将图(a)转换为复频域等效电路，如图(c)所示。

由图(b)知：

$$i_S=\varepsilon(t)-\varepsilon(t-1),\ I_S(s)=\frac{1}{s}(1-\mathrm{e}^{-1})$$

根据分流公式可以得出

$$I(s)=\frac{\frac{1}{s+1}}{1+s+\frac{1}{s+1}}\cdot I_S(s)=\frac{1}{2}\frac{1+s}{(s+1)^2+1}(1-\mathrm{e}^{-s})$$

网络函数：

$$H(s)=\frac{I(s)}{I_S(s)}=\frac{1}{(s+1)^2+1}$$

单位冲激响应：

$$h(t)=\mathrm{e}^{-t}\sin t\varepsilon(t)$$

零状态响应：

$$i(t)=0.5[1-\mathrm{e}^{-t}(\sin t+\cos t)]\varepsilon(t)-0.5\{1-\mathrm{e}^{-(t-1)}[\sin(t-1)+\cos(t-1)]\varepsilon(t-1)\}$$

第 11 章　电路方程的矩阵形式

11.1 学习指导

一、学习要求

(1)掌握电路的有向图、树、割集的概念，熟练写出电路 A 阵、B 阵、Q 阵；
(2)掌握复合支路的概念；
(3)学会用矩阵形式列写回路电流方程、节点电压方程和割集电压方程；
(4)掌握状态方程的概念及列写状态方程的方法。

二、重点和难点

重点：关联矩阵；节点电压方程的矩阵形式；状态方程。
难点：电路状态方程列写的直观法和系统法。

11.2 主要内容

一、图的矩阵表示

1. 有向图的关联矩阵

电路的图是电路拓扑结构的抽象描述。若图中每一支路都赋予一个参考方向，它成为有向图。有向图的拓扑性质可以用关联矩阵、回路矩阵和割集矩阵描述。

关联矩阵是用节点与支路的关系描述有向图的拓扑性质。

回路矩阵是用回路与支路的关系描述有向图的拓扑性质。

割集矩阵是用割集与支路的关系描述有向图的拓扑性质。

本节仅介绍关联矩阵以及用它表示的基尔霍夫定律的矩阵形式。

一条支路连接某两个节点，则称该支路与这两个节点相关联。支路与节点的关联性质可以用关联矩阵描述。设有向图的节点数为 n，支路数为 b，且所有节点与支路均加以编号。于是，该有向图的关联矩阵为一个$(n \times b)$阶的矩阵，用 $\boldsymbol{A}_a$ 表示。它的每一行对应一个节点，每一列对应一条支路，它的任一元素 a_{jk} 定义如下：

$a_{jk}=+1$， 表示支路 k 与节点 j 关联并且它的方向背离节点；

$a_{jk}=-1$，表示支路 k 与节点 j 关联并且它指向节点；

$a_{jk}=0$，表示支路 k 与节点 j 无关联。

2. 用 $\boldsymbol{A}$ 表示矩阵形式的 KCL

电路中的 b 个支路电流可以用一个 b 阶列向量表示，即

$$\boldsymbol{i}=[i_1 \quad i_2 \quad \cdots \quad i_b]^{\mathrm{T}}$$

若用矩阵 $\boldsymbol{A}$ 左乘电流列向量，则乘积是一个 $n-1$ 阶列向量，由矩阵相乘规则可知，它的每一元素即为关联到对应节点上各支路电流的代数和，即

$$\boldsymbol{A}\boldsymbol{i}=\begin{bmatrix}\text{节点 1 上的}\sum i\\ \text{节点 2 上的}\sum i\\ \vdots\\ \text{节点}(n-1)\text{ 上的}\sum i\end{bmatrix}$$

因此，有 $\boldsymbol{A}\boldsymbol{i}=0$。

上式是用矩阵 $\boldsymbol{A}$ 表示的 KCL 的矩阵形式。例如，对图 11-1，以节点 4 为参考节点，有：

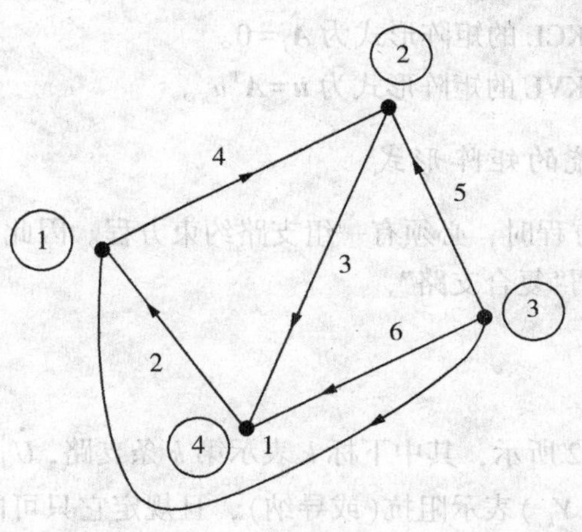

图 11-1

$$\boldsymbol{A}\boldsymbol{i}=\begin{bmatrix}-i_1 & -i_2 & +i_4\\ i_3 & -i_4 & -i_5\\ i_1 & +i_5 & +i_6\end{bmatrix}=\begin{bmatrix}0\\0\\0\end{bmatrix}$$

上式为 $n-1$ 个独立方程。

3. 用 $\boldsymbol{A}$ 表示矩阵形式的 KVL

电路中 b 个支路电压可以用一个 b 阶列向量表示，即

$$\boldsymbol{u}=[u_1 \quad u_2 \quad \cdots \quad u_b]^{\mathrm{T}}$$

$n-1$ 个节点电压可以用一个 $n-1$ 阶列向量表示，即

$$\boldsymbol{u}_{\mathrm{n}}=\begin{bmatrix}u_{\mathrm{n1}} & u_{\mathrm{n2}} & \cdots & u_{n(n-1)}\end{bmatrix}^{\mathrm{T}}$$

由于矩阵 $\boldsymbol{A}$ 的每一列，也就是矩阵 $\boldsymbol{A}^{\mathrm{T}}$ 的每一行，表示每一对应支路与节点的关联情况，所以有

$$\boldsymbol{u}=\boldsymbol{A}^{\mathrm{T}}\boldsymbol{u}_{\mathrm{n}}$$

例如，对图 11-1 有

$$\begin{bmatrix}u_1\\u_2\\u_3\\u_4\\u_5\\u_6\end{bmatrix}=\begin{bmatrix}-1 & 0 & 1\\-1 & 0 & 0\\0 & 1 & 0\\1 & -1 & 0\\0 & -1 & 1\\0 & 0 & 1\end{bmatrix}\begin{bmatrix}u_{\mathrm{n1}}\\u_{\mathrm{n2}}\\u_{\mathrm{n3}}\end{bmatrix}=\begin{bmatrix}-u_{\mathrm{n1}}+u_{\mathrm{r3}}\\-u_{\mathrm{n1}}\\u_{\mathrm{n2}}\\u_{\mathrm{n1}}-u_{\mathrm{n2}}\\-u_{\mathrm{n2}}+u_{\mathrm{n3}}\\u_{\mathrm{n3}}\end{bmatrix}$$

上式表明电路中的各支路电压可以用与该支路关联的两个节点的节点电压(参考节点的节点电压为零)表示，这正是节点电压法的基本思想。同时，可以认为该式是用矩阵 $\boldsymbol{A}$ 表示的 KVL 的矩阵形式。

小结：矩阵 $\boldsymbol{A}$ 表示有向图节点与支路的关联性质。

用 $\boldsymbol{A}$ 表示的 KCL 的矩阵形式为 $\boldsymbol{A}_i=0$。

用 $\boldsymbol{A}$ 表示的 KVL 的矩阵形式为 $\boldsymbol{u}=\boldsymbol{A}^{\mathrm{T}}u_n$。

二、支路电压电流的矩阵形式

在列矩阵形式电路方程时，必须有一组支路约束方程。因此，需要规定一条支路的结构和内容。可以采用所谓“复合支路”。

1. 复合支路

设复合支路如图 11-2 所示，其中下标 k 表示第 k 条支路，$\dot{U}_{sk}$ 和 $\dot{I}_{sk}$ 分别表示独立电压源和独立电流源，Z_k（或 Y_k）表示阻抗(或导纳)，且规定它只可能是单一的电阻、电感或电容，而不能是它们的组合，即

$$Z_k=\begin{cases}R_k\\ j\omega L_k\\ \dfrac{1}{j\omega C_k}\end{cases}$$

注意：复合支路只是定义了一条支路最多可以包含的不同元件数及连接方式，但允许缺少某些元件。另外，为了写出复合支路的支路方程，还应规定电压和电流的参考方向。本章中采用的电压和电流的参考方向如图 11-2 所示。

用支路阻抗表示的支路方程的矩阵形式。

应用 KCL 和 KVL 可以写出用阻抗表示的 k 支路电压、电流关系方程：

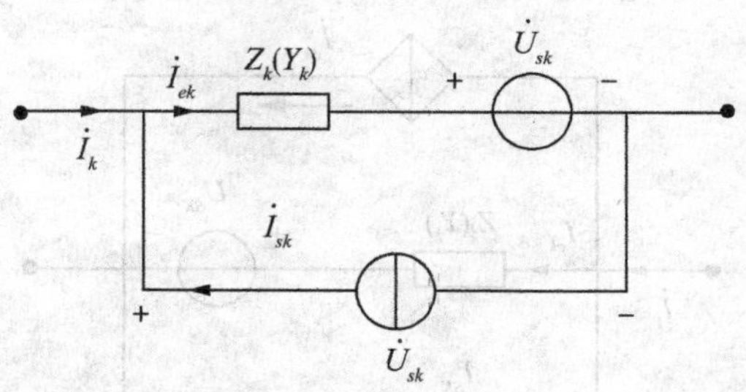

图 11-2　复合支路图

$$\dot{U}_k = Z_k(\dot{I}_k + \dot{I}_{sk}) - \dot{U}_{sk}$$

若设：$\dot{\boldsymbol{I}} = [\dot{I}_1 \dot{I}_2 \cdots \dot{I}_b]^{\mathrm{T}}$ 为支路电流列向量；

$\dot{\boldsymbol{U}} = [\dot{U}_1 \dot{U}_2 \cdots \dot{U}_b]^{\mathrm{T}}$ 为支路电压列向量；

$\dot{\boldsymbol{I}}_s = [\dot{I}_{s1} \dot{I}_{s2} \cdots \dot{I}_{sb}]^{\mathrm{T}}$ 为支路电流源的电流列向量；

$\dot{\boldsymbol{U}}_s = [\dot{U}_{s1} \dot{U}_{s2} \cdots \dot{U}_{sb}]^{\mathrm{T}}$ 为支路电压源的电压列向量。

对整个电路，支路方程为

$$\begin{bmatrix} \dot{U}_1 \\ \dot{U}_2 \\ \vdots \\ \dot{U}_b \end{bmatrix} = \begin{bmatrix} Z_1 & & & 0 \\ & Z_2 & & \\ & & \ddots & \\ 0 & & & Z_b \end{bmatrix} \begin{bmatrix} \dot{I}_1 + \dot{I}_{S1} \\ \dot{I}_2 + \dot{I}_{S2} \\ \vdots \\ \dot{I}_b + \dot{I}_{Sb} \end{bmatrix} - \begin{bmatrix} \dot{U}_{S1} \\ \dot{U}_{S2} \\ \vdots \\ \dot{U}_{Sb} \end{bmatrix}$$

即
$$\dot{\boldsymbol{U}} = \boldsymbol{Z}(\dot{\boldsymbol{I}} + \dot{\boldsymbol{I}}_s) - \dot{\boldsymbol{U}}_s$$

式中，$\boldsymbol{Z}$ 称为支路阻抗矩阵，它是一个 $n \times n$ 的对角阵。当电路中存在耦合电感时，支路阻抗矩阵 $\boldsymbol{Z}$ 不再是对角阵，这里不再详述。

3. 用支路导纳表示的支路方程的矩阵形式

设复合支路如图 11-3 所示。当电路中无受控电流源(即 $\dot{I}_{dk} = 0$)，电感间无耦合时，对于第 k 条支路，有

$$\dot{I}_k = Y_k \dot{U}_{ek} - \dot{I}_{sk} = Y_k(\dot{U}_k + \dot{U}_{sk}) - \dot{I}_{sk}$$

对整个电路，有

$$\dot{I} = Y(\dot{U} + \dot{U}_s) - \dot{I}_s$$

式中，Y 称为支路导纳矩阵，它是一个对角阵。

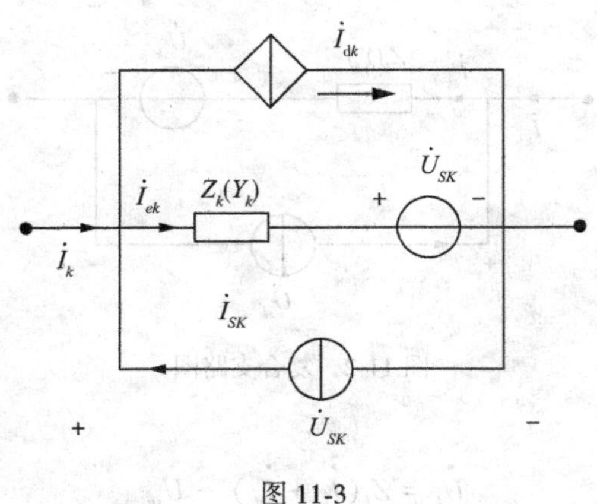

图 11-3

三、节点电压电流的矩阵形式

1. KCL、KVL 和支路方程的矩阵形式

节点电压法以节点电压为电路的独立变量，并用 KCL 列出足够的独立方程。由于描述支路与节点关联性质的是矩阵 $\boldsymbol{A}$，因此宜用以 $\boldsymbol{A}$ 表示的 KCL 和 KVL 推导节点电压方程的矩阵形式。设节点电压列向量为 $\boldsymbol{u}_n$，KVL 方程为 $\boldsymbol{u}=\boldsymbol{A}^{\mathrm{T}}\boldsymbol{u}_{\mathrm{n}}$。

上述 KVL 方程表示了 $\boldsymbol{u}_n$ 与支路电压 $\boldsymbol{u}$ 列向量的关系，它提供了选用 $\boldsymbol{u}_n$ 作为独立电路变量的可能性。用矩阵 $\boldsymbol{A}$ 表示的 KCL 为

$$\boldsymbol{Ai}=0$$

式中，i 表示支路电流列向量。可作为导出节点电压方程的依据。

对于节点电压方程，宜采用支路导纳表示的矩阵形式的支路方程，即

$$\dot{I}=Y(\dot{U}+\dot{U}_s)-\dot{I}_s$$

2. 节点电压方程的矩阵形式

为了推导出节点电压方程的矩阵形式，将用 $\boldsymbol{A}$ 表示的 KCL 和 KVL 以及用支路导纳表示的支路方程重写如下：

KCL：$$\boldsymbol{Ai}=0$$

KVL：$$\boldsymbol{u}=\boldsymbol{A}^{\mathrm{T}}\boldsymbol{u}_n$$

支路方程：$$\dot{I}=Y(\dot{U}+\dot{U}_s)-\dot{I}_s$$

把支路方程代入 KCL，可得

$$A[Y(\dot{U}+\dot{U}_s)-\dot{I}_s]=0$$

再把 KVL 代入便得

$$\boldsymbol{AYA}^{\mathrm{T}}\dot{\boldsymbol{U}}_n = \boldsymbol{A}\dot{\boldsymbol{I}}_s - \boldsymbol{AY}\dot{\boldsymbol{I}}_s$$

上式即节点电压方程的矩阵形式。由于乘积 AY 的行和列数分别为 $n-1$ 和 b，乘积 $\boldsymbol{AYA}^{\mathrm{T}}$ 的行和列数都是 $n-1$，所以乘积 $\boldsymbol{AYA}^{\mathrm{T}}$ 是一个 $n-1$ 阶方阵。同理，乘积 $\boldsymbol{A}\dot{\boldsymbol{I}}_s$ 和 $\boldsymbol{AY}\dot{\boldsymbol{U}}_s$ 都是 $n-1$ 阶的列向量。

如设：
$$\boldsymbol{Y}_n \overset{\text{def}}{=\!=\!=} \boldsymbol{AYA}^{\mathrm{T}},\ \dot{\boldsymbol{J}}_n \overset{\text{def}}{=\!=\!=} \boldsymbol{A}\dot{\boldsymbol{I}}_s - \boldsymbol{AY}\dot{\boldsymbol{I}}_s$$

则式 $\boldsymbol{AYA}^{\mathrm{T}}\boldsymbol{U}_n = \boldsymbol{A}\boldsymbol{I}_s - \boldsymbol{AY}\boldsymbol{I}_s$ 可写为：

$$\boldsymbol{Y}_n\dot{\boldsymbol{A}}_n = \dot{\boldsymbol{J}}_n$$

$\boldsymbol{Y}_n$ 称为节点导纳矩阵，它的元素相当于第 3 章中节点电压方程等号左边的系数；$\dot{\boldsymbol{J}}_n$ 为由独立电源引起的注入节点的电流列向量，它的元素相当于第 3 章中节点电压方程等号右边的常数项。

3. 节点电压法的一般步骤

(1)将电路图抽象为有向图；
(2)形成有向图的关联矩阵 $\boldsymbol{A}$；
(3)形成支路导纳矩阵 $\boldsymbol{Y}$；
(4)形成电压源向量和电流源向量；
(5)用矩阵相乘形成节点电压方程 $\boldsymbol{AYA}^{\mathrm{T}}\dot{\boldsymbol{U}}_n = \boldsymbol{A}\dot{\boldsymbol{I}}_s - \boldsymbol{AY}\dot{\boldsymbol{I}}_s$，即 $\boldsymbol{Y}_n\dot{\boldsymbol{A}}_n = \dot{\boldsymbol{J}}_n$

四、状态方程

1. 网络的状态与状态变量

(1)网络状态，是指能和激励一道唯一确定网络现时和未来的行为的最少的一组信息量。

(2)状态变量。在分析网络(或系统)时，在网络内部选一组最少数量的特定变量 $\boldsymbol{X}$，$\boldsymbol{X}=[X_1, X_2, \cdots, X_n]^{\mathrm{T}}$，只要知道这组量在某一时刻值 $X(t_0)$，再知道输入 $e(t)$ 就可以确定 t_0 及 t_0 以后任何时刻网络的性状(响应)，称这一组最少数目的特定变量为状态变量。

网络中各独立的电容电压(或电荷)，电感电流(或磁通链)在任意瞬间 t_0 的值确定，就可完全确定 t_0 以后的完全响应，如一阶、二阶电路，因此可以选择为状态变量。

注意：这里讲得最少的网络变量是互相独立的。因此：

(1)当一个网络中存在纯电容回路，由 KVL 可知，其中必有一个电容电压可由回路中其他元件的电压求出，此电容电压为非独立的电容电压。

(2)网络中与独立电压源并联的电容元件，其电压 u_C 由 u_S 决定；

(3)当网络中存在纯电感割集，由 KCL 可知，其中必有一个电感电流可由其他元件的电流求出，此电感电流为非独立的；

(4)网络中与独立电流源串联的电感元件，其 i_L 由 i_S 决定。

以上四种情况中非独立的 u_C 和 i_L 不能作为状态变量，不含以上四种情况的网络称为常态网络。状态变量数等于 C、L 元件总数。含有以上四种情况的网络称为非常态网络，网络的状态变量数小于网络中 C、L 元件总数，下面着重讨论常态网络。

2. 状态方程

求解状态变量的方程称为状态方程。每个状态方程中只含有一个状态变量的一阶导数。

状态方程的特点有：

(1)联立的一阶微分方程组；

(2)左端为状态变量的一阶导数；

(3)右端含状态变量和输入量。

状态方程的标准形式如下：

$$\dot{\boldsymbol{x}} = \boldsymbol{A}\boldsymbol{x} + \boldsymbol{B}\boldsymbol{v}$$

其中，$\boldsymbol{x}$ 称为状态向量；$\boldsymbol{v}$ 称为输入向量；在一般情况下，设电路具有 n 个状态变量，m 个独立源；$\dot{\boldsymbol{x}}$ 和 $\boldsymbol{x}$ 为 n 阶向量；$\boldsymbol{A}$ 为 $n\times n$ 方阵，$\boldsymbol{B}$ 为 $n\times m$ 矩阵。上式有时称为向量微分方程。

3. 状态方程的列写

1)直观列写法

该法适用于简单的电路。要列出包含 $\frac{\mathrm{d}u_C}{\mathrm{d}t}$ 项的方程，必须对只接有一个电容的节点或割集写出 KCL。要列出包含 $\frac{\mathrm{d}i_L}{\mathrm{d}t}$ 项的方程，必须对只包含一个电感的回路列写 KVL。当列出全部这样的 KCL 和 KVL 方程后，通常可以整理成标准形式的状态方程。

注意：对于上述 KCL 和 KVL 方程中出现的非状态变量，只有将它们表示为状态变量后，才能得到状态方程的标准形式。

直观编写法的缺点有：

(1)编写方程不系统，不利于计算机计算；

(2)对复杂网络的非状态变量的消除很麻烦。

2)系统列写法

状态方程系统列写法的步骤如下：

(1)每个元件为一支路，线性电路以 i_L、u_C 为状态变量。

(2)选一棵特有树，它的树支包含了电路中所有电容支路、电压源支路。而连支包含了电路中所有电流源支路和电感支路。

(3)对单电容树枝割集列写 KCL 方程，对单电感连枝回路列写 KVL 方程。然后消去非状态变量(如果有必要)，最后整理并写成状态方程的标准形式。

11.3 典型例题

例 11-1 以 i_L 和 u_C 为状态变量列出如图(a)所示电路的状态方程 $\dot{\boldsymbol{x}}=\boldsymbol{Ax}+\boldsymbol{Bv}$，$\boldsymbol{x}$ 为状态向量，$\boldsymbol{v}$ 为输入向量。

解 作出图电路的有向图，如图(b)所示，选支路 4、2、5 为树，以 i_L、u_C 作为状态变量，对单树枝割集(4，6)支路组成列 KCL 方程，沿单连枝回路(3，2，5 支路组成)列 KVL 方程，有

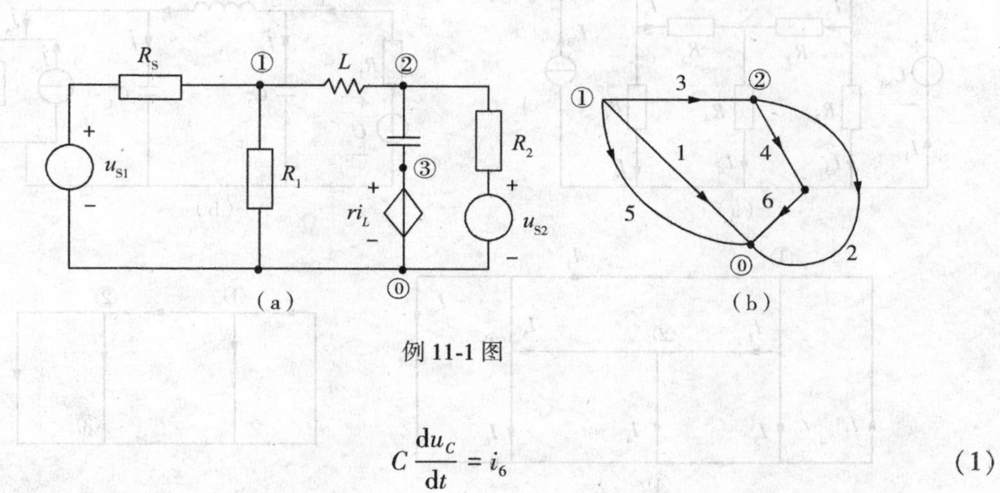

例 11-1 图

$$C\frac{\mathrm{d}u_C}{\mathrm{d}t}=i_6 \tag{1}$$

$$L\frac{\mathrm{d}i_C}{\mathrm{d}t}=-R_2i_2-u_{S2}+u_{S1}+R_si_s \tag{2}$$

为消去非状态变量，对两单树枝割集(2、6、3 支路)，(5、1、3 支路)，两单连枝回路(6、2、4 支路)和(1、5 支路)列 KCL、KVL 方程：

$$i_6=i_L-i_2 \tag{3}$$

$$i_5+i_1=-i_L \tag{4}$$

$$R_2i_2=ri_L+u_c-u_{S2} \tag{5}$$

$$R_5i_5-R_1i_1=-u_{S1} \tag{6}$$

由式(3)~(6)解出 i_2，i_5，i_6，再代回式(1)(2)，整理后即得状态方程

$$\frac{\mathrm{d}u_C}{dt}=-\frac{1}{R_2C}u_C+\frac{1}{C}\left(1-\frac{r}{R_2}\right)i_L+\frac{1}{R_2C}u_{S2}$$

$$\frac{\mathrm{d}i_L}{\mathrm{d}t}=-\frac{1}{L}u_C-\frac{1}{L}\left(r+\frac{R_1R_2}{R_1+R_S}\right)i_L+\frac{R_1}{L(R_1+R_s)}u_{S1}$$

令 $u_C=x_1$，$i_L=x_2$，即可将状态方程写成标准形式为

$$\begin{bmatrix}\dot{x}_1\\\dot{x}_2\end{bmatrix}=\begin{bmatrix}-\dfrac{1}{R_2C} & \dfrac{1}{C}\left(1-\dfrac{r}{R_2}\right)\\-\dfrac{1}{L} & -\dfrac{1}{L}\left(r+\dfrac{R_1R_s}{R_1+R_s}\right)\end{bmatrix}\begin{bmatrix}x_1\\x_2\end{bmatrix}+\begin{bmatrix}0 & \dfrac{1}{R_2C}\\\dfrac{R_1}{L(R_1+R_s)} & 0\end{bmatrix}\begin{bmatrix}u_{S1}\\u_{S2}\end{bmatrix}$$

11.4　习题精解

11-1　画出图(a)所示的电路的有向图，写出它们的增广关联矩阵 $\boldsymbol{A}_\alpha$ 和关联矩阵 $\boldsymbol{A}$。

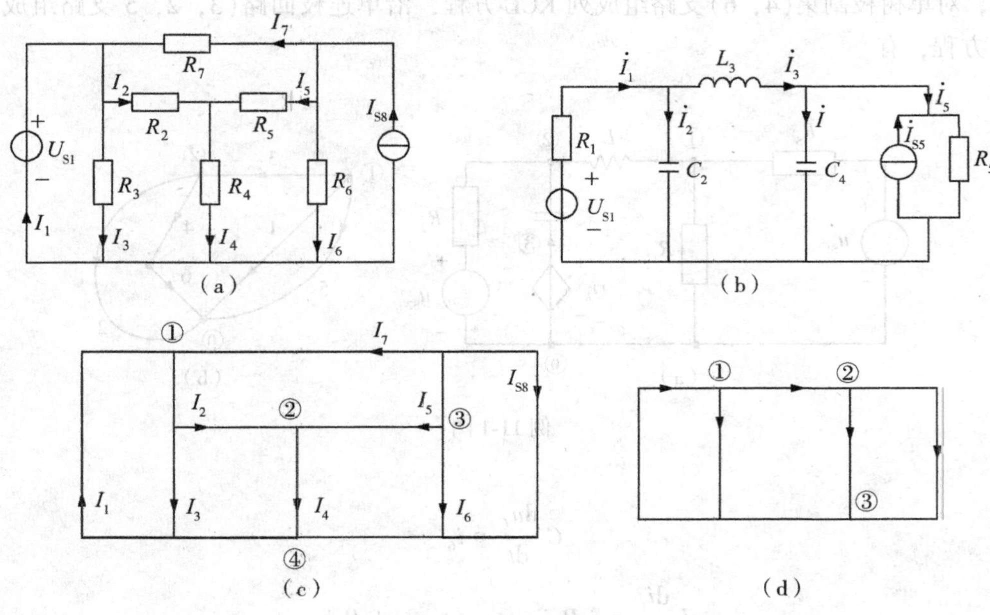

题 11-1 图

解　图(a)的有向图如图(c)所示。

对节点列 KCL 方程：

节点 1：　$-I_1+I_2+I_3-I_7=0$

节点 2：　$-I_2+I_4-I_5=0$

节点 3：　$I_5+I_6-I_{S8}=0$

节点 4：　$I_1-I_3-I_4-I_6+I_{S8}=0$

$$\boldsymbol{A}_\alpha=\begin{bmatrix}-1 & 1 & 1 & 0 & 0 & 0 & -1 & 0\\0 & -1 & 0 & 1 & -1 & 0 & 0 & 0\\0 & 0 & 0 & 0 & 1 & 1 & 1 & -1\\1 & 0 & -1 & -1 & 0 & -1 & 0 & 1\end{bmatrix},\ \boldsymbol{A}=\begin{bmatrix}-1 & 1 & 1 & 0 & 0 & 0 & -1 & 0\\0 & -1 & 0 & 1 & -1 & 0 & 0 & 0\\0 & 0 & 0 & 0 & 1 & 1 & 1 & -1\end{bmatrix}$$

图(b)的有向图如图(d)所示。

对节点列 KCL 方程：

节点 1： $-\dot{I}_1+\dot{I}_2+\dot{I}_3=0$

节点 2： $-\dot{I}_3+\dot{I}_4+\dot{I}_5=0$

节点 3： $\dot{I}_1-\dot{I}_2-\dot{I}_4-\dot{I}_5=0$

$$A_\alpha=\begin{bmatrix}-1 & 1 & 1 & 0 & 0\\ 0 & 0 & -1 & 1 & 1\\ 1 & -1 & 0 & -1 & -1\end{bmatrix},\ A=\begin{bmatrix}-1 & 1 & 1 & 0 & 0\\ 0 & 0 & -1 & 1 & 1\end{bmatrix}$$

11-2 由下列给定的 $\boldsymbol{A}_\alpha$ 或 $\boldsymbol{A}$，画出其有向图。

$$(1)\ \boldsymbol{A}_\alpha=\begin{bmatrix}-1 & -1 & 0 & 0 & 0\\ 0 & 1 & 1 & 1 & 0\\ 0 & 0 & 0 & -1 & 1\\ 1 & 0 & -1 & 0 & -1\end{bmatrix};\ (2)\ \boldsymbol{A}=\begin{bmatrix}1 & 0 & 1 & 0 & 0 & 0\\ -1 & 1 & 0 & -1 & 0 & 0\\ 0 & -1 & 0 & 0 & 1 & 0\\ 0 & 0 & -1 & 1 & 0 & -1\end{bmatrix}$$

解 (1)由矩阵可知该电路有 4 个节点。

列出对应的 KCL 方程如下：

节点 1： $-I_1-I_2=0$

节点 2： $I_2+I_3+I_4=0$

节点 3： $I_5-I_4=0$

节点 4： $I_1-I_3-I_5=0$

则对应的有向图如图(a)所示。

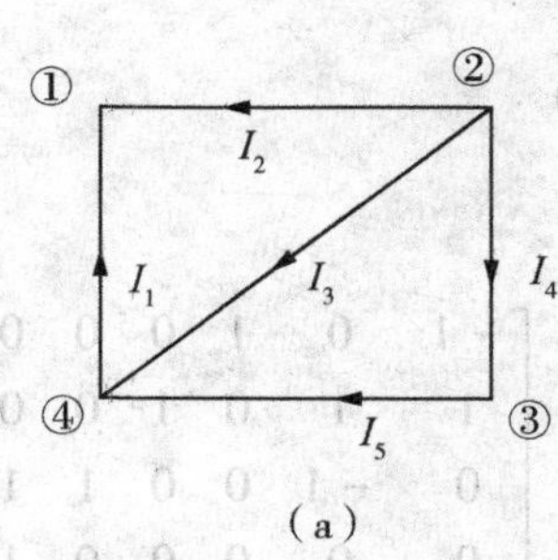

(a)

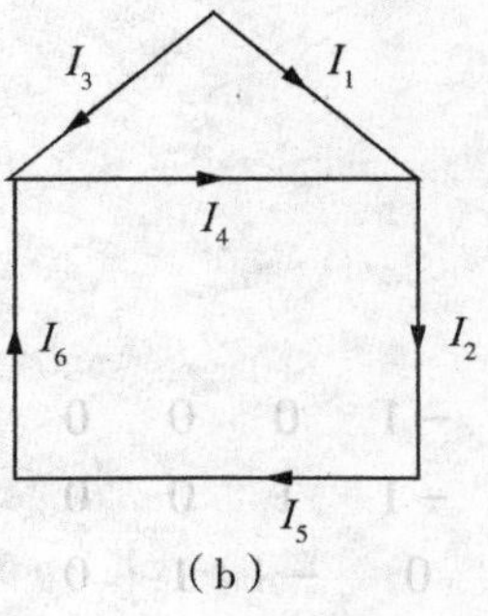

(b)

题 11-2 图

(2)由矩阵可知该电路有 4 个独立节点。

列出对应的独立节点的 KCL 方程如下：

节点 1： $I_1+I_3=0$

节点 2： $-I_1+I_2-I_4=0$

节点 3： $-I_2+I_5=0$

节点 4： $I_4-I_3-I_6=0$

则对应的有向图如图(b)所示。

11-3　对于图示有向图，选支路 3、4、5、7、8 为树，试写出基本回路矩阵和基本割集矩阵。

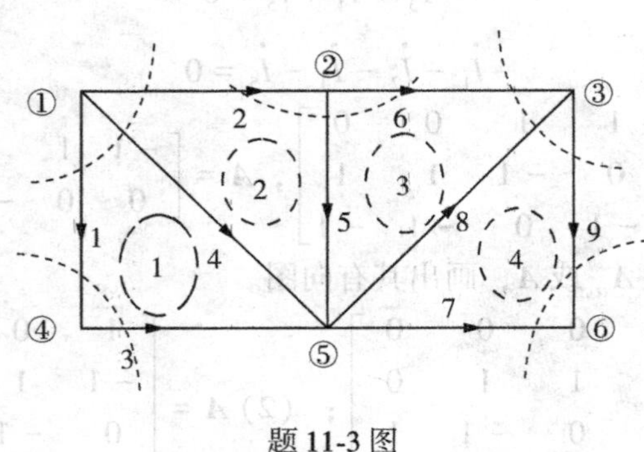

题 11-3 图

解　选支路 3、4、5、7、8 为树，每增加一个连枝就构成一个独立回路。独立回路分布如图所示。对 4 个独立回路列 KVL 方程：

回路 1：　$-U_1-U_3+U_4=0$

回路 2：　$U_2-U_4+U_5=0$

回路 3：　$-U_5+U_6-U_8=0$

回路 4：　$-U_3+U_8+U_9=0$

选支路 3、4、5、7、8 为树，则有 5 个基本割集，其割集方程为

割集 1：　$-I_1+I_3=0$

割集 2：　$I_1+I_2+I_4=0$

割集 3：　$-I_2+I_5+I_6=0$

割集 4：　$I_6+I_8-I_9=0$

割集 5：　$I_7+I_9=0$

$$\boldsymbol{B}=\begin{bmatrix}1&0&1&-1&0&0&0&0&0\\0&1&0&-1&1&0&0&0&0\\0&0&0&0&-1&1&0&-1&0\\0&0&0&0&0&0&-1&1&1\end{bmatrix};\ \boldsymbol{Q}=\begin{bmatrix}-1&0&1&0&0&0&0&0&0\\1&1&0&1&0&0&0&0&0\\0&-1&0&0&1&1&0&0&0\\0&0&0&0&0&1&0&1&-1\\0&0&0&0&0&0&1&0&1\end{bmatrix}$$

11-4　对于图示有向图，选支路 1、3、5、7 为树，试写出基本回路矩阵和基本割集矩阵。

解　选支路 1、3、5、7 为树，每增加一个连支就构成一个独立回路。独立回路分布如图所示。对 3 个独立回路列 KVL 方程：

回路 1：　$-U_1+U_2-U_3=0$

回路 2：　$-U_3+U_4-U_5=0$

回路 3：　$-U_5+U_6-U_7=0$

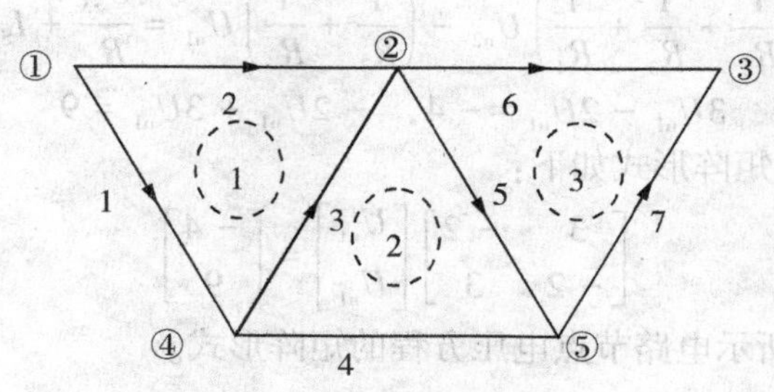

题 11-4 图

选支路 1、3、5、7 为树，则有 4 个基本割集，其割集方程为

割集 1： $I_1+I_2=0$

割集 2： $I_2+I_3+I_4=0$

割集 3： $I_4+I_5+I_6=0$

割集 4： $I_6+I_7=0$

$$\boldsymbol{B}=\begin{bmatrix}-1 & 1 & -1 & 0 & 0 & 0 & 0\\ 0 & 0 & -1 & 1 & -1 & 0 & 0\\ 0 & 0 & 0 & 0 & -1 & 1 & -1\end{bmatrix},\ \boldsymbol{Q}=\begin{bmatrix}1 & 1 & 0 & 0 & 0 & 0 & 0\\ 0 & 1 & 1 & 1 & 0 & 0 & 0\\ 0 & 0 & 0 & 1 & 1 & 1 & 0\\ 0 & 0 & 0 & 0 & 0 & 1 & 1\end{bmatrix}$$

11-5 在如图(a)所示电路中，$R_1=R_3=R_4=R_5=1\Omega$，$I_{S2}=2\text{A}$，$U_{S1}=1\text{V}$，$U_{S3}=3\text{V}$，$I_{S6}=6\text{A}$。试列出节点电压方程的矩阵形式。

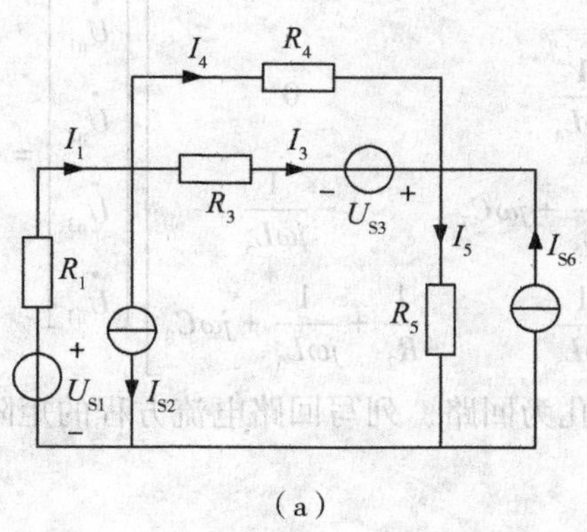

(a)

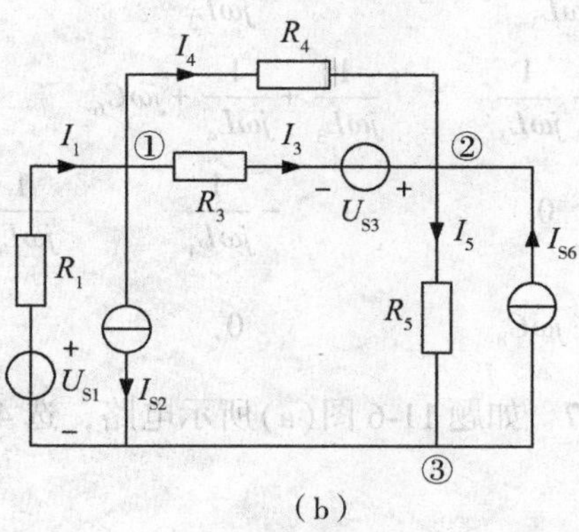

(b)

题 11-5 图

解 选与 U_{S1} 负极相连的节点为参考节点。

节点①：

$$\left(\frac{1}{R_1}+\frac{1}{R_3}+\frac{1}{R_4}\right)U_{n1}-\left(\frac{1}{R_3}+\frac{1}{R_4}\right)U_{n2}=\frac{U_{S1}}{R_1}-\frac{U_{S3}}{R_3}-I_{S2}$$

节点②：

$$\left(\frac{1}{R_5}+\frac{1}{R_3}+\frac{1}{R_4}\right)U_{n2}-\left(\frac{1}{R_3}+\frac{1}{R_4}\right)U_{n1}=\frac{U_{S3}}{R_3}+I_{S6}$$

即

$$3U_{n1}-2U_{n1}=-4,\quad -2U_{n1}+3U_{n1}=9$$

则节点电压方程的矩阵形式如下：

$$\begin{bmatrix}3 & -2\\ -2 & 3\end{bmatrix}\begin{bmatrix}U_{n1}\\ U_{n1}\end{bmatrix}=\begin{bmatrix}-4\\ 9\end{bmatrix}$$

11-6　列写图(a)所示电路节点电压方程的矩阵形式。

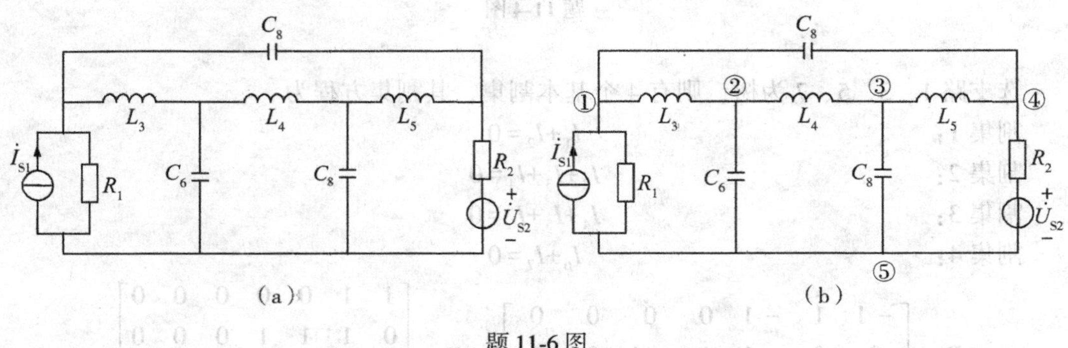

题 11-6 图

解　选与 $\dot{U}_{S2}$ 负极相连的节点作为参考节点，其他 4 个节点电压方程的矩阵形式如下：

$$\begin{bmatrix}\frac{1}{R_1}+\frac{1}{j\omega L_3}+j\omega C_8 & -\frac{1}{j\omega L_3} & 0 & -j\omega C_8\\ -\frac{1}{j\omega L_3} & \frac{1}{j\omega L_3}+\frac{1}{j\omega L_4}+j\omega C_6 & -\frac{1}{j\omega L_4} & 0\\ 0 & -\frac{1}{j\omega L_4} & \frac{1}{j\omega L_4}+\frac{1}{j\omega L_5}+j\omega C_7 & -\frac{1}{j\omega L_5}\\ -j\omega C_8 & 0 & -\frac{1}{j\omega L_5} & \frac{1}{R_2}+\frac{1}{j\omega L_5}+j\omega C_8\end{bmatrix}\begin{bmatrix}\dot{U}_{n1}\\ \dot{U}_{n2}\\ \dot{U}_{n3}\\ \dot{U}_{n4}\end{bmatrix}=\begin{bmatrix}\dot{I}_{S1}\\ 0\\ 0\\ \frac{\dot{U}_{S2}}{R_2}\end{bmatrix}$$

11-7　如题 11-6 图(a)所示电路，选 4 个网孔为回路，列写回路电流方程的矩阵形式。

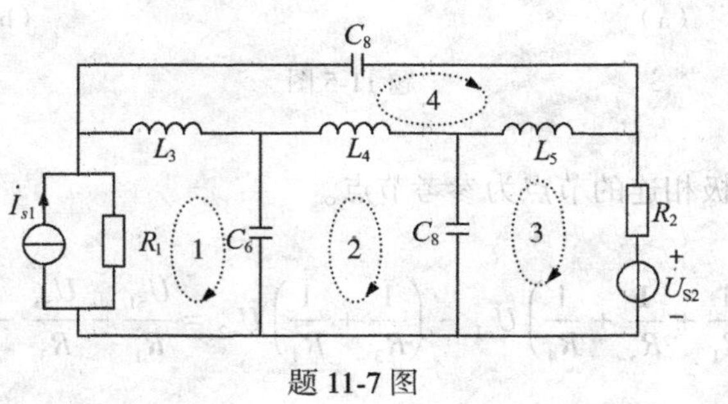

题 11-7 图

解 根据题 11-6 图选定 4 个网孔如本题图所示，设这 4 个网孔回路电流分别为 I_{l1}，I_{l2}，I_{l3}，I_{l4}，对这 4 个变量列矩阵方程：

$$\begin{bmatrix} R_1+j\omega L_3+\dfrac{1}{j\omega C_6} & -\dfrac{1}{j\omega C_6} & 0 & -j\omega L_3 \\ -\dfrac{1}{j\omega C_6} & \dfrac{1}{j\omega C_6}+\dfrac{1}{j\omega C_7}+j\omega L_4 & -\dfrac{1}{j\omega C_7} & -j\omega L_4 \\ 0 & -\dfrac{1}{j\omega C_7} & R_2+j\omega L_5+\dfrac{1}{j\omega C_7} & -j\omega L_5 \\ -j\omega L_3 & -j\omega L_4 & -j\omega L_5 & \dfrac{1}{j\omega C_8}+j\omega L_3+j\omega L_4+j\omega L_5 \end{bmatrix}\begin{bmatrix} \dot{I}_{l1} \\ \dot{I}_{l2} \\ \dot{I}_{l3} \\ \dot{I}_{l4} \end{bmatrix}$$

$$=\begin{bmatrix} R\dot{I}_{S11} \\ 0 \\ -\dot{U}_{S2} \\ 0 \end{bmatrix}$$

11-8 在图(a)所示直流电路中，选支路 G_3，G_4，G_5 为树枝，试写出对应于此树的割集方程的矩阵形式。

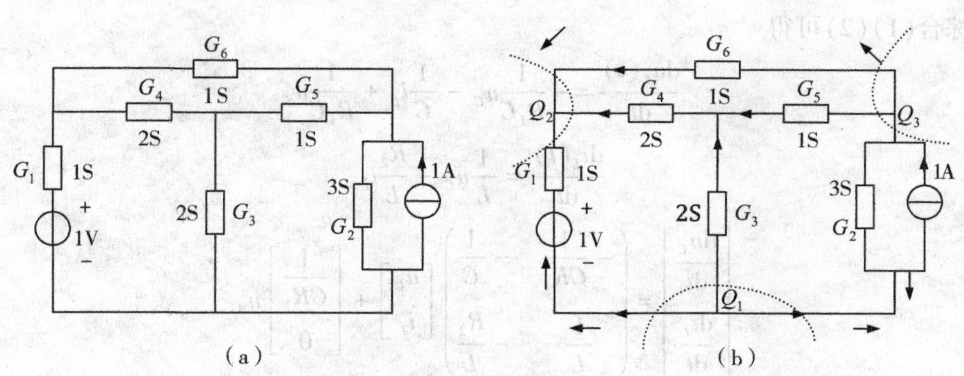

题 11-8 图

解 选支路 G_3，G_4，G_5 为树枝，则有 3 个基本割集，如图(b)所示。

其割集方程为

割集 Q_1： $6U_{q1}+1U_{q2}-3U_{q3}=2$

割集 Q_2： $1U_{q1}+4U_{q2}+1U_{q3}=1$

割集 Q_3： $-3U_{q1}+1U_{q2}+5U_{q3}=-1$

此树的割集方程的矩阵形式为

$$\begin{bmatrix} 6 & 1 & -3 \\ 1 & 4 & 1 \\ -3 & 1 & 5 \end{bmatrix}\begin{bmatrix} U_{q1} \\ U_{q2} \\ U_{q3} \end{bmatrix}=\begin{bmatrix} 2 \\ 1 \\ -1 \end{bmatrix}$$

11-9　试列写图(a)所示电路的状态方程。

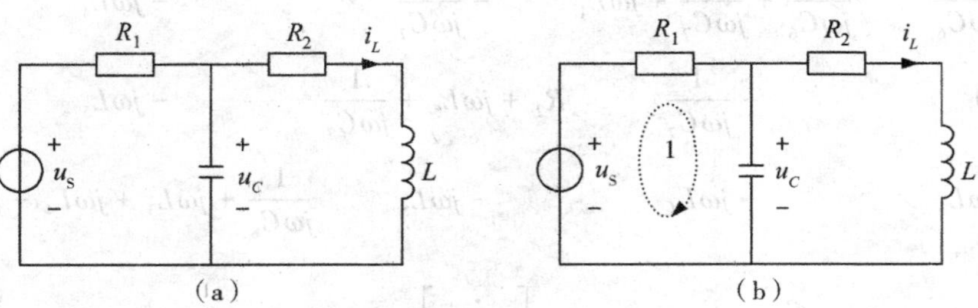

题 11-9 图

解　如图(b)所示，

对于节点①：
$$C\frac{\mathrm{d}u_C(t)}{\mathrm{d}t}-\frac{u_S-u_C}{R_1}+i_L=0 \tag{1}$$

对于回路 1：
$$L\frac{\mathrm{d}i_L(t)}{\mathrm{d}t}+i_LR_2=u_C \tag{2}$$

综合(1)(2)可得

$$\frac{\mathrm{d}u_C(t)}{\mathrm{d}t}=-\frac{1}{R_1C}u_C-\frac{1}{C}i_L+\frac{1}{R_1C}u_S$$

$$\frac{\mathrm{d}i_L(t)}{\mathrm{d}t}=\frac{1}{L}u_C-\frac{R_2}{L}i_L$$

$$\begin{bmatrix} \dfrac{\mathrm{d}u_C}{\mathrm{d}t} \\ \dfrac{\mathrm{d}i_L}{\mathrm{d}t} \end{bmatrix}=\begin{pmatrix} -\dfrac{1}{CR_1} & -\dfrac{1}{C} \\ \dfrac{1}{L} & -\dfrac{R_2}{L} \end{pmatrix}\begin{bmatrix} u_C \\ i_L \end{bmatrix}+\begin{bmatrix} \dfrac{1}{CR_1} \\ 0 \end{bmatrix}u_S$$

11-10　如图(a)所示电路，试列写其状态方程。

解　在图(b)中，

对于节点①：
$$C\frac{\mathrm{d}u_C(t)}{\mathrm{d}t}=i_{L_1}-i_{L_2}\Rightarrow\frac{\mathrm{d}u_C(t)}{\mathrm{d}t}=\frac{1}{C}i_{L1}-\frac{1}{C}i_{L2} \tag{1}$$

对于回路 1：
$$L_1\frac{\mathrm{d}i_{L_1}(t)}{\mathrm{d}t}+u_C+i_{L_1}R_2=i_SR_2 \tag{2}$$

对于回路 2：
$$L_2\frac{\mathrm{d}L_2(t)}{\mathrm{d}t}+u_S+i_{L_2}R_1=u_C \tag{3}$$

综合式(1)(2)(3)，整理得

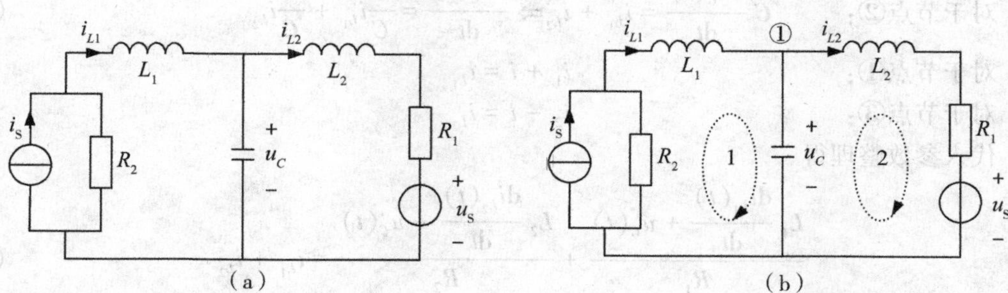

题 11-10 图

$$\frac{\mathrm{d}u_C(t)}{\mathrm{d}t}=\frac{1}{C}i_{L_1}-\frac{1}{C}i_{L_2}$$

$$\frac{\mathrm{d}i_{L_1}(t)}{\mathrm{d}t}=-\frac{1}{L_1}u_C-\frac{R_2}{L_1}i_{L_1}+\frac{R_2}{L_1}i_S$$

$$\frac{\mathrm{d}i_{L_2}(t)}{\mathrm{d}t}=\frac{1}{L_2}u_C-\frac{R_1}{L_2}i_{L_2}-\frac{1}{L_2}u_S$$

令 $x_1=u_C(t)$，$x_2=i_{L_1}(t)$，$x_3=i_{L_2}(t)$，那么，其状态方程为

$$\begin{bmatrix}\dot{x}_1\\ \dot{x}_2\\ \dot{x}_3\end{bmatrix}=\begin{bmatrix}0 & \frac{1}{C} & -\frac{1}{C}\\ -\frac{1}{L_1} & -\frac{R_2}{L_1} & 0\\ \frac{1}{L_2} & 0 & -\frac{R_1}{L_2}\end{bmatrix}\begin{bmatrix}x_1\\ x_2\\ x_3\end{bmatrix}+\begin{bmatrix}0 & 0\\ 0 & \frac{R_2}{L_1}\\ -\frac{1}{L_2} & 0\end{bmatrix}\begin{bmatrix}u_S\\ i_S\end{bmatrix}$$

11-11 试列写图(a)所示电路的状态方程。如果选电阻电压 u_{R_1}、u_{R_2} 为电路输出量，再列写输出方程。

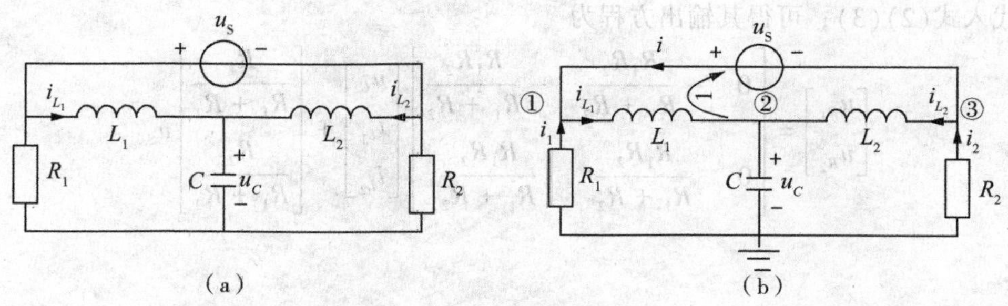

题 11-11 图

解 图(b)中，

对于节点②：$C\dfrac{du_C(t)}{dt}=i_{L_1}+i_{L_2}\Rightarrow\dfrac{du_C(t)}{dt}=\dfrac{1}{C}i_{L_1}+\dfrac{1}{C}i_{L_2}$ (1)

对于节点①：$i_1+i=i_{L_1}$

对于节点③：$i_2-i=i_{L_2}$

代入参数整理得

$$\frac{L_1\dfrac{di_{L_1}(t)}{dt}+u_C(t)}{R_1}+\frac{L_2\dfrac{di_{L_2}(t)}{dt}+u_C(t)}{R_2}=i_{L_1}+i_{L_2} \tag{2}$$

结合(1)(2)可得

$$\frac{du_C(t)}{dt}=\frac{1}{C}i_{L_1}-\frac{1}{C}i_{L_2}$$

$$\frac{di_{L_1}(t)}{dt}=-\frac{1}{L_1}u_C-\frac{R_2R_1}{L_1(R_1+R_2)}i_{L_1}-\frac{R_2R_1}{L_1(R_1+R_2)}i_{L_2}+\frac{R_2R_1}{L_1(R_1+R_2)}u_S$$

$$\frac{di_{L_2}(t)}{dt}=-\frac{1}{L_2}u_C-\frac{R_2R_1}{L_2(R_1+R_2)}i_{L_1}-\frac{R_2R_1}{L_2(R_1+R_2)}i_{L_2}-\frac{R_2R_1}{L_2(R_1+R_2)}u_S$$

令 $x_1=u_C(t)$，$x_2=i_{L_1}(t)$，$x_3=i_{L_2}(t)$，得状态方程：

$$\begin{bmatrix}\dot{x}_1\\ \dot{x}_2\\ \dot{x}_3\end{bmatrix}=\begin{bmatrix}0 & \dfrac{1}{C} & -\dfrac{1}{C}\\ -\dfrac{1}{L_1} & -\dfrac{R_2R_1}{L_1(R_1+R_2)} & -\dfrac{R_2R_1}{L_1(R_1+R_2)}\\ -\dfrac{1}{L_2} & -\dfrac{R_2R_1}{L_2(R_1+R_2)} & -\dfrac{R_2R_1}{L_2(R_1+R_2)}\end{bmatrix}\begin{bmatrix}x_1\\ x_2\\ x_3\end{bmatrix}+\begin{bmatrix}0\\ \dfrac{R_2R_1}{L_1(R_1+R_2)}\\ -\dfrac{R_2R_1}{L_2(R_1+R_2)}\end{bmatrix}u_S$$

又

$$u_{R_1}=L_1\frac{di_{L_1}(t)}{dt}+u_C$$

$$u_{R_2}=L_2\frac{di_{L_2}(t)}{dt}+u_C$$

代入式(2)(3)，可得其输出方程为

$$\begin{bmatrix}u_{R_1}\\ u_{R_2}\end{bmatrix}=\begin{bmatrix}0 & -\dfrac{R_1R_2}{R_1+R_2} & -\dfrac{R_1R_2}{R_1+R_2}\\ 0 & \dfrac{R_1R_2}{R_1+R_2} & \dfrac{R_1R_2}{R_1+R_2}\end{bmatrix}\begin{bmatrix}u_C\\ i_{L_1}\\ i_{L_2}\end{bmatrix}+\begin{bmatrix}\dfrac{R_1}{R_1+R_2}\\ \dfrac{R_2}{R_1+R_2}\end{bmatrix}u_S$$

第12章　二端口网络

12.1　学习指导

一、学习要求

(1)掌握与每种参数相对应的二端口网络方程，理解这些方程各自参数的物理意义；
(2)掌握二端口等效电路；
(3)掌握二端口在不同连接方式时的分析方法；
(4)掌握分析特殊二端口的方法。

二、重点和难点

重点：两端口的方程和参数的求解。
难点：二端口的参数的求解。

12.2　主要内容

一、二端口网络

1. 二端口网络

端口由一对端钮构成，且满足端口条件，即：从端口的一个端钮流入的电流必须等于从该端口的另一个端钮流出的电流。当一个电路与外部电路通过两个端口连接时，称此电路为二端口网络。

2. 研究二端口网络的意义

(1)两端口应用很广，其分析方法易推广应用于 n 端口网络；
(2)可以将任意复杂二端口网络分割成许多子网络(两端口)进行分析，使分析简化；
(3)当仅研究端口的电压电流特性时，可以用二端口网络的电路模型进行研究。

3. 分析方法

(1)分析前提：讨论初始条件为零的无源线性二端口网络；

(2)不涉及网络内部电路的工作状况，找出两个端口的电压、电流关系方程来表征网络的电特性，这些方程通过一些参数来表示；

(3)分析中按正弦稳态情况考虑，应用相量法或运算法讨论。

二、二端口的参数和方程

用二端口概念分析电路时，仅对端口处的电压电流之间的关系感兴趣，这种关系可以通过一些参数表示，而这些参数只取决于构成二端口本身的元件及它们的连接方式，一旦确定表征二端口的参数后，根据一个端口的电压、电流变化可以找出另一个端口的电压和电流。

1. 二端口的参数

线性无独立源的二端口网络，在端口上有 4 个物理量 i_1、i_2、u_1、u_2，如图 12-1 所示。在外电路限定的情况下，这 4 个物理量间存在着通过两端口网络来表征的约束方程，若任取其中的两个为自变量，可得到端口电压、电流的 6 种不同的方程表示，即可用 6 套参数描述二端口网络。其对应关系为

$$\begin{matrix} i_1 \\ i_2 \end{matrix} \Leftrightarrow \begin{matrix} u_1 \\ u_2 \end{matrix},\quad \begin{matrix} u_1 \\ i_1 \end{matrix} \Leftrightarrow \begin{matrix} u_2 \\ i_2 \end{matrix},\quad \begin{matrix} u_1 \\ i_2 \end{matrix} \Leftrightarrow \begin{matrix} i_1 \\ u_2 \end{matrix}$$

由于每组方程有两个独立方程式，每个方程有两个自变量，因而两端口网络的每种参数有 4 个独立的参数。本章主要讨论其中 4 套参数，即 Y、Z、A、H 参数。

讨论中设端口电压、电流参考方向如图 12-1 所示。

图 12-1　二端口网络

2. Y 参数和方程

1) Y 参数方程

将二端口网络的两个端口各施加一电压源如图 12-2 所示，则端口电流可视为两个电压源单独作用时的响应之和，即

$$\begin{cases} \dot{I}_1 = Y_{11}\dot{U}_1 + Y_{12}\dot{U}_2 \\ \dot{I}_2 = Y_{21}\dot{U}_1 + Y_{22}\dot{U}_2 \end{cases}$$

上式称为 Y 参数方程，写成矩阵形式为

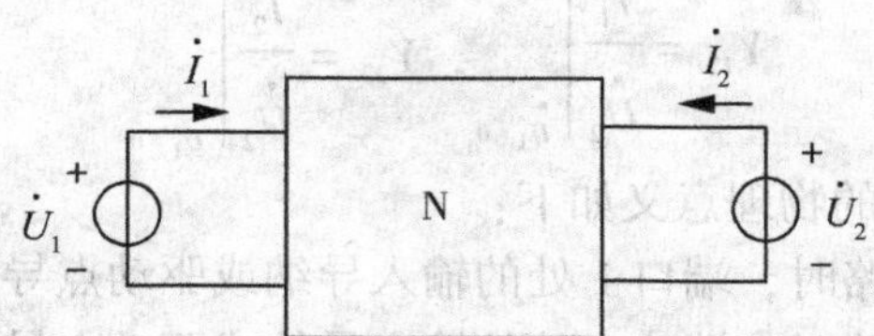

图 12-2 施加两个电压源的二端口网络

$$\begin{bmatrix}\dot{I}_1\\ \dot{I}_2\end{bmatrix}=\begin{bmatrix}Y_{11}\,Y_{12}\\ Y_{21}\,Y_{22}\end{bmatrix}\begin{bmatrix}\dot{U}_1\\ \dot{U}_2\end{bmatrix}$$

其中，$[Y]=\begin{bmatrix}Y_{11}\,Y_{12}\\ Y_{21}\,Y_{22}\end{bmatrix}$，称为两端口的 Y 参数矩阵。矩阵中的元素称为 Y 参数。显然，Y 参数属于导纳性质。需要指出的是，Y 参数值仅由内部元件及连接关系决定。

2) Y 参数的物理意义及计算和测定

在端口 1 上外施电压 $\dot{U}_1$，把端口 2 短路，如图 12-3 所示，由 Y 参数方程得

$$Y_{11}=\left.\frac{\dot{I}_1}{\dot{U}_1}\right|_{\dot{U}_2=0},\quad Y_{21}=\left.\frac{\dot{I}_2}{\dot{U}_1}\right|_{\dot{U}_2=0}$$

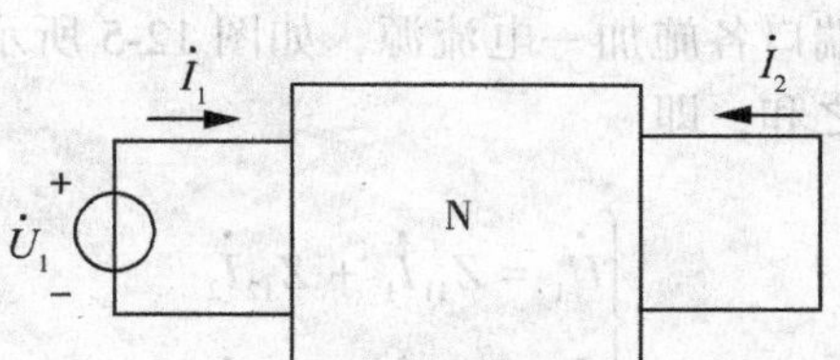

图 12-3 端口 1 施加电压源的二端口网络

同理，在端口 2 上外施电压 $\dot{U}_2$，把端口 1 短路，如图 12-4 所示，由 Y 参数方程得

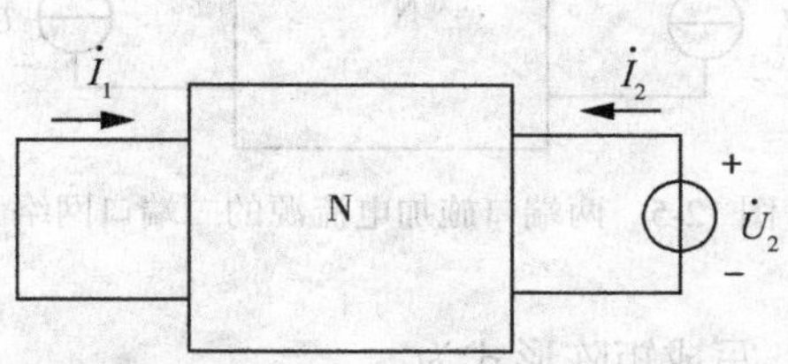

图 12-4 端口 2 施加电压源的二端口网络

$$Y_{12} = \left.\frac{\dot{I}_1}{\dot{U}_2}\right|_{\dot{U}_1=0},\quad Y_{22} = \left.\frac{\dot{I}_2}{\dot{U}_2}\right|_{\dot{U}_1=0}$$

由以上各式得 Y 参数的物理意义如下：

(1) Y_{11}表示端口 2 短路时，端口 1 处的输入导纳或驱动点导纳；

(2) Y_{22}表示端口 1 短路时，端口 2 处的输入导纳或驱动点导纳；

(3) Y_{12}表示端口 1 短路时，端口 1 与端口 2 之间的转移导纳；

(4) Y_{21}表示端口 2 短路时，端口 2 与端口 1 之间的转移导纳，因 Y_{12}和 Y_{21}表示一个端口的电流与另一个端口的电压之间的关系，故 Y 参数也称为短路导纳参数。

3) 互易性两端口网络

若两端口网络是互易网络，则当 $\dot{U}_1 = \dot{U}_2$ 时，有 $\dot{I}_1 = \dot{I}_2$，因此满足：

$$Y_{12} = Y_{21}$$

即互易二端口的 Y 参数中只有 3 个是独立的。

4) 对称二端口网络

若二端口网络为对称网络，除满足 $Y_{12} = Y_{21}$ 外，还满足 $Y_{12} = Y_{22}$，即对称二端口的 Y 参数中只有 2 个是独立的。

注意：对称二端口是指两个端口电气特性对称，电路结构左右对称的一般为对称二端口，结构不对称的二端口，其电气特性可能是对称的，这样的二端口也是对称二端口。

3. Z 参数和方程

1) Z 参数方程

将二端口网络的两个端口各施加一电流源，如图 12-5 所示，则端口电压可视为两个电流源单独作用时的响应之和，即

$$\begin{cases}\dot{U}_1 = Z_{11}\dot{I}_1 + Z_{12}\dot{I}_2 \\ \dot{U}_2 = Z_{21}\dot{I}_1 + Z_{22}\dot{I}_2\end{cases}$$

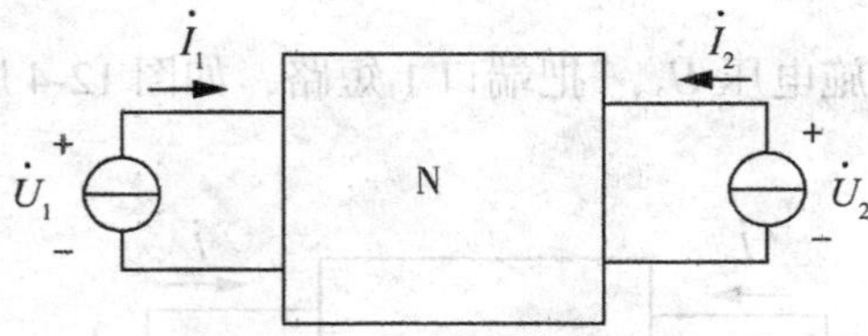

图 12-5　两端口施加电流源的二端口网络

上式称为 Z 参数方程，写成矩阵形式为

$$\begin{bmatrix} \dot{U}_1 \\ \dot{U}_2 \end{bmatrix} = \begin{bmatrix} Z_{11} Z_{12} \\ Z_{21} Z_{22} \end{bmatrix} \begin{bmatrix} \dot{I}_1 \\ \dot{I}_2 \end{bmatrix} = Z \begin{bmatrix} \dot{I}_1 \\ \dot{I}_2 \end{bmatrix}$$

其中，$[Z] = \begin{bmatrix} Z_{11} Z_{12} \\ Z_{21} Z_{22} \end{bmatrix}$，称为 Z 参数矩阵。矩阵中的元素称为 Z 参数。显然，Z 参数具有阻抗性质。需要指出的是，Z 参数值仅由内部元件及连接关系决定。

Z 参数方程也可由 Y 参数方程解出 $\dot{U}_1$、$\dot{U}_2$ 得到，即

$$\begin{cases} \dot{U}_1 = \dfrac{Y_{22}}{\Delta}\dot{I}_1 + \dfrac{-Y_{12}}{\Delta}\dot{I}_2 = Z_{11}\dot{I}_1 + Z_{12}\dot{I}_2 \\ \dot{U}_2 = \dfrac{-Y_{21}}{\Delta}\dot{I}_1 + \dfrac{Y_{11}}{\Delta}\dot{I}_2 = Z_{21}\dot{I}_1 + Z_{22}\dot{I}_2 \end{cases}$$

其中，$\Delta = Y_{11}Y_{22} - Y_{12}Y_{21}$。$Z$ 参数矩阵与 Y 参数矩阵的关系为

$$[Z] = Y^{-1}$$

2) Z 参数的物理意义及计算和测定

在端口 1 上外施电流 $\dot{I}_1$，把端口 2 开路，如图 12-6 所示，由 Z 参数方程得

$$Z_{11} = \left.\frac{\dot{U}_1}{\dot{I}_1}\right|_{\dot{I}_2=0}, \quad Y_{21} = \left.\frac{\dot{U}_2}{\dot{I}_1}\right|_{\dot{I}_2=0}$$

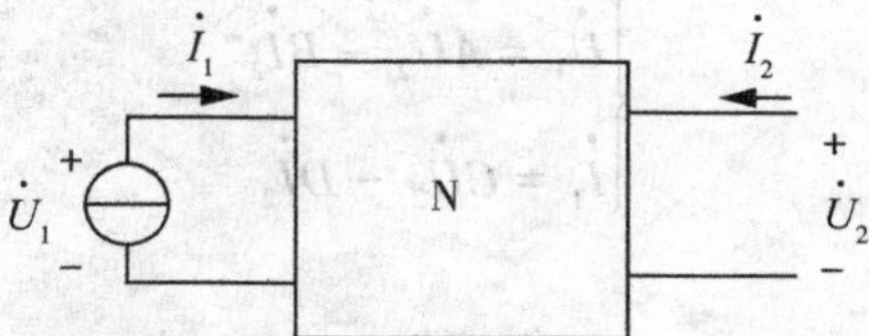

图 12-6 端口 1 施加电流源的二端口网络

在端口 2 上外施电流 $\dot{I}_2$，把端口 1 开路，如图 12-7 所示，由 Z 参数方程得

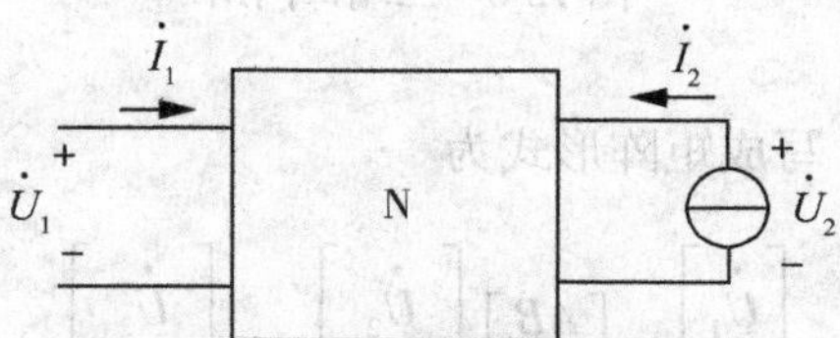

图 12-7 端口 2 施加电流源的二端口网络

$$Z_{12}=\left.\frac{\dot{U}_1}{\dot{I}_2}\right|_{\dot{I}_1=0},\quad Z_{22}=\left.\frac{\dot{U}_2}{\dot{I}_2}\right|_{\dot{I}_1=0}$$

由以上各式得 Z 参数的物理意义如下：

(1) Z_{11} 表示端口 2 开路时，端口 1 处的输入阻抗或驱动点阻抗；

(2) Z_{22} 表示端口 1 开路时，端口 2 处的输入阻抗或驱动点阻抗；

(3) Z_{12} 表示端口 1 开路时，端口 1 与端口 2 之间的转移阻抗；

(4) Z_{21} 表示端口 2 开路时，端口 2 与端口 1 之间的转移阻抗，因 Z_{12} 和 Z_{21} 表示一个端口的电压与另一个端口的电流之间的关系，故 Z 参数也称开路阻抗参数。

3) 互易性和对称性

对于互易二端口网络满足：　　　$Z_{12}=Z_{21}$

对于称二端口网络满足：　　　$Z_{11}=Z_{22}$

因此，互易二端口网络 Z 参数中只有 3 个是独立的，而对称二端口的 Z 参数中只有 2 个是独立的。

4. *T* 参数和方程

1) T 参数方程

在许多工程实际问题中，往往希望找到一个端口的电压、电流与另一个端口的电压、电流之间的直接关系。

T 参数用来描绘两端口网络的输入和输出或始端和终端的关系。

定义图 12-8 中两端口输入、输出关系为

$$\begin{cases}\dot{U}_1=A\dot{U}_2-B\dot{I}_2\\ \dot{I}_1=C\dot{U}_2-D\dot{I}_2\end{cases}$$

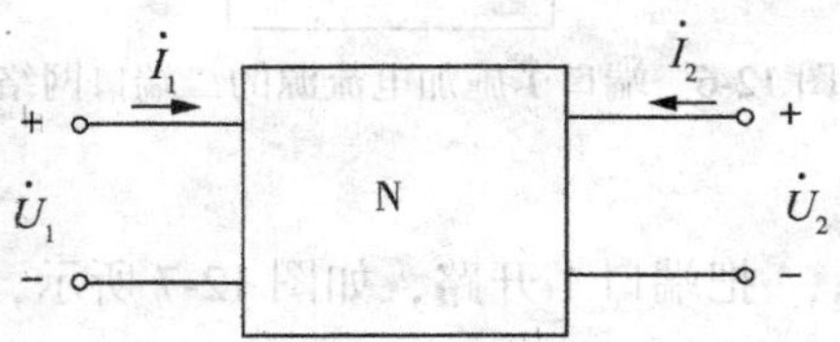

图 12-8　二端口网络

上式称为 T 参数方程，写成矩阵形式为

$$\begin{bmatrix}\dot{U}_1\\ \dot{I}_1\end{bmatrix}=\begin{bmatrix}AB\\ CD\end{bmatrix}\begin{bmatrix}\dot{U}_2\\ -\dot{I}_2\end{bmatrix}=T\begin{bmatrix}\dot{U}_2\\ -\dot{I}_2\end{bmatrix}$$

其中，$T=\begin{bmatrix} AB \\ CD \end{bmatrix}$，称为 T 参数矩阵。矩阵中的元素称为 T 参数。T 参数也称为传输参数或 A 参数。T 参数的值也仅由内部元件及连接关系决定。

注意：应用 T 参数方程时要注意电流前面的负号。

2) T 参数的物理意义及计算和测定

T 参数的具体含义可分别用以下各式说明：

$A=\left.\dfrac{\dot{U}_1}{\dot{U}_2}\right|_{\dot{I}_2=0}$ 为端口 2 开路时端口 1 与端口 2 的电压比，称转移电压比；

$B=\left.\dfrac{\dot{U}_1}{-\dot{I}_2}\right|_{\dot{U}_2=0}$ 为端口 2 短路时端口 1 的电压与端口 2 的电流比，称短路转移阻抗

$C=\left.\dfrac{\dot{I}_1}{\dot{U}_2}\right|_{\dot{I}_2=0}$ 为端口 2 开路时端口 1 的电流与端口 2 的电压比，称开路转移导纳；

$D=\left.\dfrac{\dot{I}_1}{-\dot{I}_2}\right|_{\dot{U}_2=0}$ 为端口 2 短路时端口 1 的电流与端口 2 的电流比，称转移电流比。

3) 互易性和对称性

$$\dot{U}_1=-\frac{Y_{22}}{Y_{21}}\dot{U}_2+\frac{1}{Y_{21}}\dot{I}_2$$

$$\dot{I}_1=\left(Y_{12}-\frac{Y_{11}Y_{12}}{Y_{21}}\right)\dot{U}_2+\frac{Y_{11}}{Y_{21}}\dot{I}_2$$

由此得 T 参数与 Y 参数的关系为

$$A=-\frac{Y_{22}}{Y_{21}},\ B=\frac{-1}{Y_{21}},\ C=\frac{Y_{12}Y_{21}-Y_{11}Y_{22}}{Y_{21}},\ D=-\frac{Y_{11}}{Y_{21}}$$

对互易二端口，因为 $Y_{12}=Y_{21}$，因此有 $AD-BC=1$，即 T 参数中只有 3 个是独立的，对于对称二端口，由于 $Y_{11}=Y_{22}$，因此有 $A=D$，即 T 参数中只有 2 个是独立的。

三、二端口的等效电路

一个无源二端口网络可以用一个简单的二端口等效模型来代替，要注意的是：

(1) 等效条件：等效模型的方程与原二端口网络的方程相同；

(2) 根据不同的网络参数和方程可以得到结构完全不同的等效电路；

(3) 等效目的是为了分析方便。

1. Z 参数表示的等效电路

Z 参数方程为

$$\begin{cases}\dot{U}_1 = Z_{11}\dot{I}_1 + Z_{12}\dot{I}_2\\ \dot{U}_2 = Z_{21}\dot{I}_1 + Z_{22}\dot{I}_2\end{cases}$$

方法一：直接由 Z 参数方程得到图 12-9 所示的等效电路。

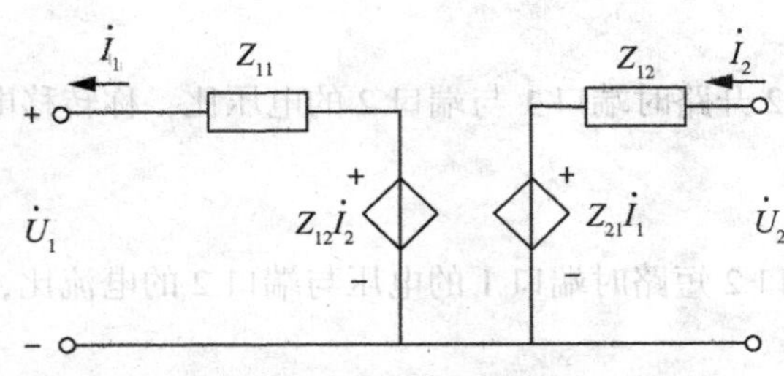

图 12-9　含 Z 参数和受控电压源的二端口网络

方法二：把方程改写为

$$\dot{U}_1 = Z_{11}\dot{I}_1 + Z_{12}\dot{I}_2 = (Z_{11} - Z_{12})\dot{I}_1 + Z_{12}(\dot{I}_1 + \dot{I}_2)$$

$$\dot{U}_2 = Z_{21}\dot{I}_1 + Z_{22}\dot{I}_2 = Z_{12}(\dot{I}_1 + \dot{I}_2) + (Z_{22} - Z_{12})\dot{I}_2 + (Z_{21} - Z_{12})\dot{I}_1$$

由上述方程得图 12-10 所示的等效电路，如果网络是互易的，图中的受控电压源为零，变为 T 型等效电路。注意等效电路中的元件与 Z 参数的关系。

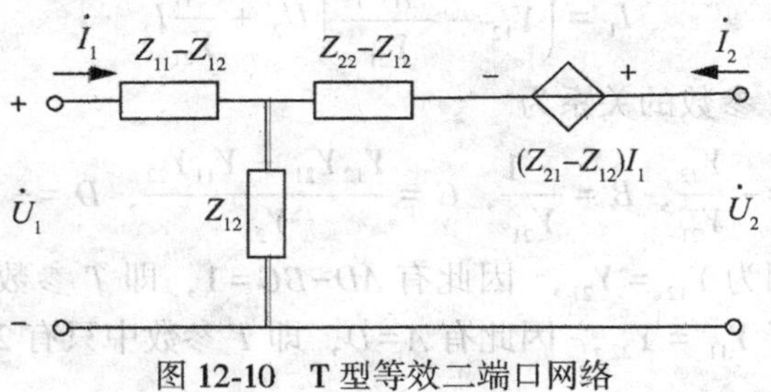

图 12-10　T 型等效二端口网络

2. Y 参数表示的等效电路

Y 参数方程为

$$\begin{cases}\dot{I}_1 = Y_{11}\dot{U}_1 + Y_{12}\dot{U}_2\\ \dot{I}_2 = Y_{21}\dot{U}_1 + Y_{22}\dot{U}_2\end{cases}$$

方法一：直接由 Y 参数方程得到图 12-11 所示的等效电路。

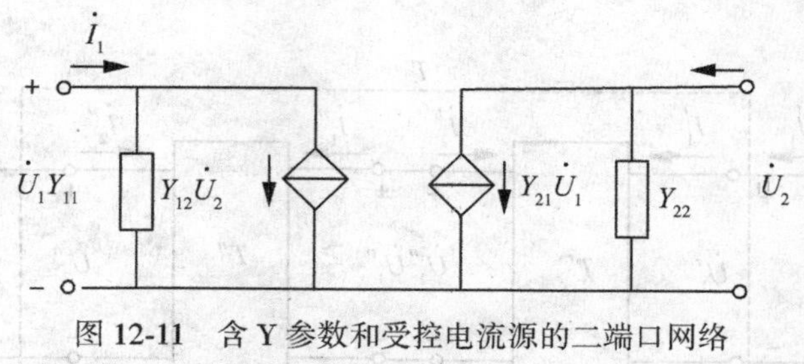

图 12-11 含 Y 参数和受控电流源的二端口网络

方法二：把方程改写为

$$\dot{I} = Y_{11}\dot{U}_1 + Y_{12}\dot{U}_2 = (Y_{11} + Y_{12})\dot{U}_1 + Y_{12}(\dot{U}_1 - \dot{U}_2)$$

$$\dot{I}_2 = Y_{21}\dot{U}_1 + Y_{22}\dot{U}_2 = -Y_{12}(\dot{U}_2 - \dot{U}_1) + (Y_{22} + Y_{12})\dot{U}_2 + (Y_{21} - Y_{12})\dot{U}_1$$

由上述方程得图 12-12 所示的等效电路，如果网络是互易的，图中的受控电流源为零，变为 Π 型等效电路。注意等效电路中的元件与 Y 参数的关系。

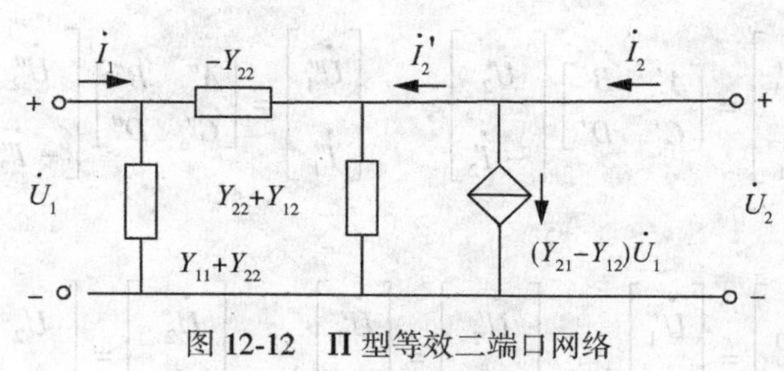

图 12-12 Π 型等效二端口网络

注意：

(1) 等效只对两个端口的电压，电流关系成立。对端口间电压则不一定成立；

(2) 一个二端口网络在满足相同网络方程的条件下，其等效电路模型不是唯一的；

(3) 若网络对称，则等效电路也对称；

(4) Π 型和 T 型等效电路可以互换，根据其他参数与 Y、Z 参数的关系，可以得到用其他参数表示的 Π 型和 T 型等效电路。

四、二端口的连接

一个复杂二端口网络可以看作由若干简单的二端口按某种方式连接而成，这将使电路分析得到简化，因此讨论二端口的连接问题具有重要意义。

1. 二端口的级联（链联）

图 12-13 所示为两个二端口的级联，设两个二端口的 T 参数分别为

$$[T'] = \begin{bmatrix} A' & B' \\ C' & D' \end{bmatrix}, \quad [T''] = \begin{bmatrix} A'' & B'' \\ C'' & D'' \end{bmatrix}$$

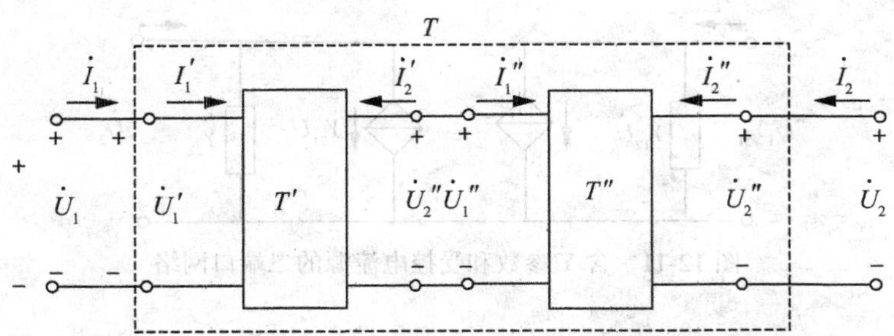

图 12-13　级联的二端口

$$T=\begin{bmatrix}A & B\\ C & D\end{bmatrix},\quad \begin{bmatrix}\dot{U}_1\\ \dot{I}_1\end{bmatrix}=T\begin{bmatrix}\dot{U}_2\\ -\dot{I}_2\end{bmatrix}$$

则应有

$$\begin{bmatrix}\dot{U}_1'\\ \dot{I}_1'\end{bmatrix}=\begin{bmatrix}A' & B'\\ C' & D'\end{bmatrix}\begin{bmatrix}\dot{U}_2'\\ -\dot{I}_2'\end{bmatrix},\quad \begin{bmatrix}\dot{U}_1''\\ \dot{I}_1''\end{bmatrix}=\begin{bmatrix}A'' & B''\\ C'' & D''\end{bmatrix}\begin{bmatrix}\dot{U}_2''\\ -\dot{I}_2''\end{bmatrix}$$

级联后满足：

$$\begin{bmatrix}\dot{U}_1\\ \dot{I}_1\end{bmatrix}=\begin{bmatrix}\dot{U}_1'\\ \dot{I}_1'\end{bmatrix},\quad \begin{bmatrix}\dot{U}_2'\\ -\dot{I}_2'\end{bmatrix}=\begin{bmatrix}\dot{U}_1''\\ \dot{I}_1''\end{bmatrix},\quad \begin{bmatrix}\dot{U}_2^{*}\\ -\dot{I}_2''\end{bmatrix}=\begin{bmatrix}\dot{U}_2\\ -\dot{I}_2\end{bmatrix}$$

综合以上各式得

$$\begin{bmatrix}\dot{U}_1\\ \dot{I}_1\end{bmatrix}=\begin{bmatrix}\dot{U}_1'\\ \dot{I}_1'\end{bmatrix}=\begin{bmatrix}A' & B'\\ C' & D'\end{bmatrix}\begin{bmatrix}\dot{U}_2'\\ -\dot{I}_2'\end{bmatrix}$$

式中，

$$\begin{bmatrix}A & B\\ C & D\end{bmatrix}=\begin{bmatrix}A' & B'\\ C' & D'\end{bmatrix}\begin{bmatrix}A'' & B''\\ C'' & D''\end{bmatrix}=\begin{bmatrix}A'A''+B'C'' & A'B''+B'D''\\ C'A''+D'C'' & C'B''+D'D''\end{bmatrix}$$

即

$$T=T'T''$$

由此得出结论：级联后所得复合二端口 T 参数矩阵等于级联的二端口 T 参数矩阵相乘。上述结论可推广到 n 个二端口级联的关系。

注意：

(1)级联时，T 参数是矩阵相乘的关系，不是对应元素相乘。如：

$$A=A'A''+B'C''\neq A'A''$$

(2)级联时，各二端口的端口条件不会被破坏。

2. 二端口的并联

图 12-14 所示为两个二端口的并联，并联采用 Y 参数比较方便。设两个二端口的 Y 参数分别为

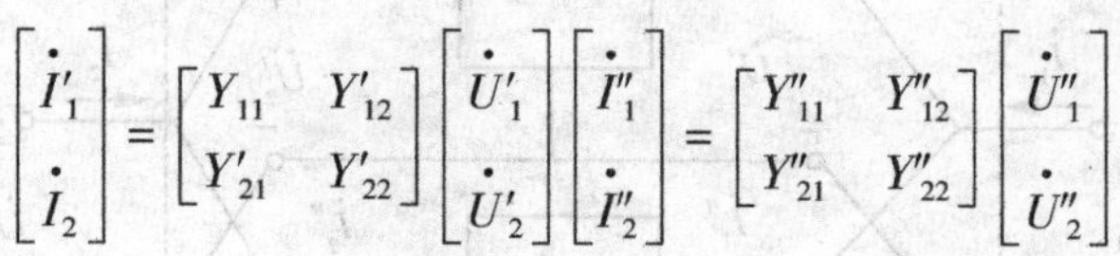

$$\begin{bmatrix}\dot{I}'_1\\ \dot{I}_2\end{bmatrix}=\begin{bmatrix}Y_{11} & Y'_{12}\\ Y'_{21} & Y'_{22}\end{bmatrix}\begin{bmatrix}\dot{U}'_1\\ \dot{U}'_2\end{bmatrix}\begin{bmatrix}\dot{I}''_1\\ \dot{I}''_2\end{bmatrix}=\begin{bmatrix}Y''_{11} & Y''_{12}\\ Y''_{21} & Y''_{22}\end{bmatrix}\begin{bmatrix}\dot{U}''_1\\ \dot{U}''_2\end{bmatrix}$$

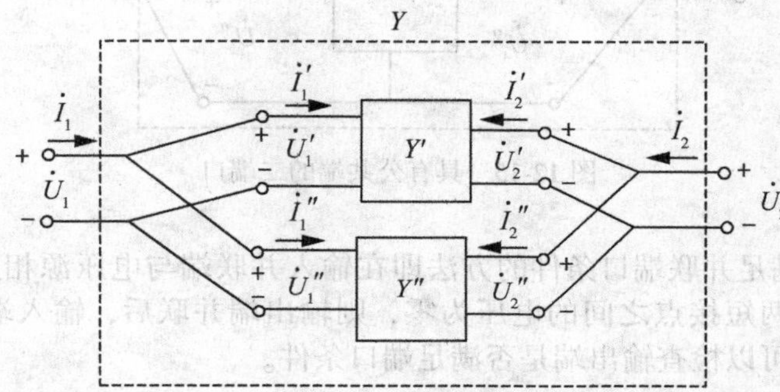

图 12-14　并联的二端口

并联后满足：

$$\begin{bmatrix}\dot{U}_1\\ \dot{U}_2\end{bmatrix}=\begin{bmatrix}\dot{U}'_1\\ \dot{U}'_2\end{bmatrix}=\begin{bmatrix}\dot{U}''_1\\ \dot{U}''_2\end{bmatrix}\begin{bmatrix}\dot{I}_1\\ \dot{I}_2\end{bmatrix}=\begin{bmatrix}\dot{I}'_1\\ \dot{I}'_2\end{bmatrix}+\begin{bmatrix}\dot{I}''_1\\ \dot{I}''_2\end{bmatrix}$$

综合以上各式得

$$\begin{bmatrix}\dot{I}'_1\\ \dot{I}'_2\end{bmatrix}=\begin{bmatrix}\dot{I}'_1\\ \dot{I}'_2\end{bmatrix}+\begin{bmatrix}\dot{I}''_1\\ \dot{I}''_2\end{bmatrix}=\begin{bmatrix}Y'_{11} & Y'_{12}\\ Y'_{21} & Y'_{22}\end{bmatrix}\begin{bmatrix}\dot{U}'_1\\ \dot{U}'_2\end{bmatrix}+\begin{bmatrix}Y''_{11} & Y'_{12}\\ Y'_{21} & Y'_{22}\end{bmatrix}\begin{bmatrix}\dot{U}''_1\\ \dot{U}''_2\end{bmatrix}$$

$$=\left\{\begin{bmatrix}Y'_{11} & Y'_{12}\\ Y'_{21} & Y'_{22}\end{bmatrix}+\begin{bmatrix}Y_{11} & Y'_{12}\\ Y'_{21} & Y'_{22}\end{bmatrix}\right\}\begin{bmatrix}\dot{U}_1\\ \dot{U}_2\end{bmatrix}$$

即

$$[Y]=[Y']+[Y'']$$

由此得出结论：二端口并联所得复合二端口的 Y 参数矩阵等于两个二端口 Y 参数矩阵相加。

注意：

(1)两个二端口并联时，其端口条件可能被破坏此时上述关系式就不成立；

(2)具有公共端的二端口(三端网络形成的二端口)如图 12-15 所示，将公共端并在一

起将不会破坏端口条件。

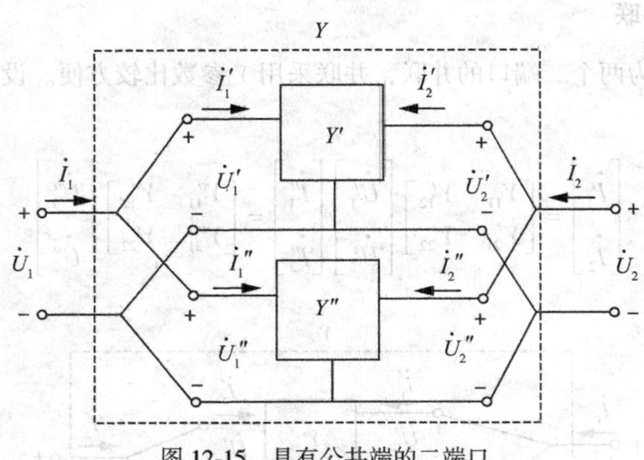

图 12-15　具有公共端的二端口

(3)检查是否满足并联端口条件的方法即在输入并联端与电压源相连接，Y'、Y''的输出端各自短接，如两短接点之间的电压为零，则输出端并联后，输入端仍能满足端口条件。用类似的方法可以检查输出端是否满足端口条件。

3. 两端口的串联

两个两端口的串联，串联采用 Z 参数比较方便。设两个两端口的 Z 参数分别为

$$\begin{bmatrix}\dot{U}'_1\\ \dot{U}'_2\end{bmatrix}=\begin{bmatrix}Z'_{11}Z'_{12}\\ Z'_{21}Z'_{22}\end{bmatrix}\begin{bmatrix}\dot{I}'_1\\ \dot{I}'_2\end{bmatrix}\begin{bmatrix}\dot{U}''_1\\ \dot{U}''_2\end{bmatrix}=\begin{bmatrix}Z''_{11}Z''_{12}\\ Z''_{21}Z''_{22}\end{bmatrix}\begin{bmatrix}\dot{I}'_1\\ \dot{I}''_2\end{bmatrix}$$

并联后满足：

$$\begin{bmatrix}\dot{I}_1\\ \dot{I}_2\end{bmatrix}=\begin{bmatrix}\dot{I}'_1\\ \dot{I}_2\end{bmatrix}=\begin{bmatrix}\dot{I}''_1\\ \dot{I}''_2\end{bmatrix}\begin{bmatrix}\dot{U}_1\\ \dot{U}_2\end{bmatrix}=\begin{bmatrix}\dot{U}'_1\\ \dot{U}_2\end{bmatrix}+\begin{bmatrix}\dot{U}''_1\\ \dot{U}''_2\end{bmatrix}$$

综合以上各式得

$$\begin{bmatrix}\dot{U}_1\\ \dot{U}_2\end{bmatrix}=\begin{bmatrix}\dot{U}'_1\\ \dot{U}_2\end{bmatrix}+\begin{bmatrix}\dot{U}''_1\\ \dot{U}''_2\end{bmatrix}=[Z']\begin{bmatrix}\dot{I}'_1\\ \dot{I}_2\end{bmatrix}+[Z'']\begin{bmatrix}\dot{I}''_1\\ \dot{I}''_2\end{bmatrix}$$

即
$$[Z]=[Z']+[Z'']$$

由此得出结论：串联后复合二端口 Z 参数矩阵等于原二端口 Z 参数矩阵相加。可推广到 n 端口串联。

注意：

(1)串联后端口条件可能被破坏。需检查端口条件；

(2)具有公共端的二端口，将公共端串联时将不会破坏端口条件；

(3)检查是否满足串联端口条件的方法即在输入串联端与电流源相连接，a'与 b 间的电压为零，则输出端串联后，输入端仍能满足端口条件。用类似的方法可以检查输出端是否满足端口条件。

12.3 典 型 例 题

例 12-1 求图示二端口的 Y 参数。

解 Y 参数和由其表示的端口方程之间存在一一对应关系，如能直接写出端口方程，则可直接读出 Y 参数。由图可写出

$$\dot{I}_1 = Y_a\dot{U}_1 + Y_b(\dot{U}_1 - \dot{U}_2) = (Y_a + Y_b)\dot{U}_1 - Y_b\dot{U}_2$$

$$\dot{I}_2 = Y_c\dot{U}_2 + Y_b(\dot{U}_2 - \dot{U}_1) = - Y_b\dot{U}_1 + (Y_b - Y_c)\dot{U}_2$$

由端口方程，即可读出

$$Y_{11} = Y_a + Y_b$$

$$Y_{12} = Y_{21} = - Y_b$$

$$Y_{22} = Y_b + Y_c$$

例 12-2 求图示二端口的开路阻抗矩阵。

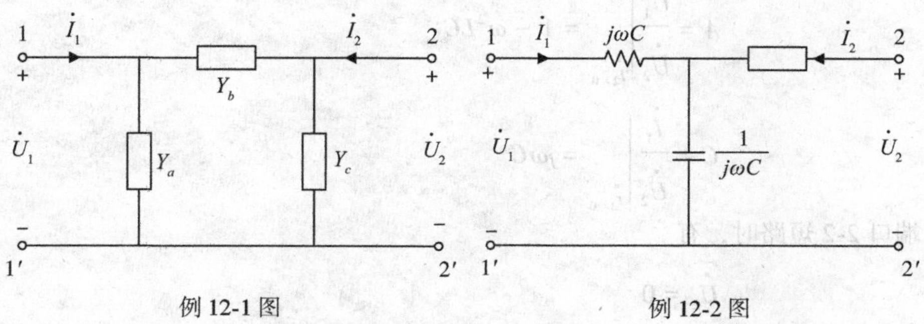

例 12-1 图　　　　例 12-2 图

解 当端口 2 开路时，有

$$Z_{11} = \left.\frac{\dot{U}_1}{\dot{I}_1}\right|_{\dot{I}_2=0} = \frac{j\omega L - j\dfrac{1}{\omega C}\dot{I}_1}{\dot{I}_1} = j\omega L - j\frac{1}{\omega R}$$

$$Z_{21} = \left.\frac{\dot{U}_2}{\dot{I}_1}\right|_{\dot{I}_2=0} = \frac{-j\dfrac{1}{\omega C}\dot{I}_1}{\dot{I}_1} = -j\frac{1}{\omega C}$$

当端口 1 开路时，有

$$Z_{21}=\frac{\dot{U}_2}{\dot{I}_2}\bigg|_{\dot{I}_1=0}=\frac{\left(R-j\dfrac{1}{\omega C}\right)\dot{I}_2}{\dot{I}_2}=R-j\frac{1}{\omega C}$$

$$Z_{12}=\frac{\dot{U}_1}{\dot{I}_2}\bigg|_{\dot{I}_2=0}=\frac{j\dfrac{1}{\omega C}\dot{I}_2}{\dot{I}_2}=-j\frac{1}{\omega C}$$

于是，图示二端口的开路阻抗矩阵为

$$Z=\begin{bmatrix} j\omega L-j\dfrac{1}{\omega C} & -j\dfrac{1}{\omega C} \\ -j\dfrac{1}{\omega C} & R-j\dfrac{1}{\omega C} \end{bmatrix}$$

例 12-3　求例 12-2 图所示二端口的 T 参数矩阵。

解：当端口 2-2 开路时，有

$$\dot{I}_2=0$$

$$\dot{U}_1=\left(j\omega L+\frac{1}{j\omega C}\right)\dot{I}_1$$

$$\dot{U}_2=\frac{1}{j\omega C}\dot{I}_1$$

$$A=\frac{\dot{U}_1}{\dot{U}_2}\bigg|_{\dot{I}_2=0}=1-\omega^2LC$$

$$C=\frac{\dot{I}_1}{\dot{U}_2}\bigg|_{\dot{I}_2=0}=j\omega C$$

当端口 2-2 短路时，有

$$\dot{U}_2=0$$

$$\dot{U}_1=\left(j\omega L+\frac{R}{1+j\omega CR}\right)\dot{I}_1$$

$$-\dot{I}_2=\frac{1}{1+j\omega CR}\dot{I}_1$$

$$B=\frac{\dot{U}_1}{-\dot{I}_2}\bigg|_{\dot{U}_2=0}=R(1-\omega^2LC)+j\omega L$$

$$D=\frac{\dot{I}_1}{-\dot{I}_2}\bigg|_{\dot{U}_2=0}=1+j\omega R$$

T 参数矩阵为

$$U_2 = 0$$

$$\dot{U}_1 = \left(j\omega L + \frac{R}{1 + j\omega CR}\right)\dot{I}_1$$

$$-\dot{I}_2 = \frac{1}{1 + j\omega CR}\dot{I}_1$$

$$B = \frac{\dot{U}_1}{-\dot{I}_2}\bigg|_{\dot{U}_2=0} = R(1 - \omega^2 LC) + j\omega L$$

$$D = \frac{\dot{I}_1}{-\dot{I}_2}\bigg|_{\dot{U}_2=0} = 1 + j\omega CR$$

$$T = \begin{bmatrix} 1 - \omega^2 LC & R(1 - \omega^2 LC) + j\omega L \\ j\omega C & 1 + j\omega CR \end{bmatrix}$$

12.4 习题精解

12-1 求图示二端口的 Y 参数矩阵。

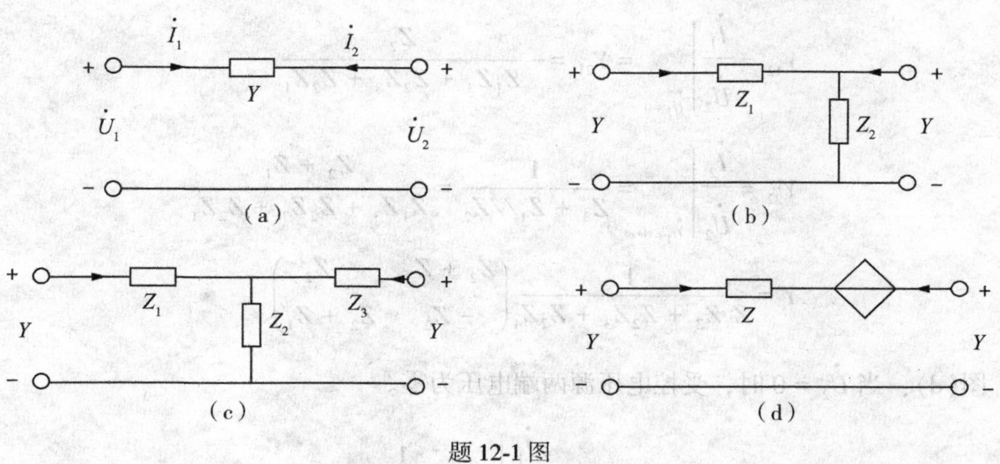

题 12-1 图

解 根据定义法得

图(a)：$Y_{11} = \frac{\dot{I}_1}{\dot{U}_1}\bigg|_{\dot{U}_2=0} = Y$，$Y_{21} = \frac{\dot{I}_2}{\dot{U}_1}\bigg|_{\dot{U}_2=0} = -Y$，$Y_{22} = \frac{\dot{I}_2}{\dot{U}_2}\bigg|_{\dot{U}_1=0} = Y$，$Y_{12} = \frac{\dot{I}_1}{\dot{U}_2}\bigg|_{\dot{U}_1=0} = -Y$，

$$Y = \begin{pmatrix} Y & -Y \\ -Y & Y \end{pmatrix}$$

图(b)：$Y_{11}=\left.\dfrac{\dot{I}_1}{\dot{U}_1}\right|_{\dot{U}_2=0}=\dfrac{1}{Z_1}$，$Y_{21}=\left.\dfrac{\dot{I}_2}{\dot{U}_1}\right|_{\dot{U}_2=0}=-\dfrac{1}{Z_1}$，$Y_{12}=\left.\dfrac{\dot{I}_1}{\dot{U}_2}\right|_{\dot{U}_1=0}=-\dfrac{1}{Z_1}$

$$Y_{22}=\left.\frac{\dot{I}_2}{\dot{U}_2}\right|_{\dot{U}_1=0}=\frac{1}{Z_1}+\frac{1}{Z_2},\ Y=\begin{pmatrix}\dfrac{1}{Z_1} & -\dfrac{1}{Z_1}\\ -\dfrac{1}{Z_1} & \dfrac{1}{Z_1}+\dfrac{1}{Z_2}\end{pmatrix}$$

图(c)：$Y_{11}=\left.\dfrac{\dot{I}_1}{\dot{U}_1}\right|_{\dot{U}_2=0}=\dfrac{1}{Z_1+\dfrac{Z_2Z_3}{Z_2+Z_3}}=\dfrac{Z_2+Z_3}{Z_1Z_3+Z_2Z_3+Z_2Z_1}$

当 $\dot{U}_2=0$ 时，

$$\dot{I}_2=-\frac{Z_2}{Z_2+Z_3}\cdot\dot{I}_1=-\frac{Z_2}{Z_2+Z_3}\cdot\frac{\dot{U}_1}{Z_1+Z_2\ /\!/\ Z_3}$$

$$Y_{21}=\left.\frac{\dot{I}_2}{\dot{U}_1}\right|_{\dot{U}_2=0}=-\frac{Z_2}{Z_1Z_3+Z_2Z_3+Z_2Z_1}$$

而此二端口网络为纯电阻网络，即为互易网络。

$$Y_{12}=\left.\frac{\dot{I}_1}{\dot{U}_2}\right|_{\dot{U}_1=0}=Y_{21}=-\frac{Z_2}{Z_1Z_3+Z_2Z_3+Z_2Z_1}$$

$$Y_{22}=\left.\frac{\dot{I}_2}{\dot{U}_2}\right|_{\dot{U}_1=0}=\frac{1}{Z_3+Z_1/\!/Z_2}=\frac{Z_2+Z_1}{Z_1Z_3+Z_2Z_3+Z_2Z_1}$$

$$Y=\frac{1}{Z_1Z_3+Z_2Z_3+Z_2Z_1}\begin{pmatrix}Z_2+Z_3 & -Z_2\\ -Z_2 & Z_2+Z_1\end{pmatrix}$$

图(d)：当 $\dot{U}_2=0$ 时，受控电压源两端电压为零。

$$Y_{11}=\left.\frac{\dot{I}_1}{\dot{U}_1}\right|_{\dot{U}_2=0}=\frac{1}{Z}$$

$$Y_{21}=\left.\frac{\dot{I}_2}{\dot{U}_1}\right|_{\dot{U}_2=0}=-\frac{1}{Z}$$

当 $\dot{U}_1=0$ 时，　　$\dot{U}_2=-2\dot{U}_2+\dot{I}_2Z$，$\dot{U}_2=-2\dot{U}_2-\dot{I}_1Z$

$$Y_{12}=\left.\frac{\dot{I}_1}{\dot{U}_2}\right|_{\dot{U}_1=0}=-\frac{3}{Z},\quad Y_{22}=\left.\frac{\dot{I}_2}{\dot{U}_2}\right|_{\dot{U}_1=0}=\frac{3}{Z}$$

$$Y=\begin{pmatrix}\dfrac{1}{Z} & -\dfrac{3}{Z}\\ -\dfrac{1}{Z} & \dfrac{3}{Z}\end{pmatrix}$$

12-2 求图示二端口的 Z 参数矩阵。

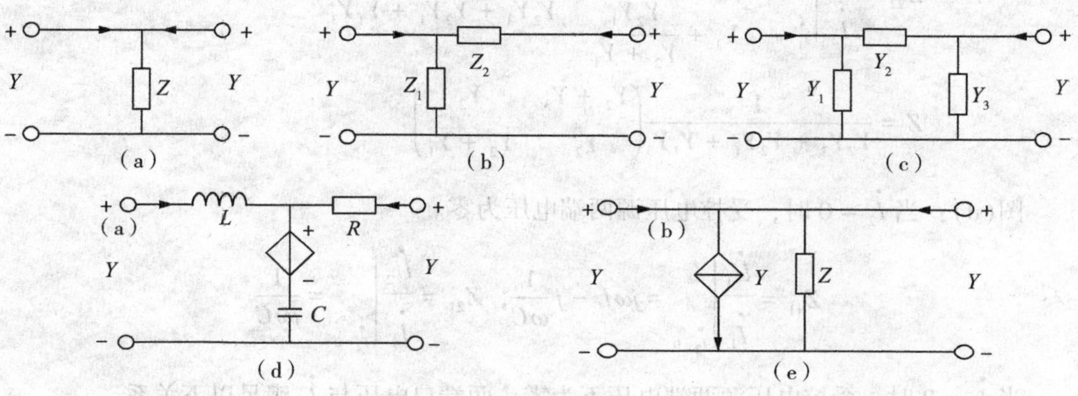

题 12-2 图

解 由定义法得

图(a)：$Z_{11}=\left.\frac{\dot{U}_1}{\dot{I}_1}\right|_{\dot{I}_2=0}=Z$，$Z_{21}=\left.\frac{\dot{U}_2}{\dot{I}_1}\right|_{\dot{I}_2=0}=Z$，$Z_{12}=\left.\frac{\dot{U}_1}{\dot{I}_2}\right|_{\dot{I}_1=0}=Z$，$Z_{22}=\left.\frac{\dot{U}_2}{\dot{I}_2}\right|_{\dot{I}_1=0}=Z$，

$$Z=\begin{pmatrix}Z & Z\\ Z & Z\end{pmatrix}$$

图(b)：$Z_{11}=\left.\frac{\dot{U}_1}{\dot{I}_1}\right|_{\dot{I}_2=0}=Z_1$，$Z_{21}=\left.\frac{\dot{U}_2}{\dot{I}_1}\right|_{\dot{I}_2=0}=Z_1$，$Z_{12}=\left.\frac{\dot{U}_1}{\dot{I}_2}\right|_{\dot{I}_1=0}=Z_1$，

$$Z_{22}=\left.\frac{\dot{U}_2}{\dot{I}_2}\right|_{\dot{I}_1=0}=Z_1+Z_2,\quad Z=\begin{pmatrix}Z_1 & Z_1\\ Z_1 & Z_1+Z_2\end{pmatrix}$$

图(c)：$Z_{11}=\left.\frac{\dot{U}_1}{\dot{I}_1}\right|_{\dot{I}_2=0}=\dfrac{1}{Y_1+\dfrac{Y_2Y_3}{Y_2+Y_3}}=\dfrac{Y_2+Y_3}{Y_2Y_3+Y_2Y_1+Y_1Y_3}$

$$Z_{21}=\left.\frac{\dot U_2}{\dot I_1}\right|_{\dot I_2=0}=\frac{1}{Y_1+\dfrac{Y_2Y_3}{Y_2+Y_3}}\times\frac{Y_2Y_3}{Y_2+Y_3}\times\frac{1}{Y_3}=\frac{Y_2}{Y_2Y_3+Y_2Y_1+Y_1Y_3}$$

$$Z_{12}=\left.\frac{\dot U_1}{\dot I_2}\right|_{\dot I_1=0}=\frac{1}{Y_1+\dfrac{Y_1Y_2}{Y_1+Y_2}}\times\frac{Y_1Y_2}{Y_1+Y_2}\times\frac{1}{Y_1}=\frac{Y_2}{Y_2Y_3+Y_2Y_1+Y_1Y_3}$$

$$Z_{22}=\left.\frac{\dot U_2}{\dot I_2}\right|_{\dot I_1=0}=\frac{1}{Y_3+\dfrac{Y_2Y_1}{Y_2+Y_1}}=\frac{Y_2+Y_1}{Y_2Y_3+Y_2Y_1+Y_1Y_3}$$

$$Z=\frac{1}{Y_2Y_3+Y_2Y_1+Y_1Y_3}\begin{pmatrix}Y_2+Y_3 & Y_2\\ Y_2 & Y_2+Y_1\end{pmatrix}$$

图(d)：当 $\dot I_2=0$ 时，受控电压源两端电压为零。

$$Z_{11}=\left.\frac{\dot U_1}{\dot I_1}\right|_{\dot I_2=0}=j\omega L-j\frac{1}{\omega C},\quad Z_{21}=\left.\frac{\dot U_2}{\dot I_1}\right|_{\dot I_2=0}=\frac{1}{j\omega C}$$

当 $\dot I_1=0$ 时，受控电压源两端电压不为零，两端口电压与 $\dot I_1$ 满足以下关系：

$$\dot U_1=r\dot I_2+\frac{1}{j\omega C}\dot I_2,\quad \dot U_2=r\dot I_2+\frac{1}{j\omega C}\dot I_2+R\dot I_2$$

$$Z_{21}=\left.\frac{\dot U_2}{\dot I_1}\right|_{\dot I_2=0}=r+\frac{1}{j\omega C},\quad Z_{22}=\left.\frac{\dot U_2}{\dot I_2}\right|_{\dot I_1=0}=r+\frac{1}{j\omega C}+R$$

$$Z=\begin{pmatrix}j\omega L-j\dfrac{1}{\omega C_1} & r+\dfrac{1}{j\omega C}\\ \dfrac{1}{j\omega C} & r+\dfrac{1}{j\omega C}+R\end{pmatrix}$$

图(e)：$Z_{11}=\left.\dfrac{\dot U_1}{\dot I_1}\right|_{\dot I_2=0}=\dfrac{Z}{1+Zg}$，$Z_{21}=\left.\dfrac{\dot U_2}{\dot I_1}\right|_{\dot I_2=0}=\dfrac{Z}{1+Zg}$，$Z_{12}=\left.\dfrac{\dot U_1}{\dot I_2}\right|_{\dot I_1=0}=\dfrac{Z}{1+Zg}$，

$$Z_{22}=\left.\frac{\dot U_2}{\dot I_2}\right|_{\dot I_1=0}=\frac{Z}{1+Zg},\quad Z=\begin{pmatrix}\dfrac{Z}{1+Zg} & \dfrac{Z}{1+Zg}\\ \dfrac{Z}{1+Zg} & \dfrac{Z}{1+Zg}\end{pmatrix}$$

12-3　求图示二端口的 Y 参数和 Z 参数。

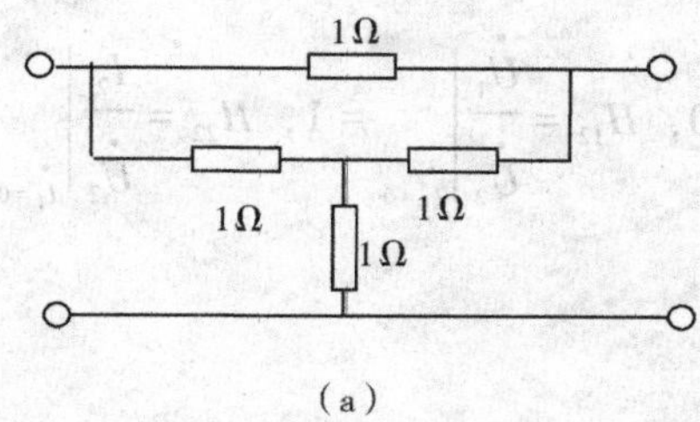

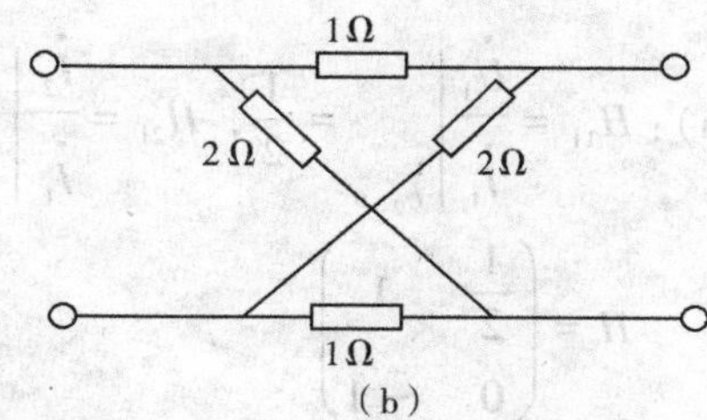

题 12-3 图

图(a)：$Y_{11}=\left.\dfrac{\dot I_1}{\dot U_1}\right|_{\dot U_2=0}=\dfrac{1}{\dfrac{1}{3}+\left(\dfrac{4}{3}//\dfrac{1}{3}\right)}=\dfrac{5}{3}$

$$Y_{21}=\left.\frac{\dot I_2}{\dot U_1}\right|_{\dot U_2=0}=-\frac{\frac{4}{3}}{\frac{1}{3}+\frac{4}{3}\left[\frac{1}{3}+\left(\frac{4}{3}//\frac{1}{3}\right)\right]}=-\frac{4}{3}$$

$$Y_{12}=\left.\frac{\dot I_1}{\dot U_2}\right|_{\dot U_1=0}=-\frac{4}{3}$$

$$Y_{22}=\left.\frac{\dot I_2}{\dot U_2}\right|_{\dot U_1=0}=\frac{5}{3}$$

$$Y=\begin{pmatrix}\frac{5}{3} & -\frac{4}{3}\\ -\frac{4}{3} & \frac{5}{3}\end{pmatrix},\quad Z=\begin{pmatrix}\frac{5}{3} & \frac{4}{3}\\ \frac{4}{3} & \frac{5}{3}\end{pmatrix}$$

图(b)：$Z_{11}=\left.\dfrac{\dot U_1}{\dot I_1}\right|_{\dot I_2=0}=\dfrac{3}{2}$，$Z_{21}=\left.\dfrac{\dot U_2}{\dot I_1}\right|_{\dot I_2=0}=\dfrac{1}{2}$，$Z_{12}=\left.\dfrac{\dot U_1}{\dot I_2}\right|_{\dot I_1=0}=\dfrac{1}{2}$，$Z_{22}=\left.\dfrac{\dot U_2}{\dot I_2}\right|_{\dot I_1=0}=\dfrac{3}{2}$

$$Z=\begin{pmatrix}\frac{3}{2} & \frac{1}{2}\\ \frac{1}{2} & \frac{3}{2}\end{pmatrix},\quad Y=\begin{pmatrix}\frac{3}{4} & -\frac{1}{4}\\ -\frac{1}{4} & \frac{3}{4}\end{pmatrix}$$

12-4 求图示二端口的 H 参数矩阵。

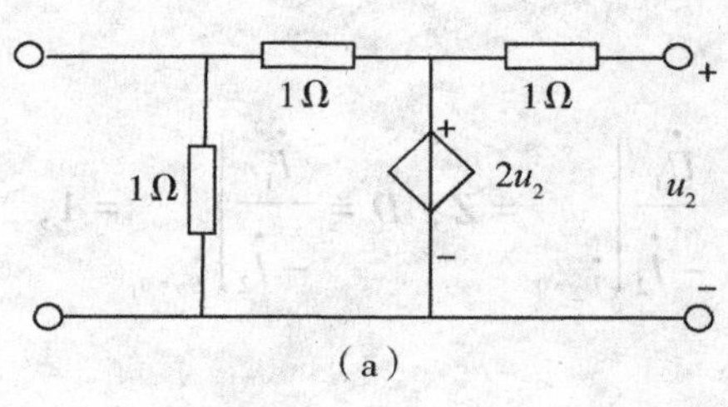

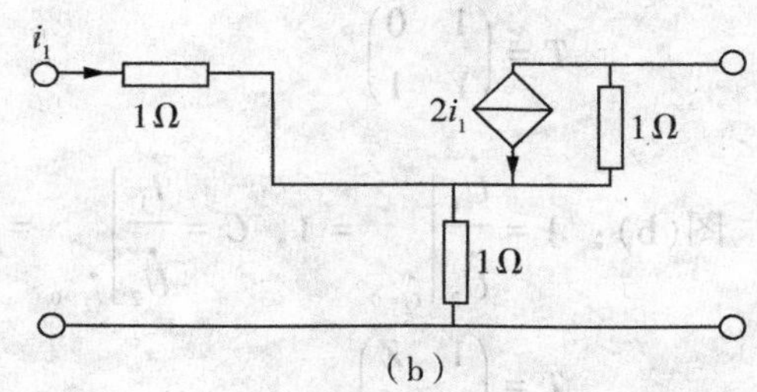

题 12-4 图

图(a)：$H_{11}=\left.\dfrac{\dot{U}_1}{\dot{I}_1}\right|_{\dot{U}_2=0}=\dfrac{1}{2}$，$H_{21}=\left.\dfrac{\dot{I}_2}{\dot{I}_1}\right|_{\dot{U}_2=0}=0$，$H_{12}=\left.\dfrac{\dot{U}_1}{\dot{U}_2}\right|_{\dot{I}_1=0}=1$，$H_{22}=\left.\dfrac{\dot{I}_2}{\dot{U}_2}\right|_{\dot{I}_1=0}=-1$，

$$H=\begin{pmatrix}\dfrac{1}{2} & 1\\ 0 & -1\end{pmatrix}$$

图(b)：$H_{11}=\left.\dfrac{\dot{U}_1}{\dot{I}_1}\right|_{\dot{U}_2=0}=\dfrac{23}{5}$，$H_{21}=\left.\dfrac{\dot{I}_2}{\dot{I}_1}\right|_{\dot{U}_2=0}=\dfrac{4}{5}$，$H_{12}=\left.\dfrac{\dot{U}_1}{\dot{U}_2}\right|_{\dot{I}_1=0}=\dfrac{2}{5}$，$H_{22}=\left.\dfrac{\dot{I}_2}{\dot{U}_2}\right|_{\dot{I}_1=0}=\dfrac{1}{5}$，

$$H=\begin{pmatrix}\dfrac{23}{5} & \dfrac{2}{5}\\ \dfrac{4}{5} & \dfrac{1}{5}\end{pmatrix}$$

12-5　求图示二端口的 T 参数矩阵。

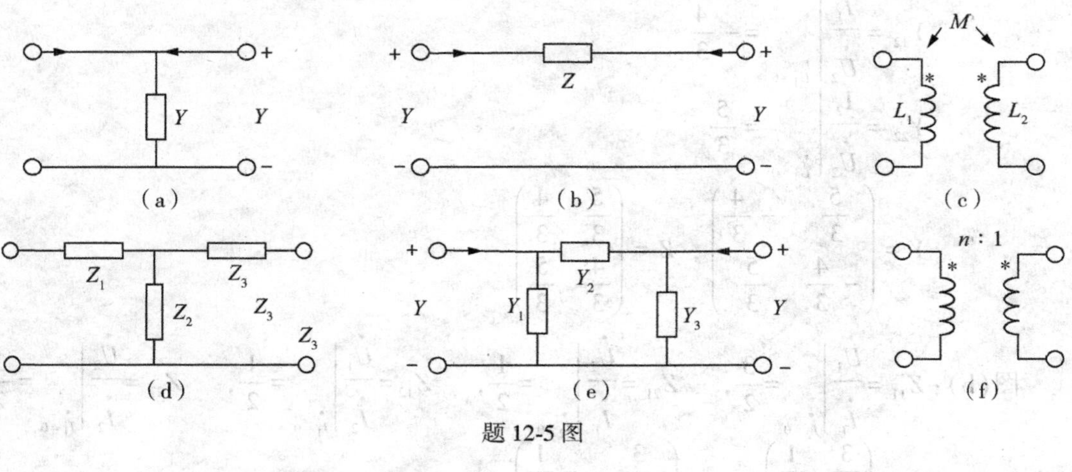

题 12-5 图

图(a)：$A=\left.\dfrac{\dot{U}_1}{\dot{U}_2}\right|_{\dot{I}_2=0}=1$，$C=\left.\dfrac{\dot{I}_1}{\dot{U}_2}\right|_{\dot{I}_2=0}=Y$，$B=\left.\dfrac{\dot{U}_1}{-\dot{I}_2}\right|_{\dot{U}_2=0}=0$，$D=\left.\dfrac{\dot{I}_1}{-\dot{I}_2}\right|_{\dot{U}_2=0}=1$，

$$T=\begin{pmatrix}1 & 0\\ Y & 1\end{pmatrix}$$

图(b)：$A=\left.\dfrac{\dot{U}_1}{\dot{U}_2}\right|_{\dot{I}_2=0}=1$，$C=\left.\dfrac{\dot{I}_1}{\dot{U}_2}\right|_{\dot{I}_2=0}=0$，$B=\left.\dfrac{\dot{U}_1}{-\dot{I}_2}\right|_{\dot{U}_2=0}=Z$，$D=\left.\dfrac{\dot{I}_1}{-\dot{I}_2}\right|_{\dot{U}_2=0}=1$，

$$T=\begin{pmatrix}1 & Z\\ 0 & 1\end{pmatrix}$$

图(c)：$A=\left.\frac{\dot{U}_1}{\dot{U}_2}\right|_{\dot{I}_2=0}=\frac{j\omega L_1\dot{I}_1}{j\omega M\dot{I}_1}=\frac{L_1}{M}$，$C=\left.\frac{\dot{I}_1}{\dot{U}_2}\right|_{\dot{I}_2=0}=\frac{1}{j\omega M}$，

$$B=\left.\frac{\dot{U}_1}{-\dot{I}_2}\right|_{\dot{U}_2=0}=j\omega\frac{L_1L_2-M^2}{M},\quad D=\left.\frac{\dot{I}_1}{-\dot{I}_2}\right|_{\dot{U}_2=0}=\frac{L_2}{M},$$

$$T=\begin{pmatrix}\frac{L_1}{M} & j\omega\frac{L_1L_2-M^2}{M}\\ \frac{1}{j\omega M} & \frac{L_2}{M}\end{pmatrix}$$

图(d)：$A=\left.\frac{\dot{U}_1}{\dot{U}_2}\right|_{\dot{I}_2=0}=1+\frac{Z_1}{Z_2}$，$C=\left.\frac{\dot{I}_1}{\dot{U}_2}\right|_{\dot{I}_2=0}=\frac{1}{Z_2}$，

$$B=\left.\frac{\dot{U}_1}{-\dot{I}_2}\right|_{\dot{U}_2=0}=Z_1+Z_3+\frac{Z_1Z_3}{Z_2},\quad D=\left.\frac{\dot{I}_1}{-\dot{I}_2}\right|_{\dot{U}_2=0}=1+\frac{Z_3}{Z_2},$$

$$T=\begin{pmatrix}1+\frac{Z_1}{Z_2} & Z_1+Z_3+\frac{Z_1Z_3}{Z_2}\\ \frac{1}{Z_2} & 1+\frac{Z_3}{Z_2}\end{pmatrix}$$

图(e)：$A=\left.\frac{\dot{U}_1}{\dot{U}_2}\right|_{\dot{I}_2=0}=1+\frac{Y_3}{Y_2}$，$C=\left.\frac{\dot{I}_1}{\dot{U}_2}\right|_{\dot{I}_2=0}=Y_1+Y_3+\frac{Y_1Y_3}{Y_2}$，

$$B=\left.\frac{\dot{U}_1}{-\dot{I}_2}\right|_{\dot{U}_2=0}=\frac{1}{Y_2},\quad D=\left.\frac{\dot{I}_1}{-\dot{I}_2}\right|_{\dot{U}_2=0}=1+\frac{Y_1}{Y_2},$$

$$T=\begin{pmatrix}1+\frac{Y_3}{Y_2} & \frac{1}{Y_2}\\ Y_1+Y_3+\frac{Y_1Y_3}{Y_2} & 1+\frac{Y_1}{Y_2}\end{pmatrix}$$

图(f)理想变压器初次级电压和电流关系式满足：

$$\dot{U}_1=n\dot{U}_2,\qquad \dot{I}_1=-\frac{1}{n}\dot{I}_2$$

那么 $A=\left.\frac{\dot{U}_1}{\dot{U}_2}\right|_{\dot{I}_2=0}=n$，$C=\left.\frac{\dot{I}_1}{\dot{U}_2}\right|_{\dot{I}_2=0}=0$，$B=\left.\frac{\dot{U}_1}{-\dot{I}_2}\right|_{\dot{U}_2=0}=0$，$D=\left.\frac{\dot{I}_1}{-\dot{I}_2}\right|_{\dot{U}_2=0}=\frac{1}{n}$，

$$T = \begin{pmatrix} n & 0 \\ 0 & \dfrac{1}{n} \end{pmatrix}$$

12-6　已知图示二端口的 Z 参数矩阵为

$$Z = \begin{bmatrix} 10 & 8 \\ 5 & 10 \end{bmatrix}$$

求 R_1、R_2、R_3 和 r 的值。

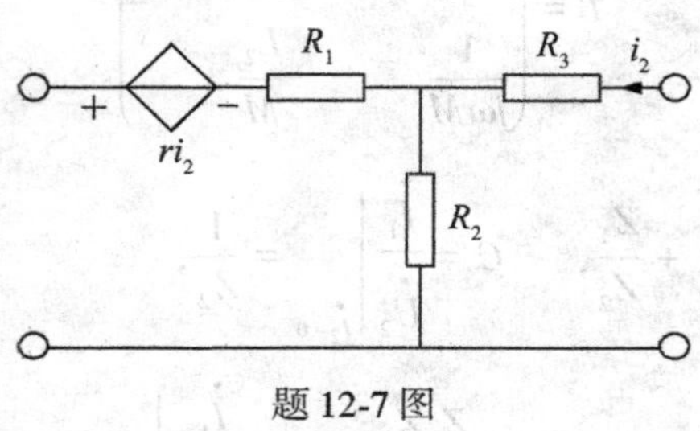

题 12-7 图

解　根据题意，可以先根据电路求出 Z 参数矩阵各元素值，用未知量表示。

当 $\dot{I}_2 = 0$ 时，

$$\dot{U}_1 = \dot{I}_1(R_1 + R_2)$$

$$\dot{U}_2 = R_2\dot{I}_2$$

$$Z_{11} = \frac{\dot{U}_1}{\dot{I}_1}\Bigg|_{\dot{I}_2=0} = R_1 + R_2,\quad Z_{21} = \frac{\dot{U}_2}{\dot{I}_1}\Bigg|_{\dot{I}_2=0} = R_2$$

当 $\dot{I}_1 = 0$ 时，

$$\dot{U}_2 = \dot{I}_2(R_3 + R_2)$$

$$\dot{U}_1 = r\dot{I}_2 + R_2\dot{I}_2$$

$$Z_{12} = \frac{\dot{U}_1}{\dot{I}_2}\Bigg|_{\dot{I}_1=0} = R_2 + r$$

$$Z_{22} = R_2 + R_3$$

对比 Z 参数的各元素值得出

$$R_1 + R_2 = 10,\ R_2 = 5,\ R_2 + r = 8,\ R_2 + R_3 = 10$$

则 $R_1 = 5$，$R_2 = 5$，$R_3 = 5$，$r = 3$。

12-7 求图示二端口的特性阻抗。

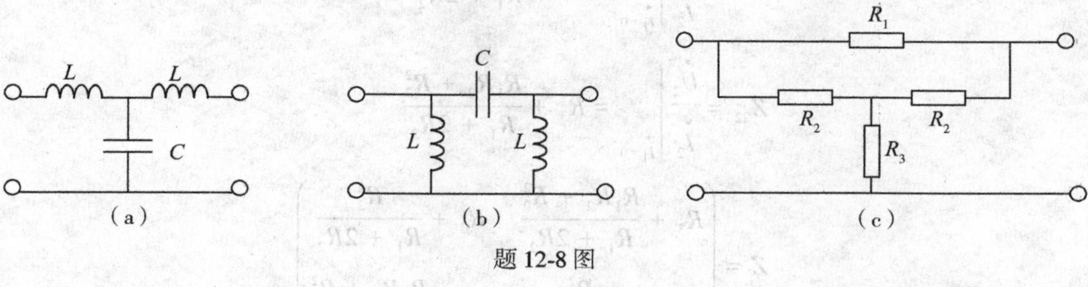

题 12-8 图

解 要求二端口的特性阻抗，则也就是要求 T 参数矩阵中的参数 B 和 C。

图(a)：$B = \left.\dfrac{U_1}{\dot{I}_2}\right|_{\dot{U}_2=0} = \left(j\omega L + \dfrac{j\omega L}{1-\omega^2 LC}\right)(1-\omega^2 LC)$，$C = \left.\dfrac{\dot{I}_1}{\dot{U}_2}\right|_{\dot{I}_2=0} = j\omega C$

$$Z_C = \sqrt{\frac{B}{C}} = \sqrt{\frac{2L}{C} - \omega^2 L^2}$$

图(b)：$B = \left.\dfrac{\dot{U}_1}{-\dot{I}_2}\right|_{\dot{U}_2=0} = j\omega C$，$C = \left.\dfrac{\dot{I}_1}{\dot{U}_2}\right|_{\dot{I}_2=0} = \dfrac{j\omega L}{2j\omega L + \dfrac{1}{j\omega C}} \cdot j\omega L = \dfrac{\omega^2 L^2 \cdot j\omega C}{2\omega^2 LC - 1}$

$$Z_C = \sqrt{\frac{B}{C}} = \sqrt{\frac{\omega^2 L^2}{2\omega^2 LC - 1}}$$

图(c)：$B = \left.\dfrac{\dot{U}_1}{-\dot{I}_2}\right|_{\dot{U}_2=0} = R_2 + 2R_3$，$C = \left.\dfrac{\dot{I}_1}{\dot{U}_2}\right|_{\dot{I}_2=0} = R_3 + \dfrac{R_2^2}{R_1 + 2R_2}$，

$$Z_C = \sqrt{\frac{B}{C}} = \sqrt{\frac{(R_1 + 2R_2)(R_2 + R_3)}{R_1 R_3 + R_3 R_2 + R_2^2}}$$

12-8 采用串联和并联的方法计算题图 12-8(c)所示桥 T 型二端口的 Y 参数和 Z 参数。

解
$$Z_{11} = \left.\frac{\dot{U}_1}{\dot{I}_1}\right|_{\dot{I}_2=0} = R_3 + \frac{R_1 R_2 + R_2^2}{R_1 + 2R_2}$$

$$Z_{21} = \left.\frac{\dot{U}_2}{\dot{I}_1}\right|_{\dot{I}_2=0} = R_3 + \frac{R_2^2}{R_1 + 2R_2}$$

$$Z_{12}=\left.\frac{\dot{U}_1}{\dot{I}_2}\right|_{\dot{I}_1=0}=R_3+\frac{R_2^2}{R_1+2R_2}$$

$$Z_{22}=\left.\frac{\dot{U}_2}{\dot{I}_2}\right|_{\dot{I}_1=0}=R_3+\frac{R_1R_2+R_2^2}{R_1+2R_2}$$

$$Z=\begin{pmatrix} R_3+\dfrac{R_1R_2+R_2^2}{R_1+2R_2} & R_3+\dfrac{R_2^2}{R_1+2R_2} \\ R_3+\dfrac{R_2^2}{R_1+2R_2} & R_3+\dfrac{R_1R_2+R_2^2}{R_1+2R_2} \end{pmatrix}$$

可将所示 T 型二端口看成 N_1 和 N_2 串联而成，也可看成 N_3 和 N_4 并联而成，那么

N_1 二端口的 Z 参数矩阵为： $Z_1=\begin{pmatrix} \dfrac{R_1R_2+R_2^2}{R_1+2R_2} & \dfrac{R_2^2}{R_1+2R_2} \\ \dfrac{R_2^2}{R_1+2R_2} & \dfrac{R_1R_2+R_2^2}{R_1+2R_2} \end{pmatrix}$

N_2 二端口的 Z 参数矩阵为： $Z_2=\begin{pmatrix} R_3 & R_3 \\ R_3 & R_3 \end{pmatrix}$

T 型二端口 Z 参数矩阵为： $Z=Z_1+Z_2=\begin{pmatrix} R_3+\dfrac{R_1R_2+R_2^2}{R_1+2R_2} & R_3+\dfrac{R_2^2}{R_1+2R_2} \\ R_3+\dfrac{R_2^2}{R_1+2R_2} & R_3+\dfrac{R_1R_2+R_2^2}{R_1+2R_2} \end{pmatrix}$

N_3 二端口的 Y 参数矩阵为： $Y_3=\begin{pmatrix} \dfrac{1}{R_1} & -\dfrac{1}{R_1} \\ -\dfrac{1}{R_1} & \dfrac{1}{R_1} \end{pmatrix}$

N_4 二端口的 Y 参数矩阵为： $Y_4=\begin{pmatrix} \dfrac{R_2+R_3}{R_2^2+R_2R_3} & \dfrac{-R_3}{R_2^2+R_2R_3} \\ \dfrac{-R_3}{R_2^2+R_2R_3} & \dfrac{R_2+R_3}{R_2^2+R_2R_3} \end{pmatrix}$

T 型二端口 Y 参数矩阵为：$Y=Y_3+Y_4=\begin{pmatrix} \dfrac{R_2+R_3}{R_2^2+R_2R_3}+\dfrac{1}{R_1} & \dfrac{-R_3}{R_2^2+R_2R_3}-\dfrac{1}{R_1} \\ \dfrac{-R_3}{R_2^2+R_2R_3}-\dfrac{1}{R_1} & \dfrac{R_2+R_3}{R_2^2+R_2R_3}+\dfrac{1}{R_1} \end{pmatrix}$

12-9 求题图(a)所示双 T 型二端口的 Y 参数矩阵。

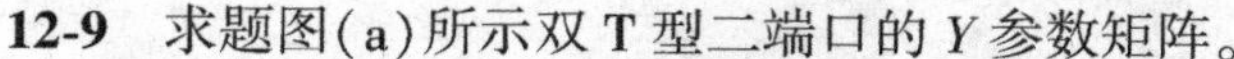

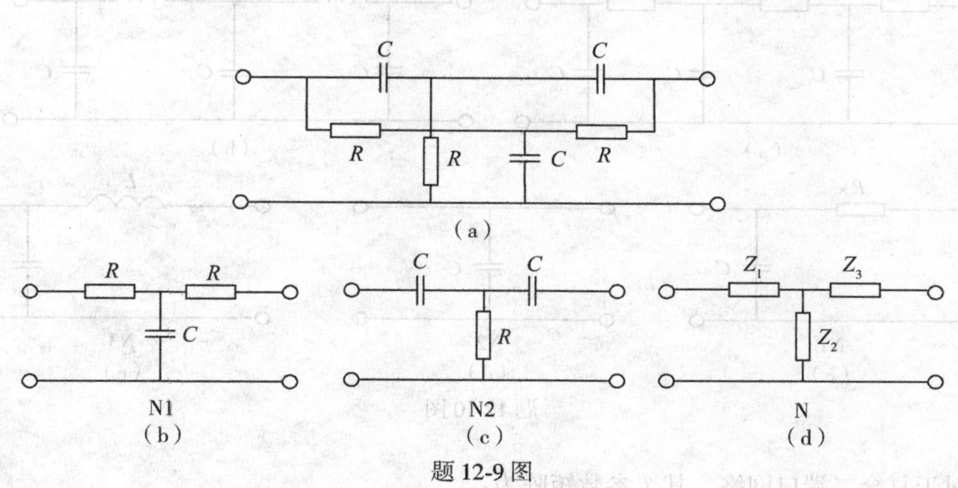

题 12-9 图

解 观察图，可以看成电路分析图(b)(c)中的 N1 和 N2 两个二端口并联而成。

将 N1 和 N2 二端口结构归结为 N 二端口形式，可以先求出 N 二端口的 Y 参数矩阵，再代入 N1 和 N2 的相关参数分别求其 Y 参数矩阵。根据电路为 N1 和 N2 二端口并联而成，要求双 T 型二端口的 Y 参数矩阵只需将所得两个矩阵相加即可。

参照题 12-1 图(c)，可以得知：

N 二端口的 Y 参数矩阵为： $Y = \dfrac{1}{Z_1Z_3 + Z_2Z_3 + Z_2Z_1}\begin{pmatrix} Z_2 + Z_3 & -Z_2 \\ -Z_2 & Z_2 + Z_1 \end{pmatrix}$

则 N1 二端口的 Y 参数矩阵为： $Y_1 = \begin{pmatrix} \dfrac{j\omega C - R\omega^2C^2}{1 + j2\omega RC} & \dfrac{R\omega^2C^2}{1 + j2\omega RC} \\ \dfrac{R\omega^2C^2}{1 + j2\omega RC} & \dfrac{j\omega C - R\omega^2C^2}{1 + j2\omega RC} \end{pmatrix}$

N2 二端口的 Y 参数矩阵为： $Y_2 = \begin{pmatrix} \dfrac{jR\omega C + 1}{2R + j\omega R^2C} & \dfrac{-1}{2R + j\omega R^2C} \\ \dfrac{-1}{2R + j\omega R^2C} & \dfrac{jR\omega C + 1}{2R + j\omega R^2C} \end{pmatrix}$

所以，双 T 型二端口的 Y 参数矩阵为：

$$Y = Y_1 + Y_2 = \begin{pmatrix} \dfrac{j\omega C - R\omega^2C^2}{1 + j2\omega RC} + \dfrac{jR\omega C + 1}{2R + j\omega R^2C} & \dfrac{R\omega^2C^2}{1 + j2\omega RC} - \dfrac{1}{2R + j\omega R^2C} \\ \dfrac{R\omega^2C^2}{1 + j2\omega RC} - \dfrac{1}{2R + j\omega R^2C} & \dfrac{j\omega C - R\omega^2C^2}{1 + j2\omega RC} + \dfrac{jR\omega C + 1}{2R + j\omega R^2C} \end{pmatrix}$$

12-10 求图(a)(b)所示二端口的 T 参数矩阵。

图(a)：根据电路图特性，可以将原电路看成是由电路分析图(c)中的 3 个二端口 N1 级联而成，因此要求图(a)所示电路的 T 参数矩阵，应先求出二端口 N1 的 T 参数矩阵 T_1。

对于 N1 二端口网络，其 T 参数矩阵为： $T_1 = \begin{bmatrix} 1 + j\omega C & R \\ j\omega C & 1 \end{bmatrix}$

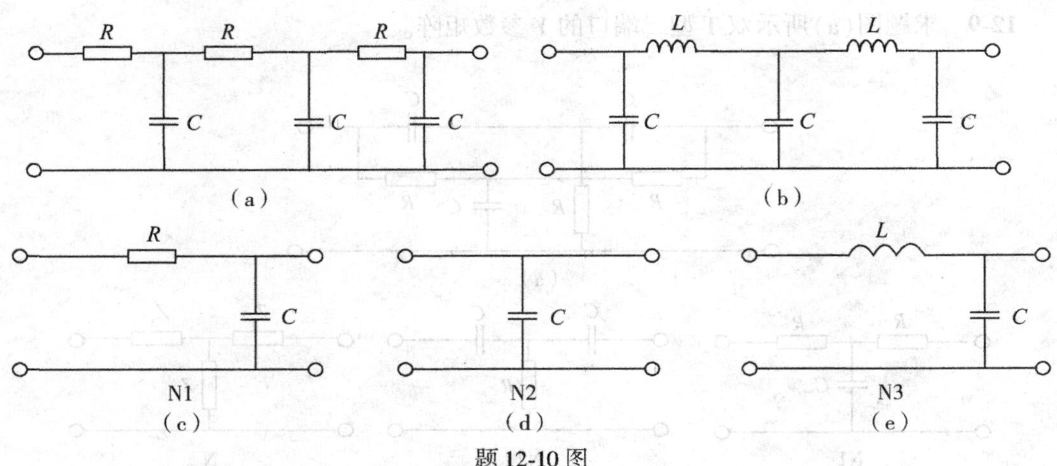

题 12-10 图

对于复合二端口网络，其 T 参数矩阵为：

$$T = T_1^3 = \begin{bmatrix} 1 + j\omega C & R \\ j\omega C & 1 \end{bmatrix}^3 = \begin{bmatrix} 1 - 5\omega^2 R^2 C^2 + j6\omega RC - j\omega^3 R^3 C^3 & 3R - \omega^2 R^3 C^2 + j4\omega R^2 C \\ -4\omega^2 RC^2 + j3\omega C - j\omega^3 R^2 C^3 & 1 - \omega^2 R^2 C^2 + j3\omega RC \end{bmatrix}$$

图(b)根据电路图特性，可以将原电路看成由电路分析图(d)中的两个二端口 N2 和 N3 二端口级联而成，因此要求图(a)所示电路的 T 参数矩阵，应先求出二端口 N2 和 N3 的 T 参数矩阵 T_2 和 T_3。

对于 N2 二端口网络，其 T 参数矩阵为：

$$T_2 = \begin{bmatrix} 1 & 0 \\ j\omega C & 1 \end{bmatrix}$$

对于 N3 二端口网络，其 T 参数矩阵为：

$$T_3 = \begin{bmatrix} 1 - \omega^2 LC & j\omega L \\ j\omega C & 1 \end{bmatrix}$$

对于复合二端口网络，其 T 参数矩阵为：

$$T = T_2 \cdot T_3^2 = \begin{bmatrix} 1 - 3\omega^2 LC + \omega^4 L^2 C^2 & j2\omega L + j\omega^3 L^2 C \\ -j4\omega^3 LC^2 + j3\omega C + j\omega^5 L^2 C^3 & 1 - 3\omega^2 LC + \omega^4 L^2 C^2 \end{bmatrix}$$

12-11　已知图示二端口 N 的 T 参数矩阵为

$$T = \begin{bmatrix} A & B \\ C & D \end{bmatrix}$$

求复合二端口的 T 参数矩阵。

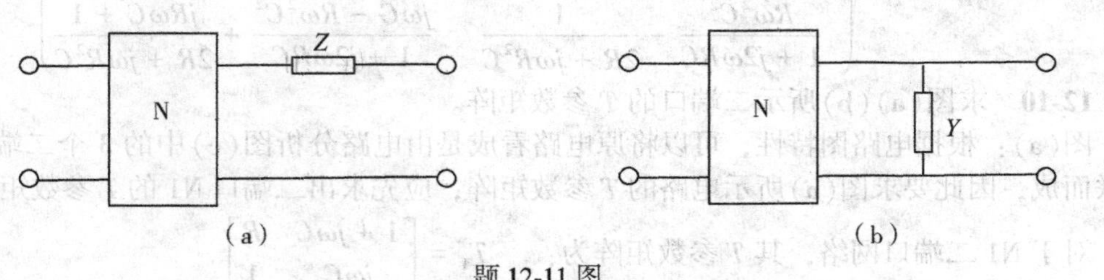

题 12-11 图

解 可以将复合二端口看成二端口 N 和 N1 相级联的形式。要求符合二端口的 T 参数矩阵，就是分别求出二端口 N 和 N1 的 T 参数矩阵，然后求其乘积即可得所求矩阵。

图(a)：对于 N1 二端口网络，其 T 参数矩阵为：

$$T_1 = \begin{bmatrix} 1 & Z \\ 0 & 1 \end{bmatrix}$$

对于复合二端口网络，其 T 参数矩阵为：

$$T_{总} = T \cdot T_1 = \begin{bmatrix} A & B \\ C & D \end{bmatrix}\begin{bmatrix} 1 & Z \\ 0 & 1 \end{bmatrix} = \begin{bmatrix} A & AZ + B \\ C & CZ + D \end{bmatrix}$$

图(b)：对于 N1 二端口网络，其 T 参数矩阵为：

$$T_1 = \begin{bmatrix} 1 & 0 \\ Y & 1 \end{bmatrix}$$

对于复合二端口网络，其 T 参数矩阵为：

$$T_{总} = T \cdot T_1 = \begin{bmatrix} A & B \\ C & D \end{bmatrix}\begin{bmatrix} 1 & 0 \\ Y & 1 \end{bmatrix} = \begin{bmatrix} A + BY & B \\ C + DY & D \end{bmatrix}$$

12-12 求图示二端口的输入阻抗。

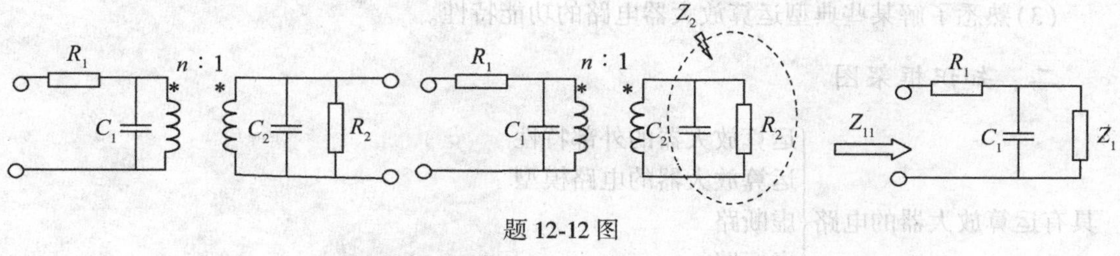

题 12-12 图

解 求二端口的输入阻抗，也就是求 Z 矩阵中的 Z_{11}，根据 Z 矩阵的物理意义，有

$$Z_{11} = \left.\frac{\dot{U}_1}{\dot{I}_1}\right|_{\dot{I}_2 = 0}$$

根据理想变压器的变阻抗性，有

$$Z_1 = n^2 Z_2$$

$$Z_2 = \frac{1}{j\omega C_2 + \frac{1}{R_2}} = \frac{R_2}{j\omega C_2 R_2 + 1} \cdot Z_1 = \frac{n^2 R_2}{j\omega C_2 R_2 + 1}$$

$$Z_{11} = R_1 + \frac{1}{j\omega C_1} // Z_1 = \frac{R_1(1 + j\omega C_2 R_2) + n^2 R_2^2 (1 + j\omega C_1 R_1)}{1 + j\omega R_2 (n^2 C_1 + C_2)}$$

第 13 章　具有运算放大器的电路

13.1　学习指导

一、学习要求

(1)要求深刻理解运算放大器的外部特性、电路模型以及理想化条件与虚断路、虚短路的概念。

(2)掌握理想运算放大器特性与其他方法(如节点电压法)相结合的运放电阻电路分析方法。

(3)熟悉了解某些典型运算放大器电路的功能特性。

二、知识框架图

具有运算放大器的电路
- 运算放大器的外部特性
- 运算放大器的电路模型
- 虚断路
- 虚短路
- 运算放大器特征性与其他方法(节点电压法)相结合的分析方法

三、重点和难点

教学重点：运算放大器的特性、电路模型；用节点法分析含有运算放大器的电阻电路；负阻抗变换器以及功能；回转器及其功能。

教学难点：运算放大器的电路模型，理想运算放大器两个规则的应用；典型电路分析。

13.2　主要内容

一、运算放大器

运算放大器简称运放，是由许多晶体管组成，并能把输入电压放大一定倍数后再输送出的集成电路。

1. 运放的电路模型

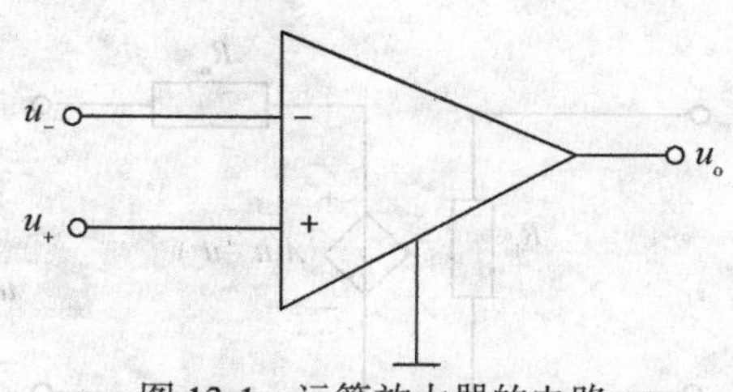

图 13-1 运算放大器的电路

u_+：在"+"端和地之间输入电压，称为同相输入端。
u_-：在"−"端和地之间输入电压，称为反相输入端。
u_o：运算放大器的输出端。

2. 输入接线方式

(1)差动输入方式：u_+、u_- 同时输入信号，$u_o = A(u_+ - u_-) = Au_d$；
(2)同相输入方式：u_- 接地，u_+ 输入信号 $u_o = Au_+$；
(3)反相输入方式：u_+ 接地，输入信号。$u_o = -Au_-$。

二、特性曲线

如图 13-2 所示，运算放大器的工作范围可分为三段：
$-\varepsilon < u_d < \varepsilon$ 时，u_o，u_d 之间的关系是一条过原点的直线，该段称为运算放大器的线性工作段。
$u_d < -\varepsilon$，$\varepsilon < u_d$ 时，输出电压分别为确定值 $-u_{sat}$、u_{sat}。

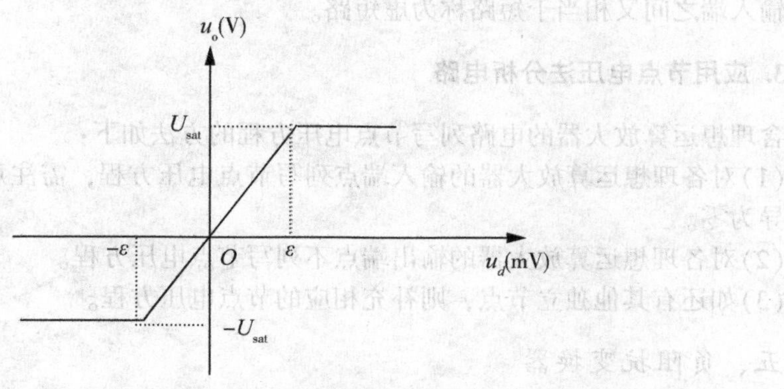

图 13-2 运算放大器的理想特性曲线

三、等效电路

如图 13-3 所示，R_{in} 是运算放大器的输入电阻，输入电阻越大越好，其值一般大于

1MΩ。R_o 为运算放大器的输出电阻，输出电阻越小越好，其值一般为几百欧。

理想运算放大器：$A=\infty$，$R_{in}=\infty$，$R_o=0$。

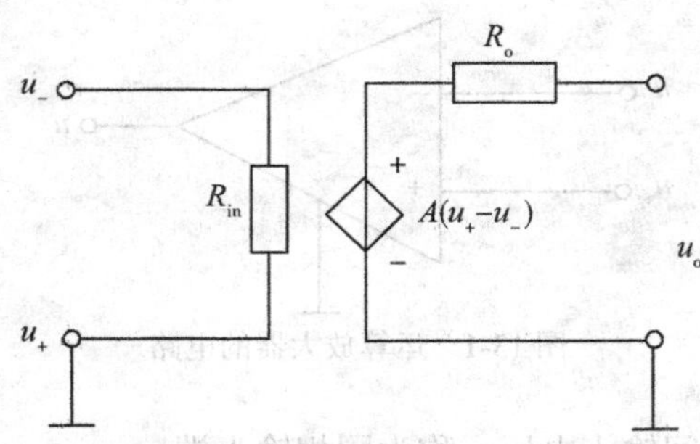

图 13-3　运算放大器的电路模型

四、含理想运算放大器的电路分析

1. 理想运算放大器的电路模型

在运算放大器的电路模型中，取 $A=\infty$，$R_{in}=\infty$，$R_o=0$，即可得理想运算放大器的电路模型。

2. 两条规则

(1)虚断路：因为 $R_{in}=\infty$，所以两输入端之间相当于断路，称为虚断路，于是流入同相输入端和反相输入端的电流均为零。

(2)虚短路：因为 $R_o=0$，$A=\infty$，$u_o=A(u_+-u_-)$ 为有限值，所以必须有 $u_+-u_-=0$，故两输入端之间又相当于短路称为虚短路。

3. 应用节点电压法分析电路

含理想运算放大器的电路列写节点电压方程的方法如下：

(1)对各理想运算放大器的输入端点列写节点电压方程，需注意理想运算放大器的输入电导为零。

(2)对各理想运算放大器的输出端点不列写节点电压方程。

(3)如还有其他独立节点，则补充相应的节点电压方程。

五、负阻抗变换器

电路符号如图 13-4 所示。端口特性方程如下：

$$\begin{bmatrix}\dot{U}_1\\ \dot{U}_2\end{bmatrix}=\begin{bmatrix}-k & 0\\ 0 & 1\end{bmatrix}\begin{bmatrix}\dot{U}_2\\ -\dot{I}_2\end{bmatrix}$$

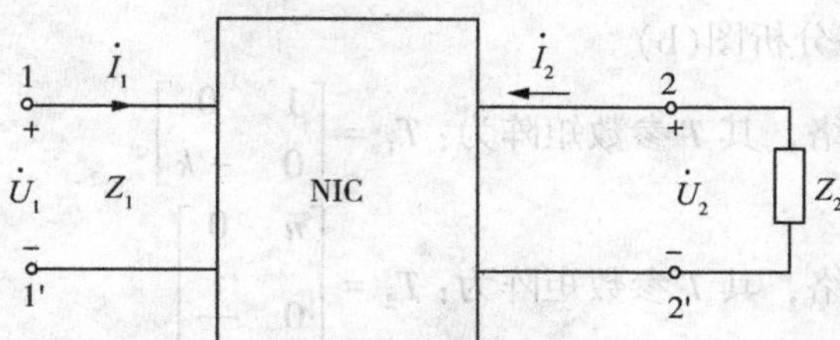

图 13-4　负阻抗变换器电路模型

负阻抗变换器的作用是将负载正阻抗变换为负阻抗。

六、回转器

电路符号如图 13-5 所示。端口特性方程如下：

$$i_1 = gu_2$$
$$i_2 = -gu_1$$

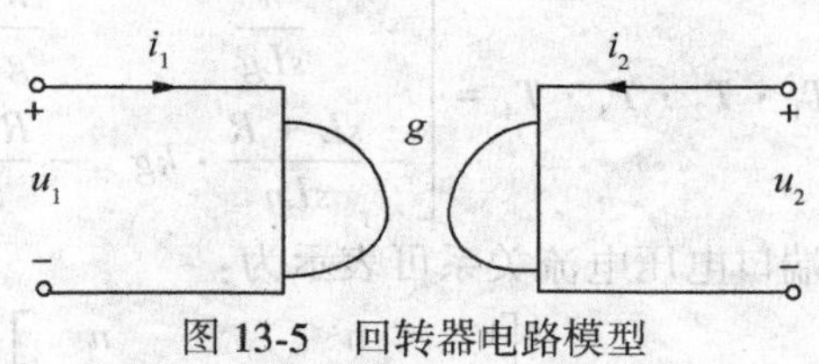

图 13-5　回转器电路模型

回转器的作用是将一个端口的电压(电流)“回转”成另一个端口的电流(电压)。利用回转器的这一能力，可将与回转器的一个端口相连接的电容(电感)“回转”成另一个端口的等效电感(电容)。

13.3 典 型 例 题

例 13-1　求图(a)所示二端口的输入阻抗 $Z_{in}(s)$。

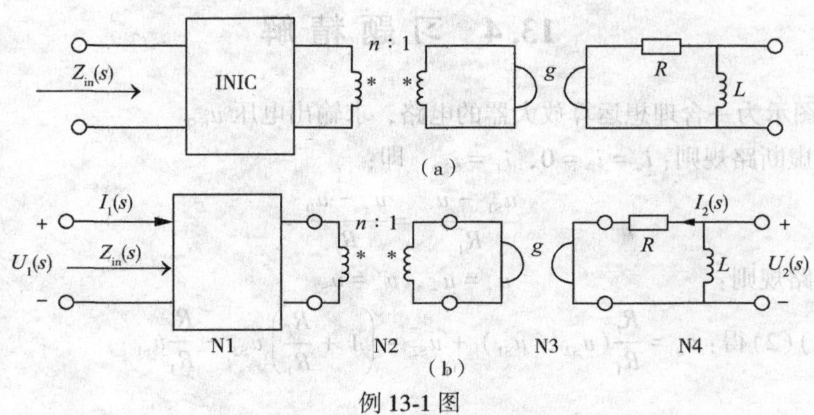

例 13-1 图

解　首先画出电路分析图(b)。

对于 N1 二端口网络，其 T 参数矩阵为：$T_1=\begin{bmatrix}1 & 0\\0 & -k\end{bmatrix}$

对于 N2 二端口网络，其 T 参数矩阵为：$T_2=\begin{bmatrix}n & 0\\0 & \dfrac{1}{n}\end{bmatrix}$

对于 N3 二端口网络，其 T 参数矩阵为：$T_3=\begin{bmatrix}0 & \dfrac{1}{g}\\g & 0\end{bmatrix}$

对于 N4 二端口网络，其 T 参数矩阵为：$T_4=\begin{bmatrix}\dfrac{sL+R}{sL} & R\\\dfrac{1}{sL} & 1\end{bmatrix}$

所以对于图所示的二端口网络，其 T 参数矩阵为：

$$T=T_1\cdot T_2\cdot T_3\cdot T_4=\begin{bmatrix}\dfrac{n}{sLg} & \dfrac{n}{g}\\-\dfrac{sL+R}{sLn}\cdot kg & -\dfrac{Rkg}{n}\end{bmatrix}$$

因此，所求二端口的端口电压电流关系可表示为：

$$\begin{bmatrix}U_1(S)\\I_1(S)\end{bmatrix}=T\cdot\begin{bmatrix}U_2(S)\\I_2(S)\end{bmatrix}=\begin{bmatrix}\dfrac{n}{sLg} & \dfrac{n}{g}\\-\dfrac{sL+R}{sLn}\cdot kg & -\dfrac{Rkg}{n}\end{bmatrix}\cdot\begin{bmatrix}U_2(S)\\I_2(S)\end{bmatrix}$$

当 $I_2(s)=0$ 时，输入阻抗：

$$Z_{\text{in}}(S)=\left.\frac{U_1(S)}{I_1(S)}\right|_{I_2(S)=0}=\frac{\dfrac{n}{gsL}}{-\dfrac{sL+R}{nsL}\cdot kg}=-\frac{n^2}{kg^2(R+sL)}$$

13.4　习题精解

13-1　图示为一含理想运算放大器的电路，求输出电压 u_o。

解　由虚断路规则：$i_+=i_-=0$，$i_1=i_2$，即：

$$\frac{u_{S1}-u_-}{R_1}=\frac{u_--u_0}{R_f}\tag{1}$$

由虚短路规则：

$$u_+=u_-,\ u_-=u_{S2}\tag{2}$$

由式(1)(2)得：$u_0=\dfrac{R_f}{R_1}(u_{S2}-u_{S1})+u_{S2}=\left(1+\dfrac{R_f}{R_1}\right)u_{S2}-\dfrac{R_f}{R_1}u_{S1}$

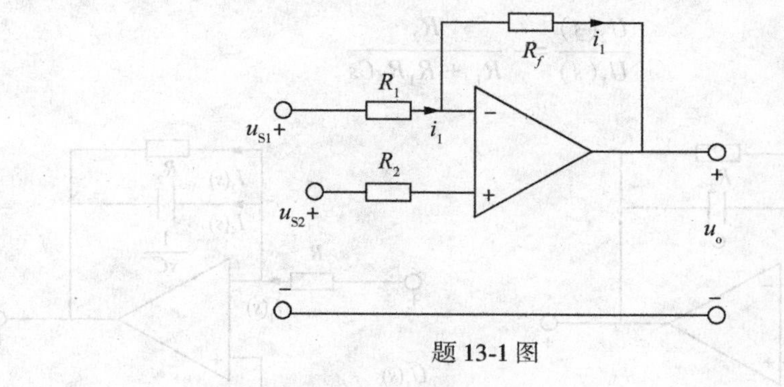

题 13-1 图

13-2 已知图示电路中，$R_f = 10\text{k}\Omega$，$u_o = -3u_1 - 0.2u_2$，求电阻 R_1 和 R_2。

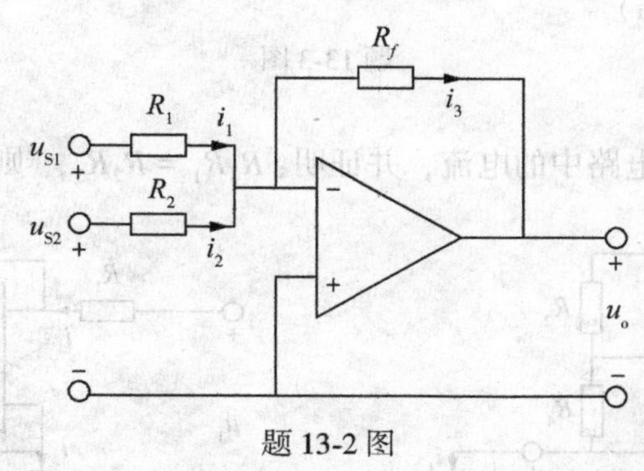

题 13-2 图

解 由虚断路、虚短路规则 1

$$i_+ = i_- = 0,\ i_1 + i_2 = i_3$$

即：
$$\frac{u_1 - u_-}{R_1} + \frac{u_2 - u_-}{R_2} = \frac{u_- - u_0}{R_f} \tag{1}$$

$$u_+ = u_-,\ u_+ = 0,\ u_- = 0 \tag{2}$$

由式(1)(2)得
$$u_0 = -\frac{R_f}{R_1}u_1 - \frac{R_f}{R_2}u_2$$

根据本题已知：$u_0 = -3u_1 - 0.2u_2$

可得：$\frac{R_f}{R_1} = 3$，$\frac{R_f}{R_2} = 0.2$，代入 $R_f = 10\text{k}\Omega$，得 $R_1 = 3.33\text{k}\Omega$，$R_2 = 50\text{k}\Omega$。

13-3 求图(a)所示电路的电压转移比 $U_2(s)/U_1(s)$。

解 在电路分析图(b)中，由虚断路、虚短路规则

$$I_+(s) = I_-(s) = 0,\ I_1(s) = I_2(s) + I_3(s)$$

即
$$\frac{U_1(s) - U_-(s)}{R_1} = \frac{U_-(s) - U_0(s)}{R_2} + sC[U_-(s) - U_0(s)] \tag{1}$$

$$U_+(s) = U_-(s),\ U_+(s) = 0,\ U_-(s) = 0 \tag{2}$$

由式(1)(2)，得
$$\frac{U_2(s)}{U_1(s)}=-\frac{R_2}{R_1+R_1R_2Cs}$$

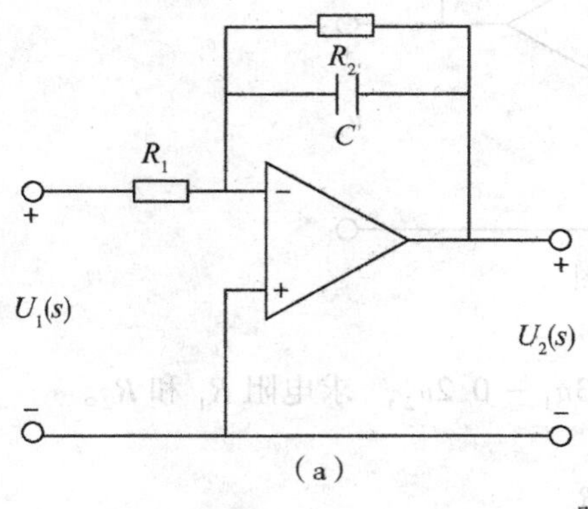

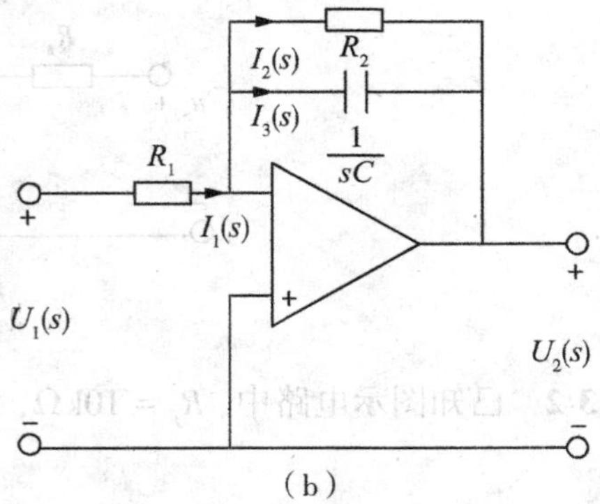

题 13-3 图

13-4　求图(a)所示电路中的电流，并证明：$R_4R_1=R_2R_3$，则 i_L 与 R_L 无关。

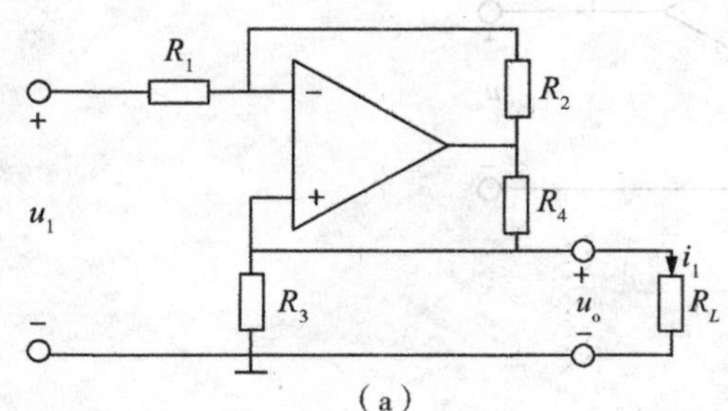

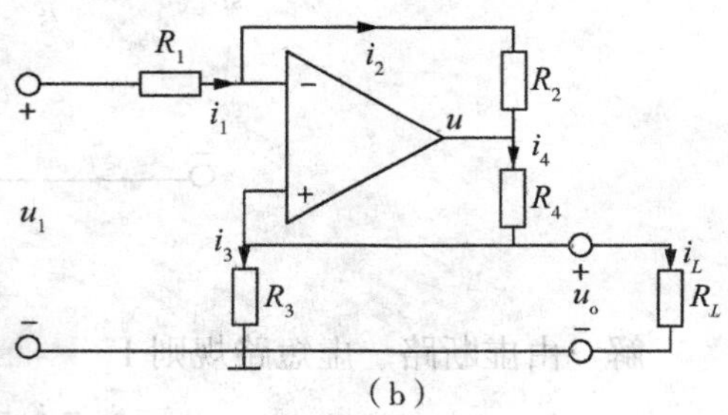

题 13-4 图

解　在电路分析图(b)中，由虚断路、虚短路规则

$$i_+=i_-=0,\ i_1=i_2,\ i_4+i_L=i_3$$

即：
$$\frac{u_1-u_-}{R_1}=\frac{u_--u}{R_2} \tag{1}$$

$$\frac{u-u_o}{R_4}=\frac{u_o}{R_L}+\frac{u_+}{R_3} \tag{2}$$

$$u_+=u_-,\ u_+=u_o,\ u_-=u_o \tag{3}$$

由式(1)(2)(3)，得　$i_L=\dfrac{R_2R_3u_1}{(R_2R_3-R_1R_4)R_L-R_1R_4R_3}$

如果 $R_2R_3=R_1R_4$，$i_L=-\dfrac{R_2R_3u_1}{R_1R_4R_3}$，此时 i_L 与 R_L 的取值无关。

13-5　求图示的输出电压 u_o。

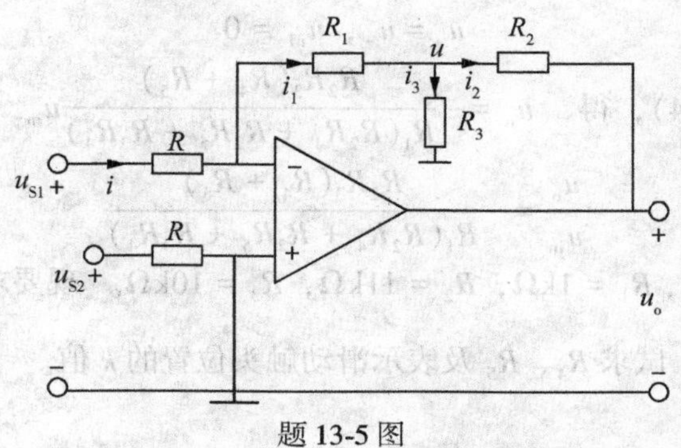

题 13-5 图

解 由虚断路、虚短路规则

$$i_+ = i_- = 0, \quad i_1 = i$$

即
$$\frac{u_{S1} - u_-}{R} = \frac{u_- - u}{R_1} \tag{1}$$

$$u_+ = u_-, \quad u_- = 0 \tag{2}$$

增补方程：
$$\dot{I}_1 = \dot{I}_2 + \dot{I}_3$$

即
$$\frac{u_- - u}{R_1} = \frac{u - u_0}{R_2} + \frac{u}{R_3} \tag{3}$$

由式(1)(2)(3)，得 $u_o = -\dfrac{R_1R_2 + R_2R_3 + R_3R_1}{RR_3}u_{S1}$

13-6 求图示电路的电压转移比 $\dfrac{u_o}{u_{in}}$。

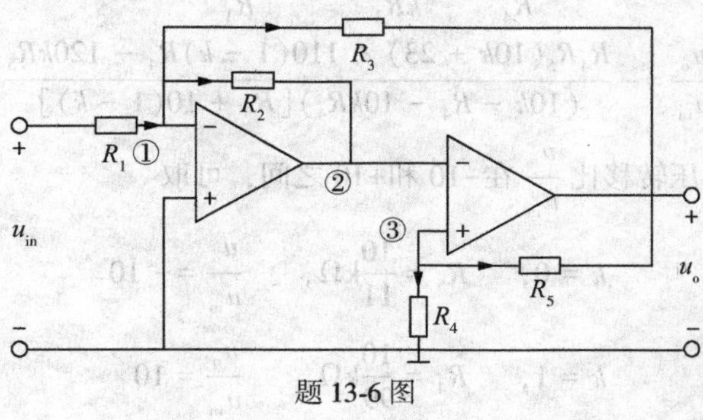

题 13-6 图

解 对于节点①：
$$\frac{u_{in} - u_{n1}}{R_1} = \frac{u_{n1} - u_{n2}}{R_2} + \frac{u_{n1} - u_o}{R_3} \tag{1}$$

对于节点②：
$$u_{n2} = u_{n3} \tag{2}$$

对于节点③：
$$\frac{u_{n3}}{R_4} + \frac{u_{n3} - u_o}{R_5} = 0 \tag{3}$$

由虚短路规则　　$u_+ = u_-,\ u_{n1} = 0$　　(4)

由式(1)(2)(3)(4)，得　$u_o = -\dfrac{R_2R_3(R_4 + R_5)}{R_1(R_2R_4 + R_2R_5 + R_3R_4)}u_{in}$

$$\frac{u_o}{u_{in}} = -\frac{R_2R_3(R_4 + R_5)}{R_1(R_2R_4 + R_2R_5 + R_3R_4)}$$

13-7　图示电路中，$R_1 = 1\text{k}\Omega$，$R_2 = 11\text{k}\Omega$，$R_3 = 10\text{k}\Omega$。现要求该电路的电压转移比 $\dfrac{u_o}{u_{in}}$ 在-10 和+10 之间，试求 R_4、R_5 及表示滑动触头位置的 k 值。

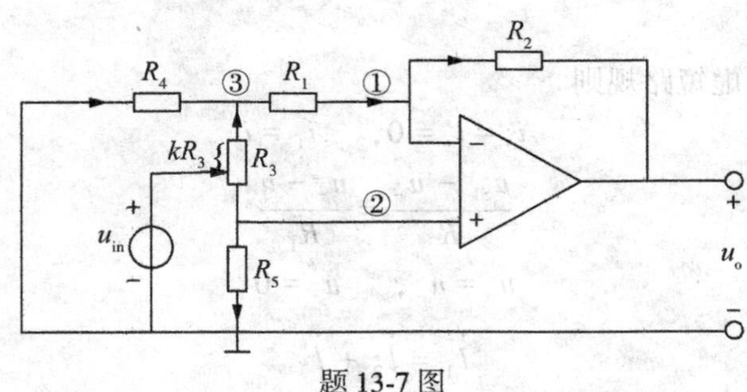

题 13-7 图

解　由虚短路规则：$u_+ = u_-,\ u_{n1} = u_{n2} = \dfrac{R_5}{R_5 + (1-k)R_3}u_{in}$　　(1)

对于节点①：　$\dfrac{u_{n3} - u_{n1}}{R_1} = \dfrac{u_{n1} - u_o}{R_2}$　　(2)

对于节点③：　$\dfrac{u_{n3}}{R_4} + \dfrac{u_{in} - u_{n3}}{kR_3} = \dfrac{u_{n3} - u_{n1}}{R_1}$　　(3)

解得　$\dfrac{u_o}{u_{in}} = -\dfrac{R_4R_5(10k + 23) + 110(1-k)R_4 - 120kR_5}{(10k - R_4 - 10kR_4)[R_5 + 10(1-k)]}$

要使该电路的电压转移比 $\dfrac{u_o}{u_{in}}$ 在-10 和+10 之间，可取

$$k = 0,\quad R_5 = \frac{10}{11}\text{k}\Omega,\quad \frac{u_o}{u_{in}} = -10$$

$$k = 1,\quad R_4 = \frac{10}{99}\text{k}\Omega,\quad \frac{u_o}{u_{in}} = 10$$

13-8　试证明图(a)所示二端口与图(b)所示二端口等效。

解　图(a)可看成电路分析图(c)(d)(e)中的 N1、N2 和 N3 三个二端口级联而成。

对于 N1 二端口网络，其 T 参数矩阵为：$T_1 = \begin{bmatrix} 0 & r \\ \dfrac{1}{r} & 0 \end{bmatrix}$

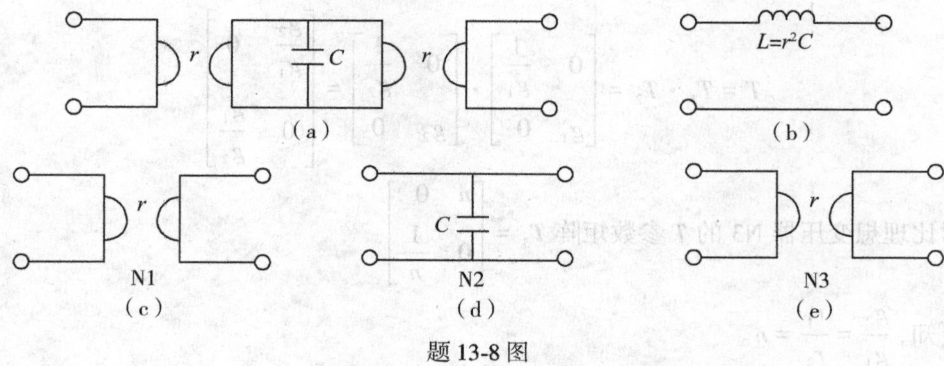

题 13-8 图

对于 N2 二端口网络，其 T 参数矩阵为：$T_2=\begin{bmatrix}1 & 0\\ sC & 1\end{bmatrix}$

对于 N3 二端口网络，其 T 参数矩阵为：$T_3=\begin{bmatrix}0 & r\\ \dfrac{1}{r} & 0\end{bmatrix}$

所以对于图(a)所示的二端口网络，其 T 参数矩阵为：$T=T_1\cdot T_2\cdot T_3=\begin{bmatrix}1 & sr^2C\\ 0 & 1\end{bmatrix}$

根据图(b)所示，其二端口网络的 T 参数矩阵为：$T=\begin{bmatrix}1 & sr^2C\\ 0 & 1\end{bmatrix}$

所以可以得知，图(a)(b)所示二端口等效。

13-9 试证明两个理想回转器级联而成的二端口等效一个理想变压器，并求理想变压器变比和回转电导之间的关系。

证明：假设两个理想回转器的参数分别为 g_1 和 g_2，其模型如电路模型图所示。

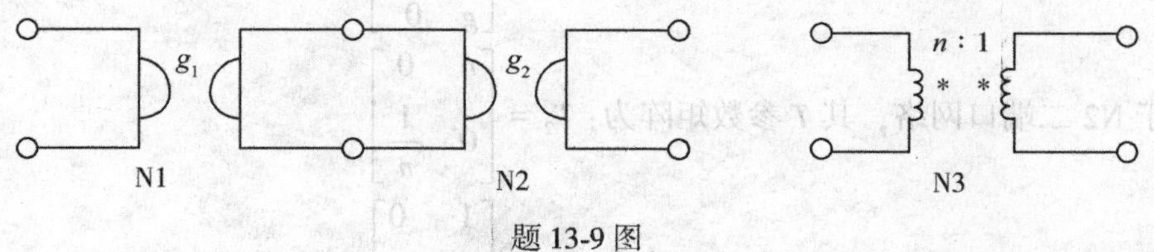

题 13-9 图

理想回转器 N1 的 T 参数矩阵为：$T_1=\begin{bmatrix}0 & \dfrac{1}{g_1}\\ g_1 & 0\end{bmatrix}$

理想回转器 N2 的 T 参数矩阵为：$T_2=\begin{bmatrix}0 & \dfrac{1}{g_2}\\ g_2 & 0\end{bmatrix}$

两个理想回转器级联而成的二端口 T 参数矩阵为：

$$T = T_1 \cdot T_2 = \begin{bmatrix} 0 & \dfrac{1}{g_1} \\ g_1 & 0 \end{bmatrix} \cdot \begin{bmatrix} 0 & \dfrac{1}{g_2} \\ g_2 & 0 \end{bmatrix} = \begin{bmatrix} \dfrac{g_2}{g_1} & 0 \\ 0 & \dfrac{g_1}{g_2} \end{bmatrix}$$

对比理想变压器 N3 的 T 参数矩阵 $T_3 = \begin{bmatrix} n & 0 \\ 0 & \dfrac{1}{n} \end{bmatrix}$

可知，$\dfrac{g_2}{g_1} = \dfrac{r_1}{r_2} = n$。

13-10　求图(a)所示二端口的 T 参数和输入阻抗 Z_{in}。

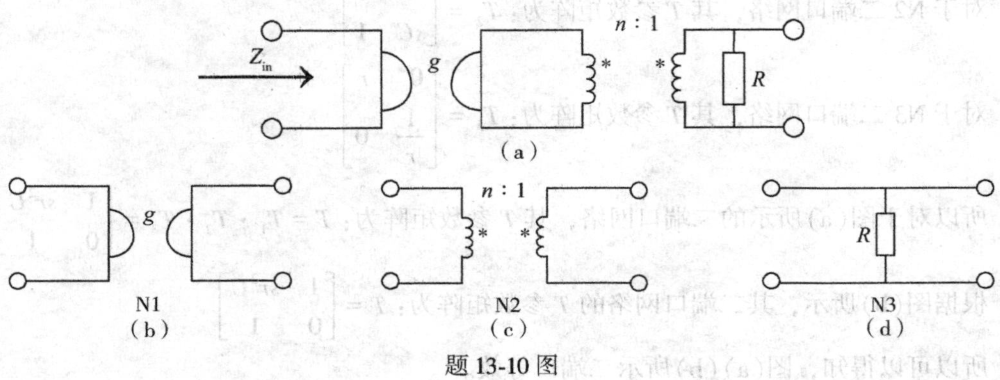

题 13-10 图

解　可将图(a)看成电路分析图(b)(c)(d)所示的 N1、N2、N3 级联而成。

对于 N1 二端口网络，其 T 参数矩阵为：$T_1 = \begin{bmatrix} 0 & \dfrac{1}{g} \\ g & 0 \end{bmatrix}$

对于 N2 二端口网络，其 T 参数矩阵为：$T_2 = \begin{bmatrix} n & 0 \\ 0 & \dfrac{1}{n} \end{bmatrix}$

对于 N3 二端口网络，其 T 参数矩阵为：$T_3 = \begin{bmatrix} 1 & 0 \\ \dfrac{1}{R} & 1 \end{bmatrix}$

所以，对于图(a)所示的二端口网络，其 T 参数矩阵为：

$$T = T_1 \cdot T_2 \cdot T_3 = \begin{bmatrix} \dfrac{1}{ngR} & \dfrac{1}{ng} \\ ng & 0 \end{bmatrix}$$

$$Z_{in} = \frac{U_1}{I_1}\bigg|_{I_2=0} = \frac{U_1}{U_2}\bigg|_{I_2=0} \cdot \frac{U_2}{I_1}\bigg|_{I_2=0} = \frac{A}{C} = \frac{\dfrac{1}{ngR}}{ng} = \frac{1}{n^2 g^2 R}$$

13-11 求图(a)所示二端口的电压转移比 $\dot{U}_2/\dot{U}_1$。

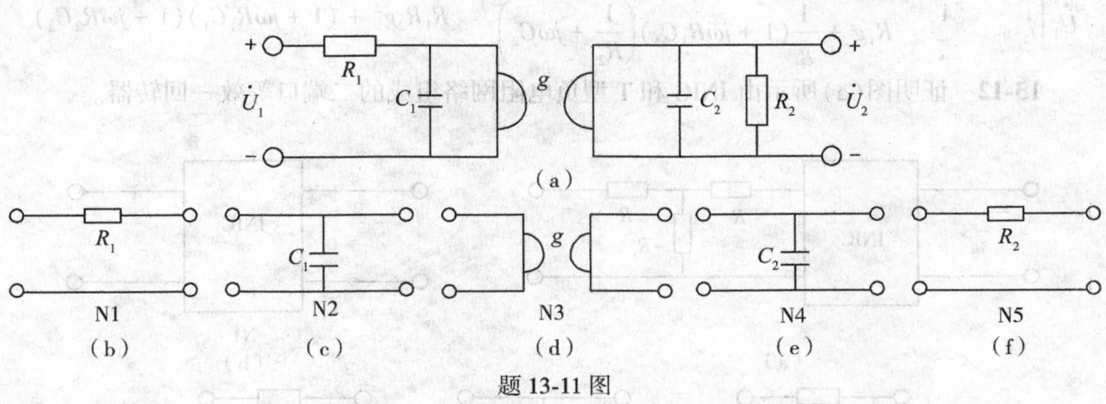

题 13-11 图

解 可将图(a)所示电路看成由电路分析图(b)~(f)中的5个二端口电路级联而成。

对于N1二端口网络，其 T 参数矩阵为：$T_1=\begin{bmatrix}1 & R_1\\0 & 1\end{bmatrix}$

对于N2二端口网络，其 T 参数矩阵为：$T_2=\begin{bmatrix}1 & 0\\-j\omega C_1 & 1\end{bmatrix}$

对于N3二端口网络，其 T 参数矩阵为：$T_3=\begin{bmatrix}0 & \dfrac{1}{g}\\g & 0\end{bmatrix}$

对于N4二端口网络，其 T 参数矩阵为：$T_4=\begin{bmatrix}1 & 0\\-j\omega C_2 & 1\end{bmatrix}$

对于N5二端口网络，其 T 参数矩阵为：$T_5=\begin{bmatrix}1 & R_2\\0 & 1\end{bmatrix}$

所以，对于图(a)所示的二端口网络，其 T 参数矩阵为：

$$T=T_1\cdot T_2\cdot T_3\cdot T_4\cdot T_5=\begin{bmatrix}R_1g+\dfrac{1}{g}(1+j\omega R_1C_1)\left(\dfrac{1}{R_2}+j\omega C_2\right) & \dfrac{1}{g}(1+j\omega R_1C_1)\\ g+\dfrac{j\omega C_1}{g}\left(\dfrac{1}{R_2}+j\omega C_2\right) & \dfrac{j\omega C_1}{g}\end{bmatrix}$$

根据定义可知，二端口的电压转移比等于 T 参数矩阵参数 A 的倒数，即：

$$A=\left.\frac{\dot{U}_1}{\dot{U}_2}\right|_{\dot{I}_2=0}=R_1g+\frac{1}{g}(1+j\omega R_1C_1)\left(\frac{1}{R_2}+j\omega C_2\right)$$

所以，本题所求电压转移比为

$$\left.\frac{\dot{U}_2}{\dot{U}_1}\right|_{\dot{I}_2=0}=\frac{1}{A}=\frac{1}{R_1g+\frac{1}{g}(1+j\omega R_1C_1)\left(\frac{1}{R_2}+j\omega C_2\right)}=\frac{R_2g}{R_1R_2g^2+(1+j\omega R_1C_1)(1+j\omega R_2C_2)}$$

13-12　证明图(a)所示由 INIC 和 T 型负电阻网络组成的二端口等效一回转器。

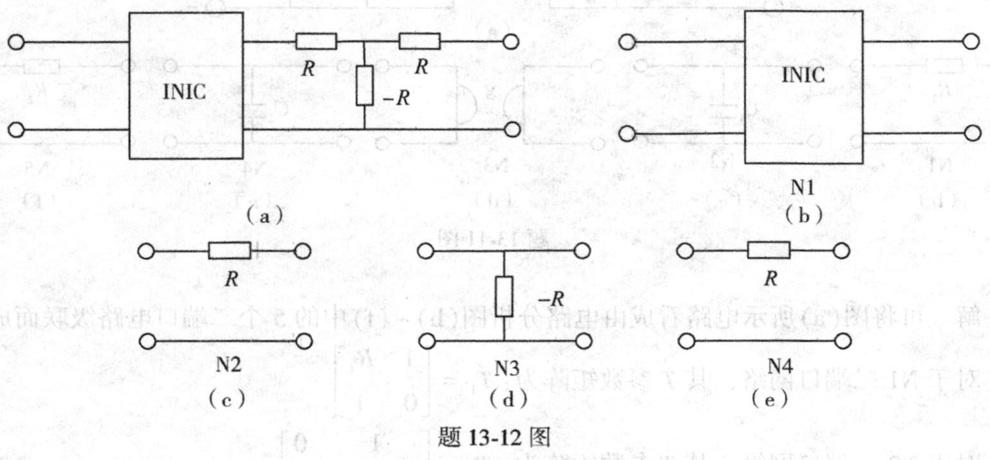

题 13-12 图

解　图(a)所示二端口网络可以看成由电路分析图(b)~(e)中的 4 个二端口网络级联而成。

对于 N1 二端口网络，其 T 参数矩阵为：$T_1=\begin{bmatrix}1 & 0\\ 0 & -k\end{bmatrix}$

对于 N2 二端口网络，其 T 参数矩阵为：$T_2=\begin{bmatrix}1 & R\\ 0 & 1\end{bmatrix}$

对于 N3 二端口网络，其 T 参数矩阵为：$T_3=\begin{bmatrix}1 & 0\\ -\frac{1}{R} & 1\end{bmatrix}$

对于 N4 二端口网络，其 T 参数矩阵为：$T_4=\begin{bmatrix}1 & R\\ 0 & 1\end{bmatrix}$

所以，对于图(a)所示的二端口网络，其 T 参数矩阵为：$T=T_1\cdot T_2\cdot T_3\cdot T_4=\begin{bmatrix}0 & R\\ \frac{k}{R} & 0\end{bmatrix}$

当 $k=1$ 时，$T=\begin{bmatrix}0 & R\\ \frac{1}{R} & 0\end{bmatrix}$

与回转器的 T 矩形参数相同，因此，如图(a)所示的二端口网络可以等效一回转器。

第 14 章　均匀传输线

14.1 学 习 指 导

一、学习要求

(1)结合实际理解分布参数和均匀传输线概念，以及均匀传输线的参数表示法。

(2)掌握均匀传输线偏微分方程的建立。

(3)理解无损线的概念以及其通解形式，根据解答理解无损线上正向行波、反向行波和波速等概念。

(4)理解无损线上的入射波和反射波，以及终端开路、短路、匹配时波的反射规律。

(5)掌握产生多次反射的原因以及反射波的变化规律。

(6)掌握直流条件下均匀线方程的定解以及均匀线上直流电压、电流的分布规律。

(7)掌握正弦稳态条件下均匀线相量方程的定解，以及均匀线上电压、电流行波的特点、波阻抗和传播系数的意义。

(8)掌握正弦交流工作下，无损线方程的解答、行波特点；透彻理解终端开路、短路或者接纯电抗负载时，无损线上驻波的形成规律。

(9)掌握均匀线的 T 型和 Π 型等效电路的建立方法，理解用集中参数电路研究分布参数电路的原理。

(10)理解信号无畸变传输的重要性以及实现无畸变传输的条件。

二、知识框架图

均匀传输线
- 均匀传输线及其基本方程
- 均匀传输线方程的正弦稳态解
- 均匀传输线上的电压和电流行波
- 特性阻抗与传播常数
- 无损耗均匀传输线

三、重点和难点

教学重点：均匀传输线的基本概念，均匀传输线方程的正弦稳态解，均匀传输线上的电压和电流行波，波的反射与终端接特性阻抗的传输线，无损耗均匀传输线，无损耗均匀传输线上波的入射和反射，无损耗线上波的折射。

教学难点：均匀传输线上的电压和电流行波，无损耗线上波的折射。

14.2 主要内容

一、均匀传输线及其基本方程

1. 分布参数电路的基本概念

电阻按一定的规律分布在导体的每一部分，导体的每一部分也存在电感，任何两段导体间均存在电容和漏电导，这类电路称为分布参数电路。所有实际电路都是分布参数电路，集总参数电路实际上是分布参数电路的近似处理结果。

2. 均匀传输线及方程

电阻、电感、电导和电容等参数沿线均匀分布的传输线称为均匀传输线。将均匀传输线分割成微分长度，则传输线的每一个微元段都可当作集总参数电路处理。

$$-\frac{\partial i}{\partial x}=\left(G_0 u+C_0\frac{\partial u}{\partial t}\right)$$

$$-\frac{\partial u}{\partial x}=\left(R_0 i+L_0\frac{\partial i}{\partial t}\right)$$

二、均匀传输线方程的正弦稳态解

当均匀传输线终端接负载阻抗，始端施加角频率为 ω 的正弦交变电源时，稳态情况下沿线各处的电流和电压也是同频率的时间函数。利用相量法将一阶偏微分方程组化为相量形式的一阶常微分方程组：

$$\frac{\mathrm{d}\dot{I}}{\mathrm{d}x}=-(G_0+j\omega C_0)\dot{U}=-Y_0\dot{U}$$

$$\frac{\mathrm{d}\dot{U}}{\mathrm{d}x}=-(R_0+j\omega L_0)\dot{I}=-Z_0\dot{I}$$

式中，$Y_0=G_0+j\omega C_0$，单位长度均匀传输线的线间导纳；$Z_0=R_0+j\omega L_0$，单位长度均匀传输线的阻抗。

若给定边界条件为始端电压电流即 $\dot{U}(x=0)=\dot{U}_1$，$\dot{I}(x=0)=\dot{I}_1$，则可得方程的正弦稳态解为

$$\dot{U}=\frac{1}{2}(\dot{U}_1+Z_C\dot{I}_1)\mathrm{e}^{-\gamma x}+\frac{1}{2}(\dot{U}_1-Z_C\dot{I}_1)\mathrm{e}^{\gamma x}$$

$$\dot{I}=\frac{1}{2}\left(\frac{\dot{U}_1}{Z_C}+\dot{I}_1\right)\mathrm{e}^{-\gamma x}-\frac{1}{2}\left(\frac{\dot{U}_1}{Z_C}-\dot{I}_1\right)\mathrm{e}^{\gamma x}$$

其矩阵形式为

$$\begin{bmatrix} \dot{U} \\ \dot{I} \end{bmatrix} = \begin{bmatrix} \mathrm{ch}\gamma x & -Z_C\mathrm{sh}\gamma x \\ -\dfrac{1}{Z_C}\mathrm{sh}\gamma x & \mathrm{ch}\gamma x \end{bmatrix} \begin{bmatrix} \dot{U}_1 \\ \dot{I}_1 \end{bmatrix}$$

若已知边界条件为终端电压、电流 $\dot{U}_2$，$\dot{I}_2$，则

$$\begin{bmatrix} \dot{U} \\ \dot{I} \end{bmatrix} = \begin{bmatrix} \mathrm{ch}\gamma x' & Z_C\mathrm{sh}\gamma x' \\ \dfrac{1}{Z_C}\mathrm{sh}\gamma x' & \mathrm{ch}\gamma x' \end{bmatrix} \begin{bmatrix} \dot{U}_2 \\ \dot{I}_2 \end{bmatrix}$$

三、均匀传输线上的电压和电流行波

正弦稳态解为

$$\dot{U} = A_1\mathrm{e}^{-\gamma x} + A_2\mathrm{e}^{jx} = \dot{U}_\varphi + \dot{U}_\psi$$

$$\dot{I} = \frac{A_1}{Z_C}\mathrm{e}^{-\gamma x} - \frac{A_2}{Z_C}\mathrm{e}^{\gamma x} = \dot{U}_\varphi + \dot{U}_\psi$$

式中，

$$\dot{U}_\varphi = A_1\mathrm{e}^{-\gamma x} = \frac{1}{2}(\dot{U}_1 + Z_C\dot{I}_1)\mathrm{e}^{-\gamma x} = Z_C\dot{I}_\varphi$$

$$\dot{U}_\psi = A_2\mathrm{e}^{\gamma x} = \frac{1}{2}(\dot{U}_1 - Z_C\dot{I}_1)\mathrm{e}^{\gamma x} = Z_C\dot{I}_\psi$$

则可得与这些相量对应的时间函数为

$$u_\varphi(x,\ t) = \sqrt{2}U_\varphi\mathrm{e}^{-\alpha x}\sin(\omega t - \beta x + \xi_1)$$

$$u_\psi(x,\ t) = \sqrt{2}U_\psi\mathrm{e}^{\alpha x}\sin(\omega t + \beta x + \xi_2)$$

$$i = \sqrt{2}\,\frac{U_\varphi}{Z_C}\mathrm{e}^{-\alpha x}\sin(\omega t - \beta x + \xi_1 - \theta) - \sqrt{2}\,\frac{U_\psi}{Z_C}\mathrm{e}^{\alpha x}\sin(\omega t + \beta x + \xi_2 - \theta)$$

对于正弦波的具有任意确定相位的点沿传输线的运动规律进行分析，可得

$$\frac{\mathrm{d}x}{\mathrm{d}t} = \frac{\omega}{\beta} = v$$

式中，v 为相速。

$u_\varphi(x,\ t)$ 看作一个随时间增加从传输线的始端向终端运动的衰减正弦波。

$u_\psi(x,\ t)$ 看作由终端向始端行进的波，称为反向行波(反射波)。传输线上任一点处的线间电压都是一个正向电压行波和一个反向电压行波叠加的结果。传输线上任一点处的电流也是由一个正向电流行波和一个反向电流行波叠加的结果。

四、特性阻抗与传播常数

传输线的特性阻抗：同向电压、电流行波相量的比值，称为波阻抗。

$$Z_C = \sqrt{\frac{Z_0}{Y_0}} = \sqrt{\frac{R_0 + j\omega L_0}{G_0 + j\omega C_0}} = z_c \angle \theta$$

式中，z_c 为波阻抗的模；θ 为波阻抗阻抗角。

在直流情况下，$Z_C = \sqrt{\frac{R_0}{G_0}} = z_c$，此时特性阻抗为纯电阻。

对无畸变线，满足条件 $\frac{R_0}{L_0} = \frac{G_0}{C_0}$ 的传输线，

$$Z_C = \sqrt{\frac{R_0\left(1 + j\omega \frac{L_0}{R_0}\right)}{G_0\left(1 + j\omega \frac{C_0}{G_0}\right)}} = \sqrt{\frac{R_0}{G_0}} = \sqrt{\frac{L_0}{C_0}}$$

其特性阻抗也是纯电阻。

对超高压输电线，导线截面积较大，有

$$\omega C_0 \gg G_0, \omega L_0 \gg R_0$$

$$Z_C \approx \sqrt{\frac{L_0}{C_0}}$$

此时可近似将波阻抗当作纯电阻来处理。

对工作频率较高的传输线，同样有类似于超高压输电线的结果。

传播常数：

$$\gamma = \sqrt{Z_0 Y_0} = \sqrt{(Z_0 + j\omega L_0)(G_0 + j\omega C_0)} = \alpha + j\beta$$

实部：传输线的衰减常数，反映了波传播过程中的衰减特性。

虚部：传输线的相位常数，反映了波传播过程中的相位变化。

$$\alpha = \sqrt{\frac{1}{2}\left[R_0 G_0 - \omega^2 L_0 C_0 + \sqrt{(R_0^2 + \omega_0^2 L_0^2)(G_0^2 + \omega^2 C_0^2)}\right]}$$

$$\beta = \sqrt{\frac{1}{2}\left[\omega^2 L_0 C_0 - R_0 G_0 + \sqrt{(R_0^2 + \omega^2 L_0^2)(G_0^2 + \omega^2 C_0^2)}\right]}$$

对无畸变线，有

$$\alpha = \sqrt{L_0 G_0}$$

$$\beta = \sqrt{L_0 C_0}$$

五、终端接特性阻抗的传输线

如果传输线终端所接负载阻抗与传输线波阻抗相等，则反射系数将等于零，反射波不再存在，这时称传输线处于匹配状态。

$$\dot{U} = \dot{U}_2 e^{\gamma x'}$$

$$\dot{I} = \dot{I}_2 e^{\gamma x'}$$

传输线上任一点向终端看的输入阻抗为

$$Z_{in}(x') = \frac{\dot{U}}{\dot{I}} = \frac{\dot{U}_2}{\dot{I}_2} = Z_C$$

传输线向终端看的输入阻抗处处相等，且等于波阻抗。由于反射波在传播过程中将携带能量，而在匹配状态下由入射波传送至终端的能量将全部被负载所吸收，因此这时传输效率是最高的。匹配状态下传输线传输的功率称为自然功率。

此时线路末端负载吸收的有功功率为

$$P_1 = \mathrm{Re}[\dot{U}_2\dot{I}_2^*] = U_2 I_2 \cos\theta$$

线路始端电源输出的有功功率为

$$\begin{aligned} P_1 &= \mathrm{Re}[\dot{U}_1\dot{I}_1^*] = \mathrm{Re}[\dot{U}_2 e^{(\alpha+j\beta)l}\dot{I}_2^* e^{(\alpha-j\beta)l}] \\ &= U_2 I_2 \cos\theta \times \mathrm{e}^{-2\alpha l} = P_2 \mathrm{e}^{-2\alpha l} \end{aligned}$$

传输效率为

$$\eta = \frac{P_2}{P_2} = \mathrm{e}^{-2\alpha l}$$

六、终端接任意阻抗的传输线

终端开路特点：(1)线路终端发生了全反射，输出电流为零；

(2)终端电压为入射波电压的2倍。如终端开路传输线的长度等于四分之一个波长，则沿线电压分布将从线路始端到终端呈现单调上升状态，终端电压将远高于始端电压。

终端短路特点：(1)线路终端发生了负的全反射，终端电压为零；

(2)终端电流为入射波电流的2倍。

七、无损耗均匀传输线

电阻和线间漏电导于零的传输线称为无损耗均匀传输线。严格地说，这种理想情况的无损耗线实际上是不存在的，但有时将传输线当作无损耗线处理所获得的计算结果误差较小，而这样处理可使分析过程大为简化。其通解为

$$\frac{\partial u}{\partial x} = -L_0\frac{\partial i}{\partial t}$$

$$\frac{\partial i}{\partial x} = -C_0\frac{\partial u}{\partial t}$$

14.3 典型例题

例 14-1 一个幅值为220kV的无限长直角电压波从波阻抗500Ω的架空无损耗线始端向终端传播，线路终端连接波阻抗为50Ω的电缆，在架空线与电缆的连接处并联一个电

容值为 2000pF 的电容，试求波到达连接处后电容电压的变化规律。

解 根据彼得逊法则，此题采用动态电路三要素求解，如图所示。

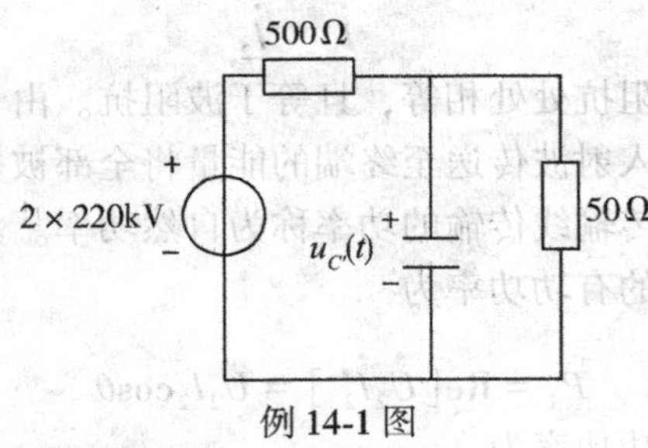

例 14-1 图

$$u_{C'}(t)=\frac{50}{50+500}\times 2\times 220\times 10^{3}\times(1-e^{-t/\tau})$$

$$\tau=RC'=(50//500)\times 2000\times 10^{-6}=\frac{1}{11}\times 10^{-6}(\mathrm{s})$$

$$u_{C'}(t)=40(1-e^{-11\times 10^{-6}t})$$

14.4 习题精解

14-1 某直流高压输电线的参数为 $R_0=0.1\Omega/\mathrm{km}$，$G_0=0.025\times 10^{-6}\mathrm{S/km}$，其长度为 500km。当传输线始端电压为 400kV，终端匹配负载电阻时，求终端电压和电流及所传输的功率值。

解 根据题意可以得出其直流传输线模型如电路分析图所示。

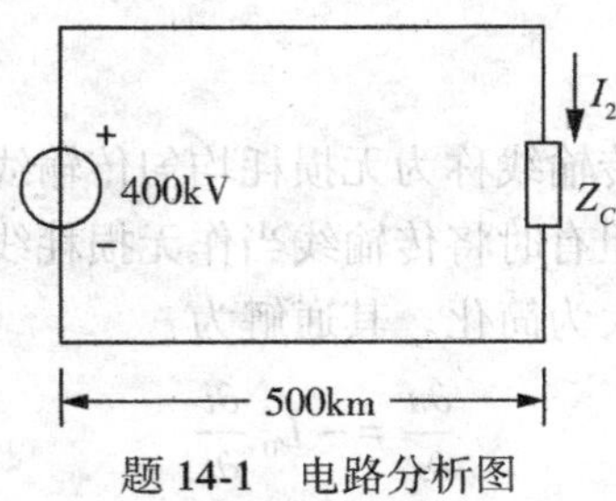

题 14-1 电路分析图

因为在直流稳态情况下，沿线电压和线电流的分布均与时间无关，所以均匀传输线的基本方程可改写为

$$\frac{\mathrm{d}I}{\mathrm{d}x}=-G_0U$$

$$\frac{\mathrm{d}U}{\mathrm{d}x}=-R_0I$$

对第二个方程再求导可得 $\dfrac{d^2U}{dx^2} = G_0R_0U$

该微分方程的通解为 $U = A_1e^{-\alpha x} + A_2e^{\alpha x}$

$$I = -\frac{1}{R_0}\frac{dU}{dx} = \frac{\alpha}{R_0}(A_1e^{-\alpha x} - A_2e^{\alpha x})$$

其中，$\alpha = \sqrt{R_0G_0} = \sqrt{0.1 \times 2.5 \times 10^{-8}} = 5 \times 10^{-5}$，$Z_C = \sqrt{\dfrac{R_0}{G_0}} = 2k\Omega$。

代入临界条件：$U(0) = 400kV$，$Z_C = \left.\dfrac{U}{I}\right|_{x=500km} = 2k\Omega$，得 $A_1 + A_2 = 400$。

$$A_1e^{-500\alpha} + A_2e^{500\alpha} = A_1e^{-500\alpha} - A_2e^{500\alpha}$$

得 $A_1 = 400$，$A_2 = 0$。

$$U = 400e^{-5\times10^{-5}x}$$

当 $l = 500km$ 时，$U_2 = 400e^{-0.025} = 390kV$。

$$I_2 = -\frac{1}{R_0}\left.\frac{dU}{dx}\right|_{x=500km} = \frac{5\times10^{-5}}{0.1} \times 400e^{-0.025} \times 10^3 = 195(A)$$

$$P = UI = 390 \times 10^3 \times 195 = 76050 \times 10^3(W) = 76.05MW$$

14-2 某架空电话线长 100km，传输信号的频率为 800Hz 时线路波阻抗 $Z_C = 585\angle -6.1°$，传播系数 $\gamma = 17.6 \times 10^{-3}\angle 82°$。设终端电压和电流为 $u_2 = 10\sqrt{2}\sin\omega t$，$i_2 = 10^{-2}\sqrt{2}\sin(\omega t + 30°)$，试求始端电压和电流的瞬时值。

解 由 $\gamma = 17.6 \times 10^{-3}\angle 82°$

$$\gamma l = 17.6 \times 10^{-3}\angle 82° \times 100 = 0.245 + j1.74$$

$$e^{\gamma l} = e^{0.245+j1.74} = 1.278 + j5.697$$

$$e^{-\gamma l} = e^{-0.245-1.74} = 0.783 + j\,0.176$$

$$\text{ch}\gamma l = \frac{1}{2}(e^{\gamma l} + e^{-\gamma l}) = 1.03 + j2.94 = 3.12\angle 70.69°$$

$$\text{sh}\gamma l = \frac{1}{2}(e^{\gamma l} - e^{-\gamma l}) = 0.2475 + j2.76 = 2.77\angle 11.15°$$

又已知终端电压为 $\dot{U}_2 = 10\angle 0°V$，则可得：

$I_2 = 0.01\angle 30°A$ 时始端相电压和相电流分别为

$$\begin{aligned}\dot{U}_1 &= \dot{U}_2\text{ch}\gamma l + Z_c\dot{I}_2\text{sh}\gamma l \\ &= 10\angle 0° \times 3.12\angle 70.69° + 585\angle -6.1° \times 0.01\angle 30° \times 2.77\angle 11.15° \\ &= 8.93\angle 119.5°V\end{aligned}$$

$$\dot{I}_1 = \frac{\dot{U}_2}{Z_c}\text{sh}\gamma l + \dot{I}_2\text{ch}\gamma l = 0.019\angle 106.1°(A)$$

所以可得：

$$u_1 = 8.93\sqrt{2}\sin(\omega t + 119.5°)$$

$$i_2 = 0.019\sqrt{2}\sin(\omega t + 106.1°)$$

14-3　某电力传输线参数 $R_0 = 0.3\Omega/\text{km}$，$L_0 = 2.89\text{mH/km}$，$C_0 = 3.85 \times 10^{-9}\text{F/km}$，$G_0$ 忽略不计。试求其特性阻抗、传播常数、相速和波长。

解　根据电力传输线已知参数可得

$$Z_C = \sqrt{\frac{R_0 + j\omega L_0}{G_0 + j\omega C_0}} = \sqrt{\frac{0.3 + j2\pi \times 50 \times 2.89 \times 10^{-3}}{j2\pi \times 50 \times 3.85 \times 10^{-9}}} = 889.1\angle -9.14°(\Omega)$$

$$\gamma = \sqrt{(R_0 + j\omega L_0)(G_0 + j\omega C_0)} = (0.1709 + j1.0618) \times 10^{-3}$$

$$\gamma = \alpha + j\beta,\ \beta = 1.0618 \times 10^{-3}$$

$$v = \frac{\omega}{\beta} = 295.9 \times 10^3(\text{km/s}),\ \lambda = \frac{2\pi}{\beta} = 5917.7\text{km}$$

14-4　某三相输电线长 300km，线路参数为：$R_0 = 0.075\Omega/\text{km}$，$L_0 = 1.276\text{mH/km}$，$C_0 = 3.85 \times 10^{-9}\text{F/km}$，线间漏电导极小，可忽略不计。若要求终端在维持线电压为 220kV 的前提下输出 150MV 三相功率，功率因素为 0.98(感性)，试求线路始端电压、电流和输电效率。

解　根据三相输电线的参数可得

$$Z_C = \sqrt{\frac{R_0 + j\omega L_0}{G_0 + j\omega C_0}} = \sqrt{\frac{0.075 + j2\pi \times 50 \times 1.276 \times 10^{-3}}{j2\pi \times 50 \times 3.85 \times 10^{-9}}} = 583\angle -5.3°\Omega/\text{km}$$

$$\gamma = \sqrt{(R_0 + j\omega L_0)(G_0 + j\omega C_0)} = 0.7022\angle 84.7° \times 10^{-3} = (0.065 + \text{j}0.6991) \times 10^{-3}\Omega/\text{km}$$

$$\gamma l = (0.065 + j0.6991) \times 10^{-3} \times 300 = 0.0195 + j0.2097$$

$$\text{e}^{\gamma l} = \text{e}^{0.0195 + j0.2097} = 1.02 + j1.233$$

$$\text{e}^{-\gamma l} = \text{e}^{-0.0195 - j0.2097} = 0.9807 + j0.8108$$

$$\text{ch}\gamma l = \frac{1}{2}(\text{e}^{\gamma l} + \text{e}^{-\gamma l}) = 1.0003 + j1.0219 = 1.43\angle 45.61°$$

$$\text{sh}\gamma l = \frac{1}{2}(\text{e}^{\gamma l} - \text{e}^{-\gamma l}) = 0.0197 + j0.2111 = 0.212\angle 84.67°$$

设终端相电压为 $\dot{U}_2 = \dfrac{220}{\sqrt{3}}\angle 0° = 127\angle 0°(\text{kV})$

则可得 $I_2 = \dfrac{P_2}{\sqrt{3}U_{l2}\cos\varphi} = \dfrac{150 \times 10^6}{\sqrt{3} \times 220 \times 10^3 \times 0.98} = 0.4017(\text{kA})$

由 $\cos\varphi = 0.98$，得 $\varphi = 11.48°$。

$\dot{I}_2 = 0.4017\angle -11.48°$ 时，可得始端相电压和相电流分别为

$$\dot{U}_1 = \dot{U}_2\text{ch}\gamma l + Z_C\dot{I}_2\text{sh}\gamma l = 191.12 + j167.83 = 254\angle 41.28°\text{kV}$$

$$\dot{I}_1 = \frac{\dot{U}_2}{Z_C}\text{sh}\gamma l + \dot{I}_2\text{ch}\gamma l = 191.12 + j167.83 = 255.1\angle 41.28°\text{kA}$$

所以可得

$$U_1 = 254\text{kV},\ I_1 = 0.377\text{kA},\ \eta = \frac{P_2}{P_1} = \frac{150\times 10^6}{254\times 10^3\times 0.377\times 10^3} = 93.2\%$$

14-5 某电缆上的电压分布为：$u(x,\ t) = 10\sqrt{2}\,\text{e}^{-0.044x}\sin\left(5000t - 0.046x + \frac{\pi}{6}\right)$。

(1)试说明该电压是正向行波还是反向行波；

(2)求该电缆的传播常数及该电压波的波长和相速；

(3)若该电缆的波阻抗为 $50\angle -10.2°$，求相应的电流行波的表达式。

解 (1)观察电压分布函数，其相位为

$\varphi = 5000t - 0.046x + \frac{\pi}{6}$，对其求导，可得出 $\text{d}\varphi = 5000\text{d}t - 0.046\text{d}x = 0$

从而得出其相速：
$$v = \frac{\text{d}x}{\text{d}t} = \frac{5000}{0.046} > 0$$

所以该电压为正向行波。

(2)由电压分布表达式可以得出该电缆的传输参数如下：

$$\alpha = 0.044,\ \omega = 5000,\ \beta = -0.046$$
$$\gamma = \alpha + j\beta = 0.044 - 0.046$$
$$v = \frac{\omega}{\beta} = \frac{5000}{0.046} = 108.7\times 10^3(\text{km/s})$$
$$\lambda = \frac{2\pi}{\beta} = \frac{2\pi}{0.046} = 136.57(\text{km})$$

(3)当 $Z_C = 50\angle -10.2°$，则

$$i_\varphi = \frac{u(x,\ t)}{Z_C} = 0.2\sqrt{2}\,\text{e}^{-0.044x}\sin\left(5000t - 0.046 + \frac{\pi}{6} + 10.2°\right)$$

14-6 在信号频率为 300MHz 的情况下，以一长度 $l < \frac{\lambda}{4}$ 的开始无损耗线作电容器使用。已知该无损耗线的波阻抗为 377，若需电容 C=100pF，则线的长度应取多少？若采用短路无损耗线，则线的长度又应取多少？

解 终端开路无损耗线的输入阻抗可以写为

$$Z_{\text{in}} = -jZ_C\cot(\beta x),\ \text{其中}\ \beta = \frac{2\pi}{\lambda}$$
$$C = 100\text{pF},\ Z_1 = -j\frac{1}{2\pi fC} = -j5.3$$

如果要求 $Z_{\text{in}} = Z_1$，$-jZ_C\cot(\beta x) = -j5.3$

可解得 $x = 0.2478\text{m}$

终端短路无损耗线的输入阻抗可以写为

$Z_{in} = Z_C\tan(\beta x)$，其中 $\beta = \dfrac{2\pi}{\lambda}$

$C = 100\text{pF}$，$Z_1 = -j\dfrac{1}{2\pi fC} = -j5.3$

要求 $Z_{in} = Z_1$，$jZ_C\tan(\beta x) = -j5.3$

可解得 $x = 0.4978\text{m}$。

14-7　如图所示，两段长度均为 $\lambda/8$，波阻抗分别为 $Z_1 = 75\Omega$，$Z_{C2} = 50\Omega$ 的无损耗线相连接，终端负载为 $Z_2 = 50 + j50\Omega$，试求始端的输入阻抗。

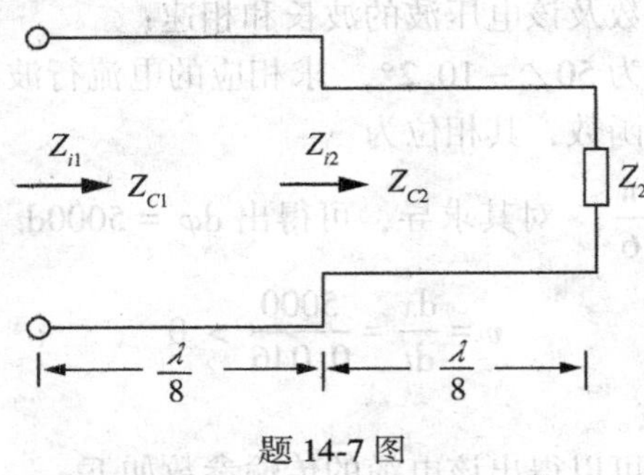

题 14-7 图

解　后级传输线的输入阻抗作为前级传输的负载，来计算前级的输入阻抗。其中：

对传输线 2：　$Z_{C2} = 50\Omega$，$\beta = \dfrac{2\pi}{\lambda}$

$$Z_{i2}\left(\frac{\lambda}{8}\right) = Z_{C2}\frac{Z_2 + jZ_{C2}\tan\left(\beta\cdot\frac{\lambda}{8}\right)}{Z_{C2} + jZ_2\tan\left(\beta\cdot\frac{\lambda}{8}\right)} = 100 - j50$$

对传输线 1：　$Z_{C1} = 75\Omega$

它的负载　$Z_{L1} = Z_{i2}\left(\dfrac{\lambda}{8}\right) = 100 - j50$

所以
$$Z_{i1}\left(\frac{\lambda}{8}\right) = Z_{C1}\frac{Z_{L1} + jZ_{C1}\tan\left(\beta\cdot\frac{\lambda}{8}\right)}{Z_{C1} + jZ_{L1}\tan\left(\beta\cdot\frac{\lambda}{8}\right)} = 43.9 - j20.1$$

14-8　三条波阻抗分别为 $Z_{C1} = 500\Omega$、$Z_{C2} = 400\Omega$、$Z_{C3} = 600\Omega$ 的无损耗线如图所示连接，一个 100kV 的矩形电压波从第一条无损耗线始端向终端传播，求进入第二和第三两条无损耗线的折射波的电压、电流。

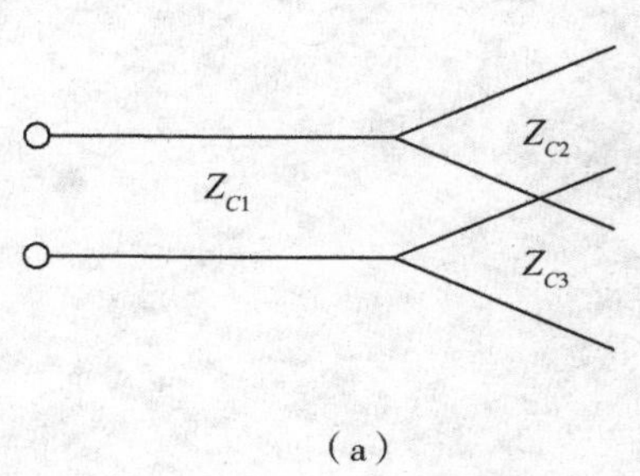

(a)

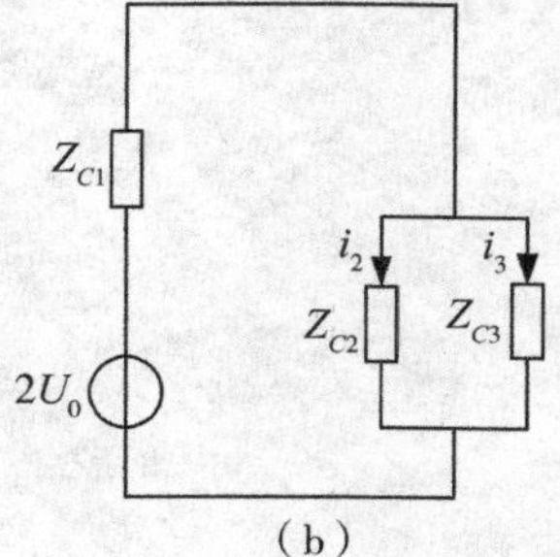

(b)

题 14-8 图

解 传输线无限长，第二、三对线无反射波，因此连接处第二、三对线的输入阻抗为特性阻抗。电路分析图如图(b)所示。那么对于第一对传输线在连接处的负载为

$$Z_2 = \frac{Z_{C2}Z_{C3}}{Z_{C2} + Z_{C3}} = 240\Omega$$

研究终端接负载的第一对传输线的等效电路：

如果第一对传输线终端接负载 $Z_2 = \infty$，即终端开路，则终端电压 $U_2 = 2U$；

如果第一对传输线终端接负载 $Z_2 = Z_{c1}$，即终匹配，则终端电压 $U_2 = U_0$；

如果第一对传输线终端接负载 $Z_2 = 0$，即终端短路，则终端电压 $U_2 = 0$。

因此可以作终端接负载的第一对传输线等效电路如图(b)所示。

计算各处电压电流。

$$i_2 + i_3 = \frac{2U_0}{Z_2 + Z_{C1}} = \frac{200 \times 10^3}{740} = 270.3(\text{A})$$

折射到第二传输线的电流波的幅值：

$$i_2 = \frac{Z_{C3}}{Z_{C3} + Z_{C2}} \times 270 = 162.2(\text{A})$$

折射到第三传输线的电流波的幅值：

$$i_3 = \frac{Z_{C2}}{Z_{C3} + Z_{C2}} \times 270 = 108.1(\text{A})$$

折射到第二、三传输线的电压波的幅值：

$$U_2 = Z_2 \times (i_3 + i_2) = 240 \times 270.3 = 64.9(\text{kV})$$